高等职业教育电气化铁道技术专业"十二五"规划教材

电力内外线工程

张刚毅　曹　阳　主　编
李宝兰　主　审

U0261294

中国铁道出版社有限公司

２０２２年·北　京

内 容 简 介

本书共四篇:第一篇内线工程,着重叙述室内各种配线的施工、配电设备与配电装置的安装方法、电气照明中灯具和器具的选择与安装等;第二篇架空线路工程,着重叙述架空线路的施工、防雷与接地及事故预防等;第三篇电缆线路工程,着重介绍电缆的各种敷设方法、接头和端头的制作和事故预防等;第四篇运行维护、竣工实验和交接验收,着重叙述电力内外线的维护方法、故障查找、电缆故障探测仪的使用及竣工验收等。本书突出实际施工技能技巧的内容,并附有一定数量的习题。

本书可作为铁道供电技术专业、企业供电专业高职学生教材,也可作为一线从事电力内外线安装工作的技术人员培训教材和自学参考书。

图书在版编目(CIP)数据

电力内外线工程/张刚毅,曹阳主编. —北京:中国铁道出版社,2013.8(2022.3 重印)
全国铁道职业教育教学指导委员会规划教材. 高等职业教育电气化铁道技术专业"十二五"规划教材
ISBN 978-7-113-15940-5

Ⅰ.①电… Ⅱ.①张…②曹 Ⅲ.①输配电线路-电力工程-高等职业教育-教材 Ⅳ.①TM75

中国版本图书馆 CIP 数据核字(2013)第 114461 号

书　　名:**电力内外线工程**

作　　者:张刚毅　曹　阳

策　　划:阚济存

责任编辑:阚济存　　　　编辑部电话:(010) 51873133　　　　电子邮箱:td51873133@163.com

编辑助理:吕继函

封面设计:崔　欣

责任校对:焦桂荣

责任印制:高春晓

出版发行:中国铁道出版社有限公司 (100054,北京市西城区右安门西街 8 号)

网　　址:http://www.tdpress.com

印　　刷:三河市国英印务有限公司

版　　次:2013 年 8 月第 1 版　2022 年 3 月第 10 次印刷

开　　本:787 mm×1 092 mm 1/16　印张:21.25　字数:533 千

书　　号:ISBN 978-7-113-15940-5

定　　价:52.00 元

前　言

随着我国铁路事业的飞速发展,铁道电气化新技术、新设备、新工艺不断出现,施工技术规范、标准相应改变,为了满足铁路基本建设等部门的电力工程施工需要,进一步提高从事电力、配电工作人员的技术业务水平,根据铁路高职教育铁道供电技术专业《电力内外线工程》课程教学大纲编写了本教材。

为了适应现代供电技术发展的需要,本书内容涉及室内外各种配线,有常用低压电气设备、照明设备的安装、电缆线路的敷设与连接和内外线的运行维护等。在编写中,注意体现高职教育的特点,采用专业理论和实践技能"一体化"的编写理念,突出实际施工技能技巧的训练,注重培养学生的实际动手操作能力,一方面加强基本理论的阐述,另一方面用供电系统的新技术与新方法充实与更新本书的内容。如:在第一篇内线工程中,增加了电气施工图读图的基本知识;在介绍传统的工程施工方法的基础上,增加了照明线路的实践练习;在第二篇架空线路工程中,介绍了架空线路的安全规程和实践练习;在第三篇电缆线路工程中,增加了电缆敷设的规定和电缆线路的安全规程等内容。电力电缆在供电中的普遍应用,使得故障随之增多,如何探测,怎样能快速准确地查找到故障点的精确位置,缩短故障的修复时间,成为各供电企业越来越关心的问题,为了解决上述问题,本书增加了故障探测与处理等内容。在第四篇运行维护中,增加了竣工验收和工程交接等工程实际内容。

本书由西安铁路职业技术学院张刚毅、辽宁铁道职业技术学院曹阳主编,西安铁路局西安供电段李宝兰工程师主审,共分为四大篇编写。第一篇有六章,第一~三章由曹阳编写,第四章和第五章的1~7节由辽宁铁道职业技术学院的张亚红编写,第五章第8节、第六~十四章(第二、三、四篇)由张刚毅编写。在编写过程中得到了西安铁路职业技术学院、陕西西电科大华成电子股份有限公司、西安铁路局西安供电段、宝鸡供电段的大力支持和帮助,对此一并表示感谢!

由于编者水平有限,书中难免存在不足和不妥之处,敬请广大读者和同行批评指正。

编　者

2013 年 1 月

目 录

第一篇　内线工程

第一篇 内线工程

第一章 概 论

第一节 电力系统概述

电能是一种应用广泛的能源,现代工业、农业、科学技术和国防建设,以及广大人民群众的日常生活都离不开电能。电力系统将生产(发电厂)、输送(输、配电线路)、分配(变、配电站)和用户的各个环节有机地构成了一个系统,电力系统构成如图1.1所示。

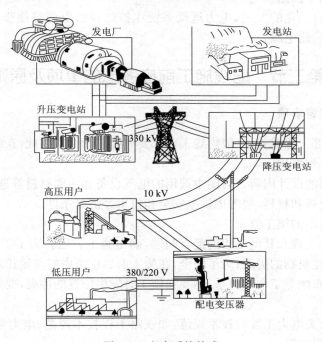

图1.1 电力系统构成

电力系统各组成部分具体功能介绍如下:

(1)输电线路:由各发电厂向各电力负荷中心输送电能的线路。

(2)配电线路:由各电力负荷中心向各电力用户分配电能的线路。

(3)电力网:由各种电压等级的电力线路及其所联接的升压、降压变电所(站)所组成的部分。它是联系发电机和用户的中间环节。

(4)电力系统:一个由生产电能的发电机、输送与分配电能的电力线路和消耗电能的用户等多个环节有机结合组成的整体。电力系统通常由发电厂,输、配电线路,变、配电所,电力负荷4部分组成。

（5）动力系统：电力系统加上动力部分，即热力发电厂的锅炉、汽轮机、热力网和用热设备；水力发电厂的水库、水轮机及原子能发电厂的反应堆等。

（6）根据电力负荷对供电可靠性的要求及中断供电造成的损失或影响的程度，将电力负荷分为 3 级。

①一级负荷：是突然停电将会造成人身伤亡、重大设备损坏且长期难以修复，给国民经济带来重大损失的用电负荷。必须采用两个独立电源供电，两个电源不会同时失电，当一个电源发生故障时，另一个电源会在允许时间内自动投入，对一级负荷中特别重要的负荷，还应增设应急电源。

②二级负荷：是中断供电将会产生大量废品、大量原材料报废或打乱复杂生产过程，而造成大量减产或将会发生重大设备损坏事故，给国民经济造成较大损失的用电负荷。应由两个独立电源供电，当一个电源失电时，另一个电源由操作人员投入运行；当只有一个电源独立供电时，采用两个回路供电。

③三级负荷：是一般的用电负荷，即所有不属于一级和二级负荷的其他用电负荷。对电源无特殊要求，可采用单回路供电。

随着电力综合自动化的发展，电力远动系统主控站设备电源等逐步提高，主控站应具备主、备电源盒 UPS 三路电源。

第二节　配线施工前应考虑的事项及原则

一、内线施工注意事项

除了很小的局部工程以外，一般内线工程都要有施工图纸。因此，在施工前应详细了解施工图纸，并应注意下列事项：

（1）弄清设计图的设计内容。对图中选用的电气设备和主要材料等进行统计，并做备料工作；对采用的代用设备和材料，要考虑供电安全和技术经济等条件。

（2）注意图纸提出的施工要求。

（3）考虑与主体工程和其他工程的配合问题，确定施工方法。为了工程施工，不要破坏建筑物的强度和损害建筑物的美观；为了安全，在施工前尽量考虑好与给排水管道、热力管道、风管道及通信线路的布线等工程的关系，不要在施工时发生位置的冲突，要满足有关规定对距离的要求等。

（4）必须熟悉有关电力工程的技术规范，如铁路工程技术规范、电力部门颁布的国家规范以及本部门的有关规定等。

二、内线施工注意的原则

内线工程主要在建筑物内进行电气安装和配线工作，施工时要注意以下几项原则：

1. 可靠

在室内配线是为了对各种电器设备供电服务的，除了在设计上要考虑供电的可靠性外，在施工中保证以后运行的可靠性往往更为重要。

2. 安全

配线也是建筑物内的一种设施，必须保证安全。施工前选用的电气设备和材料必须合格；施工中对于导线的连接、地线的施工及电线敷设等必须严格遵守施工规范。

3. 便利

在配线施工和设备安装中,要考虑以后运行和维修的便利性,并考虑有发展的可能。

4. 经济

在工程设计和施工中,要注意在保证安全运行和发展的可能条件下,考虑经济性,尽量节约资金和材料。

5. 美观

在室内施工中,必须注意不要损坏建筑物的美观,同时配线的布置和电器的选择也要根据不同情况注意建筑物的美化问题。

第三节 电气施工图的读图

一、电气施工图的基本知识

1. 图幅

图纸的幅面尺寸有 6 种规格,即 0 号、1 号、2 号、3 号、4 号、5 号。

2. 图标

图标亦称标题栏,是用来标注图纸名称、图号、比例、张次、设计单位、设计人员及设计日期等内容的栏目。

3. 比例

电气设计图纸的图形比例均应遵守国家制图标准绘制,一般不可能画得跟实物一样大小,而必须按一定比例进行放大或缩小。一般情况下,照明平面布置图以 1∶100 的比例绘制为宜;电力平面布置图以 1∶100 的比例绘制,也有以 1∶50 或 1∶200 的比例绘制。

4. 详图

在按比例绘制图样时,常常会遇到因某一部分的尺寸太小而使该部分模糊不清的情况。为了详细表明这些地方的结构、做法及安装工艺要求,可采用放大比例的办法,将这部分细节单独画出,这种图称为详图。

5. 图线

图线中的各种线条均应符合制图标准中的有关要求。电气工程图中,常用的线型有:粗实线、虚线、波浪线、点画线、双点画线和细实线。

(1)粗实线:表示主回路。

(2)虚线:长虚线表示事故照明线路;短虚线表示钢索或屏蔽。

(3)波浪线:表示移动式用电设备的软电缆或软电线。

(4)点画线:表示控制和信号线路。

(5)双点画线:表示 36 V 以下的线路。

(6)细实线:表示控制回路或一般回路。

6. 字体

图纸中的汉字采用直体长仿宋体,各种数字字母采用斜体。

7. 标高

在照明电气图中,为了将电气设备和线路安装或敷设在预想的高度,必须采取一定的规则标出电气设备安装高度。这种在图纸上确定的电气设备的安装高度或线路的敷设高度,称为标高。通常以建筑物室内的地面作为标高的零点,高于零点的标高,以标高数前面加"＋"号表示;低于零点的标高,以标高数字前面加"－"号表示。

二、电气施工图的读图

要看懂电气施工图,必须掌握电气施工图的表示方法。下面结合实例来分析读图的一般方法。

1. 读图步骤和方法

(1)先看图上的文字说明。图上的文字说明主要包括图纸目录、器件明细表、施工说明等。

(2)读图顺序。读图时,按照从系统图到施工平面图,从电源进户线到总配电箱,从配电箱沿着各条干线到分配电箱,再从各分配电箱沿各条支线分别读到各负载的顺序。同时,读图时要注意把握好以下几点:

①搞清楚该工程的供电方式和电压。

②电源进户线的方式。常用的进户方式有电缆进户、户外电杆引线入户和沿墙预埋支架敷设导线入户。

③干线及支线情况。主要是干线在各层或配电箱之间的连接情况;各条干线或支线接入三相电路的相别;干线和支线的敷设方式和部位。

④配线方式。照明配线方式常用的有明敷设和暗敷设。

⑤电气设备的平面布置、安装方式和安装高度等。

⑥施工中应注意的问题。

(3)读图方式。将与该工程有关的图纸资料结合起来认真、仔细对照阅读,通过细读可以使我们进一步了解设计意图,增强对图纸的总体认识,并熟悉设计说明书中的内容,以便正确指导施工。

(4)其他。除上述要点,想读懂电气图还要必须懂得土建图中常用的标注方法,也必须懂得一些有关用电、配电设备和照明灯具的标注方法。

2. 读图举例

(1)现以一栋3层综合楼为例。电气系统图如图1.2所示,由图可见进户线为三相四线,电压为380/220 V。

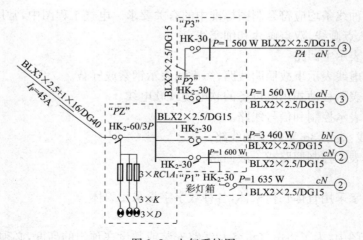

图 1.2　电气系统图

　　通过全楼的总电闸 HK$_2$-60／3P,进入 3 个熔断器 RC 1 A;由 3 个平列开关分别控制 3 个 15 W 的红色指示灯。干线在箱内分为 3 个支路,一路向上为二、三层供电;另外两路为首层花吊灯、日光灯管供电(因首层供电量大)。每一路、每一层相线和零线又分别通过每层配电箱的分闸 HK$_2$-30,二、三层各有一个配电箱"P2""P3",一层配电箱与总箱"PZ"共用同一个箱。彩灯单独用一个 HK$_2$-30 刀开关控制,为合用方便,彩灯单独有一个配电箱供电,因为二、三层用电量小,只以 U 相供电;

　　一层用电量大,以 V、W 两个单相供电。U 相支路为 3 号线,V 相支路为 1 号线,W 相支路为 2 号线。

　　具体的线路走向,室内灯具的布置均通过电气施工平面图为说明。

　　(2)车间动力照明电气平面布置图

　　车间动力照明电气平面布置图是表示配电系统对车间动力配电的电气平面布置图。

　　图 1.3 是一个机械加工车间(一角)的动力电气平面布置图,由图中可以看出,平面布置图上须表示所有用电设备的位置,依次进行编号,并注明设备的容量。用电设备标注格式为 $\frac{a}{b}$ 或 $\frac{a/c}{b/d}$,其中,a 表示设备编号;b 表示额定功率(kW);c 表示线路首端熔断片或自动开关脱扣器的电流(A);d 表示标高(m)。

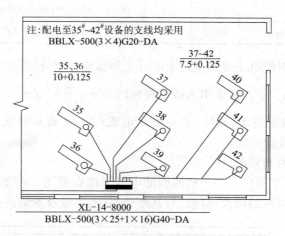

图 1.3　机械加工车间(一角)的动力电气平面布置图

　　在平面布置图上,还须表示出所有用电设备的位置,同样依次编号,并标注其型号规格。配电设备一般标注的格式为:$a\,\frac{b}{c}$ 或 $a—b—c$。当需要标注引入线的规格时,标注的格式为 $a\,\frac{b—c}{d(e\times f)—g}$,其中,$a$ 表示设备编号;b 表示设备型号;c 表示额定电流(A);d 表示导线型号;e 表示导线根数;f 表示导线截面(mm^2);g 表示导线敷设方式及部位。

　　这里采用后一种格式。动力配电箱规格为 XL-14-8000。引入线的型号规格和敷设方式为 BBLX-500(3×25+1×16)G40-DA,它表示采用 3 根 25 mm^2(做相线)、一根 16 mm^2(做中性线)的铝芯橡皮线穿内径为 40 mm 的焊接钢管地板暗敷。

　　关于线路敷设方式和敷设部位的文字代号分别见表 1.1 和表 1.2。

表 1.1　导线敷设方式的文字代号

序号	名　　　称	旧代号	新代号	序号	名　　　称	旧代号	新代号
1	导线或电缆穿焊接管敷设	G	SC	7	用钢线槽敷设	CC	SR
2	穿电线管敷设	DG	TC	8	用电缆桥架敷设	—	CT
3	穿硬聚氯乙烯管敷设	VG	PC	9	用瓷夹板敷设	CJ	PL
4	穿阻燃半硬聚乙烯管敷设	ZVG	FPC	10	用塑料夹敷设	VJ	PCL
5	用绝缘子敷设	CP	K	11	穿蛇皮管敷设	SPG	CD
6	用塑料线槽敷设	XC	PR	12	穿阻燃塑料管敷设	—	PVC

表 1.2　管线敷设部位的文字代号

序号	名　　　称	旧代号	新代号	序号	名　　　称	旧代号	新代号
1	沿钢索敷设	S	SR	7	暗敷设在梁内	LA	BC
2	沿屋架或跨屋架敷设	LM	BE	8	暗敷设在柱内	ZA	CLC
3	沿柱或跨柱敷设	ZM	CLE	9	暗敷设在墙内	QA	WC
4	沿墙面敷设	QM	WE	10	暗敷设在地面或地板内	DA	FC
5	沿天棚或顶板敷设	PM	CE	11	暗敷设在屋面或顶板内	PA	CC
6	在能进人的吊顶内敷设	PNM	ACE	12	暗敷设在不能进人的吊顶内	PNA	ACC

在平面布置图上,对配电干线和支线上的开关和熔断器要分别标注,开关及熔断器的一般标注为:$a\dfrac{b}{c/i}$ 或 $a-b-c/i$。当需要引入线的规格时为 $a\dfrac{b-c/i}{d(e\times f)-g}$;其中,$a$ 表示设备编号;b 表示设备型号;c 表示额定电流(A);i 表示整定电流(A);d 表示导线型号;f 表示导线截面(mm²);g 表示导线的敷设方式。

(3)电气照明的平面布置图

图 1.4 是机械加工车间(一角)一般照明的电气平面布置图。由图可以看出,在平面布置图上,必须表示出所有灯具的位置、灯数、灯具型号、灯泡容量及安装高度、安装方式等。

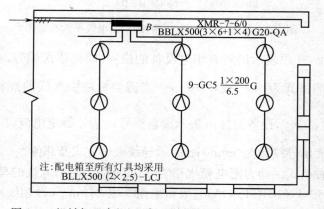

图 1.4　机械加工车间(一角)一般照明的电气平面布置图

照明灯具一般标注方法为:$a-b\dfrac{c\times d\times L}{e}f$。灯具吸顶安装的标注为 $a-b\dfrac{c\times d\times L}{\underline{\quad\quad}}$;其

中，a 表示灯数；b 表示型号和编号；c 表示每盏照明灯具的灯泡数；d 表示灯泡容量(W)；e 表示灯泡安装高度(m)；f 表示安装方式；L 表示光源种类。

9 盏灯，每盏灯容量为 200 W，安装高度为 6.5 m，安装方式为管吊式。

灯具安装方式和光源种类代号分别见表 1.3 和表 1.4。

表 1.3　灯具安装方式

序号	名　　称	旧代号	新代号	序号	名　　称	旧代号	新代号
1	线吊式	X	CP	9	吸顶式或直附式	D	S
2	自在器线吊式	X	CP	10	嵌入式(不可进人的棚顶)	R	R
3	固定线吊式	X1	CP1	11	顶棚内安装(可进人的棚顶)	DR	CR
4	防水线吊式	X2	CP2	12	墙壁内安装	BR	WR
5	吊线器式安装	X3	CP3	13	台上安装	T	T
6	链吊式安装	L	CH	14	支架上安装	J	SP
7	管吊式安装	G	P	15	柱上安装	Z	CL
8	壁装式	B	W	16	座装	ZH	HM

表 1.4　光源种类

序号	光源种类	符号	序号	光源种类	符号
1	工厂灯	GC	5	柱灯	Z
2	荧光灯	Y	6	吸顶	D
3	防尘防水	F	7	投光	T
4	普通吊灯	P	8	壁灯	B

(4)综合照明平面图读图练习

动力与照明电气平面布置图如图 1.5 所示，依据所学知识，请自行分析。

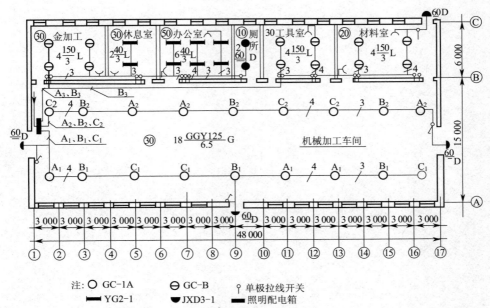

注：○ GC-1A　　⊖ GC-B　　⌐ 单极拉线开关
　　◥ YG2-1　　▼ JXD3-1　　■ 照明配电箱

图 1.5　动力与照明电气平面布置图(单位：mm)

思 考 题

1. 什么是配电网? 由哪几部分组成?

2. 什么是输电线路? 什么是配电线路?

3. 什么是电力系统? 由哪几部分组成?

4. 电力负荷怎样分级? 各级负荷如何供电?

5. 内线施工注意的原则有哪些?

6. 照明平面图中有 $12\dfrac{2\times40}{2.8}$CH 其中 12 表示_____;2×40 表示_____;2.8 表示_____;CH 表示_____。

7. 请自行分析图 1.5。

第二章 低压配电系统

第一节 低压配电系统的配电方式

一、配电方式

(一)电压

室内配电用的电压有下列几种：

(1)照明用 110 V 和 220 V 的直流电压。

(2)直流电动机用 110 V、220 V 和 440 V 的直流电压。

(3)380/220 V 三相四线制交流电压,380 V 用于动力设备(如电动机等),220 V 用于照明或电气设备等。

(4)36 V、24 V 交流电压用于移动式局部照明,12 V 用于危险场所的手提灯。

(5)大容量的高压电动机采用 3 kV 或 6 kV 交流电压。

(6)室内高压变电所的电压为 6 kV 或 10 kV,室内变电站的电压最高到 35 kV。

在铁路内电力供应,室内配电用的电压,高压为 6~10 kV,低压一律采用 380/220 V,对既有线(指铁路)技术改造时应尽量将 110 V 电压等级改为 380/220 V。

按照中华人民共和国行业标准 DL 408—1991《电业安全工作规程》(电力线路部分)第 4 条的规定,电气设备分为高压和低压两种:电气设备的对地电压在 250 V 以上者为高压电气设备。国家标准 GB 26860—2011《电力安全工作规程》——发电厂和变电站电气部分的规定,对地电压在 1 kV 及以上者为高压电气设备),250 V 及以下者为低压电气设备,因此三相四线制中,中性线不接地的为高压,中性线接地的为低压。

(二)配电方式

(1)220 V 单相交流制。一般小容量的住宅用电可用 220 V 的单相交流制,如图 2.1 所示,这是由外线路上一根相线和一根中性线组成,也是由单相 220 V 的降压变压器供给的,不过发展的趋势是小容量的单相变压器不再制造。

(2)380/220 V 三相四线制。大容量的电灯用电,如机关办公室、学校、宿舍等可采用 380/220 V 三相四线制,将各组电灯平均地接在每一根相线和中性线之间,380/220 V 三相四线制接线如图 2.2 所示。当三相负载不平衡时,中性线中有电流流过,所以应该合理分配各相负荷,使中性线电流不得超过低压线圈额定电流的 25%。

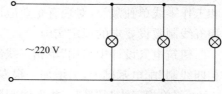

图 2.1 220 V 单相交流制

(3)三相五线制。在三相四线制供电系统中,把零线的两个作用分开,即一根线做工作零线(N),另一根线专做保护零线(PE),这样的供电接线方式称为三相五线制供电方式。三相五线制包括三根相线,一根工作零线,一根保护零线。三相五线制接线如图 2.3 所示。

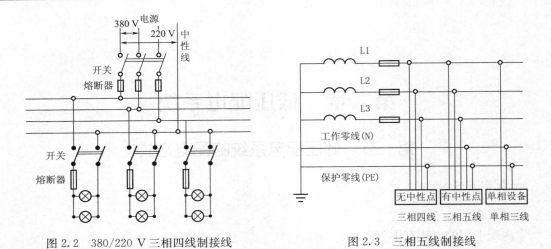

图 2.2　380/220 V 三相四线制接线　　　　　图 2.3　三相五线制接线

①接线的特点。工作零线 N 与保护零线 PE 除在变压器中性点共同接地外,两线不再有任何的电气连接。由于该种接线能用于单相负载,没有中性点引出的三相负载和有中性点引出的三相负载,因而得到广泛的应用。在三相负载不完全平衡运行的情况下,工作零线 N 是有电流通过且是带电的,而保护零线 PE 不带电,因而该供电方式的接地系统完全具备安全和可靠的基准电位。

②三相五线制供电的工作原理。在三相四线制供电中,当三相负载不平衡时和低压电网的零线过长且阻抗过大时,零线将有零序电流通过。过长的低压电网,由于环境恶化、导线老化、受潮等因素,导线的漏电电流通过零线形成闭合回路,致使零线也带一定的电位,这对安全运行十分不利。在零线断线的特殊情况下,断线以后的单向设备和所有保护接零的设备产生危险的电压,这是不允许的。如采用三相五线制供电方式,用电设备上所连接的工作零线 N 和保护零线 PE 是分别敷设的,工作零线上的电位不能传递到用电设备外壳上,这样就能有效隔离三相四线制供电方式所造成的危险电压,使用电设备外壳上电位始终处在"地"电位,从而消除了设备产生危险电压的隐患。

③三相五线制在民用建筑电气中的应用和应用范围。凡是采用保护接零的低压供电系统,均是三相五线制供电的供电应用范围。国家有关部门规定:凡是新建、扩建、企事业、商业、居民住宅、智能建筑、基建施工现场及临时线路,一律实行三相五线制供电方式,做到保护零线和工作零线单独敷设,对现有企业应逐步将三相四线制改为三相五线制供电,具体办法应按三相五线制敷设要求的规定实施。

建筑电气设计中采用"单相三线制"和"三相五线制"配电,就是在过去"单相二线制"和"三相四线制"配电基础上,另增加一根专用保护线直接与接地网连接,如图 2.3 所示。

a."单相三线制"是"三相五线制"的一部分,在配电中出现了 N 线和 PE 线:一个是工作接地 N 线,这时构成电气回路的需要,其中有工作电流流过,在单相二线制中,工作接地 N 严禁装设保险等可断开点,但单相三线制中则应同相线一样装设保护元器件;另一个是保护接地 PE 线,要求直接与接地网相连接。保护零线 PE 与工作零线 N 从某点分开后,就不得再有任何联系,目的有两个:一是为了使漏电电流动作保护能准确动作;二是为了使保护线上没有电流流过,以利安全。

b. 每个建筑物的进户线处应将零线重复接地,接地电阻小于或等于 10 Ω。

c. 从引入处开始,接至建筑物内各个插座,工作零线 N 和保护零线 PE 完全分开(严禁零地混接)。至于保护零线 PE 的导线应采用与工作回路相同等级的绝缘线,且与中性线 N 截面相同,敷设方式和路径也同工作回路。为了便于识别,最好依据规范按颜色区分(JGJ 16—2016《民用建筑电气设计规范》规定"住宅建筑每户的进线开关或插座专用回路宜设置漏电流动作保护,动作电流为 30 mA")。

d. 插座的接线应遵循左零(N)右相(W)上接地。

(三)低压配电网络的基本要求

(1)满足用电设备对供电可靠性的要求和对电能数量及电能质量的要求。

(2)接线方式应力求简单可靠、操作安全、运行灵活和检修方便。

(3)线路装置要安装牢固、整齐美观、维修方便。

(4)严禁利用大地做中性线,即严禁采用三线一地、二线一地或一线一地制。

(5)动力负荷的电价为两种,即非工业电力电价及照明电价。为了正确计算电费,不同电价的照明、动力线路应分开装置,明显地加以标注,并有供电部门分别安装计费电度表。同一电价的照明、电热、空调等设备可装置在共同的线路中,但应考虑检修和事故时的照明问题。

第二节　配电系统的电压选择及接线方式

一、配电系统的电压选择

配电系统由 6～10 kV 配电线路和配电变电所组成,供电距离短,其功能是向用户分配电能。

(一)额定电压标准

为了使电力工业和电力制造业的生产标准化、系列化和统一化,世界各国和有关国际组织都制定了额定电压标准。我国也有相应的额定电压标准,配电系统额定电压等级见表 2.1。

表 2.1　配电系统额定电压等级(kV)

用电设备额定电压	变压器线电压	
	一次绕组	二次绕组
0.38	—	0.4
3	3 及 3.5	3.15 及 3.3
6	6 及 6.3	6.3 及 6.6
10	10 及 10.5	10.5 及 11.0

变压器一次侧接电源,相当于用电设备,二次侧向负荷供电,又相当于发电机,因此,变压器一次侧额定电压应等于用电设备额定电压(直接和发电机相连的变压器一次侧额定电压应等于发电机额定电压),二次侧额定电压应较线路额定电压高 5%。但因变压器二次侧额定电压规定为空载时的电压,而额定负载下变压器内部的电压损耗约为 5%,为使正常运行时变压器二次侧电压较线路额定电压高 5%,变压器二次侧额定电压应较线路额定电压高 10%。只

有漏抗较小的变压器或二次侧直接与用电设备相连的变压器,其二次侧额定电压才较线路额定电压高5%。

　　(二)电压等级及各级电压的供电范围

　　输配电网额定电压的选择在规划设计时又称为电压等级的选择,它关系到建设费用的高低、运行是否方便、设备制造是否经济合理等多方面因素。

　　在输送距离和输送功率一定的条件下,电力网所用的额定电压越高,则电流越小,在线路和变压器上产生的功率损耗、电能损耗和电压损耗就越小,并且可以采用较小截面的导线,以节约有色金属。但是,电压等级越高,线路的绝缘强度要求就越高,杆塔的几何尺寸也要随线间距离和导线对地距离的增大而增大,从而加大线路投资。同时,线路两端的升、降压变电所的变压器、开关电器等电气设备投资也要增加,因此,电力网的额定电压等级应根据输电距离和输送功率经过全面技术经济比较来选定。

　　配电线路各级电压合理输送容量及输送距离见表2.2。

表 2.2　配电线路各级电压合理输送容量及输送距离

额定电压(kV)	输送容量(MW)	输送距离(km)
0.38	0.1 以下	0.6 以下
3	0.1~1.0	1~3
6	0.1~1.2	4~1
10	0.2~2.0	6~20
35	2.0~10	20~50

二、接线方式

　　(一)供电系统的确定

　　供电系统的确定主要依据用电负荷的重要程度来决定,通常有以下几种供电接线方式:

　　(1)一个电源一台变压器的接线,适用于对二级以下负荷供电,如图2.4(a)所示。

　　(2)一个电源一台变压器外加一外接电源,如图2.4(b)所示。

　　(3)两台变压器及低压母线分段的接线,如图2.4(c)所示。

　　(4)两个电源两台变压器及低压母线分三段接线,如图2.4(d)所示。

　　(二)低压配电网络的供电方式

　　低压配电网络的供电方式有放射式、树干式和环形等几种接线方式。

　　1. 放射式接线

　　低压放射式接线如图2.5所示,它的特点是发生故障时互不影响,供电可靠性高,但一般情况下,其有色金属消耗量较多且系统的灵活较差。这种接线多用于供电可靠性要求较高的车间,特别适用于对大型设备供电。

　　2. 树干式接线

　　树干式接线如图2.6所示。树干式接线的特点正好与放射式接线相反,其系统灵活性好,采用的开关设备少,一般情况下有色金属的消耗量少,但干线发生故障时,影响范围大,所以供电可靠性低。树干式接线在机械加工车间和机修车间中应用相当普遍,因为它比较适合于供电容量较小,而分布均匀的设备组,如机床、小型加热炉。

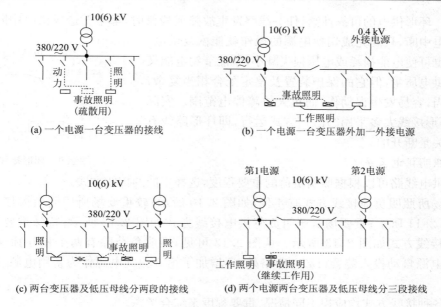

(a) 一个电源一台变压器的接线 　　(b) 一个电源一台变压器外加一外接电源

(c) 两台变压器及低压母线分两段的接线　　(d) 两个电源两台变压器及低压母线分三段接线

图 2.4　常用变电所低压侧接线

变压器干线式接线如图 2.7 所示,省去了整套低压配电装置,使结构大为简化。

树干式派生出来的一种接线方式,叫做链式接线,如图 2.8 所示。优点也和树干式一样,但缺点是仅适用于设备少、容量小的负荷,连接设备不宜超过 5 台,总容量不宜超过 10 kW,而且这些设备的生产性质应该相同。

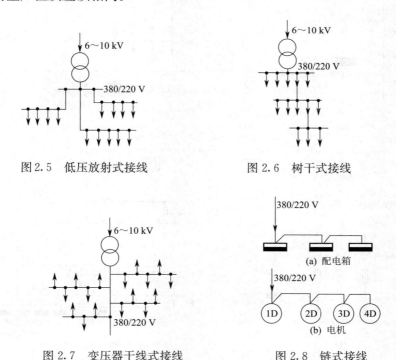

图 2.5　低压放射式接线　　　　　图 2.6　树干式接线

图 2.7　变压器干线式接线　　　　图 2.8　链式接线

3. 环形接线

环形接线如图 2.9 所示,一个工厂内所有车间变电所的低压侧,也可通过低压联络线互相接成环形。环形供电的可靠性高,任一线路发生故障或检修时,都不至造成供电中断,或者只是暂时供电中断,只要完成切换电源的操作就能恢复供电。环形接线也可使电能损耗或电压损失减小,既能节约电能又容易保证供电质量,但它的保护装置及整定配合相当复杂,如配合不当,容易发生误动作,而扩大故障停电范围。实际上,低压环形接线大多采用"开口"方式运行,即环形路线有一处的开关是断开的。

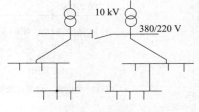

图 2.9　环形接线

（三）照明供电系统

照明供电线路可以根据照明负荷的重要程度,选择不同的接线方式。

一般场所照明负荷接线方式有 4 种,如图 2.10 所示;较重要场所照明负荷接线方式有 4 种,如图 2.11 所示;重要场所照明负荷供电接线方式如图 2.12 所示;特殊重要场所照明负荷供电接线方式如图 2.13 所示。从图 2.13 可见,照明负荷除有两个相互独立的电源、变压器经电源自动投入装置(BZT)联络外,还增加了第 3 独立电源作为备用电源,以保证可靠供电。

以上各种接线方式均应视不同情况、重要程度来综合考虑。

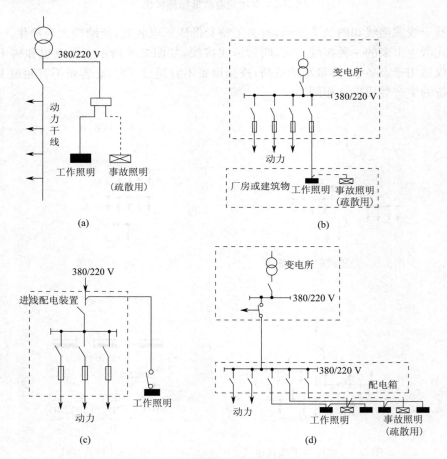

图 2.10　一般场所照明负荷接线方式

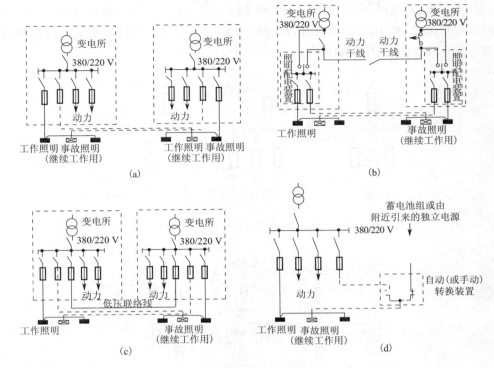

图 2.11　较重要场所照明负荷接线方式

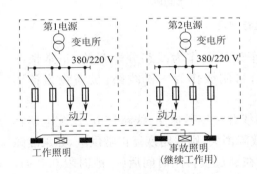

图 2.12　重要场所照明负荷供电接线方式

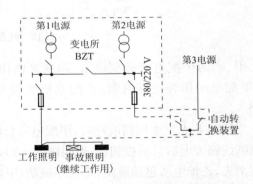

图 2.13　特殊重要场所照明负荷供电接线方式

（四）铁路通信信号供电系统

1. 变电所运行方式

铁路系统电源取自地方供电局,供电方式为专盘专线,电压等级一般为:110 kV、35 kV 或 10 kV。为了提高供电可靠性铁路系统采用双电源同时运行、母线母联分段供电方式。典型 10 kV 变电所接线图如图 2.14 所示。

2. 供电区间供电运行方式

铁路供电线路沿铁路线分布,每 40～60 km 设一个变电所。线路供电运行方式如图 2.15 所示。

为保证列车的行车安全,铁路部门要求铁路通信信号装置必须安全、可靠地工作。为了保证铁路沿线通信信号装置不中断供电,铁路电力系统的变电所一般采用双电源供电方式,沿线每一个供电区间双端供电,供电区间之间一般采用专门为通信信号装置供电的 10 kV 自闭电力线路(简称自闭线)和 10 kV 贯通电力线路(简称贯通线),双路供电至低压双电源切换装置,两路电源互为备用,失压自动切换。

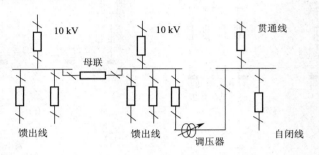

图 2.14　典型 10 kV 变电所接线图

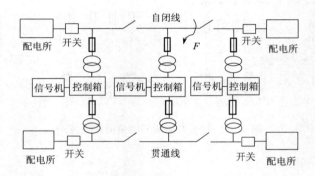

图 2.15　线路供电运行方式

甲、乙两个配电所分别供电,两所之间由若干车站开关作为线路分段开关,正常情况下,甲配电所作为主供电源,乙配电所为备用电源;自闭线作为主供线路,贯通线为备用线路。

当线路 F 点发生短路故障时,甲配电所自闭线出线开关零秒速断,线路失电;乙配电所在检测到线路失电后自动投切(一般时限 0.5 s),如果故障消失,则线路恢复正常供电,如果故障没有消失,乙配电所迅速跳闸,备投不成功;甲配电所在经过重合闸时间后(一般时限 0.5 s),再次合闸,如果故障消失,则线路恢复正常供电,如果故障没有消失,甲配电所再次跳闸,重合闸不成功,线路失电退出运行。这个过程称为"备投—重合"过程。此时,信号设备由贯通线供电,应及时排除故障,恢复自闭线正常供电,否则如果贯通线再次发生永久故障,将导致信号设备供电中断事故。有些情况下,铁路沿线没有自闭线,只有贯通线,当贯通线发生永久故障后,会立即导致供电中断。另外,铁路电力系统还经常使用"重合—备投"方式,工作过程与"备投—重合"类似。

第三节　低压配电系统的导线选择

一、导线的材料

导线指动力线路和照明线路中使用的电力线的总称(俗称电线),由于导线的用途是输送

和传导电流,加之工作环境复杂,易受气象条件的影响,因此对导线有以下要求:

(1)导电性能好,以减小线路的功率损耗、电能损耗及电压损耗。

(2)机械性能好,即抗拉强度高,具有一定的强度和柔软性,不易折断。

(3)耐化学腐蚀性能好,以适应不同污秽环境。

(4)质量轻,性能稳定,经久耐用,价格低廉。

目前常用的导线材料是铜、铝、铝合金、钢等,它们的物理特性见表2.3。

表 2.3 导线材料的物理特性

材料	20 ℃时的电阻率($\Omega \cdot mm^2/m$)	密度(g/cm^3)	抗拉强度(MPa)	耐化学腐蚀性能及其他
铜	0.017 2	8.9	3.5～4.5	表面易形成氧化,抗腐蚀能力强
铝	0.023 2	2.7	1.5～1.8	抗一般化学侵蚀性能好,但是受酸碱盐的腐蚀
钢	0.1	7.86	2.5～3.3	在空气中易生锈,镀锌后不易生锈

由表2.3可知,铜的导电性能最好,机械强度大,耐化学腐蚀性能最好,是比较理想的导线材料。室内导线材料多采用铜导线。铝的电导率比铜的稍低,因此,输送同样功率且保持同样大小的功率损耗时,铝线的截面为铜线的1.61～1.65倍,但铝的密度小,总质量比铜轻,此外,我国铝产量较大,价格较便宜,因而我国电力工业部门总的指导方针是"以铝代铜",所以,一般电力线路均采用铝线。铝线的主要缺点是表面易氧化,不易焊接,抗腐蚀能力差及机械强度小等。

铝合金可以克服铝线的缺点。铝合金导线的电导率与铝相近,而机械强度则与铜相近,抗化学腐蚀能力也较强,质量也较轻,但成本较铝线贵。钢线的电导率是这几种材料中最低的一种,但它的机械强度却是最高,而且价格也最便宜,因此在小容量线路(如自动闭塞线路及农村电网)或跨越河川、山谷等需要较大拉力的地方常被采用。钢导线的表面应镀锌防锈蚀。

二、导线的分类

由于导线品种多,用途广,分类比较复杂,按所用的金属材料,可分为铜线、铝线、钢芯铝线、镀锌铁线等;按构造,可分为裸线、绝缘导线、电磁线、电缆等,裸线和绝缘导线又可分成单线和绞线两种;按金属性质,可分为硬线和软线两种,硬线是未经退火处理的,抗拉强度大,软线是经过退火处理的,抗拉强度较差。

对于室内传输线路必须采用绝缘导线。绝缘导线是由易导电的芯线和不易导电的绝缘层组成。芯线一般由导电性能良好的铜或铝制作,绝缘层通常用聚氯乙烯或人工合成的橡胶制作,有的传输线在绝缘层外面还有一层绝缘材料构成的保护层。

按国家标准规定,导线的型号一般采用3部分表示,第一部分表示导线材料;第二部分表示结构特征;第三部分表示导线截面大小,常用符号意义如下:

T—铜线;L—铝线;G—钢线;J—绞线;J—加强型;Q—轻型;R—柔软型;F—防腐;Y—硬型。

绝缘电线的型号及用途见表2.4。

表 2.4　绝缘电线的型号及用途

名　　称	型号	用　　途
聚氯乙烯绝缘铜芯线 聚氯乙烯绝缘铜芯软线 聚氯乙烯绝缘聚氯乙烯护套铜芯线 聚氯乙烯绝缘铝芯线 聚氯乙烯绝缘铝芯软线 聚氯乙烯绝缘聚氯乙烯护套铝芯线	BV BVR BVV BLV BLVR BLVV	用于交流 500 V 及以下的电气设备和照明装置的连接,其中 BVR 型软线适用于要求电线比较软弱的场合
橡皮绝缘铜芯线 橡皮绝缘铝芯线	BXR BLX	用于交流 500 V 及以下,直流 1 000 V 及以下的户内外架空、明敷、穿管固定敷设的照明及电气设备电路
橡皮绝缘铜芯软线	BXR	用于交流 500 V 及以下,直流 1 000 V 及以下电气设备及照明装置,要求电线比较柔软的室内安装
聚氯乙烯绝缘平型铜芯软线 聚氯乙烯绝缘绞型铜芯软线	RVB RVS	用于交流 250 V 及以下的移动式日用电器的连接
聚氯乙烯绝缘聚氯乙烯护套铜芯软线	RVZ	用于交流 500 V 及以下的移动式日用电器的连接
复合物绝缘平型铜芯软线 复合物绝缘绞型铜芯软线	RFB RFS	用于交流 250 V 或直流 500 V 及以下的各种日用电路、照明灯座等设备的连接

三、常用的几种导线

（一）皮线

铜芯皮线和铝芯皮线的统称,是一种硬线,其外层是浸过沥青并涂上蜡的棉纱或玻璃纤维织物保护层,里面有橡胶绝缘层。皮线中的芯线是单根的铜或铝线。皮线主要用于室内配线。

（二）独股塑料硬线

它的外层是一层塑料绝缘层,芯线是单根的铜或铝线,其用途和皮线基本相同。

（三）花线

它是一种软线,外层有棉纱织物保护层。一般的花线从外观看,其中的一根棉纱织物上有白点,以示区别。棉纱织物内有橡胶绝缘层。芯线由多根细铜丝组成,用棉纱将它们裹在一起,其用途是可作为白炽灯的挂线和移动电热器具的电源引线,现较少使用。

（四）塑料多芯软线

它的外层是塑料绝缘层,芯线由多根细铜丝组成,通常是两根塑料软线绞合在一起,叫绞型塑料软线,也有两根并列粘在一起的叫平型软线,它们的主要用途是,作为连接可移动电器的电源线,多联插座的电源引线或拉设临时线路用。此线不能做电热器具的电源引线。

（五）护套线

这种线有双芯和三芯的两种。最外面的保护层有用橡胶的,也有用塑料的,还有铅做的,所以它们分别称为橡胶护套线、塑料护套线和铅包线。芯线有的是用铜制作的,也有的是铝制成的。铜制芯线有单股和多股之分。芯线间用橡胶或塑料作绝缘层。护套线防潮、防腐蚀性能好,可用于室内外配线,其中多股铜芯护套线还广泛用于家用电器,如电视机、电冰箱、洗衣机、电风扇等的电源引线。

四、导线的标准与选型

导线型式的选择主要考虑环境条件、运用电压、敷设方法和经济、可靠性方面的要求。经济因素除考虑价格外，还应注意节约较短缺的材料，例如节约用铜，尽量采用塑料绝缘电线，以节省橡胶。通常对传输线型式和敷设方式的选择是一起考虑的，当敷设方式确定以后，导线型式选择就显得尤为重要，并且选型也较为繁杂。

导线种类的选择，主要根据使用环境和使用条件来选择：

(1)镀锌、酸洗等有腐蚀性气体的厂房内和水泵房等潮湿的室内，均应采用塑料绝缘导线，以便提高绝缘水平和抗腐蚀能力。

(2)教室、办公室的比较干燥的屋内，可以采用橡皮绝缘导线，但对于温差变化不大的室内，在日光不直接照射的地方，也可采用塑料绝缘导线。

(3)电动机的屋内配线，一般采用橡皮导线，但在地下敷设时，应采用地埋塑料电力导线。

(4)经常移动的导线，如移动电器的引线、吊灯线等，应采用多股软线。

五、导线截面选择

动力线路与照明线路的导线截面选择要满足 4 个方面的要求：

(1)发热条件。导线在通过最大负荷电流时产生的发热温度，不应超过其正常运行时的最高允许温度。

(2)电压损失。导线在通过最大负荷电流时产生的电压损失，不应超过其正常运行时的最大电压损失。

(3)机械强度。导线截面不应小于机械强度要求的最小允许截面。

(4)经济合理。导线截面不应过大，以免浪费有色金属，但也不应太小，以免造成过多的电能损耗。

导线截面选择时，按不同情况，先以其中一个方面考虑选择，然后按其他方面的条件验算。例如，对距离较小(小于或等于 200 m)，低压动力线负荷电流较大，可以先按发热条件选择截面，然后验算其电压损失和机械强度，而对距离较大(大于 200 m)且对于电压质量要求较高的照明线路则可按电压损失条件选择，然后验算其发热条件和机械强度。

(一)按发热条件选择导线截面

当负荷电流通过导线时，因导线电阻发热而产生高热。绝缘导线温升过高将导线绝缘损坏，甚至引起火灾，裸导线温升过高会导致接头处氧化加剧，甚至引起断线。因此，导线的发热温度不能超过允许值。

按发热条件选择导线截面时，应满足下列条件：

$$I_c \leqslant I$$

式中　I_c——导线计算电流(A)；

　　　　I——导线允许载流量(A)。

导线因敷设方式和地点不同，其散热方式也不同，允许载流量也不一样，导线载流量计算如下：

(1)负荷 $\cos\varphi = 1$

$$单相线路:I_C = \frac{K\sum P}{U_{N\cdot\varphi}} \tag{2.1}$$

$$三相线路:I_C = \frac{K\sum P}{\sqrt{3}U_{N\cdot 1}} \tag{2.2}$$

式中　K——需要系数;

$U_{N\cdot\varphi}$——额定相电压;

$U_{N\cdot 1}$——额定线电压。

(2)负荷 $\cos\varphi \neq 1$

①动力负荷

$$单相线路:I_C = \frac{K\sum P}{U_{N\cdot\varphi}\cos\varphi} \tag{2.3}$$

$$三相线路:I_C = \frac{K\sum P}{\sqrt{3}U_{N\cdot 1}\cos\varphi} \tag{2.4}$$

②照明负荷

$$单相线路:I_C = \frac{K\sum P(P+P_a)}{U_{N\cdot\varphi}\cos\varphi} \tag{2.5}$$

$$三相线路:I_C = \frac{K\sum P(P+P_a)}{\sqrt{3}U_{N\cdot 1}\cos\varphi} \tag{2.6}$$

式中,P 为灯的功率;P_a 为镇流器功率。

(3)混合线路

$$I_C = \sqrt{(I_1+I_2\cos\varphi)^2+(I_2\sin\varphi)^2} \tag{2.7}$$

导体允许载流量可以从有关的表格 2.6 至 2.9 中查到。常用气体放电灯镇流器的功率因数及功率损耗简化计算值见表 2.5。

表 2.5　常用气体放电灯镇流器的功率因数及功率损耗简化计算值

光源类型	额定功率 P_N(W)	功率因数	镇流器功率损耗(W)	总计算功率(W)
荧光灯	30	0.4	10	40
	40	0.5	10	50
	85	0.5	15	100
	125	0.5	25	150
高压汞灯	125	0.5	15	140
	250	0.5	30	280
	400	0.6	40	440
高压钠灯	100	0.4	20	120
	250	0.4	30	280
	400	0.5	40	440
金属卤化物灯	250	0.6	30	280
	400	0.6	50	450
	1 000	0.6	100	1 100

表 2.6　聚氯乙烯绝缘电线穿钢管敷设的载流量($\theta_e=65\ ℃$)

截面 (mm²)		2根单芯				管径(mm)		3根单芯				管径(mm)		4根单芯				管径(mm)	
		25℃	30℃	35℃	40℃	G	DG	25℃	30℃	35℃	40℃	G	DG	25℃	30℃	35℃	40℃	G	DG
BLV 铝芯	2.5	20	18	17	15	15	15	18	16	15	14	15	15	15	14	12	11	15	15
	4	27	25	23	21	15	15	24	22	20	18	15	15	22	20	19	17	15	20
	6	35	32	30	27	15	20	32	29	27	25	15	20	28	26	24	22	20	25
	10	49	45	42	38	20	25	44	41	38	34	20	25	38	35	32	30	25	25
	16	63	58	54	49	25	25	56	52	48	44	25	32	50	46	43	39	25	32
	25	80	74	69	63	25	32	70	65	60	55	32	32	65	60	50	51	32	40
	35	100	93	86	79	32	40	90	84	77	71	32	40	80	74	69	63	32	50
	50	125	116	108	98	32	50	110	102	95	87	40	50	100	93	86	79	50	50
BV 铜芯	1.0	14	13	12	11	15	15	13	12	11	10	15	15	11	10	9	8	15	15
	1.5	19	17	16	15	15	15	17	15	14	13	15	15	16	14	13	12	15	15
	2.5	26	24	22	20	15	15	24	22	20	18	15	15	22	20	19	17	15	15
	4	35	32	30	27	15	15	31	28	26	24	15	15	28	26	24	22	15	20
	6	47	43	40	37	15	20	41	38	35	32	15	20	37	34	32	29	20	25
	10	65	60	56	51	20	25	57	53	49	45	20	25	50	46	43	39	25	25
	16	82	76	70	64	25	25	73	68	63	57	25	32	65	60	56	51	25	32
	25	107	100	92	84	25	32	95	88	82	75	32	32	85	79	73	67	32	40
	35	133	124	115	105	32	40	115	107	99	90	32	40	105	98	90	83	32	50
	50	165	154	142	130	32	50	146	136	126	115	40	50	130	121	112	102	50	50

表 2.7　橡皮绝缘电线明敷的载流量(A)($\theta_e=65\ ℃$)

截面(mm²)	BLX、BLXF 铝芯				BX、BXF 铜芯			
	25℃	30℃	35℃	40℃	25℃	30℃	35℃	40℃
1.0	—	—	—	—	21	19	18	16
1.5	—	—	—	—	27	25	23	21
2.5	27	25	23	21	35	32	30	27
4	35	32	30	27	45	42	38	35
6	45	42	38	35	58	54	50	45
10	65	60	56	51	85	79	73	67
16	85	79	73	67	110	102	95	87
25	110	102	95	87	145	135	125	114
35	138	129	119	109	180	168	155	142
50	175	163	151	138	230	215	198	181

表 2.8　聚氯乙烯绝缘电线穿硬塑料管敷设的载流量（A）（$\theta_e=65\ ℃$）

截面 (mm²)		2 根单芯				管径 (mm)	3 根单芯				管径 (mm)	4 根单芯				管径 (mm)
		25 ℃	30 ℃	35 ℃	40 ℃		25 ℃	30 ℃	35 ℃	40 ℃		25 ℃	30 ℃	35 ℃	40 ℃	
BLV 铝 芯	2.5	18	16	15	14	15	16	14	13	12	15	14	13	12	11	20
	4	24	22	20	18	20	22	20	19	17	20	19	17	16	15	20
	6	31	28	26	24	20	27	25	23	21	20	25	23	21	19	25
	10	42	39	36	33	25	38	35	32	30	25	33	30	28	26	32
	16	56	51	47	43	32	49	45	42	38	32	44	41	38	34	32
	25	73	68	63	57	32	65	60	56	51	40	57	53	49	45	40
	35	90	84	77	71	40	80	74	69	63	40	70	65	60	55	50
	50	114	106	98	90	50	102	95	88	80	50	90	84	77	71	63
BV 铜 芯	1.0	12	11	10	9	15	11	10	9	8	15	10	9	8	7	15
	1.5	16	14	13	12	15	15	14	12	11	15	13	12	11	10	15
	2.5	24	22	20	18	15	21	19	18	16	15	20	17	16	15	20
	4	31	28	26	24	20	23	23	24		20	25	23	21		20
	6	41	38	35	32	20	36	33	31	28	20	32	29	27	25	25
	10	56	52	48	44	25	49	45	42	38	25	44	41	38	34	32
	16	72	67	62	56	32	65	60	56	51	32	57	53	49	45	32
	25	95	88	82	75	32	105	79	73	67	40	75	70	64	59	40
	35	120	112	103	94	40	132	98	90	83	40	93	86	80	73	50
	50	150	140	129	113	50	167	123	114	104	50	117	109	101	92	63

表 2.9　聚氯乙烯绝缘电线明敷的载流量（A）（$\theta_e=65\ ℃$）

截面 (mm²)	BLG 铝芯				BV、BVR 铜芯			
	25 ℃	30 ℃	35 ℃	40 ℃	25 ℃	30 ℃	35 ℃	40 ℃
1.0	—	—	—	14	19	17	16	15
1.5	18	16	15	19	24	22	20	18
2.5	25	23	21	25	32	29	27	25
4	32	29	27	33	42	39	36	33
6	42	39	36	46	55	51	47	43
10	59	55	51	63	75	70	64	59
16	80	74	69	83	105	98	90	83
25	105	98	90	102	138	129	119	109
35	130	121	112	130	170	158	147	134
50	165	154	142	162	215	201	185	170

【例 2.1】　有 380/220 V 三相四线制线路，环境温度 25 ℃，线路上所接负荷如表 2.10 所示。现 $k=1$，4 根单芯线穿塑料管，采用 BLV 线，求导线截面。

表 2.10　线路所接负荷

相位	高压汞灯（W）	白炽灯（W）
U	4×250	4×500
V	8×250	2×500
W	2×250	6×500

【解】 查表得:250 W 高压汞灯镇流器的功率损耗为 30 W,$\cos\varphi=0.5$。计算结果列表如表 2-11 所示。

表 2-11 计算结果

类型	电流	U	V	W
白炽灯	I	9.1	4.5	13.6
高压汞灯	I	10.2	20.4	5.1
	I	16.7	23	19.2

可见 V 相电流最大,据此查表:4 根单芯线穿塑料管,按 23 A;查表 2.8 选择 4 根BLV-6,$I=25$ A。

(二)按允许电压损失选择导线截面

由于导线有阻抗,当负荷电流通过导线时将产生电压损失。如果电源端输出电压为 U_1,而负载端得到的电压为 U_2,那么线路上电压损失的绝对值为

$$\Delta U = U_1 - U_2$$

由于用电设备的端电压偏移有一定的允许范围,所以线路的电压损失也有一定的允许值。如果线路上的电压损失超过了允许值,就将影响用电设备的正常运行。为了保证电压损失在允许值范围内,就必须保证导线有足够的截面。

对不同等级的电压,电压损失的绝对值 ΔU 并不能确切地表达电压损失的程度,所以工程上常用 ΔU 与额定电压 U_N 的百分比来表示相对电压损失,即

$$\Delta U\% = \frac{U_1 - U_2}{U_N} \times 100\% \tag{2.8}$$

按供电规则规定:对 35 kV 及以上高压供电的,电压正、负偏差的绝对值之和不应超过额定值的 10%;10 kV 及以下三相供电的,为额定值的 ±7%;220 V 单相供电的,为额定值的 +7%~-10%;自动闭塞信号变压器二次端子,为额定值的 ±10%。

线路电压损失的大小是与导线材料、截面的大小、线路的长短和电流的大小密切相关的,线路越长、负荷越大,线路电压损失也将越大。工程计算中,可采用相对电压损失的一种简化公式:

$$\Delta U\% = \frac{Pl}{C \cdot S}\% \tag{2.9}$$

由此可推出计算各种线路导线截面的简化式为

$$S = \frac{Pl}{C \cdot \Delta U\%} \tag{2.10}$$

当线路上接有几个负荷时:

$$S = \frac{\sum Pl}{C \cdot \Delta U\%} \tag{2.11}$$

式中　Pl——负荷矩,kW・m;

　　　P——线路输送的电功率,kW;

　　　l——线路长度(指单程距离),m;

　　$\Delta U\%$——线路允许电压损失;

　　　S——导线截面,mm^2;

　　　C——电压损失计算常数,见表 2.12。

表 2.12　电压损失计算系数 C 值

线路额定电压(V)	线路类别	C 值计算公式	导线 C 值		母线 C 值	
			铝	铜	铝	铜
500	三相	$10\gamma U_e^2$	77	124.7	73	118.3
380/220	三相四线制	$10\gamma U_e^2$	45.5	72	42.2	68.4
380/220	两相及零线	$\dfrac{10\gamma U_e^2}{2.25}$	19.8	32	18.8	30.4
220			7.45	12.1	7.07	11.5
110			1.86	3.02	1.77	2.86
36	单相或直流	$5\gamma U_e^2\varphi$	0.2	0.323	0.189	0.307
24			0.089	0.144	0.084	0.136
12			0.022	0.036	0.021	0.034
6			0.006	0.009	0.005	0.009

【例 2.2】　某户外三相四线制动力线路采用绝缘导线架设在绝缘支持件上,其支持点间距离为 2 m 以下。允许电压损失为 3‰,试求导线截面(其供电线路如图 2.16 所示)。

【解】　由于负荷集中在末端且均匀分布,可以确定负荷中心并简化供电线路如图 2.17 所示,即简化为单一负荷线路。

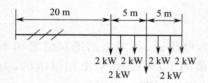

图 2.16　例 2.2 图(一)

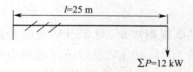

图 2.17　例 2.2 图(二)

由公式 2.10 可得

$$S=\frac{\sum Pl}{C\cdot\Delta U\%}$$

式中 C 可查表 2.12 得,铝线:$C=45.5$;铜线:$C=72$。

因此可求得

$$S_{铝}=\frac{\sum Pl}{C\cdot\Delta U\%}=\frac{12\times25}{44.5\times3}=2.25\text{（mm}^2)$$

$$S_{铜}=\frac{\sum Pl}{C\cdot\Delta U\%}=\frac{12\times25}{72\times3}=1.39\text{（mm}^2)$$

而按机械强度要求查表 2.13 可得铝线最小截面为 2.5 mm²,铜线最小截面为 1.5 mm²,所以选用铝线应取 2.5 mm²,若要选用铜导线应取 1.5 mm²。

(三)按机械强度选择导线截面

导线除承受负荷电流外,还要承受一定的机械强度,因此必须具有足够的机械强度。按机械强度要求允许的最小导线截面见表 2.13。

表 2.13 按机械强度要求允许的最小导线截面

用 途	线芯最小截面（mm²）			用 途	线芯最小截面（mm²）		
	铜芯软线	铜线	铝线		铜芯软线	铜线	铝线
一、照明用灯头引下线				12 m 及以下	—	2.5	6.0
1.民用建筑,室内	0.4	0.5	1.5	12 m 以上	—	4.0	10
2.工业建筑,室内	0.5	0.8	2.5	四、穿管敷设的绝缘导线	1.0	1.0	2.5
3.室外	1.0	1.0	2.5				
二、移动式用电设备				五、塑料护套线沿墙明敷设	—	1.0	2.5
1.生活用	0.2	—	—	六、板孔穿线敷设的绝缘导线		1.5	2.5
2.生产用	1.0	—	—				
三、架设在绝缘支持件上的绝缘导线,其支持点间距离为				七、槽板内敷设的绝缘导线	—	1.0	1.5
1 m 以下,室内	—	1.0	1.5	八、接户线			
室外	—	1.5	2.5	自电杆上引下,			
2 m 及以下,室内	—	1.0	2.5	挡距 10 m 以下	2.5	4.0	
室外	—	1.5	2.5	挡距 15~20 m	4.0	6.0	
6 m 以下	—	2.5	4.0	沿墙敷设,挡距 6 m 及以下	2.5	4.0	

（四）零线（中性线）截面的选择

（1）中性点直接接地的系统中,零线的截面应不小于相线截面的 1/2。

（2）单相线路、负荷对称的两相线路、逐相断开的负荷对称三相线路及气体放电灯三相四线制线路中,零线截面应与相线截面相等。

（3）相间负荷不均衡的两相和三相线路,以及共用零线的几条线路中,零线截面应由计算确定。如果计算结果零线截面比相线截面大时,允许利用电缆的零线芯作为相线。

【例 2.3】 某建筑工地在距离配电变电变压器 500 m 处有一台混凝土搅拌机,采用 380/220 V 的三相四线制供电,电动机的功率 $P_N=10$ kW,效率 $\eta=0.81$,功率因数为 $\cos\phi=0.83$,允许电压损失 5%,需要系数 $K=1$。如果采用 BLX 型铝芯橡皮绝缘导线供电,导线截面应选多大?

【解】 由于线路较长且允许电压缺失较小,因此:

（1）先按允许电压损失来选择导线截面

电动机取自电源的功率为

$$P=\frac{P_N}{\eta}=\frac{10}{0.81}=12.3\,(kW)$$

由表 2.12 可得,当采用 380/220 V 三相四线制时,铝线的 C 值为 44.5,因此导线的截面为

$$S=\frac{Pl}{C\Delta U\%}=\frac{12.3\times500}{44.5\times5}=27.64\,(mm^2)$$

查表 2.7,选用 35 mm² 的铝芯橡皮线。

（2）按发热条件选择导线截面

$$I=\frac{K\sum P}{\sqrt{3}U_{N}\eta\cos\varphi}=\frac{1\times10\times10^{3}}{\sqrt{3}\times380\times0.81\times0.83}=22.8\ (A)$$

由于 35 mm² 的铝芯橡皮线长期允许载流量为 138 A,因此采用该导线能满足导线发热要求。

(3)按机械强度条件校验

由表 2.13 可知,绝缘导线在户外架空敷设时,铝线的最小截面是 10 mm²,因此,选用 35 mm² 的铝芯橡皮线完全满足要求。

第四节　低压配电设备的选择

低压配电设备主要有闸刀开关、熔断器、电度表、漏电保护器、低压断路器、接触器等。

一、闸刀开关

(一)闸刀开关的结构及作用

闸刀开关是一种简单的手动操作电器,用于非频繁接通和切断容量不大的低压供电线路,并兼作电源隔离开关。常用的有胶盖闸刀开关,价格便宜、使用方便,在工民建筑中广泛使用。胶盖闸刀开关适用于电流 10~50 A,极数有二极、三极。主要用于小电流控制。

在家用配电板上,闸刀开关主要用于控制用户电路的通断。通常用 10 A 或 30 A 的二极胶盖闸刀,胶盖瓷底闸刀开关如图 2.18 所示,它采用瓷质材料做底板,中间装闸刀、熔丝和接线桩,上面用胶盖保护。闸刀开关底座上端有一对接线桩,与静触头相连,规定接电源进线;底座下端也有一对接线桩,通过熔丝与动触头(刀片)相连,规定接电源出线。这样当闸刀拉下时,刀片和熔丝均不带电,装换熔丝比较安全。安装闸刀时,手柄要朝上,不能倒装,也不能平装,以避免刀片及手柄因自重下落,引起误合闸,造成事故。

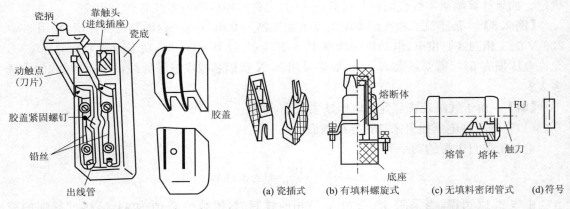

图 2.18　胶盖瓷底闸刀开关　　　　图 2.19　常用熔断器结构图
(a)瓷插式　(b)有填料螺旋式　(c)无填料密闭管式　(d)符号

(二)闸刀开关的选择

安装闸刀开关的线路,其额定电压不应大于 500 V。为保证闸刀开关在正常负荷时安全可靠运行,通过闸刀开关的计算电流应小于或等于闸刀开关的额定电流。对普通负荷来说,可根据负荷的额定电流来选择闸刀开关。当闸刀开关控制电机时,由于电机的起动电流大,选择闸刀开关的额定电流要比电动机的额定电流大些,一般是电动机额定电流的 2 倍左右。

二、熔断器

熔断器的功能是在电路短路和过载时起保护作用,当电路上出现过大的电流或短路故障时,则熔丝熔断,切断电路,避免事故的发生。

(一)熔断器的分类

常用的熔断器有瓷插式、有填料螺旋式、有填料密闭管式、无填料密闭管式等,如图2.19所示。

(二)熔断器的结构和原理

熔断器由熔体和熔座两部分组成,在正常情况下,熔体中通过额定电流时熔体不应该熔断,当电流增大至某值时,熔体经过一段时间后熔断并熄弧,这段时间称为熔断时间。通过熔断器熔体的电流与熔断时间见表2.14。

表2.14 通过熔断器熔体的电流与熔断时间

通过额定电流倍数	1.25	1.6	2	2.5	3	4
熔断时间	∞	60 min	40 s	8 s	4.5 s	2.5 s

(三)熔断器的选择及性能指标

1. 熔断器的技术参数

熔断器的选择有3个技术参数:

(1)额定电压。

(2)额定电流。

(3)极限分断能力。

2. 熔断器的选择

熔丝的选择应视熔丝后面用电器电流总量的大小而定,电流越大,所用熔丝规格越大。常用铝锡合金熔丝的规格见表2.15。

表2.15 常用铝锡合金熔丝的规格

直径(mm)	额定电流(A)	熔断电流(A)	直径(mm)	额定电流(A)	熔断电流(A)
0.28	1.00	2.00	0.81	3.75	7.50
0.32	1.10	2.20	0.98	5.00	10.00
0.35	1.25	2.50	1.02	6.00	12.00
0.36	1.35	2.70	1.25	7.50	15.00
0.40	1.50	3.00	1.51	10.00	20.00
0.46	1.85	3.70	1.67	11.00	22.00
0.52	2.00	4.00	1.75	12.50	25.00
0.54	2.25	4.50	1.98	15.00	30.00
0.60	2.50	5.00	2.40	20.00	40.00
0.71	3.00	6.00	2.78	25.00	50.00

熔断器额定电流的选择与所保护对象有关。

照明和非电感设备:熔体额定电流大于电路工作电流。

单台电动机:1.5～2.5倍电动机额定电流,轻载取小值,重载取大值。

多台电动机:最大一台电动机额定电流的1.5～2.5倍加上其余电动机额定电流之和。

配电变压器的低压侧:输出额定电流的1～1.2倍。

三、电度表

电度表是用来测定某一段时间内电源提供电能或负载消耗电能的仪表。

电度表有单相电度表和三相电度表两种。三相电度表又有三相三线制和三相四线制电度表两种,按接线方式不同,又各分为直接式和间接式两种,直接式三相电度表常用的规格有10 A、20 A、30 A、50 A、75 A和100 A等多种,一般用于电流较小的电路上,间接式三相电度表常用的规格是5 A的,与电流互感器连接后,用于电流较大的电路上。

(一)电度表的接线方法

1. 单相交流电度表的接线方法

交流电能的测量大多采用感应系电度表,其结构如图2.20所示。单相电度表有专门的接线盒,接线盒内设有4个端钮。单相电度表的接线方法如图2.21所示。电压和电流线圈在电表出厂时已在接线盒中连好。单相电度表共有4个接线桩,从左至右按1、2、3、4编号,配线时,只需按1、3端接电源,2、4端接负载即可(少数也有1、2端接电源,3、4端接负载的,接线时要参看电表的接线图)。

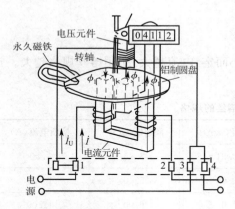

图2.20　感应系电度表的结构示意图

图2.21　单相电度表的接线方法

2. 三相电度表的接线

(1)直接式三相四线制电度表的接线

这种电度表共有11个接线桩头,从左至右按1、2、3、4、5、6、7、8、9、10、11编号,其中1、4、7是电源相线的进线桩头,用来连接从总熔丝盒下桩头引出来的3根相线;3、6、9是相线的出线桩头,分别去接总开关的3个进线桩头;10、11是电源中性线的进线桩头和出线桩头;2、5、8三个接线桩头可空着,直接式三相四线制电度表的接线如图2.22所示。

(2)直接式三相三线制电度表的接线

这种电度表共有8个接线桩头,其中1、4、6是电源相线进线桩头;3、5、8是相线出线桩头;2、7两个接线桩可空着,直接式三相三线制电度表的接线如图2.23所示。

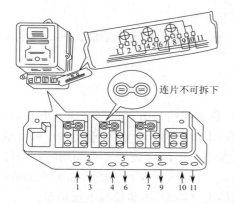

图 2.22 直接式三相四线制电度表的接线

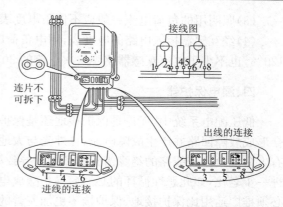

图 2.23 直接式三相三线制电度表的接线

(3)间接式三相四线制电度表的接线

这种三相电度表需配用 3 只同规格的电流互感器,接线时把从总熔丝盒下接线桩头引来的 3 个相线,分别与 3 只电流互感器出线的"+"接线桩头连接,同时用 3 根绝缘导线从这 3 个"+"接线桩引出,穿过钢管后分别与电度表 2、5、8 端三个接线桩连接,接着用 3 根绝缘导线,从 3 只电流互感器次级的"+"接线桩头引出。穿过另一根钢管与电度表 1、4、7 端三个进线桩头连接,然后用一根绝缘导线穿过后一根保护钢管,一端连接 3 只电流互感器次级的"一"接线桩头,另一端连接电度表的 3、6、9 端三个出线桩头,并把这根导线接地,最后用 3 根绝缘导线,把 3 只电流互感器初级的"一"接线桩头分别于总开关 3 个进线桩头连接起来,并把电源中性线穿过前一根钢管与电度表 10 进线桩连接,接线桩 11 是用来连接中性线的出线,间接式三相四线制电度表的接线如图 2.24 所示。接线时应先将电度表接线盒内的 3 块连片都拆下。

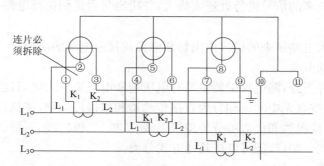

图 2.24 间接式三相四线制电度表的接线

(二)电度表选择方法

电度表选用应根据负荷相数、电压、电流确定。额定电压应等于负荷电压,电度表的最大电流应等于或大于负荷电流。电度表的最大电流是用括号标在标定电流的后面,如 5(10) A,即标定电流为 5 A,最大电流为 10 A。当直接接入的单相和三相电度表,其铭牌只写标定电流时,则最大电流一般等于标定电流的 1.5 倍。

因为电度表在低于 10% 的标定电流和高于标定电流时,其误差较大,所以根据负荷选择电度表时,可以参照以下几点:

(1)负荷电流应不大于电度表最大电流。

(2)动力用的负荷电流一般应不低于电度表标定电流的 70%。

(3)照明用的负荷电流一般应不低于电度表标定电流的 50%。

(4)经互感器接入电路的电度表,用电负荷电流一般应不大于电流互感器铭牌一次电流的 120%,也不小于电流互感器铭牌一次电流的 30%。

四、漏电保护器

低压配电系统中,无论是保护接地还是保护接零,只要相线与电气设备金属外壳接触,就会形成故障回路并产生故障电流,在外壳与大地之间产生危险的电位差,使触及带电外壳的人有生命危险。若线路的绝缘遭到破坏则会导致漏电,漏电电流的热效应又会加剧线路绝缘的进一步老化,如此恶性循环的必然后果是酿成电气火灾。因此,为保护人类生命财产的安全,必须推广运用比保护接地、保护接零更加完善的附加性安全措施,即装设漏电保护器。

漏电保护器是一种在规定条件下,当漏电电流达到或超过给定值时,便能自动断开电路的一种机械式开关电器或组合电器,其全称为漏电电流动作保护器简称漏电保护器,俗称漏电保安器或保安器。漏电保护器的主要作用是防止人身触电,以及防止因电器设备或线路漏电而引起的火灾事故。

(一)漏电保护器的组成、分类及主要技术参数

1. 漏电保护器的组成

漏电保护器主要由检测电路、判断或放大电路和执行电路 3 部分组成,各部分的主要作用介绍如下:

(1)检测电路

由漏电电流互感器(零序电流互感器)将电网或电气设备的漏电电流转变为二次信号。

(2)判断或放大电路

根据检测电路送来的信号进行处理或放大,并决定是否送到执行电路。

(3)执行电路

根据判断或放大电路送来的信号作出切断电源或接通电源的决定。

2. 漏电保护器的分类

按反映信号的种类分,漏电保护器主要有电压型和电流型两大类,目前世界各国广泛采用电流型漏电保护器;按有无中间机构分为直接传动型和间接传动型;按执行结构可分为机械脱扣和电磁脱扣两种;按极数和线数可分为单极二线、二极、二极三线、三极、三极四线、四极等保护器。根据 GB 6829—2017,还可以按其他方式分类。

3. 主要技术参数

(1)脱扣器额定电流 I_n

在规定条件下,漏电保护器正常工作所允许长期通过的最大电流值。

(2)额定漏电动作电流 $I_{\Delta n}$

制造厂规定的漏电保护器必须动作的漏电动作电流值。

(3)额定漏电不动作电流 $I_{\Delta n0}$

制造厂规定的漏电保护器必须不动作的漏电不动作电流值。

(4)分断时间 $t_{\Delta n}$

保护器检测元件从施加漏电动作电流起,到被保护电路切断为止的时间。

(5)短路通断能力 I_m

在规定条件下,漏电保护器所能接通和分断的预期短路电流值。

（6）额定漏电通断能力 $I_{\Delta m}$

在规定条件下，漏电保护器所能接通和分断的预期接地短路电流值。

（二）漏电保护器的工作原理

设备漏电时，出现两种异常现象：一是三相电流的平衡状态遭到破坏，出现零序电流；二是设备正常运行时，不应带电的金属部分出现对地电压。漏电保护器就是通过检测机构取得这两种异常信号，经过中间机构的转换和传递，使执行机构动作，并通过开关装置断开电源的。有时，异常信号很微弱，中间还需要增设放大环节。

1.电压型漏电保护器的工作原理

电压型漏电保护器以设备外壳对地电压作为信号，电压型漏电保护器原理图如图 2.25 所示。作为检测机构的继电器线圈 KA 一端接地，另一端在工作时直接与设备的外壳相连接。当发生漏电，设备对地电压达到动作数值时，继电器迅速动作，切断作为执行机构的接触器 KM 线圈的电路，KM 主触头断开，从而断开设备的电源。

电压型漏电保护器结构简单、价格低廉，适用于设备的漏电保护。但由于电压型漏电保护器不能防止直接接触带电体的触电事故，因此继电器的接地端必须与设备重复接地。保护接地线和接地体分开，才能实现漏电保护等原因，使电压型漏电保护器的使用受到限制。在低压电网中广泛采用的是电流型漏电保护器。

2.电流型漏电保护器的工作原理

纯电磁式漏电保护器是一种无中间机构的直接动作式保护器，直接动作式电流型漏电保护器原理图如图 2.26 所示。由零序电流互感器和极化脱扣器组成，正常运行时，零序电流互感器的初级绕组（三相电源线）内无零序电流，次级绕组 AT2 产生感应电动势，极化脱扣器中的衔铁在永久磁铁的吸引下克服弹簧的拉力与铁芯闭合，脱扣器在静止状态。当有人触电或设备（线路）漏电时，零序电流互感器初级绕组中有了零序电流，次级绕组 AT2 产生感应电动势，与次级绕组相接的反磁线圈 AT2′ 中便有电流通过。该电流在 AT2′ 中产生的磁通与永久磁铁的磁通叠加，起去磁作用，于是衔铁失去磁场的吸引力，在弹簧的作用下释放，同时带动开关跳闸，切断电源，从而达到保护的目的。

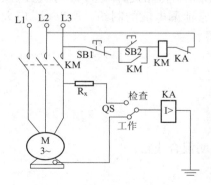
图 2.25　电压型漏电保护器原理图

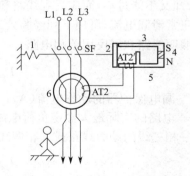
图 2.26　直接动作式电流型漏电保护器原理图

（三）装用漏电保护器的主要规定

必须安装漏电保护器的设备与场所主要有：

（1）移动式电气设备及手持式电动工具（Ⅲ类除外）。

（2）安装在潮湿、强腐蚀性等环境恶劣场所的电气设备。

（3）建筑施工工地的电气施工机械设备。

（4）暂作临时用电的电气设备。

（5）宾馆、饭店及招待所客房内的插座回路。

（6）机关、学校、企业、住宅等建筑物内的插座回路。

（7）游泳池、喷水池、浴池的水中照明设备。

（8）安装在水中的供电线路和设备。

（9）医院中直接接触人体的医用设备（据 GB 9706.1—2007 指 H 类设备）。

（四）漏电保护器的选择

漏电保护器的选用原则介绍如下：

（1）原则上选用电流型漏电保护器，其中 $I_{\Delta n} \leqslant 30$ mA 的漏电保护器，可作为直接接触的补充保护，但不能作为唯一的保护。

（2）在有爆炸危险的场所，应选用防爆型漏电保护器；在潮湿、水汽较大的场所，应选用防水型漏电保护器；在粉尘浓度较高的场所，应选用防尘型或密闭型漏电保护器。

（3）选用漏电保护器时，安装地点的电源额定电压和频率，应与漏电保护器的铭牌标示相符；漏电保护器的额定电流和额定短路通断能力应分别满足线路工作电流和短路分断能力的要求。

（4）保护单相线路和设备时，宜选用单级二线或二极式漏电保护器；保护三相线路和设备时，宜选用三级式漏电保护器；保护既有三相又有单相的线路和设备时，应选用四级式漏电保护器。

（5）采用分段保护时，应满足上下级动作的选择性，即当某处发生接地故障时，只应由本级的漏电保护器动作，以切断故障点的电源，而上一级漏电保护器不应同时动作或提前动作切断电源。为此，在选择漏电保护器时应遵循以下规则：

①上级漏电保护器的额定漏电动作电流 $\times \dfrac{1}{2} >$ 下一级漏电保护器的额定漏电动作电流之和。

②上一级漏电保护器的可返回时间 > 下一级漏电保护器的最长断开时间。

（6）从安全保护的角度考虑，漏电开关的额定漏电动作电流的选择越小越好，但从供电的可靠性考虑，却又不能过小，而应受到线路和设备的正常泄漏电流的制约。所以，$I_{\Delta n}$ 应大于线路和设备的正常泄漏电流，可用下列经验公式进行估算：

①对于照明线路和居民用单相电路：

$$I_{\Delta n} \geqslant \frac{I_n}{2\ 000}$$

式中　$I_{\Delta n}$——漏电保护器的动作电流（A）；

　　　I_n——电路的实际最大额定负荷电流（A）。

②对于三相三线的动力线路或三相四线的动力照明混合线路：

$$I_{\Delta n} \geqslant \frac{I_n}{1\ 000}$$

（7）漏电保护器的动作时间主要根据使用目的来选择。主要用于触电保护时，选择动作时间小于 0.2 s 的快速型漏电保护器；主要用于防火保护或漏电报警时，选择动作时间为 0.2～2 s 的延时型漏电保护器。

五、低压断路器

低压断路器又称自动空气断路器，简称为自动空气开关或自动开关，它相当于把手动开关、热继电器、电流继电器、电压继电器等组合在一起构成的一种电器元件，主要用于供电控制、电机的不频繁启、停控制和保护，它是在低压电路中应用非常广泛的一种保护电器。常用低压断路器实物如图 2.27 所示。

（一）低压断路器的结构种类

低压断路器主要由触点系统、操作机构和各种保护元件 3 大部分组成。它的触点系统与接触器的触点系统相似，主触头由耐弧合金（如银钨合金）制成，较大容量的还采用灭弧栅片灭弧，具有直接断开负荷主回路的能力。各种保护元件实质就是各种脱扣器，不仅具有作为短路保护的过电流脱扣器，还具有作为长期过载保护的热脱扣器，以及失压保护脱扣器，故在自动化程度和工作特性要求高的系统中，它是一种很好的保护电器。

图 2.27 常用低压
断路器实物

低压断路器的种类很多，按用途分，有保护配电线路用、保护电动机用、保护照明线路用及漏电保护用；按结构形式分，有框架式（又称万能式）和装置式（又称塑壳式）自动空气开关；按极数分，有单极、双极、三极、四极自动空气开关；按限流性能分，有不限流和快速限流自动空气开关；按操作方式分，有直接手柄操作式、杠杆操作式、电磁铁操作式、电动机操作式自动空气开关，常用型号有 DZ5、DZ20、DZ47、C45、3VE 等系列。

（二）低压断路器的工作原理

低压断路器结构原理图如图 2.28 所示，其文字符号用 QF 表示。

低压断路器的工作原理是：主触点 1 串联在被控制的电路中，将操作手柄扳到合闸位置时，搭钩 3 勾住锁扣 2，主触点 1 闭合，电路接通。由于触头的连杆被锁扣 2 锁住，使触头保持闭合状态，同时分断弹簧被拉长，为分断做准备。瞬时过电流脱扣器（磁脱扣）12 的线圈串联于主电路，当电流为正常值时，衔铁吸力不够，处于打开位置。当电路电流超过规定值时，电磁吸力增加，衔铁 11 吸合，通过杠杆 5 使搭钩 3 脱开，主触点在弹簧 13 作用下切断电路，这就是瞬时过电流或短路保护作用。当电路失压或电压过低时，欠压脱扣器 8 的衔铁 7 释放，同样由杠杆 5 使搭钩 3 脱开，起到欠压

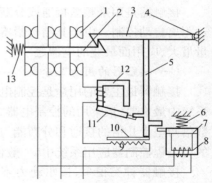

图 2.28 低压断路器结构原理图
1—主触头；2—锁扣；3—搭钩；4—转轴座；
5—杠杆；6—拉力弹簧；7—欠压脱扣器衔铁；
8—欠压脱扣器；9—热元件；10—双金属片；
11—电磁脱扣器衔铁；12—电磁脱扣器；13—弹簧

和失压保护作用。当电源恢复正常时，必须重新合闸后才能工作。长时间过载使得过流脱扣器的双金属片式（热脱扣）10 弯曲，同样由杠杆 5 使搭钩 3 脱开，起到过载（过流）保护作用。

（三）低压断路器的参数

低压断路器的主要参数有额定电压、额定电流、通断能力和分断时间。额定电压是指断路器在长期工作时的允许电压，在实际使用中它应大于电路的额定电压；额定电流是指断路器在长期工作时的允许通过电流，在实际使用中它应大于电路的额定电流，并考虑安装环境和负载性质的影响；通断能力是指断路器在规定的电压、频率及规定的电路参数（交流电路为功率因数，直流电路为时间常数）下，所能接通和分断的短路电流值；分断时间是指断路器切断故障电流所需的时间。

（四）低压断路器的选用

自动空气开关的一般选用原则介绍如下：

（1）自动空气开关的额定工作电压≥线路额定电压。

（2）自动空气开关的额定电流≥线路负载电流。

（3）热脱扣器的整定电流＝所控制负载的额定电流。

（4）电磁脱扣器的瞬时脱扣整定电流＞负载电路正常工作时的峰值电流。

对单台电动机来说，瞬时脱扣整定电流 I_z 也可按下式计算：

$$I_z \geqslant K \cdot I_{st}$$

式中，K 为安全系数，可取 $1.5 \sim 1.7$；I_{st} 为电动机的启动电流。

对多台电动机来说，可按下式计算：

$$I \geqslant K(I_{stmax} + \sum I_n)$$

式中，K 取 $1.5 \sim 1.7$；I_{stmax} 为其中最大容量的一台电动机的启动电流；$\sum I_n$ 为其余电动机额定电流的总和。

（5）自动空气开关欠电压脱扣器的额定电压＝线路额定电压。

六、接触器

接触器是用来频繁接通或分断电动机主电路或其他负载电路的控制电器，用它可以实现远距离自动控制。由于其结构紧凑、价格低廉、工作可靠、维护方便，因而用途十分广泛，是用量最大、应用面最宽的电器之一。

（一）接触器的用途及分类

接触器最主要的用途是控制电动机的启动、反转、制动和调速等，因此它是电力拖动控制系统中最重要、最常用的控制电器之一，具有低电压释放保护功能，同时还具有比工作电流大数倍乃至十几倍的接通和分断能力，但不能分断短路电流。它还是一种执行电器，即使在先进的可编程控制器应用系统中，一般也不能被取代。

接触器种类很多，按驱动力不同，可分为电磁式、气动式和液压式，以电磁式应用最广泛；按接触器主触点控制的电路中电流种类不同，分为交流接触器和直流接触器两种；按其主触点的极数（即主触点的个数）来分，有单极、双极、三极、四极和五极等多种。直流接触器一般为单极或双极；交流接触器大多为三极或四极。常用电磁式接触器实物如图 2.29 所示。

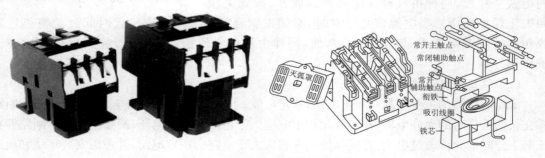

图 2.29　常用电磁式接触器实物

（二）接触器的结构原理

交流接触器和直流接触器结构相似，由电磁机构、主触点和灭弧系统、辅助触点、反力装置、支架和底座5个部分组成。交流接触器结构剖面示意图如图2.30(a)所示;图形符号如图2.30(b)所示,文字符号用KM表示。

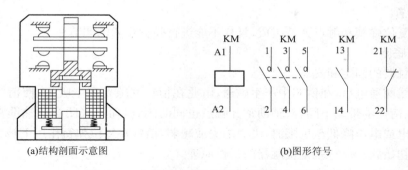

(a)结构剖面示意图　　　　　　　(b)图形符号

图2.30　交流接触器结构剖面示意图和图形符号

1. 电磁机构

电磁机构由线圈、铁芯和衔铁组成。小容量接触器的铁芯一般都为双E形,衔铁采用直动式结构。为了减少涡流损耗,交流接触器的铁芯都要用硅钢片叠铆而成,并在铁芯的端面上装有分磁环(短路环)。

交流接触器的吸引线圈(工作线圈)一般做成有架式,形状较扁,以避免于铁芯直接接触,改善线圈的散热情况。交流线圈的匝数较少,纯电阻小,因此,在接通电路的瞬间,由于铁芯气隙大,电抗小,电流可达到15倍的工作电流,所以,交流接触器不适宜于极频繁启动、停止的工作场合。而且要特别注意,千万不要将交流接触器的线圈接在直流电源上,否则将因电阻小而流过很大的电流使线圈烧坏。目前常用的交流接触器型号有CJ20、CJX1等系列。

2. 主触点和灭弧系统

主触点触头的结构形式如图2.31所示,根据主触点的容量大小,有桥式触点和指形触点两种结构形式,如图2.31和图2.32所示。直流接触器和电流在20 A以上的交流接触器均装有灭弧罩,有的还带有栅片或磁吹灭弧装置。

为使触头接触时导电性能好、接触电阻小,触头常用铜、银及其合金制成,但是在铜的表面上易于产生氧化膜,并且在断开和接通处,电弧常易将触头烧损,造成接触不良。因此,大容量的接触器,其触头常采用滚动接触的指形触点形式。

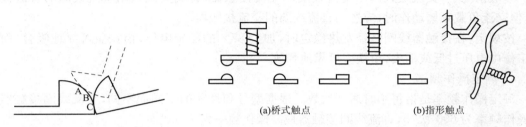

　　　　　　　　　　　　(a)桥式触点　　　　　(b)指形触点

图2.31　触头的结构形式　　　　图2.32　触点滚动接触过程

3. 辅助触点

接触器中有两类辅助触点:一类是动合(常开)触点,就是当接触器线圈内通有电流时触点闭合,而线圈断电时触点断开;另一类是动断(常闭)触点,即线圈通电时触点断开,而线圈断电时触点闭合。辅助触点在结构上均为桥式双断点形式,其容量较小。接触器安装辅助触点的目的是使其在控制电路中起联动作用,用于和接触器相关的逻辑控制。辅助触点不设灭弧装置,所以它不能用来分合大电流的主电路。

4. 反力装置

该装置由复位弹簧和触点弹簧组成,且均不能进行弹簧松紧的调节。

5. 支架和底座

它用于接触器的固定和安装。

当接触器线圈通电后,在铁芯中产生磁通,由此在衔铁气隙处产生吸力,使衔铁产生闭合动作,主触点在衔铁的带动下闭合,辅助常开触点也同时闭合,而原来闭合的辅助常闭触点断开。当线圈断电或电压降低至极限时,吸力消失或减弱,衔铁在复位弹簧作用下被打开,主、辅触点又恢复到初始状态。这就是接触器的工作原理。

(三)接触器的主要技术参数

1. 额定电压

接触器铭牌上标注的额定电压是指主触点的额定电压。常用的电压等级有:

直流接触器:110 V、220 V、440 V、660 V。

交流接触器:127 V、220 V、380 V、500 V、660 V。

2. 额定电流

接触器铭牌上标注的额定电流是指主触点的额定电流。常用的电流等级有:

直流接触器:5 A、10 A、20 A、40 A、60 A、100 A、150 A、250 A、400 A、600 A。

交流接触器:5 A、10 A、20 A、40 A、60 A、100 A、150 A、250 A、400 A、600 A。

上述电流是指接触器安装在敞开式的控制屏上,触点工作时不超过额定温升,负载为间断—长期工作制时的电流值。所谓间断—长期工作制是指连续接通时间不超过 8 h。

如果实际情况不能满足上述条件,则电流值要留有余量或做相应处理。当接触器安装在无强迫风冷的箱柜内时,电流要降低 10%~20% 使用;当接触器工作于长期工作制时,若超过8 h,则必须空载开合 3 次以上,以消除表面氧化膜。

3. 线圈的额定电压

接触器线圈的额定电压常用的电压等级有:

直流线圈:24 V、48 V、110 V、220 V、440 V。

交流线圈:36 V、127 V、220 V、380 V。

一般情况下,交流负载选用交流线圈的交流接触器,直流负载选用直流线圈的直流接触器,但交流负载频繁动作时,应选用直流线圈的交流接触器。

按规定,在接触器线圈已经发热稳定时,加上 85% 的额定电压,衔铁应可靠地吸合,而如果工作中电压过低或消失,衔铁应可靠地释放。

4. 额定操作频率

额定操作频率是指每小时通断次数。根据型号和性能的不同而不同,交流线圈接触器最高操作频率为 600 次/h,直流线圈接触器最高操作频率为 1 500 次/h。

操作频率直接影响到接触器的使用寿命,还会影响到交流线圈接触器的线圈温升。正常使用情况下,接触器的电气寿命为 50~100 万次,机械寿命可达 500~1 000 万次。

(四)选择原则

(1)接触器的使用类别应与负载性质一致,控制交流负载应选用交流接触器,控制直流负载则选用直流接触器。

（2）主触点的额定工作电压应大于或等于负载电路的电压。

（3）主触点的额定工作电流应大于或等于负载电路的电流。

（4）接触器主触点的额定工作电流是在规定条件下（额定工作电压、使用类别、操作频率等）能够正常工作的电流值，当实际使用条件不同时，这个电流值也将随之改变。

（5）吸引线圈的额定电压应与控制回路电压相一致，接触器在线圈额定电压85%及以上时应能可靠地吸合。

（6）主触点和辅助触点的数量应能满足控制系统的需要。

七、低压配电箱

配电箱是按照供电线路负荷的要求将各种低压电器设备构成一个整体装置，并且有一定功能的小型成套电器设备。配电箱主要用来接受电能和分配电能，以及用它来对建筑物内的负荷进行直接控制。合理的配置配电箱，可以提高用电的灵活性。

（一）常用配电箱及分类

配电箱的种类很多，可按不同的方法归类：

（1）按其功能分为：电力配电箱、照明配电箱、计量箱和控制箱。

（2）按其结构可分为：板式、箱式和落地式。

（3）按使用场所分为：户外式和户内式两种，而户内式又分明装在墙上和暗装嵌入墙内的不同形式。

1. 照明配电箱

标准照明配电箱是按国家标准统一设计的，全国通用的定型产品。照明配电箱内主要装有控制各支路的刀闸开关或空气开关、熔断器、还装有电度表、漏电保护开关等。由于建筑物的配套需要及小型和微型自动开关、断路器的出现，促使低压成套电气设备的不断改进，新产品陆续问世，但老产品XM.4和XM（R）等仍是常用的照明配电箱。

（1）XM.4系列配电箱

XM.4系列照明配电箱具有过载和短路保护功能，适用于交流380 V及以下的三相四线制系统，用作非频繁操作的照明配电。

（2）XM.7系列配电箱

XM.7系列照明配电箱适用于一般工厂、机关、学校和医院，用来对380 V、220 V及以下电压等级且具有接地中线的交流照明回路进行控制。XM.7型为挂墙式安装，XM（R）.7型为嵌入式安装。

（3）$X_R^X M_{23}$系列配电箱

$X_R^X M_{23}$系列配电箱分为明挂式和嵌入式两种，箱内主要有自动空气开关、交流接触器、瓷插式熔断器、母线、接线端子等，因此具有短路和过载保护的功能。该配电箱适用于大厦、公寓、广场、车站等现代化建筑物，可对380/220 V、50 Hz电压等级的照明及小型电力电路进行控制和保护。

2. 电力配电箱

标准电力配电箱是按实际使用需要，根据国家有关标准和规范，进行统一设计的全国通用的定型产品。普遍采用的电力配电箱主要有XL（F）.14、XL（F）.15、XL（R）.20、XL.21等型号。XL（F）.14、XL（F）.15型电力配电箱内部主要有刀开关（为箱外操作）、熔断器等。刀开关额定电流一般为400 A，适用于交流500 V以下的三相系统电力配电。XL（R）.20、XL.21

型是新产品,采用了 ZD10 型自动空气开关等新型元件。XL(R).20 型采用挂墙式安装,XL.21型除装有自动开关外,不装有接触器、磁力起动器、热继电器等,箱门上还可安装操作按钮和指示灯,其一次线路方案灵活多样,采用落地靠墙式安装,适合于各种类型的低压用电设备的配电。

(二)配电箱的布置与选择

1. 布置原则

配电箱位置选择十分重要,选择不当,对设备费用、电能损耗、供电质量以及使用、维修等方面,都会造成不良的后果。在电气照明设计过程中,选择配电箱位置时,应考虑以下原则:

(1)尽可能靠近负荷中心,电器多、用电量大的地方。

(2)高层建筑中,各层配电箱应尽量在同一地方、同一部位上,以便施工安装与维修管理。

(3)配电箱应设在方便操作、便于检修的地方,一般多设在门厅、楼梯间或走廊的墙壁内,最好设在专用的房间里。

(4)配电箱应设在干燥、通风、采光良好,且不妨碍建筑物美观的地方。

(5)配电箱应设在进出线方便的地方。

2. 配电箱的选择

选择配电箱应从以下几个方面考虑:

(1)根据负荷性质和用途,确定配电箱种类。

(2)根据控制对象的负荷电流的大小、电压等级及保护要求,确定配电箱内主回路和各支路的开关电器、保护电器的容量和电压等级。

(3)应从使用环境和场合的要求,选择配电箱的结构形式。如明装式不是暗装式以及外观颜色、防潮、防火等要求。

在选择各种配电箱时,一般应尽量选用通用的标准配电箱,以利于设计和施工。若因建筑设计的需要,也可根据设计要求向生产厂家订货加工所要求的配电箱。

3. 在配电板上元器件的安装工艺和线路敷设工艺

(1)元器件安装工艺要求

①在配电板上要按预先的设计进行安装,元器件安装位置必须正确,倾斜度一般在 1.5～5 mm,同类元器件安装方向必须保持一致。

②垂直装设的刀开关、熔断器等设备,上端接电源,下端接负荷。横装者左侧接电源,右侧接负荷。

③元器件安装牢固,稍加用力摇晃无松动感。

④文明安装、小心谨慎,不得损伤、损坏器材。

(2)线路敷设工艺要求

①照图施工,配线完整、正确,不多配、少配或错配。

②在有主电路又有辅助电路的配电板上敷线,两种电路必须选用不同色的线以示区别。

③配线长短适度,线头在接线桩上压接不得压住绝缘层,压接后裸线部分不得大于1 mm。

④凡与有垫圈的接线桩连接,线头必须做成"羊眼圈",且"羊眼圈"略小于垫圈。

⑤线头压接牢固,稍用力拉扯不应有松动感。

⑥走线横平竖直,分布均匀。转角圆成 90°,弯曲部分自然圆滑,弧度全电路保持一致;转

角控制在 90°±2°以内。

⑦长线沉底,走线成束。同一平面内不允许有交叉线,必须交叉时应在交叉点架空跨越,两线间距不小于 2 mm。

⑧对螺旋式熔断器接线时,中心接片接电源,螺口接片接负载。

⑨上墙。配电板应安装在不易受振动的建筑物上,板的下缘离地面 1.5~1.7 m。

安装时除注意预埋紧固件外,还应保持电度表与地面垂直,否则将影响电度表计数的准确性。

思　考　题

1. 室内配电系统电压怎样确定?

2. 低压配电系统的配电方式有哪些?

3. 配电系统的电压怎样选择?

4. 配电系统的接线方式有哪些?

5. 对导线的材料的要求有哪些?

6. 常用导线有哪几种?

7. 动力与照明线路的导线截面选择有哪些要求?

8. 我们可以按哪些方法选择导线截面?

9. 什么是熔断时间? 如何选择熔断器?

10. 电度表的作用是什么? 画出单相电度表的接线图。

11. 动力照明配电箱有何作用? 如何布置?

12. 自动空气开关的作用有哪些?

13. 什么是漏电保护器? 漏电保护器有什么作用?

14. 如何选择漏电保护器?

15. 低压断路器的选择应从哪几方面考虑?

16. 如何选择接触器?

17. 某户外 500 V 动力线路如下图所示,其允许电压损失为 4‰,试按允许电压电压损失法求导线截面。

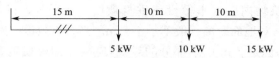

18. 配电箱引出的长 100 m 的干线上,树干式分布着 15 kW 的电动机 10 台,采用铝芯塑料线明敷。设备台电动机的需要系数 $K=0.6$,电动机的平均效率 $\eta=0.8$,平均功率因数 $\cos\phi=0.7$,试选择干线的截面。

第三章　室内配线施工

第一节　室内配线的一般要求及工序

室内配线是指室内接到用电器具的供电和控制线路,分明配线和暗配线两种。导线沿墙壁、天花板及柱子等明敷设的配线,称为明配线;导线穿入管中并埋设在墙壁内、地坪内或装设在顶棚里的配线,称为暗配线。按配线的敷设方式可分为瓷夹(或塑料夹)板配线、瓷瓶配线、PVC 槽板配线、钢管(或塑料管)配线、铝片卡配线及钢索配线等。

一、室内配线的一般要求

为了达到安全可靠、整齐美观、布置合理、安装牢固等基本要求,对室内配线的一般技术要求有以下几点:

(1)室内配线应采用橡胶或塑料绝缘导线或电缆,其绝缘层的耐压水平,应使其额定电压大于或等于线路的工作电压。

(2)导线的截面应按导线的机械强度和允许载流量来选择。根据建设部批准的《施工现场临时用电安全技术规范》(JGJ 46—2005),为使导线具有足够的机械强度,其最小截面为:铜线截面不应小于 1.5 mm^2;铝线截面不应小于 2.5 mm^2。

(3)室内配线装置和方式应根据使用环境来选用。在干燥的场所,宜采用瓷夹板或瓷柱配线;在易触及的地方,宜采用槽板配线;在潮湿的场所,为提高其绝缘水平,宜采用瓷瓶配线;在易触及的地方,为加强导线的防护,宜采用明管配线;在有腐蚀、易燃、易爆和特别潮湿的场所,宜采用暗管配线。

(4)配线时,应尽量避免导线接头,因为导线接头不良常常造成事故。若必须接头时,应采用压线或焊接,但必须注意,穿入配线管内的导线,在任何情况下都不能有接头。必要时可把接头放在接线盒或灯头盒内。

(5)明配线路在建筑物内应水平敷设或垂直敷设。水平敷设的导线,对地面不应小于2.5 m;垂直敷设的导线,对地面距离一般不小于 2 m。当垂直敷设引到开关或插座上时,对地面距离可不小于 1.3 m,但是 2 m 以下部分的导线,应装在槽板或钢管(或塑料管)内加以保护,以防机械损伤或漏电伤人。

(6)导线穿过墙壁时,要用瓷管或硬质塑料管予以保护,管内两端出线口伸出墙面的距离应不小于 10 mm,这样可以防止导线与墙壁接触,因绝缘磨损而漏电等。

(7)为了确保安全用电,室内线路与各种管道之间的最小距离不得小于表 3.1 要求的数值。室内外绝缘导线间最小允许距离见表 3.2。

(8)线路安装时要特别注意美观,在采用明配线的场所,要求配线"横平竖直"、排列整齐、支持物挡距均匀、位置适宜,并应尽可能沿建筑物平顶线脚、横梁、墙角等隐蔽处敷设。表 3.3规定了各种明配线路安装时允许的偏差值,施工时要时刻注意。

表 3.1　配线与管道间最小距离　　　　　　　　　　　　　单位:mm

管道名称 ＼ 配线方式		穿管配线	绝缘导线明配线	裸导线配线
蒸汽管	平行	1 000(1 500)	1 000(1 500)	1 500
	交叉	300	300	1 500
暖、热水管	平行	300(200)	300(200)	1 500
	交叉	100	100	1 500
通风、上下水、压缩空气管	平行	100	200	1 500
	交叉	50	100	1 500

注:1. 表内有括号的数值为线路在管道下边的数据。

　2. 在达不到表中距离时,应采取下列措施:

　　蒸汽管——在管外包隔热层后,上下平行净距可减至 200 mm。交叉距离考虑便于为维修,但管线周围温度应经常在 35 ℃以下。

　　暖、热水管——包隔热层。

　　裸导线——在裸导线处加装护网。

　3. 裸导线应敷设在管道上方。

表 3.2　室内外绝缘导线间最小距离

固定点间距(m)	导线最小间距(mm)	
	室内配线	室外配线
1.5 以下	35	100
1.5~3	50	100
3~6	70	100
6 以上	100	150

表 3.3　明配线路的中心线允许偏差值

配线方式	允许偏差(mm)	
	水平线路	垂直线路
瓷夹板配线	5	5
瓷柱或瓷瓶配线	10	5
塑料护套线配线	5	5
槽板配线	5	5

(9)室内配线必须有短路保护和过载保护,短路保护和过载保护电器与绝缘导线、电缆的选配应符合下列要求:

①采用熔断器做短路保护时,其熔体额定电流应不大于明敷设绝缘导线长期连续负荷允许载流量的 1.5 倍。

②采用断路器做短路保护时,其瞬动过流脱扣器脱扣电流整定值应不小于线路末端单相短路电流。

③采用熔断器或断路器做过载保护时,绝缘导线长期连续负荷允许载流量应不小于熔断器熔体额定电流或断路器长延时过流脱扣器脱扣电流整定值的 1.25 倍。

④对穿管敷设的绝缘导线线路,其短路保护熔断器的熔体额定电流不应大于穿管绝缘导线长期连续负荷允许载流量的 2.5 倍。

二、配线工序

室内配线主要有以下几道工序:

(1)按设计图纸确定照明灯、插座、开关、配电盘(箱)及启动设备等的位置。

(2)根据建筑物的结构确定导线敷设的路径及穿过墙壁或楼板的位置。

(3)在土建未抹灰前,将配线所有的固定点打好眼,预埋好木砖、木模或螺栓。

(4)装设绝缘支持物、线夹或管子。

(5)敷设导线。

(6)将导线连接、分支和封端,并将导线出现端子与设备连接。

(7)检验工程是否符合设计和安装工艺要求。

三、室内导线的选用

在内线安装中,由于环境条件和敷设方式的不同,使用导线的型号、横截面积也不一样。表3.4列出了内线安装常用导线的型号、名称及用途,供设计安装备料时参考。

另外,线路的载流量(负载电流)、机械强度、允许电压损失是决定导线横截面大小的主要因素。现将室内配线线芯所允许的最小横截面列于表3.5中。

表3.4　常用导线的型号、名称及用途

型号	名　称	用　途
BV BLV BX BLX BLXF	聚氯乙烯绝缘铜芯线 聚氯乙烯绝缘铝芯线 铜芯橡皮线 铝芯橡皮线 铝芯氯丁橡皮线	用于交、直流 500 V 及以下的室内照明和动力线路的敷设,室外架空线路
LJ LGJ	裸铝绞线 钢芯铝绞线	用于室内高大厂房绝缘子配线和室外架空线
BVR	聚氯乙烯绝缘铜芯软线	用于活动不频繁场所的电源连接线
BVS 或 (RTS) RVB 或 (RFS)	聚氯乙烯绝缘双根铜芯绞合软线 (丁腈聚氯乙烯复合绝缘) 聚氯乙烯绝缘双根平行铜芯软线 (丁腈聚氯乙烯复合绝缘)	用于交、直流额定电压为 250 V 及以下的移动电具、吊灯电源连接线
BXS	棉纱编织橡皮绝缘双根铜芯绞合软线(花线)	用于交、直流额定电压为 250 V 及以下的吊灯电源连接线
BVV BLVV	聚氯乙烯绝缘和护套铜芯线(双根或三根) 聚氯乙烯绝缘和护套铝芯线(双根或三根)	用于交、直流额定电压为 500 V 及以下的室内外照明和小容量动力线路的敷设
RHF	氯丁橡套铜芯软线	用于 250 V 室内、外小型电气工具的电源连接线
RVZ	聚氯乙烯绝缘和护套连接铜芯软线	用于交流额定电压 500 V 以下移动式用电器的连接

表3.5　室内配备线线芯最小允许横截面

敷设方式及用途	芯线最小允许横截面(mm²)		
	铜芯软线	铜线	铝线
1. 敷设在室内绝缘支持件上的裸导线	—	2.5	4.0
2. 敷设在绝缘支持件上的绝缘导线其支持点间距为:			
(1)1 m 及以下　室内	—	1.0	1.5
室外	—	1.5	2.5
(2)2 m 及以下　室内	—	1.0	2.5
室外	—	1.5	2.5
(3)6 m 及以下	—	2.5	4.0
(4)12 m 及以下	—	2.5	6.0
3. 穿管敷设的绝缘导线	1.0	1.0	2.5
4. 槽板内敷设的绝缘导线	—	1.0	1.5
5. 塑料护套线敷设	—	1.0	1.5

第二节　室内配线方式的应用

一、配线方式的选择原则

（1）在干燥无尘场所，可采用槽板、塑料护套线、瓷夹板、瓷瓶沿建筑物表面明敷设，也可采用钢管、塑料管明、暗敷设。

（2）潮湿多尘场所，宜采用瓷瓶、塑料护套线沿建筑物表面明敷设或用钢管、塑料管明、暗敷设。

（3）有腐蚀性气体的场所，应采用瓷瓶、塑料护套线明敷或用塑料管明、暗敷设。

（4）在易燃、易爆场所，要采用钢管明、暗敷设，且连接处硬密封。

二、室内配线方式的应用

供给室内电灯和插销用电时，负荷全是与回路并列联结，负荷较小时，用一个回路就可以，负荷如果要增加时，保安设备也随之要增加，所以必须要做出许多分支回路，并必须在分支点装设分支开关和熔断器。经过分支开关后的回路，叫做分支回路；从电源（引入口）到分支开关的配线，叫做干线。根据各种负荷的不同，可以得到各种干线和分支回路的样式，负荷较小的配线方式和负荷较大的配线方式分别如图 3.1 和图 3.2 所示。

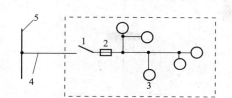

图 3.1　负荷较小的配线方式

1—引入开关；2—熔断器；3—电灯；
4—引入线；5—屋外低压配电线

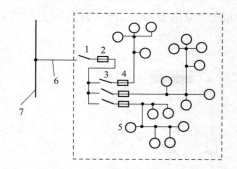

图 3.2　负荷较大的配线方式

1—总开关；2—总熔断器；3—分支开关；
4—分支熔断器；5—电灯；6—引入线；7—屋外低压配电线

（一）较小负荷照明的配线方式

比较小的工作部门、办公室，用很小的负荷时，可以直接从低压电源配线上分支，做低压引入，再经过配电板的开关、熔断器，配出回路，引到电灯和插销上，顺次再分支展开。因为在电灯和插销的分支点口，没有设开关和熔断器的必要，所以不能分出干线和分支回路的区别，参照图 3.1，如有必要时可以装设操作开关。

（二）较大照明负荷的配线方式

电灯和插座等总数超过 20 个时，用一个回路来供电是不允许的，所以在屋内需设置配电板或配电箱。引入线先进入配电板（箱）的总开关，再由总开关分出几个分支回路，每个分支回路，需根据容量单设分支开关和分支熔断器，参照图 3.2。

（三）照明干线的配线方式

在高大的建筑物内，采用总配电盘和分支配到各层的分电盘，然后再由分电盘向各消耗电的处所。但是决定干线和分支线的时候,必须考虑电压损失和配线的节约。如决定采用配电盘时,必须考虑到耐火性和防湿性,装设的位置,必须要研究操作的方便。如果建筑物特别高大的时候,只用低压配电,电线太粗,不但要在地下室设置变压器,而且建筑物的当中也要设置变压器。

(四)车间动力及其他回路的配线方式

在低压配电系统中,选择配电方式是一个重要的问题。配电方式的选择,应根据以下各项进行考虑:

(1)用电设备的重要性,以及对供电可靠性的要求。

(2)要适应周围环境的特点。

(3)结构要求简单可靠。

(4)要便于进行维护。

(5)要考虑节约有色金属。

(6)降低造价,经济指标合理。

(五)一般动力及其他回路的配线方式

该配线方式有以下几种:

(1)放射式配线。这种配线方式适合于配电盘在各个大容量的负荷中心地方,这样既保障了用电的可靠性,也节约了有色金属,如图 3.3 所示。

(2)分电盘分支配线。这种配线方式适合于负荷集中的时候,在负荷附近,设置分电盘(箱),由这个分电盘(箱),再往各负荷去配线,如图 3.4 所示。

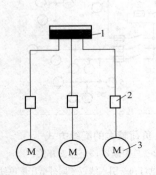

图 3.3　放射式配线
1—配电盘;2—操作开关;3—电动机

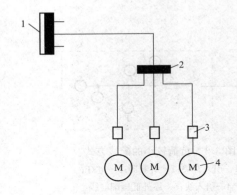

图 3.4　分电盘分支配线
1—配电盘;2—分电盘;3—分支操作开关;4—电动机

(3)干线式分支配线。这种配线方式,适合于负荷集中,并且每个负荷点都在配电盘的同一侧,负荷点相互间的距离很小,同时负荷点的负荷值不适于采用放射式配线时。另外一种情况是,负荷比较均匀分散时,对于比较大容量的机床又分散布置,可由干线直接分出支线供电,如图 3.5 所示。这种配线方式的优点是:节省配电设备及线路长度;有条件采用大容量结构简单的线路;灵活性大,便于采用装配结构,安装迅速。

(4)链式配线。这种配线方式是当很小容量的设备彼此距离很近,但距离配电箱很远,这时可采用链式配线,即一条配线去连接一个设备,再由这个设备配出电源到相邻设备供电,这样可节省分支导线,但链接的设备不要太多,一般有两三个设备就行了。这种方式,由一个设备去连接另一个设备时,最好在设备旁设一个空气开关(链式联络开关),以便检修某个设备时切断电源,既保证安全,又不影响前面设备继续运行。链式配线一般不推广采用,只有符合上述条件时才考虑采用。不带联络开关的链式配线如图3.6所示,带联络开关的链式配线如图3.7所示。

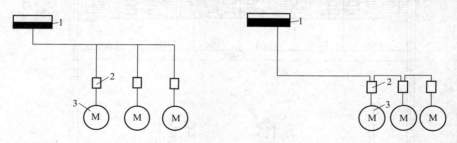

图3.5 干线式分支配线
1—配电盘;2—分支操作开关;3—电动机

图3.6 链式配线(不带联络开关)
1—配电盘;2—设备操作开关;3—电动机

(5)插接式母线配线方式。对于设备很多的车间,当设备均匀地沿线路分布时,采用这种配线方式比用配电箱供电合理。这种配线方式在新建大型车间较普遍采用。安装插接母线时,要注意下列事项:

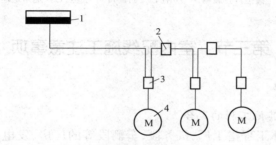

图3.7 链式配线(带联络开关)
1—配电盘;2—联络开关;3—设备操作开关;4—电动机

①插接母线应敷设在最低的高度,但距地面不得低于2.2 m。

②插接母线结构,应允许引出稠密的支线去接到用电设备,并且不能接触载流部分。

③在布置插接母线时,应该尽可能靠近设备,如果有可能,把插接母线布置在两列设备之间,这样就能产生更大的效果。

④应该最大限度地利用长度优势,考虑到母线在通道处可中断,而且在设备少的地方也可中断。利用插接式母线的这个特点:能最大限度地减少配电支线的长度,节省有色金属;对于在工艺设备经常移动的机械车间,更适宜采用插接母线。

(6)车间架空塑料管配电干线。对于机械加工的厂房内,成排布置的中小型机床当然也适合于采用插接母线配电,但是插接母线造价是高的,一般不能满足建设进度要求,因此,近年来出现了架空塑料管配电干线,这种干线的加工制造方便简单,造价经济,运行安全,维护方便。架空塑料管配电干线结构图如图3.8所示。图中用30×30×4(mm)的角钢作主要构架、直径70 mm的钢管作立柱。配电干线采用3根完整的铝芯绝缘线,分别套在3根硬塑料管内做保护。干线截面为50 mm² 及以下时,采用直径为20 mm的塑料管,干线截面为70～95 mm² 时,套直径为25 mm的塑料管。在结构上做成分段装配式,每段的长度为4 m或6 m。分支线的保护采用30 A 及60 A 的 RC1A 型瓷插熔断器。每段长度为6 m的干线,装有6组熔断器。

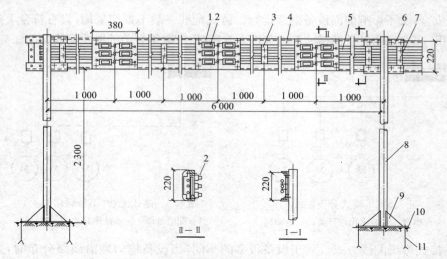

图 3.8　架空塑料管配电干线结构图(mm)

1—配电板;2—瓷插熔断器;3—扁钢;4—角钢;5—塑料管;

6—横担;7—扁钢;8—立柱;9—肋板;10—底盘;11—地角螺栓

第三节　室内配线施工注意事项

一、施工中注意事项

(一)与主体工程和其他工程的配合

在铁路建设中,主体工程指工厂、机务段、车辆段等的厂房、发电所、变配电所的土建工程及办公楼、车站站房、住宿楼等土建工程。电路工程的施工与主体建筑工程必然要发生很多联系,如明管、暗管工程,导线敷设、安装开关电器及配电箱(盘)等都要在土建施工过程中密切配合。这样不但提高了施工进度,而且提高了施工质量,保证了施工安全和建筑整齐美观。

对于钢筋混凝土建筑物的暗管工程,应当在浇灌混凝土前(预制板可在铺设后)将一切管路、接线盒和电机电器、配电箱(盘)的基础安装部分等全部配好,其他工程可以等混凝土干燥后再施工。明设工程,若厂房横担支架沿墙敷设时,也应配合土建筑施工时安装好,避免以后过多破坏建筑物。其他明设室内工程,可在抹完的细灰干燥后未刷浆前施工。

电力工程与其他工程也必然发生联系。在厂房车间或其他建筑内的电力设备必然常与热力管道、给排水管道、风管道及通信线路的布线等工程发生关系,在施工中也必须与这些工程配合好,不要发生位置的冲突,要满足距离要求,否则要采取其他隔离安全措施。

(二)一般注意事项

在建筑物内电力工程施工时,应注意以下各项事宜:

(1)在工程现场内,应留意不要丢失工具,所有的工具必须装在工具箱内,严格保管。当使用工具时,应将工具全部装在工具袋内,然后再向施工现场携带。

(2)使用的材料,如果搬运到施工现场时,应将其装在材料箱内和库内,以防损坏和丢失等。

（3）施工时，应当知道敷设的电线上有无电压，必须预备验电器。

（4）建筑工程未完成前，电力工程施工时应留意，不要妨碍其他工作和损坏其他设备。

（5）施工中所有的灯和火，使用后要特别留意是否确实熄火和有无异状。

（6）施工中要特别留意，不要损坏天然气管和自来水管及其他电气配线等。假设发生危险时，可迅速与有关各处所紧急联系，以免发生火灾和水害。如果已经发生时，应尽快正确处理。

（7）连接电线时，要按正确方法使其切实接好，一般还应进行焊接，如果发现电线有断开和绝缘损伤时，可将其切断另行连接。

（8）在天棚内施工时应留意，不要直接踏在天棚板上，要踏在棚架上或踏在放在棚架上的木板上。

（9）使用的工具要按工具使用法正确规范地使用，不允许违规使用。如用活螺丝扳手当铁锤击打东西，这样容易损坏工具，也不允许用钳子当扳手紧螺帽，这样容易夹伤螺帽，更不能用口径不一致的剥线钳剥电线，以免夹坏线芯。

（10）在电气检查口和天棚出入口出入时留意，不要弄脏和损坏该处的美观。

（11）地中引入线，要避免设在厕所和容易腐蚀的地方。

（12）工程完了以后，要仔细在工程现场施行清扫整理，尤其对于残材的整理及工具的清扫，要特别注意。

第四节　导线的连接方法与接头处理

电气装修工程中，导线的连接是基本工艺之一。导线连接的质量关系着线路和设备运行的可靠性和安全程度。对导线连接的基本要求是：导线各种接头都要接触可靠、稳定，与同长度、同截面导线的电阻比应不大于1；接头应牢固，其机械强度不小于同截面导线的80%；接头应耐腐蚀，要防止铝线熔焊接头处焊粉和熔渣的化学腐蚀和铜铝接头的电化腐蚀；接头处包扎后的绝缘强度应不低于导线的绝缘强度。

一、线头绝缘层的剥削

（一）塑料硬线绝缘层的剥削

有条件时，去除塑料硬线的绝缘层用剥线钳甚为方便，这里要求能用钢丝钳和电工刀剥削。

线芯截面在 4 mm² 及以下的塑料硬线，可用钢丝钳剥削：先在线头所需长度交界处，用钢丝钳口轻轻切破绝缘层表皮，然后左手拉紧导线，右手适当用力捏住钢丝钳头部，向外用力勒去绝缘层。用钢丝钳勒去导线绝缘层如图 3.9 所示。勒去绝缘层时，不可在钳口处加剪切力，这样会伤及线芯，甚至将导线剪断。

对于规格大于 4 mm² 的塑料硬线的绝缘层，直接用钢丝钳剥削较为困难，可用电工刀剥削：先根据线头所需长度，用电工刀刀口对导线成45°角切入塑料绝缘层，注意掌握刀口刚好削透绝缘层而不伤及线芯，如图 3.10（a）所示，然后调整刀口与导线间的角度以15°角向前推进，将绝缘层削出一个缺口，如图 3.10（b）所示，接着将未削去的绝缘层向后扳翻，再用电工刀切齐，如图 3.10（c）所示。

图 3.9　用钢丝钳勒去导线绝缘层

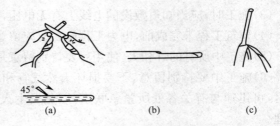

图 3.10　用电工刀剖削塑料硬线

（二）塑料软线绝缘层的剖削

塑料软线绝缘层的剖削除用剥线钳外，仍可用钢丝钳按直接剖剥 2.5 mm² 及以下的塑料硬线的方法进行，但不能用电工刀剖削。因塑料线太软，线芯又由多股钢丝组成，用电工刀很容易伤及线芯。

（三）塑料护套线绝缘层的剖削

塑料护套线绝缘层分为外层的公共护套层和内部每根芯线的绝缘层。公共护套层一般用电工刀剖削，先按线头所需长度，将刀尖对准两股芯线的中缝划开护套层，并将护套层向后扳翻，然后用电工刀齐根切去。塑料护套线的剖削如图 3.11 所示。

(a)　划开护套层　　　　　　　　　　　　　　(b)　切去护套层

图 3.11　塑料护套线的剖削

切去护套后，露出的每根芯线绝缘层可用钢丝钳或电工刀按照剖削塑料硬线绝缘层的方法分别除去。钢丝钳或电工刀在切时切口应离护套层 5～10 mm。

（四）橡皮线绝缘层的剖削

橡皮线绝缘层外面有一层柔韧的纤维编织保护层，先用剖削护套线护套层的办法，用电工刀尖划开纤维编织层，并将其扳翻后齐根切去，再用剖削塑料硬线绝缘层的方法，除去橡皮绝缘层。若橡皮绝缘层内的芯线上包缠着棉纱，可将该棉纱层松开，齐根切去。

（五）花线绝缘层的剖削

花线绝缘层分外层和内层。外层是一层柔韧的棉纱编织层，剖削时选用电工刀在线头所需长度处切割一圈拉去，然后在距离棉纱编织层 10 mm 左右处用钢丝钳按照剖削塑料软线的方法将内层的橡皮绝缘层勒去。有的花线在紧贴线芯处还包缠有棉纱层，在勒去橡皮绝缘层后，再将棉纱层松开扳翻，齐根切去。花线绝缘层的剖削如图 3.12 所示。

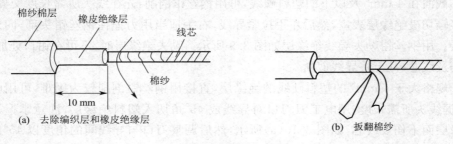

(a)　去除编织层和橡皮绝缘层　　　　　　　　　(b)　扳翻棉纱

图 3.12　花线绝缘层的剖削

（六）橡套软线（橡套电缆）绝缘层的剖削

橡套软线外包护套层，内部每根线芯上又有各自的橡皮绝缘层。外护套层较厚，按切除塑料护套层的方法切除，露出的多股芯线绝缘层，可用钢丝钳勒去。

（七）铅包线护套层和绝缘层的剖削

铅包线绝缘层分为外部铅包层和内部芯线绝缘层，剖削时选用电工刀在铅包层切下一个刀痕，然后上下左右扳动折弯这个刀痕，使铅包层从切口处折断，并将它从线头上拉掉。内部芯线绝缘层的剖除方法与塑料硬线绝缘层的剖削方法相同。铅包线绝缘层的剖削过程如图 3.13 所示。

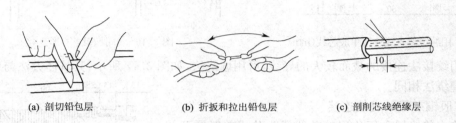

(a) 剖切铅包层　　　(b) 折扳和拉出铅包层　　　(c) 剖削芯线绝缘层

图 3.13　铅包线绝缘层的剖削过程

（八）漆包线绝缘层的去除

漆包线绝缘层是喷涂在芯线上的绝缘漆层。由于线径的不同，去除绝缘层的方法也不一样。直径在 1 mm 以上的，可用细砂纸或细纱布擦去；直径在 0.6 mm 以上的，可用薄刀片刮去；直径在 0.1 mm 及以下的也可用细砂纸或细纱布擦除，但易于折断，需要小心操作。有时为了保留漆包线的芯线直径准确以便于测量，也可用微火烤焦其线头绝缘层，再轻轻刮去。

二、导线线头的连接

常用的导线按芯线股数不同，有单股、7 股和 19 股等多种规格，其连接方法也不相同。

1. 单股芯线有绞接和缠绕两种方法

绞接法用于截面较小的导线，缠绕法用于截面较大的导线。

绞接法是先将已剖除绝缘层并去掉氧化层的两根线头呈"×"形相交[如图 3.14(a)所示]，互相绞合 2 或 3 圈[如图 3.14(b)所示]，接着扳直两个线头的自由端，将每根线自由端在对边的线芯上紧密缠绕到线芯直径的 6～8 倍长[如图 3.14(c)所示]，将多余的线头剪去，修理好切口毛刺即可[如图 3.14(d)所示]。

缠绕法是将已去除绝缘层和氧化层的线头相对交叠，再用直径为 1.6 mm 的裸铜线做缠绕线在其上进行缠绕。用缠绕法直线连接单股芯线如图 3.15 所示，其中线头直径在 5 mm 及以下的缠绕长度为 60 mm；线头直径大于 5 mm 的，缠绕长度为 90 mm。

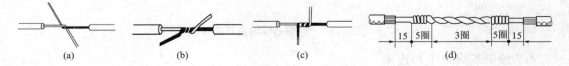

(a)　　　　　(b)　　　　　(c)　　　15　5圈　　3圈　　5圈　15　(d)

图 3.14　单股芯线直线连接（绞接）（mm）

2. 单股铜芯线的 T 形连接

单股芯线 T 形连接时可用绞接法和缠绕法。绞接法是先将除去绝缘层和氧化层的线头与干线剖削处的芯线十字相交,注意在支路芯线根部留出 3～5 mm 裸线,接着顺时针方向将支路芯线在干路芯线上紧密缠绕 6～8 圈,如图 3.16 所示。剪去多余线头,修整好毛刺。为保证接头部位有良好的电接触和足够的机械强度,应保证缠绕为芯线直径的 8～10 倍。

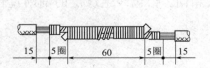

图 3.15　用缠绕法直线连接单股芯线(mm)

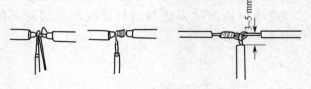

图 3.16　单股芯线 T 形连接

对用绞接法连接的截面较大的导线,可用缠绕法,如图 3.17 所示,其具体方法与单股芯线直连的缠绕法相同。

3.7 股铜芯线的直接连接

把除去绝缘层和氧化层的芯线线头分成单股散开并拉直,在线头总长(离根部距离的)1/3 处顺着原来的扭转方向将其绞紧,余下的 2/3 长度的线头分散成伞形,如图 3.18(a)所示。将两股伞形线头相对,隔股交叉直至伞形根部相接,然后捏平两边散开的线头,如图 3.18(b)所示。

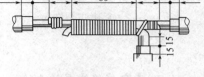

图 3.17　用缠绕法完成单股芯线 T 形连接(mm)

接着 7 股铜芯线按根数分成三组,先将第一组的两根线芯扳到垂直于线头的方向,如图 3.18(c)所示,按顺时针方向缠绕两圈,再弯下扳成直角使其紧贴芯线,如图 3.18(d)所示。第二组、第三组线头仍按第一组的缠绕办法紧密缠绕在芯线上,如图 3.18(e)所示。为保证电接触良好,如果铜线较粗较硬,可用钢丝钳将其绕紧。缠绕时注意使后一组线头压在前一组线头已折成直角的根部。最后一组线头应在芯线上缠绕三圈,在缠到第三圈时,把前两组多余的线端剪除,使该两组线头断面能被最后一组第三圈缠绕完的线匝遮住,最后一组线头绕到两圈半时,就剪去多余部分,使其刚好能缠满三圈,如图 3.18(f)所示,最后用钢丝钳钳平线头,修理好毛刺,如图 3.18(g)所示。到此完成了该连接的一半任务,后一半的缠绕方法与前一半完全相同。

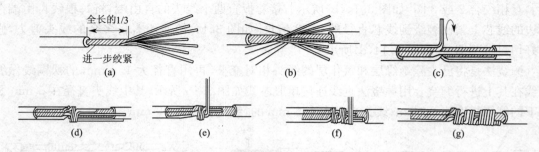

图 3.18　7 股铜芯线的直接连接

4. 7 股铜芯线的 T 形连接

把除去绝缘层和氧化层的支路线端分散拉直,在距根部 1/8 处将其进一步绞紧,将支路线头按 3 根和 4 根的根数分成两组并整齐排列。接着用一字形螺丝刀把干线也分成尽可能对等的两组,并在分出的中缝处撬开一定距离,将支路芯线的一组穿过干线的中缝,另一组排于干路芯线的前面,如图 3.19(a)所示,先将前面一组在干线上按顺时针方向缠绕 3 或 4 圈,剪除多余线头,修整好毛刺,如图 3.19(b)所示,接着将支路芯线穿越干线的一组在干线上按反时针方向缠绕 3 或 4 圈,剪去多余线头,钳平毛刺即可,如图 3.19(c)所示。

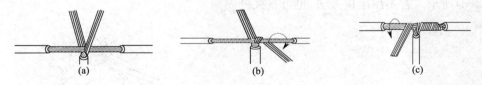

图 3.19　7 股铜芯线 T 形连接

5. 单股铜芯线与多股铜芯线的分支连接

单股铜芯线与多股铜芯线的分支连接如图 3.20 所示。用一字形螺丝刀把干线也分成尽可能对等的两组,并在分出的中缝处撬开一定距离,将支路单股芯线穿过干线的中缝,再把单股线缠绕在多股线上,缠绕方向与多股导线绞向一致。

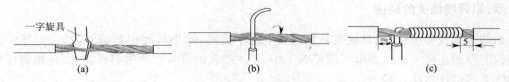

图 3.20　单股铜芯线与多股铜芯线的分支连接(mm)

三、电磁线头的连接

电机和变压器绕组用电磁线绕制,无论是重绕或维修,都要进行导线的连接,这种连接可能在线圈内部进行,也可能在线圈外部进行。

(一)线圈内部的连接

对直径在 2 mm 以下的圆铜线,通常是先绞接后钎焊。绞接时要均匀,两根线头互绕不少于 10 圈,两端要封口,不能留下毛刺,截面较小的漆包线的绞接如图 3.21(a)所示,截面较大的漆包线的绞接如图 3.21(b)所示。直径大于 2 mm 的漆包圆铜线的连接多使用套管套接后再钎锡的方法。套管用镀锡的薄铜片卷成,在接缝处留有缝隙,选用时注意套管内径与线头大小的配合,其长度为导线直径的 8 倍左右,如图 3.21(c)所示。连接时,将两根去除了绝缘层的线端相对插入套管,使两线头端部对接在套管中间位置,再进行钎焊,使焊锡液从套管侧缝充分浸入内部,注满各处缝隙,将线头和导管铸成整体。

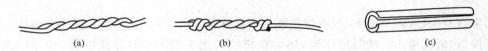

图 3.21　线圈内部端头连接方法

对截面积不超过 25 mm² 的矩形电磁线,亦用套管连接,工艺同上。

套管铜皮的厚度应选 0.6~0.8 mm 为宜;套管的横截面,以电磁线横截面的 1.2~1.5 倍为宜。

（二）线圈外部的连接

这类连接有两种情况，一种是线圈间的串、并联，"Y"、"△"连接等。对小截面导线，这类线头的连接仍采用先绞接后钎焊的办法；对截面较大的导线，可用乙炔气焊。另一种是制作线圈引出端头：用如图 3.22（a）、（b）、（c）所示的接线端子（接线耳）与线头之间用压接钳压接，如图 3.22（d）所示。若不用压接方法，也可直接钎焊。

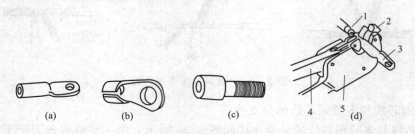

图 3.22　接线耳与接线桩螺钉
1—线头；2—模块；3—接线耳；4—钳柄；5—压接钳头

四、铝导线线头的连接

铝的表面极易氧化，而且这类氧化铝膜电阻率又高，除小截面铝芯线外，其余铝导线都不采用铜芯线的连接方法。在电气线路施工中，铝线线头的连接常用螺钉压接法、压接管压接法和沟线夹螺钉压接法 3 种。

（一）螺钉压接法

将剖除绝缘层的铝芯线头用钢丝刷或电工刀去除氧化层，涂上中性凡士林后，将线头伸入接头的线孔内，再旋转压线螺钉压接。线路上导线与开关、灯头、熔断器、仪表、瓷插头和端子板的连接，多用螺钉压接。单股铝芯导线的螺钉压接法连接如图 3.23 所示。单股小截面铜导线在电器和端子板上的连接亦可采用此法。

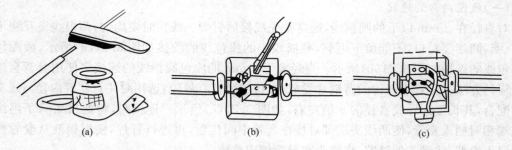

图 3.23　单股铝芯导线的螺钉压接法连接

如果有两个（或两个以上）线头要接在一个接线板上时，应事先将这几根线头扭作一股，再进行压接，如果直接扭绞的强度不够，还可在扭绞的线头处用小股导线缠绕后再插入接线孔压接。

（二）压接管压接法

此方法又叫套管压接法，它适用于室内、外负荷较大的铝芯线头的连接。接线前，先选好合适的压接管[如图 3.24（b）所示]，清除线头表面和压接管内壁上的氧化层及污物，再将两根线头相对插入并穿出压接管，使两线端各自伸出压接管 25～30 mm[如图 3.24（c）所示]，然后用压接钳进行压接[如图 3.24(d)所示],压接完工的铝线接头如图 3.24(e)所示,如果压接的是钢芯铝绞线,应在两根芯线之间垫上一层铝质垫片。压接钳在压接管上的压坑数目要视不同情况而定,室内线头通常为 4 个。对于室外铝绞线,截面为 16~35 mm² 的压坑数目为 6 个,50~70 mm² 的为 10 个;对于钢芯铝绞线,16 mm² 的为 12 个,25~35 mm² 的为 14 个,50~70 mm² 的为 16 个,95 mm² 的为 20 个,125~150 mm² 的为 24 个。

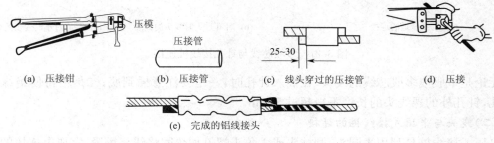

(a) 压接钳　　　　(b) 压接管　　　(c) 线头穿过的压接管　　(d) 压接

(e) 完成的铝线接头

图 3.24　压接管压接法(mm)

(三)沟线夹螺钉压接法

此法适用于室内、外截面较大的架空线路的直线和分支连接。连接前先用钢丝刷除去导线线头和沟线夹线槽内壁上的氧化层及污物,并涂上中性凡士林,然后将导线卡入线槽,旋紧螺钉,使沟线夹紧线头而完成连接。沟线夹螺钉压接法如图 3.25 所示。为预防螺钉松动,压接螺钉上必须套以弹簧垫圈。

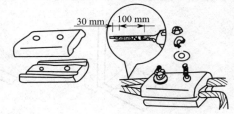

沟线夹的规格和使用数量与导线截面有关。通常,导线截面有 70 mm² 以下的用一副小型沟线夹;截面在 70 mm² 以上的,用两副较大的沟线夹,两副沟线夹之间相距 300~400 mm。

图 3.25　沟线夹螺钉压接法

五、线头与接线桩的连接

(一)线头与针孔接线桩的连接

端子板、某些熔断器、电工仪表等的接线部位多是利用针孔附有压接螺钉压住线头完成连接的。若线路容量小,可用一只螺钉压接;若线路容量较大或接头要求较高时,应用两只螺钉压接。

单股芯线与接线桩连接时,最好按要求的长度将线头折成双股并排插入针孔,使压接螺钉顶紧双股芯线的中间。如果线头较粗,双股插不进针孔,也可直接用单股,但芯线在插入针孔前,应稍微朝着针孔上方弯曲,以防压紧螺钉稍松时线头脱出,单股芯线与针孔接线压接法如图 3.26所示。

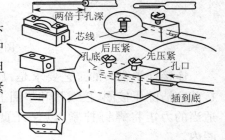

图 3.26　单股芯线与针孔接线压接法

在针孔接线桩上连接多股芯线时,先用钢丝钳将多股芯线进一步绞紧,以保证压接螺钉顶压时不致松散,如图 3.27(a)所示。注意针孔和线头的大小应尽可能配合。如果针孔过大可选一根直径大小相宜的铝导线作绑扎线,在已绞紧的线头上紧密缠绕一层,使线头大小与针孔合适后再进行压接,如图 3.27(b)所示。如线头过大,插不进针孔时,可将线头散开,适量减去中间几股,通常 7 股可剪去 1 或 2 股,19 股可剪去 1~7 股,然后将线头绞紧,进行压接,如图 3.27(c)所示。

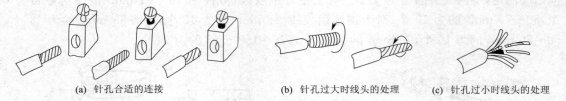

(a) 针孔合适的连接　　　　(b) 针孔过大时线头的处理　　　　(c) 针孔过小时线头的处理

图 3.27　多股芯线与针孔接线桩连接

无论是单股或多股芯线的线头,在插入针孔时,一是要注意插到底;二是不得使绝缘层进入针孔,针孔外的裸线头的长度不得超过 3 mm。

（二）线头与平压式接线桩的连接

平压式接线桩是利用半圆头、圆柱头或六角头螺钉加垫圈将线头压紧,完成电连接的。对载流量小的单股芯线,先将线头弯成接线圈(图 3.28),再用螺钉压接。对于横截面不超过 10 mm² 、股数为 7 股及以下的多股芯线,应按图 3.29 的步骤制作压接圈。对于载流量较大,横截面积超过 10 mm² 、股数多于 7 股的导线端头,应安装接线耳。

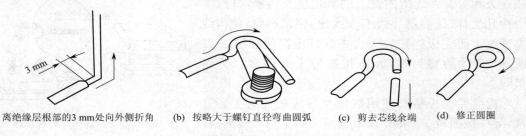

(a) 离绝缘层根部的3 mm处向外侧折角　　(b) 按略大于螺钉直径弯曲圆弧　　(c) 剪去芯线余端　　(d) 修正圆圈

图 3.28　单股芯线压接圈的弯法

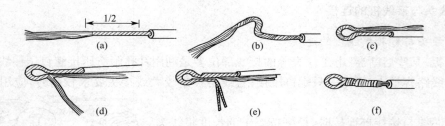

图 3.29　7 股导线压接圈弯法

连接这类线头的工艺要求是:压接圈和接线耳的弯曲方向应与螺钉拧紧方向一致,连接前应清除压接圈、接线耳和垫圈上的氧化层及污物,再将压接圈或接线耳在垫圈下面,用适当的力矩将螺钉拧紧,以保证良好的电接触。压接时注意不得将导线绝缘层压入垫圈内。

软线线头的连接也可用平压式接线桩。软导线线头连接如图 3.30 所示,其要求与上述多芯线的压接相同。

（三）线头与瓦形接线桩的连接

瓦形接线桩的垫圈为瓦形，压接时为了不使线头从瓦形接线桩内滑出，压接前应先将去除氧化层和污物的线头弯曲成 U 形[图 3.31(a)]，再卡入瓦形接线桩压接。如果在接线桩上有两个线头连接，应将弯成 U 形的两个线头相重合，再卡入接线桩瓦形垫圈下方压紧，如图 3.31(b)所示。

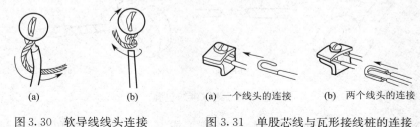

（a）　　　　　　　（b）　　　　　　　（a）一个线头的连接　　　（b）两个线头的连接

图 3.30　软导线线头连接　　　　　图 3.31　单股芯线与瓦形接线桩的连接

六、导线的封端

为保证导线线头与电气设备的电接触和其机械性能，除 10 mm² 以下的单股铜芯线，2.5 mm² 及以下的多股铜芯线和单股铝芯线能直接与电器设备连接外，大于上述规格的多股或单股芯线，通常都应在线头上焊接或压接接线端子，这种工艺过程叫做导线的封端。但在工艺上，铜导线和铝导线的封端是不完全相同的。

（一）铜导线的封端

铜导线封端方法常用锡焊法或压接法。

1. 锡焊法

先除去线头表面和接线端子孔内表面的氧化层和污物，分别在焊接面上涂上无酸焊锡膏，线头上先搪一层锡，并将适量焊锡放入接线端子的线孔内，用喷灯对接线端子加热，待焊锡熔化时，趁热将搪锡线头插入端子孔内，继续加热，直到焊锡完全渗透到芯线缝中并灌满线头与接线端子孔内壁之间的间隙，方可停止加热。

2. 压接法

把表面清洁且已加工好的线头直接插入内表面已清洁的接线端子线孔，然后按本节前面所介绍的压接管压接法的工艺要求，用压接钳对线头和接线端子进行压接。

（二）铝导线的封端

由于铝导线表面极易氧化，用锡焊法比较困难，通常都用压接法封端。压接前除了清除线头表面及接线端子线孔内表面的氧化层及污物外，还应分别在两者接触面涂以中性凡士林，再将线头插入线孔，用压接钳产压接，已压接完工的铝导线端子如图 3.32 所示。

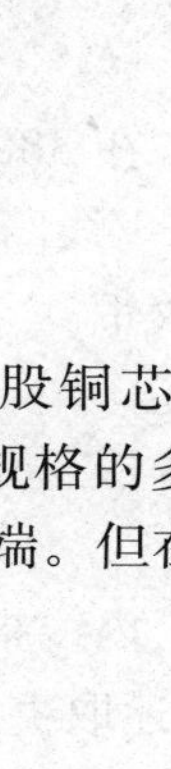

图 3.32　铝线线头封端

七、线头绝缘层的恢复

在线头连接完工后，导线连接前所破坏的绝缘层必须恢复，且恢复后的绝缘强度一般不应低于剖削前的绝缘强度，方能保证用电安全。电力线上恢复线头绝缘层常用黄蜡带、涤纶薄膜带和黑胶带（黑胶布）3 种材料，绝缘带宽度选 20 mm 比较适宜。包缠时，先将黄蜡带从线头的一边在完整绝缘层上离切口 40 mm 处开始包缠，使黄蜡带与导线保持 45°的倾斜角，后一圈压叠在前一圈 1/2 的宽度上,常称为半叠包,分别如图 3.33(a)和(b)所示。黄蜡带包缠完以后,将黑胶带接在黄蜡带尾端,朝相反方向斜叠包缠,仍倾斜 45°,后一圈仍压叠前一圈 1/2,分别如图 3.33(c)、(d)所示。

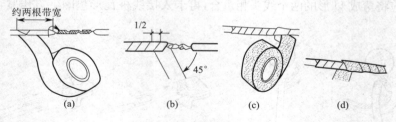

图 3.33　绝缘带的包缠

在 380 V 的线路上恢复绝缘层时,先包缠 1 或 2 层黄蜡带,再包缠一层黑胶带;在 220 V 线路上恢复绝缘层时,可先包一层黄蜡带,再包一层黑胶带或不包黄蜡带,只包两层黑胶带。

第五节　内线安装的基本知识

内线指室内将电能输送到用电器的线路。内线装修的质量不仅取决于电工本身的技术水平,还取决于是否按照正确的施工要求,运用正确的施工工艺。本节将叙述电工应熟知的内线安装基本知识。

一、室内配线的一般工序

室内配线时,一般的施工工序介绍如下:

(1)定位。按施工要求,在建筑物上确定出照明灯具、插座、配电装置、启动、控制设备等的实际位置,并注上记号。

(2)划线。在导线沿建筑物敷设的路径上,划出线路走向色线,并确定绝缘支持件固定点、穿墙孔、穿楼板孔的位置,并注明记号。

(3)凿孔与预埋。按上述标注位置,凿孔并预埋紧固件。

(4)安装绝缘支持件、线夹或线管。

(5)敷设导线。

(6)完成导线间连接、分支和封端,处理线头绝缘。

(7)检查线路安装质量。检查线路外观质量、直流电阻和绝缘电阻是否符合要求,有无断路、短路。

(8)完成线端与设备的连接。

(9)通电试验,全面验收。

二、室内配线的方式

室内配线的方式基本分为:线槽配线、绝缘子、瓷夹配线或槽板配线(很少使用)、管道配线、塑料护套线配线及钢索配线。其中绝缘子或瓷夹配线主要用于户外或简易工棚、房屋及工厂车间内配线。槽板配线、管道配线及塑料护套线配线主要用于室内配线。下面分别介绍几种常用配线的方式和方法。

（一）线槽配线

线槽配线一般适用于导线根数较多或导线截面较大且在正常环境室内的场所敷设，线槽按材质分，有金属线槽和塑料线槽之分；按敷设方法分，有明敷和暗敷之分；按槽数分，有单槽和双槽之分。

1. 塑料线槽

塑料线槽由槽底、槽盖及附件组成，它是由难燃型硬聚氯乙烯工程塑料挤压成型，严禁使用非难燃型材料加工。选用塑料线槽时，应根据设计要求选择型号、规格相应的定型产品，其敷设场所的环境温度不得低于-15 ℃，氧指数不应低于27%。以上线槽内外应光滑无棱刺，不应有扭曲、翘边等变形现象，并有产品合格证。

操作工艺流程介绍如下：

弹线定位——线槽固定——线槽连接——槽内放线——导线连接——线路检查。

（1）弹线定位

弹线定位应符合以下规定：

①线槽配线在穿过楼板或墙壁时，应用保护管，而且穿楼板处必须用钢管保护，其保护高度距地面不应低于1.8 m，装设开关的地方可引至开关的位置。

②过变形缝时应做补偿处理。

弹线定位方法：按设计图确定进户线、盒、箱等电气器具固定点的位置，从始端至终端（先干线后支线）找好水平或垂直线，用粉线袋在线路中心弹线，分均挡，用笔画出加挡位置后，再细查木砖是否齐全，位置是否正确，否则应及时补齐。然后在固定点位置进行钻孔，埋入塑料胀管或伞形螺栓。弹线时不应弄脏建筑物表面。

（2）线槽固定

①木砖固定线槽

配合土建结构施工时预埋木砖，加气砖墙或砖墙剔洞后再埋木砖，梯形木砖较大的一面应朝洞里，外表面与建筑物的表面平齐，然后用水泥砂浆抹平，待凝固后，再把线槽底板用木螺丝固定在木砖上。用木砖安装如图3.34所示。

②塑料胀管固定线槽

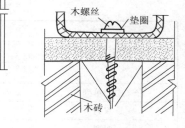

图3.34 用木砖安装

表3.6 木螺丝规格尺寸

单位：mm

标　号	公称直径 d	螺杆直径 d	螺杆长度 l	标　号	公称直径 d	螺杆直径 d	螺杆长度 l
7	4	3.81	12～70	14	6	6.30	25～100
8	4	4.7	12～70	16	6	7.01	25～100
9	4.5	4.52	16～85	18	8	7.72	40～100
10	5	4.88	18～100	20	8	8.43	40～100
12	5	5.59	18～100	24	10	9.86	70～120

混凝土墙、砖墙可采用塑料胀管固定塑料线槽。根据胀管直径和长度选择钻头，在标出的固定点位置上钻孔，不应歪斜、豁口，应垂直钻好孔后，将孔内残存的杂物清净，用木锤把塑料胀管垂直敲入孔中，并与建筑物表面平齐为准，再用石膏将缝隙填实抹平。用半圆头木螺丝加垫圈将线槽底板固定在塑料胀管上，紧贴建筑物表面。应先固定两端，再固定中间，同时找正

线槽底板,要横平竖直,并沿建筑物形状表面进行敷设。木螺丝规格尺寸见表 3.6,线槽安装用塑料胀管固定如图 3.35 所示。

③伞形螺栓固定线槽

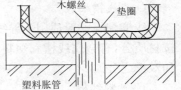

图 3.35　线槽安装用塑料胀管固定

在石膏板墙或其他护板墙上,可用伞形螺栓固定塑料线槽,根据弹线定位的标记,找出固定点位置,把线槽的底板横平竖直地紧贴建筑物的表面,钻好孔后将伞形螺栓的两伞叶掐紧合拢插入孔中,待合拢伞叶自行张开后,再用螺母紧固即可,露出线槽内的部分应加套塑料管。固定线槽时,应先固定两端再固定中间。伞形螺栓安装做法如图 3.36 所示,伞形螺栓构造如图 3.37 所示。

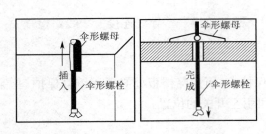

图 3.36　伞形螺栓安装做法

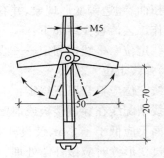

图 3.37　伞形螺栓构造(mm)

(3)线槽连接

①线槽及附件连接处应严密平整,无孔无缝隙,紧贴建筑物固定点最大间距见表 3.7。

表 3.7　槽体固定点最大间距尺寸

固定点形式	槽板宽度(mm)		
	20~40	60	80~120
	固定点最大间距(mm)		
中心单列	80	—	—
双列	—	1 000	—
双列	—	—	800

②线槽分支接头,线槽附件如直通,三通转角,接头,插口,盒,箱应采用相同材质的定型产品。槽底、槽盖与各种附件相对接时,接缝处应严实平整。塑料线槽安装示意图如图 3.38 所示。

③线槽各种附件安装要求:

a. 盒子均应两点固定,各种附件角、转角,三通等固定点不应少于两点(卡装式除外)。

b. 接线盒、灯头盒应采用相应插口连接。

c. 线槽的终端应采用终端头封堵。

d. 在线路分支接头处应采用相应接线箱。

e. 安装铝合金装饰板时,应牢固、平整、严实。

(4)槽内放线

①清扫线槽。放线时,先用布清除槽内的污物,使线槽内外清洁。

②放线。先将导线放开抻直,捋顺后盘成大圈,置于放线架上,从始端到终端(先干线后支线)边放边整理,导线应顺直,不得有挤压、背扣、扭线和受损等现象。绑扎导线时应采用尼龙

绑扎带,不允许采用金属丝进行绑扎。接线盒处的导线预留长度不应超过 150 mm。线槽内不允许出现接头,导线接头应放在接线盒内,从室外引进室内的导线在进行入墙内一段用橡胶绝缘导线,同时穿墙保护管的外侧应有防水措施。

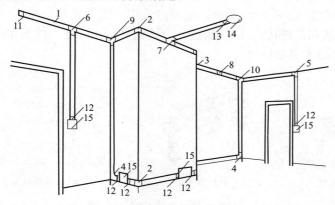

图 3.38　塑料线槽安装示意图

1—塑料线槽;2—阳角;3—阴角;4—直转角;5—平转角;6—平三通;7—顶三通;8—连接头;

9—右三通;10—左三通;11—终端头;12—接线盒插口;13—灯头盒插口;14—灯头盒;15—接线盒

③盖板。盒盖、槽盖应全部盖严实并平整,不允许有导线外露现象。

（5）导线连接

导线连接应使连接处的接触电阻值最小,机械强度不降低,并恢复其原有的绝缘强度。连接时,应正确区分相线、中性线、保护地线。可采用绝缘导线的颜色区分或使用仪表测试对号,检查正确方可连接。

（6）线路检查

按相关标准进行。注意,安装塑料线槽配线时,应注意保持墙面整洁。

2. 金属线槽

地面内暗装金属线槽,将其暗敷于现浇混凝土地面、楼板或楼板垫层内。施工中应根据不同的结构形式和建筑布局,合理确定线槽走向。地面内暗装金属线槽组装示意图如图 3.39 所示。

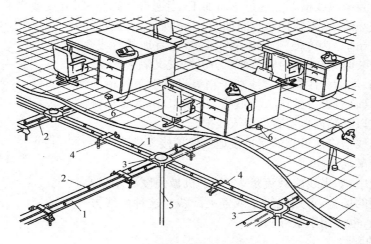

图 3.39　地面内暗装金属线槽组装示意

1—线槽;2—出线口;3—分线盒;4—支架;5—钢管;6—电话(源)插座出线口

①当暗装线槽敷设在现浇混凝土楼板内,楼板厚度不应小于 200 mm;当敷设在楼板垫层内时,垫层的厚度不应小于 70 mm,并避免与其他管路相互交叉。

②地面内暗配金属线槽,应根据单线槽或双线槽结构形式不同,选择单压板或双压板与线槽组装并配装卧脚螺栓,如图 3.40 所示。地面内线槽的支架安装距离,一般情况下应设置于直线段不大于 3 m 或在线槽接头处、线槽进入分线盒 200 mm 处。线槽出线口和分线盒不得突出地面,且应做好防水密封处理。

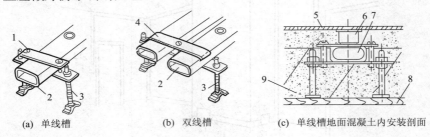

(a) 单线槽　　　　(b) 双线槽　　　(c) 单线槽地面混凝土内安装剖面

图 3.40　地面内线槽支架安装示意图

1—单压板;2、7—线槽;3—卧脚螺栓;4—双压板;5—地面;6—出线口;8—模板;9—钢筋混凝土

③地面内线槽端部与配管连接时,应使用管过渡接头,如图 3.41(a)所示;线槽间连接时,应采用线槽连接头进行连接,如图 3.41(b)所示,线槽的对口处应在线槽连接头中间位置上,当金属线槽的末端无连接时,就用封端堵头堵严,如图 3.41(c)所示。

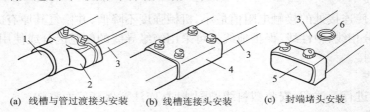

(a) 线槽与管过渡接头安装　　(b) 线槽连接头安装　　(c) 封端堵头安装

图 3.41　线槽连接安装示意图

1—钢管;2—管过渡接头;3—线槽;4—连接头;5—封端堵头;6—出线孔

④分线盒与线槽、管连接

a. 地面内暗装金属线槽不能进行弯曲加工,当遇有线路交叉、分支或弯曲转向时,应安装分线盒。分线盒与线槽、管连接示意图如图 3.42 所示。当线槽的直线长度超过 6 m 时,为方便施工穿线与维护,也宜加装分线盒。双线槽分线盒安装时,应在盒内安装便于分开的交叉隔板。

b. 由配电箱、电话分线箱及接线端子箱等设备引至线槽的线路,宜采用金属管暗敷设方式引入分线管,图 3.42 中钢管从分线盒的窄面引出或以终端连接器直接引入线槽。

⑤暗装金属线槽应作可靠的保护接地或保护接零措施。

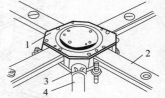

图 3.42　分线盒与线槽、管连接示意图

1—分线盒;2—线槽;3—引出管接头;4—钢管

(二)绝缘子配线

在室内布线中,如果线路载流量大,对于机械强度要求较高,环境又比较潮湿的场合,可用绝缘子或瓷夹配线。这种配线方式不仅适合于室内,也适用于室外。

1. 绝缘子的配线

绝缘子配线方法的基本步骤与槽板配线相同,但另需说明如下:

(1)常用绝缘子有鼓形绝缘子、蝶形绝缘子、针式绝缘子、悬式绝缘子等,如图 3.43 所示。

利用木结构、预埋木榫或尼龙塞、预埋支架、膨胀螺栓等固定鼓形绝缘子时,其固定如图 3.44 所示。

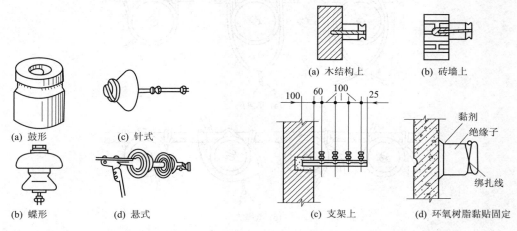

图 3.43 绝缘子的外形	图 3.44 绝缘子的固定(mm)

(2)敷设导线及导线的绑扎。在绝缘子上敷设导线,也应从一端开始,先将一端的导线绑扎在绝缘子的颈部,如果导线弯曲,应事先校直,然后将导线的另一端收紧绑扎固定,最后把中间导线也绑扎固定。导线在绝缘子上绑扎固定的方法如下:

a. 终端导线的绑扎。导线的终端可用回头线绑扎,如图 3.45 所示。绑扎线宜用绝缘线,绑扎线的线径和绑扎匝数见表 3.8。

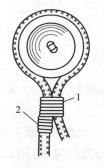

图 3.45 终端导线的绑扎

1—公匝数;2—单匝数

表 3.8 绑扎线的线径和绑扎匝数

导线截面(mm²)	绑线直径(mm)			绑线匝数	
	纱包铁芯线	铜芯线	铝芯线	公匝数	单匝数
1.5～10	0.8	1.0	2.0	10	5
10～35	0.89	1.4	2.0	12	5
50～70	1.2	2.0	2.6	16	5
95～120	1.24	2.6	3.0	20	5

b. 直线段导线的绑扎。鼓形和蝶形绝缘子直线段导线一般采用单绑法或双绑法两种,截

面在 6 mm² 及以下的导线可采用单绑法,步骤如图 3.46(a)所示;截面为 10 mm² 及以上的导线可采用双绑法,步骤如图 3.46(b)所示。

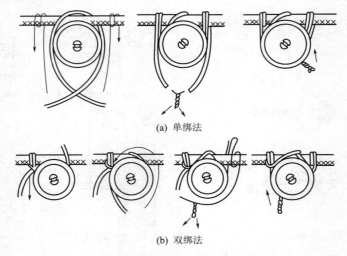

(a) 单绑法

(b) 双绑法

图 3.46 直线段导线的绑扎

绝缘子配线的注意事项说明如下:

(1)在建筑物的侧面或斜面配线时,必须将导线绑扎在绝缘子的上方,如图 3.47 所示。

(2)导线在同一平面内,如有曲折时,绝缘子必须装设在导线角的内侧,如图 3.48 所示。

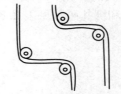

图 3.47 绝缘子在侧面或斜面导线绑扎
1—瓷瓶;2—电线

图 3.48 绝缘子在同一平面的转弯做法

(3)导线在不同的平面上曲折时,在凸角的两面上应装设两个绝缘子,如图 3.49 所示。

(4)导线分支时,必须在分支点处设置绝缘子,用以支持导线,导线互相交叉时,应在距建筑物近的导线上套瓷管保护,如图 3.50 所示。

(5)平行的两根导线,应在两绝缘子的同一侧,如图 3.51 所示。

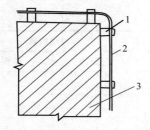

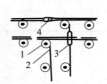

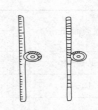

图 3.49 绝缘子在平面的转弯做法
1—绝缘子;2—导线;3—建筑物

图 3.50 绝缘子的分支做法
1—绝缘子;2—导线;
3—瓷管;4—接头包胶布

图 3.51 平行导线在
绝缘子上的绑扎

（6）绝缘子沿墙壁垂直排列敷设时，导线弛度不得大于 5 mm；沿屋架或水平支架敷设时，导线弛度不得大于 10 mm。

（三）塑料护套线配线

1. 操作工艺

护套线配线方法的基本步骤也类似槽板配线，但另需说明如下：

（1）木结构上直接用铁钉固定铝片线卡，在抹灰墙上，每隔 4 或 5 个钢筋扎头固定处或进入木台和转角处用小铁钉将铝片线卡固定在木榫上，余处可将线卡直接钉在灰墙上。

（2）铝片的夹持。护套线置于铝片的钉孔处。铝片卡线夹住护套线操作如图 3.52 所示。

2. 塑料护套线配线时的注意事项

（1）室内使用塑料护套线配线时，其截面规定铜芯不得小于 0.5 mm²，铝芯不得小于 1.5 mm²；室外使用塑料护套配线时，其截面规定铜芯不得小于 1.0 mm²，铝芯不得小于 2.5 mm²。

（2）护套线不可在线路上直接连接，可通过瓷接头、接线盒或借用其他电器的接线柱来连接线头。

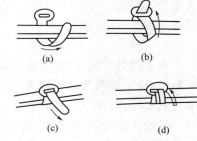

图 3.52　铝片卡线夹住护套线操作

（3）护套线转弯时，转弯弧度要大，以免损伤导线，转弯前后应各用一个铝片线卡夹住，如图 3.53（a）所示。

（4）护套线进入木台前应安装一个铝片线卡，如图 3.53（b）所示。

（5）两根护套线相互交叉时，交叉处要用 4 个铝片线卡夹住，护套线应尽量避免交叉。如图 3.53（c）所示。

（6）护套线路的离地最小距离不得小于 0.15 m，在穿越楼板及离地低于 0.15 m 的一段护套线，应加电线管保护。

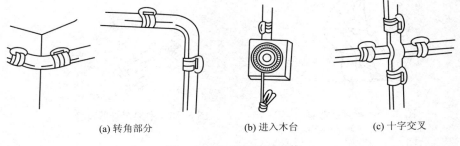

(a) 转角部分　　　　　(b) 进入木台　　　　　(c) 十字交叉

图 3.53　铝片线卡的安装

（四）线管配线

1. 工具器材

线管配线过程中主要用到的工具器材有：线管、管箍、钢锯、弯管器、管子套丝绞板、接线盒、导线、钢丝、钢丝钳、手锤、螺丝刀等。

2. 操作工艺

线管配线中具体操作工艺介绍如下。

（1）线管选择

①在潮湿或有腐蚀气体场所明敷时，应采用管壁较厚的白铁管。

②干燥场所采用管壁较薄的电线管。

③腐蚀严重场所,采用硬塑料管。

一般按穿管导线含绝缘层总截面不超过线管内截面40%选取适当直径线管。

（2）落料

线管应无裂缝、瘪陷等缺陷,下料长度以尽可能减少线管连接接口为原则,用钢锯锯割适当长度,挫去毛刺和锋口。硬质塑料管的切断多用钢锯条,硬质PVC塑料管也可以使用厂家配套供应的专用截管器截剪管子,应边转动管子边进行裁剪,使刀口易于切入管壁。刀口切入管壁后,应停止转动PVC管(以保证切口平整),继续裁剪,直至管子切断为止。PVC管切割过程如图3.54所示。

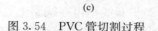

（3）弯管

为了线管穿线方便,弯管弯曲角度不应小于90°,明管敷设,管子弯曲曲率半径 $R \geqslant 4d$;暗管敷设,弯管曲率半径 $R \geqslant 6d$,其中 d 为管径。

①弯管器弯管,如图3.55所示,适用于直径50 mm以下线管。

②木架弯管器弯管,如图3.56所示。

图3.54　PVC管切割过程

③滑轮弯管器弯管,如图3.57所示,适用于直径50～100 mm线管。

④弯曲硬塑料管,先将塑料管加热,然后放在木坯具上弯曲成型。硬塑料管弯曲如图3.58所示。

⑤冷弯法只适用于硬质PVC塑料管。弯管时,将相应的弯管弹簧插入管内需要弯曲处,两手握住管弯处弹簧的部位,用手逐渐弯出所需的弯曲半径来。PVC管冷变曲如图3.59所示。

图3.55　弯管器弯管

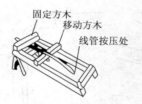

图3.56　木架弯管器弯管

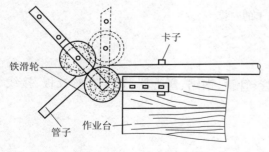

图3.57　滑轮弯管器弯管

图3.58　硬塑料管弯曲

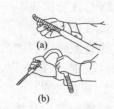

图3.59　PVC管冷弯曲

（4）套丝

管子套丝绞板如图 3.60 所示。套丝时，将线管固定于台虎钳上，当套丝将要到预定长度（管箍长度的一半）时应稍松开板牙，且边绞边松，直至形成锥形丝扣，最后应试验管箍能旋上线管。

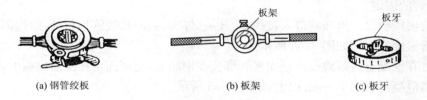

(a) 钢管绞板　　　　　　　　(b) 板架　　　　　　　　(c) 板牙

图 3.60　管子套丝绞板

（5）线管连接

①钢管相接，采用管箍连接。为保证接口严密，在管子丝扣上顺螺纹缠上麻丝，并且在麻丝上涂一层白漆，再用管子钳拧紧，使两管端口吻合。管箍连接钢管如图 3.61 所示。

②钢管与接线盒连接。管线与接线盒的连接如图 3.62 所示，在接线盒内外各用一个薄形锁紧螺母紧固，如需密封，两螺母间可各垫入封口垫圈。

③硬塑料管连接。将两根管子的管口，一根内倒角[如图 3.63(a)左图所示]，一根外倒角[如图 3.63(a)右图所示]，加分内倒角塑料管至 145°左右，将外倒角管涂一层胶合剂，迅速插入内倒角管，并立即用湿布冷却，使管子恢复硬度，硬塑料管的插入法连接如图 3.63 所示。

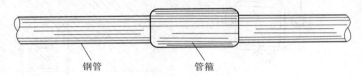

钢管　　　　　　　管箍

图 3.61　管箍连接钢管

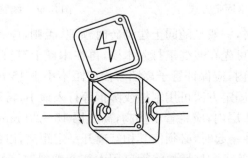

图 3.62　管线与接线盒的连接

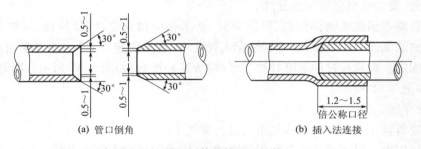

(a) 管口倒角　　　　　　　　(b) 插入法连接

图 3.63　硬塑料管的插入法连接（mm）

(6)线管接地

钢线管必须可靠接地,在钢管与钢管,钢管与配电箱及接线盒等连接处,用 $\phi(6\sim10)$ mm 圆钢制成的跨接线连接,如图 3.64 所示。在线管始末端分别与接地体可靠连接。

(7)线管的固定

①线管明线敷设。当线管进入接线盒、开关、灯头、插座和线管拐角处,两边需要用管卡固定。两种管卡固定方式如图 3.65 所示。

②线管在混凝土内暗敷设。预先将管绑扎在钢筋上,也可固定在浇灌模板上,且应将管子用垫块垫离混凝土表面 15 mm 以上,如图 3.66 所示。

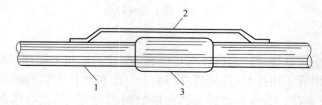

图 3.64　线管连接处的跨接线
1—钢管;2—跨接线;3—管箍

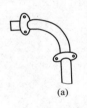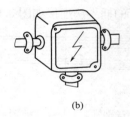　　　　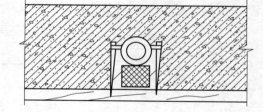

图 3.65　两种管卡固定方式　　　　图 3.66　线管在混凝土模板上的固定

当线管配在砖墙内时,一般是随同土建砌砖时预埋,否则,应先在砖墙上留槽或剔槽。线管在砖墙内的固定方法,可先在砖缝里打入木楔,再在木楔上钉钉子,用铁线将管子绑扎在钉子上,使管子充分嵌入槽内,应保证管子离墙表面净距不小于 15 mm。在地坪内配管,必须在土建浇制混凝土前埋设,固定方法可用木桩或圆钢等打入地中,再用铁丝将管子绑牢。为使管子全部埋设在地坪混凝土层内,应将管子垫高,离土层 15~20 mm,这样,可减少保护管保护。当有许多管子并排敷设在一起时,必须使其相互离开一定距离,以保证其间也灌上混凝土。为避免管口堵塞影响穿线,管子配好后要将管口用木塞或塑料塞堵好。管子连接处以及钢管及接线盒连接处,要按规定做好接地处理。

当电线管路遇到建筑物伸缩缝、沉降缝时,必须相应做伸缩、沉降处理,一般是装设补偿盒。在补偿盒的侧面开一个长孔,将管端穿入长孔中,无须固定,而另一端则要用六角螺母与接线盒拧紧固定。钢管经过伸缩缝补偿装置(暗敷装补偿盒)如图 3.67 所示。明敷则用软管,两端固定,如图 3.68 所示。

(8)扫管穿线

一般在建筑物土建地坪和粉刷结束后进行穿线工作。

①首先用压缩空气或绑结抹布的钢丝穿线管,以清除管内杂物和水分。

②用 $\phi1.2$ mm 的钢丝做引线,导线与引线的缠绕如图 3.69 所示,在弯头少的地方,钢丝

可直接穿出线套管出口端。

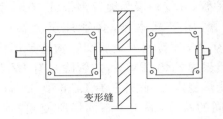
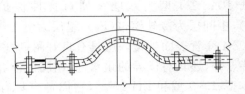

图 3.67　钢管经过伸缩缝补偿装置　　　　图 3.68　软管经过伸缩缝补偿装置
（暗敷装补偿盒）　　　　　　　　　　　　（明敷装补偿软管）

　　弯头多的地方，可两边同时穿钢丝，在钢丝端弯曲挂钩，管两端穿入钢丝引线如图 3.70 所示，试探着将挂钩互相勾住，引出牵引钢丝绳。
　　③导线穿入线管前，应在管口套护圈，防止割伤导线绝缘。线管入口和出口各有一人，相互配合拉出导线，如图 3.71 所示。
　　3. 线管配线注意事项
　　(1)截面较大而管壁薄的钢管的弯曲，为避免弯瘪、弯裂线管，可在管内灌沙，甚至加热后再弯管。

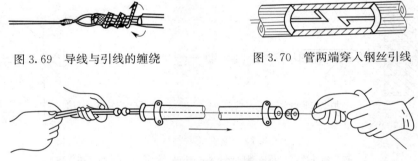

图 3.69　导线与引线的缠绕　　　　　图 3.70　管两端穿入钢丝引线

图 3.71　导线穿管内的方法

　　(2)线管内导线的绝缘强度不低于 500 V；铜芯导线截面不小于 1 mm²；铝芯导线截面不小于 2.5 mm²。
　　(3)管内不准有接头，也不准有绝缘破损后经包缠恢复绝缘的导线。
　　(4)不同电压和不同电能表的导线不得穿在同一根管内。
　　(5)为便于穿线，线管应尽可能减少转角或弯曲，且规定线管长度超过一定值，必须加装接线盒时，要求：直线段不超过 30 m；一个弯头不超过 30 m；两个弯头不超过 20 m，三个弯头不超过 12 m。
　　(6)在混凝土内暗敷线管时，必须使用厚度为 3 mm 的电线管；当线管外径超过混凝土厚度 1/3 时，不准采用暗敷线管方式，以免影响混凝土强度。暗管配线使墙壁表面光洁好看，但不利于线路维修，提倡采用半明半暗方式，线路的高端横向采用槽板配线，低端竖向（连接开关、插座等处）采用管线暗敷配线，即横明竖暗方式，使室内配线美观而又便于维修。
　　4. 普利卡金属套管
　　普利卡金属套管是电线电缆保护套管的更新换代产品，是新兴的电工器材，属于可挠性金属套管，它具有耐热、耐酸、耐腐蚀和抗压、抗晒、抗拉的特点，搬运方便、施工容易。在建筑电气工程中的使用日趋广泛。

按结构类型分,LZ-3型为单层可挠性电线保护管,套管外层为镀锌钢带(FeZn),里层为电工纸(P);LZ-4型为双层金属可挠性保护套管,属于基本型,套管外层为镀锌钢带(FeZn),中间层为冷轧钢带(Fe),里层为电工纸(P);LV-5普利卡金属套管构造是用特殊方法在LZ-4套管表面被覆一层具有良好耐韧性软质聚氯乙烯(PVC),此管除具有LZ-4型套管的特点外,还具有优异的耐水性、耐腐蚀性、耐化学稳定性,此外还有LE-6型、LVH-7型、LAL-8型、LS-9型和LH-10型,它们各自具有不同的特点,适用于不同场所使用。在寒冷地区及冷冻机等低温场所的配管工程,可选用LE-6耐寒型普利卡金属套管;在高温场所配管,应选用LVH-7耐热型普利卡金属套管;在食品加工及机械加工厂明配管的场所,应选用LAL-8型普利卡金属套管;使用在酸性、碱性气体等场所的电线、电缆保护管,可选用LS-9型普利卡金属套管;高温场所(250 ℃及以下)的配管,可选用LH-10耐热型普利卡金属套管;在室内潮湿及有水蒸气或有腐蚀性及化学性的场所使用,应选用LV-5型普利卡金属套管(即聚氯乙烯覆层套管)。

（五）钢索配线

在比较大型的工厂内,由于建筑屋架较高,跨距较大,而灯具安装要求较低,照明线路常采用钢索配线。作法是在建筑物两边用花蓝螺丝把钢索拉紧,再将导线和灯具悬挂在钢索上。钢索的安装如图3.72所示。

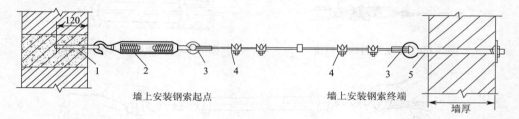

图 3.72　钢索的安装(mm)
1—起点端耳环;2—花篮螺栓;3—鸡心环;4—钢索卡;5—终点端耳环

三、车间配电线路

（一）车间配电线路的一般要求

（1）要求线路布局合理,整齐美观,安装牢固,操作、维修方便,最重要的是能够安全、可靠地输送电能。

（2）配线方式的选择。车间配电线路的敷设方式有明配线和暗配线两种,所使用的导线大多为绝缘线和电缆,也可用母排或裸导线。敷设方式和应用的导线种类要根据生产车间的周围环境和经济技术的合理性来选择,并考虑到安装、维修条件及安全要求。

（3）车间照明线路。每一单相回路的电流不应超过15 A。除花灯和壁灯等线路外,一个回路灯头和插座总数不超过25个。当照明灯具的负载超过30 A时,应用380/220 V三相四线制供电。

（4）无论采用哪种配线方式都要尽量避免导线接头,必须出现时,要尽可能将接头放在接线盒和灯头盒内。

（5）为了确保安全用电，车间内部的电气管线和配电装置与其他设备间的最小距离应符合要求。不能满足要求时，应采取必要的措施。

（6）采用塑料管和钢管配线时，必须注意管孔的直径和弯曲半径，以及中间接线盒、分支接线盒、拉线盒的布置，均应保证能顺利地向管内拉线和换线，而不会损伤导线绝缘。

（7）对于工作照明回路，在一般环境的厂房内，管配线时，一根管内导线的总根数不得超过6根，而有爆炸、火灾危险的厂房内不得超过4根。

（二）车间照明配线的敷设工序

（1）根据设计图样的要求确定照明灯头、控制开关、插座、照明配电箱的位置。

（2）根据设计图样，结合建筑物的结构特点，以及各电气设备的相对位置，确定线路走向和穿过楼板或梁、墙的位置。

（3）根据建筑物结构特点及敷设方式，在土建施工中，预埋木砖、木条、螺栓或在粉刷前，将配线的所有固定点打好洞眼，埋设膨胀螺栓、木砖等。

（4）装设配线支持物（如瓷瓶、瓷夹）和管卡、线夹。

（5）敷设导线。

（6）完成导线的连接、分支和封端。

（三）动力线路的敷设方式与安装技术

车间动力设备的配线结构，是根据设计所确定的配线系统、配线方式和在平面图上的设计进行施工的。配电干线可以是明敷设（如电缆槽配线）和暗敷设（管配线）等。电动机的配线多采用穿管暗配线。

管配线已经介绍过，这里不再赘述，现介绍裸母线、插接式母线、电缆桥架配线方式敷设与安装技术。

1. 裸母线配线方式

按照环境特性分类，金属加工车间、机械装配车间属一般性房屋，没有着火及爆炸危险，灰尘较少，没有侵蚀性蒸气或气体及不是炽热的房屋，因此这类车间的低压配电干线可以采用裸母线明配方式。

裸母线一般是采用硬铝母线安装。母线的敷设可以跨工字形屋面梁（图3.73），或通过屋面梁洞（图3.74），或跨钢屋架、跨桁架等，根据房屋结构决定。

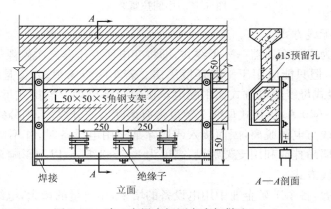

图 3.73 跨工字梁中间固定支架做法（mm）

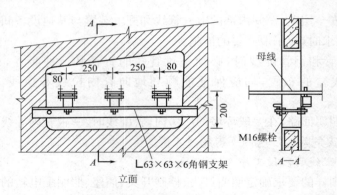

图 3.74　通过屋面梁洞中间固定支架法(mm)

　　明设母线的安装工作,是利用水平仪及铅锤安好构架,将瓷瓶紧固在构架上,然后将矫直好的母线紧固在瓷瓶上,用焊接或用螺栓将它的接头连接起来,并刷上相色漆。

　　安装母线的所有金属部件均应镀锌,夹板与母线接触处应除掉母线表面氧化层,并涂上工业凡士林油膏。

　　母线沿墙敷设安装时,支架间距应不大于 3 m,垂直安装,要求每隔 2 m 做一个固定支架,绝缘子采用 XW—01 型电车绝缘子。屋面梁的间距较大时,母线应做中间拉紧装置,如图 3.75所示;到端头应做母线终端拉紧装置,如图 3.76 所示。拉紧装置的连接板宽度为母线宽加 55 mm,母线规格由工程设计决定。

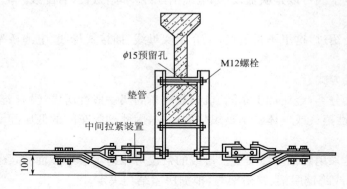

图 3.75　中间拉紧装置

　　2.插接式母线配线方式

　　以树干式结构为主的变压器——干线式,即将变电所变压器二次侧裸母线直接引入车间,虽然经济效果较高,但只能应用于一般环境厂房。若车间机床很多,又是均匀地沿线路分布时,支干线采用插接式母线配电方式比用配电箱供电经济合理。插接式母线如图 3.77 所示,输电能力可达 250~600 A,插接式母线上装设带有熔断器的分线盒,当分线盒合上时,支线接至母线,打开时,支线与电源脱离,因而接入或切除某一用电设备时,并不影响其他设备工作。插接式母线沿柱或墙吊挂或利用支架敷设,高度为 2.5~3.5 m,以不影响车间内运输为原则。

　　3.电缆桥架配线方式

　　随着工业的发展,各个工矿企业中用电设备的增多,用电量的增大,电缆用量既多又集中。电缆桥架,即空中走线的方式,由原来的焊接工艺发展到现场组装方式,走向灵活,施工简单,整齐美观。

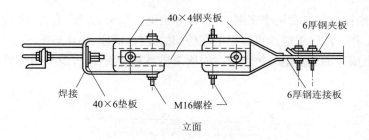

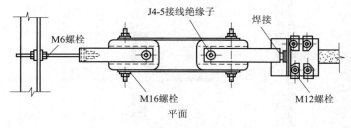

图 3.76 终端拉紧装置

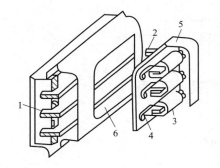

图 3.77 插接式母线

1—母线；2—插接线；3—熔断器；4—支持用电端子；
5—装插接线与熔断器的箱子；6—插接母线上用的小孔

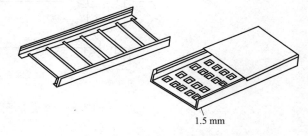

图 3.78 电缆桥架和托盘

(1)电缆桥架。电缆桥架是架设电缆、管缆的一种装置，通过电缆桥架把电缆、管缆从配电室(或控制室)送到用电设备，特别适合于全塑电缆的敷设。电缆桥架一般由立柱、托臂和梯架(或托盘、电缆槽)组成，如图 3.78 所示。立柱间距一般为 2 m，桥架荷载为 125 kg/m。

(2)电缆桥架的使用范围。电缆桥架适用于在化工、炼油、冶金、军工、机械、轻工、纺织等各个工业企业的厂区及车间敷设电缆，特别是对于像石油化工、钢铁等大型联合企业更显优越。电缆桥架不仅可以用于敷设动力电缆和控制电缆，同时也可以用于敷设自动控制系统的控制电缆；不仅适用于室内，而且适用于室外，其各个零部件是镀锌的，可以用于轻腐蚀的环境中，在防爆环境中也可以应用。

(3)电缆桥架的形式。电缆桥架的形式是多种多样的，有梯架、托盘、组合式托盘、电缆槽等。现在电缆桥架的所有零部件都做成标准定型件，由专业化厂生产，这些标准定型件运到现场即可组合安装。

(4)电缆桥架的敷设。托盘平面布置图如图 3.79 所示。电缆在托盘上敷设是单层布置，用塑料卡带将电缆固定在托盘上。大型电缆可用铁皮卡子固定，如图 3.80 所示。桥架的立面图如

图 3.81 所示。电缆桥架固定常用膨胀螺栓,这种方法施工简单、方便、省工、准确,省去了在土建施工中预埋件的工作。用膨胀螺栓可以把电缆桥架的立柱、底座、引出管的底座及托臂等部件固定在混凝土构件上或砖墙上。电缆桥架敷设时所需机具有滑轮、滚柱及牵引头等,应予备齐。

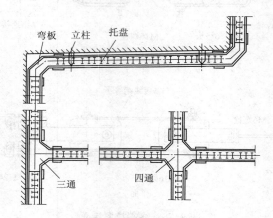

图 3.79　托盘平面布置图

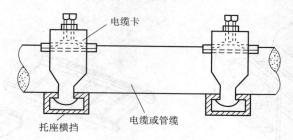

图 3.80　铁皮卡子固定电缆图

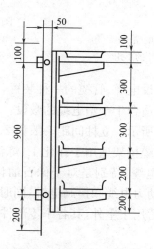

图 3.81　桥架的立面图(mm)

4. 配线及检验

配线工程结束后,在试送电前必须进行检验,以确定全部配线和线路施工是否正确,确保安全送电。

检验方法为:首先对整个工程外部进行检查。外部检查主要是靠经验,用目力来判断配线质量和缺陷。检查人员必须是配线工程的直接参加者,或是有一定经验的技术人员与老工人。其次是用仪器进行检验。一般用 500 V 的摇表来测量导线之间的绝缘电阻,以及导线与大地间的绝缘电阻,同时用摇表也可以测定导线是否断线。测导线的绝缘电阻时,必须将跨接在线路上的电动机、电器和仪表等切除,绝缘电阻不得低于 0.5 MΩ。

思 考 题

1. 怎样剖削塑料硬线、塑料软线、塑料护套线、橡皮线、花线、橡套软线、铅包线的绝缘层?
2. 试绘草图说明:单股铜芯线、七股铜芯线进行直线连接和 T 形连接的工艺过程。
3. 铝芯线头的压接有哪些方法? 怎样压接?
4. 导线线头与接线桩的连接有哪几种方法? 各应怎样操作?
5. 铜导线和铝导线各应怎样封端?
6. 在 380 V 和 220 V 的线路上,要恢复线头的绝缘层各有哪些要求?
7. 室内配线一般要求是什么?
8. 室内配线的主要工序是什么?
9. 室内配线方式的选择原则是什么?
10. 怎样确定室内配线方式?
11. 多股铜线怎样进行接头连接?
12. 塑料槽板配件及安装要求有哪些?
13. 怎样敷设导线?
14. 护套线配线的操作工艺及注意事项是什么?
15. 线管配线的注意事项是什么?
16. 线管配线怎样选择线管?
17. 车间配电线路的一般要求是什么?
18. 车间照明配线的敷设工序是什么?
19. 车间动力线路的配电方式是什么?
20. 车间动力线路的敷设方式是什么?
21. 为了穿线、拉线方便,当电线保护管遇哪些情况之一时,中间应增设接线盒或拉线盒?

第四章　室内配电装置和电气设备的安装

第一节　施工准备及施工

一、施工准备

(一)熟悉图纸及现场

(1)10 kV及以下室内变配电工程应以供电部门审批的正式图纸进行施工。

(2)施工员应掌握和了解有关规程规范和标准图册。

(3)熟悉图纸并进行工程现场调查,了解工程概况、施工条件及土建施工进度。

(4)结合现场调查情况,认真审查设计图纸,发现问题做好书面记录,为设计交底做好准备。图纸审查主要有以下6点:

①电气图纸与土建、通风管道、设备管道、消防系统及其他专业的图纸有无矛盾。

②主要尺寸、位置、标高有无差错,预埋、预留位置尺寸是否正确,设备距墙、设备之间的距离是否符合供电规范的要求。

③图纸之间、图纸与设备说明书之间有无矛盾。

④按图施工有无实际困难。

⑤设备进入变配电室的通道、设备孔洞、结构门洞是否符合设备的要求。

⑥根据施工规范和施工工艺的要求提出对施工图纸的改进意见。

(5)施工单位应有技术、生产部门和施工员参加建设单位组织的设计交底。施工员应提出审查图纸中的意见,设计、施工单位会签变更洽商,作为施工及竣工的依据。

(6)向建设单位或订货单位了解主要设备订货和到货情况,规格型号是否与图纸相符。

(7)根据施工图纸及本工程特点、规程规范,编制施工方案或施工交底书。大型变配电工程,主变压器单台容量为1 000 kV·A及以上且台数为3台及以上或主变压器总容量为3 000 kV·A及以上应编制施工方案。

(8)编制施工材料、设备预算书。编制加工件清单,绘制加工图,有关部门以此进行备料和安排加工件的加工。

(二)设备开箱点件检查

(1)设备到达现场后应及时进行点件检查验收。现场点件验收应有建设单位、订货单位、工程监理、安装单位、厂家共同检查,并做好记录。

(2)变配电设备一般检查项目:

①产品出厂合格证、验收报告、随箱图纸、说明书是否齐全。

②设备铭牌型号、规格是否与图纸相符。

③设备部件及元件(如继电器、仪表、插件、保险管、指示灯等)有无丢失,易损件(如绝缘瓷件、仪表玻璃、开关手柄、指示灯罩等)有无损坏。元件部件有无腐蚀、变形。

④设备安装尺寸(如地脚螺栓间距、轮距)是否与说明书和设计图纸相符。

⑤设备外观检查:框架有无开焊变形,油漆应完整无损。检查柜体尺寸(如测量柜体的对角线、柜体上下宽度尺寸误差等)是否符合出厂要求。

⑥按装箱单清点附件、备件、装用工具等,检查是否齐全。

(3)设备检查验收后应与建设单位、订货单位、工程监理、供货单位签署检查验收记录。

(4)设备检查验收记录、设备出厂合格证、试验报告单、随箱图纸等资料应作为竣工资料在工程竣工交接时移交建设单位。以上文件的复印件应报监理一份,经监理批复后开始安装。

(5)对目检不能发现的结构内部质量问题,参与检查各方应做好备忘录,如在试运行时出现设备质量问题,应由出厂单位和供货单位承担一切责任。

(三)安装前建设工程应具备的条件

(1)基础、构架、预留孔洞及预埋件符合电气设备的设计和安装要求。

(2)屋顶、楼板施工完毕,不得有渗漏。

(3)室内地面、顶面、墙角装饰工程施工完毕。

(4)有可能损坏已安装的设备或安装后不能再进行的装饰工程全部结束。

(5)变配电室门窗齐全,施工用道路畅通。

二、施　　工

(一)设备基础安装

1. 盘、柜基础的安装

(1)预埋铁的加工制作。预埋铁制作加工图如图 4.1 所示,图中尺寸单位为 mm,钢板选用厚(8～10) mm,圆钢选用 $\phi10$ mm。

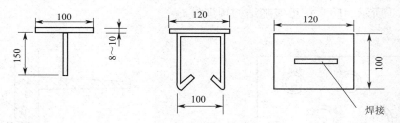

图 4.1　预埋铁制作加工图(mm)

(2)预埋铁随土建施工时按施工图预先埋设在混凝土结构中,成排盘、柜基础两端应有预埋铁,预埋铁间距一般在 600～800 mm 为宜,预埋铁的高度应根据所选的设备和基础型钢而定。

(3)调直型钢。基础型钢的规格应按施工的要求,图纸无标注时,选用 10 号槽钢。首先将有弯的型钢校直,然后按图纸尺寸要求预制加工基础型钢架,并刷好防锈漆。

(4)按施工平面图位置,将预制加工基础型钢架放在预留铁上,用水准仪或不小于 600 mm 的水平尺找平、找正。找平过程中,需用垫片调整高度,其垫片最多不能超过 3 片,然后将基础型钢架、预留铁、垫片用电焊牢。手车式柜基础型钢顶面高出抹平地面 10 mm 为宜(如柜前不铺胶垫时基础型钢顶面应与抹平地面相平),其他柜型的基础型钢顶面高出抹平地面 40～50 mm 为宜。基础型钢安装允许偏差见表 4.1。

表 4.1　基础型钢安装允许偏差

项次	项目	允许偏差(mm)	
1	不直度	每米	1
		全长	5
2	水平度	每米	1
		全长	5

2. 变压器轨道基础的安装

变压器轨道基础的安装只限于油浸式电力变压器。干式变压器可直接安装在地面上,也可参照油浸式电力变压器轨道基础安装。

(1)预留铁的加工制作。预留铁加工图如图 4.2 所示,图中尺寸单位为 mm,钢板选用厚(8~10) mm,圆钢选用 φ10 mm。

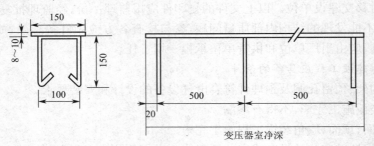

图 4.2　预埋铁加工图(mm)

(2)埋设方式。变压器室混凝土面施工时埋入混凝土内,其预留铁顶面与地面平。

3. 电缆保护管的安装

(1)穿墙至室外的电缆保护套其规格、数量、位置、长度应按施工图纸要求,图纸无标注时,电缆保护管室外应出散水 200 mm,室内应出电缆沟或墙壁 20 mm,变压器室的电缆保护管管口应高出室内地面 100 mm。

(2)穿墙至室外的电缆保护管必须安装防水挡板,防水挡板的加工制作及安装图分别如图 4.3 和图 4.4 所示。防水挡板应随结构预埋好。

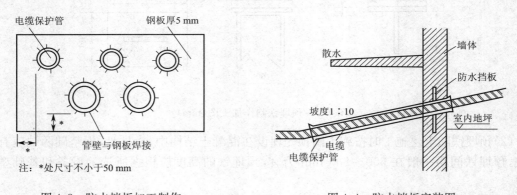

图 4.3　防水挡板加工制作　　　　　图 4.4　防水挡板安装图

(3)穿墙至室外的电缆保护管必须有每米 100 mm 的坡度。

(4)电缆保护管应焊接接地线,与接地干线连接。

(二)接地系统安装

(1)人工接地体(接地极)和接地线的规格尺寸、数量、敷设位置应符合施工图纸的规定,图纸无标注时,可按一般常规做法。人工接地体:采用 50×50×5(mm)镀锌角钢制作。单根长度为 2.5 m,其间距不小于 5 m,距建筑物不小于 1.5 m,接地极顶面埋设深度不小于 0.6 m。接地体应垂直配置,人工接地体(极)的最小尺寸见表 4.2。

表 4.2　人工接地体(极)的最小尺寸

种类规格及单位		地　上		地　下	
		室　内	室　外	交流电流回路	直流电流回路
圆钢直径(mm)		6	8	10	12
扁钢	截面(mm)	60	100	100	100
	厚度(mm)	3	4	4	6
角钢厚度(mm)		2	2.5	4	6
钢管管壁厚度(mm)		2.5	2.5	2.5	2.5

　　(2)当接地装置必须埋设在距建筑物出入口或人行道小于 3 m 时,应采用均压带做法或在接地装置上面敷设 50～90 mm 厚度沥青层,其宽度应超过接地装置 2 m。

　　(3)接地体(线)的连接应采用焊接。焊接应牢固无虚焊。焊接处的药皮敲净后,刷沥青做防腐处理。接地干线一般采用镀锌扁钢,扁钢敷设前应调直,然后将扁钢放置沟内,依次将扁钢与接地体焊接。扁钢应侧放而不可平放,侧放时散流电阻较小。

　　(4)接地体(线)的焊接应采用搭接焊,其搭接长度必须符合下列规定:

　　①扁钢为其宽度的 2 倍(且至少 3 个棱边焊接)。

　　②圆钢为其直径的 6 倍。

　　③圆钢与扁钢连接时,其长度为圆钢直径的 6 倍。

　　④扁钢与钢管、扁钢与角钢焊接时,为了连接可靠,除应在其接触部位两侧进行焊接外,还应焊以由扁钢弯成的弧形(或直角形)卡子或直接用接地扁钢本身弯成的弧形(或直角形)与钢管(或角钢)焊接。

　　(5)明设接地干线的安装。

　　①用 25×4(mm)镀锌扁钢制作卡子,用 M8 膨胀螺栓固定在墙上,见明设接地干线卡子安装示意图(图 4.5)。卡子间距:对 40×4(mm)扁钢接地干线不大于 1 m;对 25×4(mm)扁钢接地干线不大于 0.7 m。

　　②明设接地干线与埋地接地干线之间应具有侧接地电阻用的断接线,如图 4.5 所示。接地干线通过建筑物的伸缩缝处应做补偿弯。

　　③接地线沿建筑物墙壁水平或垂直敷设时,离地面应保持 250～300 mm 的距离,接地线与建筑物墙壁间隙应不小于 10 mm,水平和垂直误差不大于 2 mm/m,但全长不得超过 10 mm。

　　(6)电力变压器的工作零线和中点接地线的安装。电力变压器的工作零线和中点接地线的安装示意图如图 4.6 所示。

　　(7)接地干线应刷黑色油漆,油漆应均匀无遗漏,断接卡子及接地端子处不得刷油。

　　(8)接地电阻测试。接地极和接地干线施工必须及时请质检部门、工程监理进行隐检,然后方可进行回填,分层夯实。最后,接地电阻遥测数据填写在隐检记录上,合格后签署隐蔽工程验收单。

　　(9)接地系统隐蔽工程验收单及接地电阻试验报告单应作为竣工资料,在竣工交接时移交建设单位。接地装置的接地电阻见表 4.3。

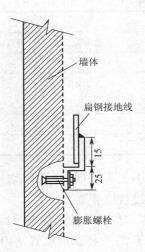

图 4.5　明设接地干线卡子安装示意图(mm)　　　图 4.6　工作零线和中点接地线的安装示意图

表 4.3　接地装置的接地电阻

种类	接地装置使用条件		接地电阻(Ω)
1 kV 及以上的电力设备	大接地短路电流系统		一般: $R \leqslant 2\,000/I$, 当 $I < 4\,000$ A 时, 可采用 $R \leqslant 0.5$
	小接地短路电流系统	高低压设备共用的接地装置	$R \leqslant 120/I$, 一般不应大于 10
		仅用于高压的接地装置	$R \leqslant 250/I$
	独立避雷针		工频接地电阻 $\leqslant 10$
	变配电所母线上的阀型避雷器		工频接地电阻 $\leqslant 5$
低压电力设备	中性点直接接地与非直接接地	并联运行电气设备总容量 > 100 kV·A	4
		并联运行电气设备总容量 $\leqslant 100$ kV·A	10
	重复接地		10

注: R——考虑到季节变化的最大接地电阻值。

　　　I——计算接地短路电流值。

第二节　电力变压器的安装

一、变压器的二次搬运

(1)变压器的二次搬运应由起重工作业,电工配合。最好采用汽车吊装,也可采用倒链吊装,卷扬机、滚杠运输。距离较长时最好用汽车运输,运输时必须用钢丝绳固定牢固,并应行车平稳,尽量减少振动。电力变压器质量及吊装点高度可参照表 4.4 和表 4.5。

(2)变压器吊装时,索具必须检查合格,钢丝绳必须挂在油箱的吊钩上。上盖的吊环仅作吊芯用,不得用此吊环吊装整台变压器。变压器吊装如图 4.7 所示。

(3)变压器搬运时,应注意保护瓷套,最好用木箱或纸箱将高低压瓷瓶罩住,使其不受损伤。

表 4.4　树脂浇铸干式电力变压器质量

序 号	容量(kV·A)	质量(t)
1	100～200	0.17～0.92
2	250～500	1.61～1.90
3	630～1 000	2.08～2.73
4	1 250～1 600	3.39～4.22
5	2 000～2 500	5.14～6.30

表 4.5　油浸式电力变压器质量

序 号	容量(kV·A)	总质量(t)	吊点高(m)
1	100～180	0.6～1.0	3.0～3.2
2	200～420	1.0～1.8	3.2～3.5
3	500～630	2.0～2.6	3.8～4.0
4	750～800	3.0～3.8	5.0
5	1 000～1 250	3.5～4.6	5.2
6	1 600～1 800	5.2～6.1	5.2～5.8

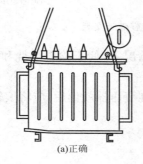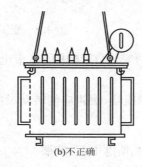

(a)正确　　　　　　　　　(b)不正确

图 4.7　变压器吊装

（4）变压器搬运过程中,不应有冲击或严重振动情况。利用机械牵引时,牵引的着重点应在变压器的重心以下,以防倾斜。运输倾斜角不得超过 15°,以防止内部结构变形。

（5）搬运道路要事先平整夯实,过沟时要垫道木防止沟盖压坏,损伤变压器。雨后要防止土壤软化塌陷。

（6）利用滚杠搬运时,要注意滚杠压脚和手,要有专人指挥。撬棍撬变压器时注意不要撬油箱和油管,以防止漏油。

（7）变压器在搬运或装卸前,应核对高低压的方向,以免安装时调换方向困难。

（8）干式变压器一般带有保护罩,需整体搬运,牵引绳不可绑在外壳上,运输时要注意防护。

二、变压器的稳装

（1）变压器就位时,应注意其方位和距墙尺寸应与图相符,允许误差为±25 mm。图纸无注明时,纵向按轨道定位,横向距离不得小于 800 mm,距门不得小于 1 000 mm,并适当照顾屋内吊环的垂线位于变压器的中心,以便于吊芯。

（2）变压器就位可用汽车吊直接甩进变压器室内,或在变压器室门口用道木搭设临时平台,用吊车或三不搭,倒链吊至临时平台上,然后用倒链拉入室内合适位置。

（3）干式变压器在地下室安装,一般采用卷扬机吊装,沿预留设孔洞垂直吊装,水平吊装同油浸式变压器,然后,按施工图纸位置固定在地面上。

（4）油浸式电力变压器装有气体继电器,应使其顶盖沿气体继电器方向有 1%～1.5% 的升高坡度(制造厂规定不需要安装坡度者除外)。

（5）变压器的防震措施的安装。变压器防震措施安装如图 4.8 所示。

（6）变压器宽面推进时,低压侧应向外,窄面推进时,油枕侧一般应向外。在装有开关的情况下,操作方向应留有 1 200 mm 以上的距离。

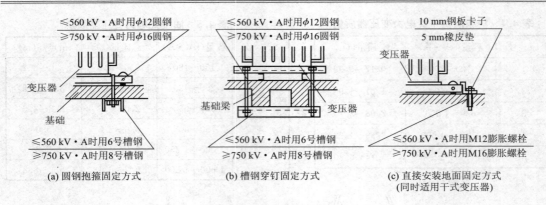

图 4.8　变压器防震措施安装

（7）油浸变压器的安装，应考虑能在带电的情况下，便于检查油枕和套管的油位、上层油温、气体继电器等。

（8）装有滚轮的变压器，滚轮应能转动灵活，在变压器就位后，应将滚轮用能拆卸制动装置加以固定。

三、气体继电器（瓦斯继电器）安装

（1）先关闭截油阀，将运输用的临时短管拆下，安装气体继电器。气体继电器应水平安装，观察窗应安装在便于检查的一侧，箭头方向应指向油枕，与连通管的连接应密封良好。截油阀应位于油枕和气体继电器之间。旋紧螺丝，消除漏油，再打开截油阀。

（2）打开放气嘴，放出空气，直到有油溢出时将放气嘴关上，以免存气使继电器误动作。

（3）当操作电流为直流时，必须将正极接在水银侧接点上，以免接点断开时产生飞弧。

（4）事故喷油管的安装方位应注意到事故排油时不致危及其他电器设备。拆下防爆喷油管口临时封闭的钢板，换以 2 mm 厚的玻璃，玻璃两面应用环形橡皮垫密封，玻璃朝外的一面用玻璃刀刻成"＋"字，刻线长度等于防爆管的内径，以便发生故障时气流能顺利冲破玻璃。

四、防潮呼吸器的安装

（1）防潮呼吸器安装前，应检查硅胶是否失效，如已失效，应在 115～120 ℃温度烘烤 8 h 使其复原或更新。浅蓝色硅胶变为浅红色，即已失效。对白色硅胶，不加鉴定一律烘烤。

（2）安装时，必须将呼吸器盖子处的橡皮垫取掉，使其通畅，并在下方隔离器具中装适量的变压器油，起滤尘作用。

五、温度计的安装

（1）套管温度计安装，应直接安装在变压器上盖的油温检测孔内，并在孔内加适量变压器油。温度计的刻度方向应便于检查。

（2）电触点温度计的安装，安装前应进行校验。电触点温度计的感温头直接插入在变压器上盖的油温检测孔内，并在孔内加适量变压器油。温度计指示仪表安装在便于观察的变压器的侧面。软管不得有压扁或死弯，其富余部分应盘圈并固定在温度计附近。

（3）干式变压器的电阻温度及安装。干式变压器的电阻温度计的二次仪表安装在值班室或操作台上，一次感温头安装在变压器内，导线通过预埋管穿线连接，导线应符合仪表要求。

同时按使用说明书要求配置附加电阻,经校验调试后方可使用。

六、电压切换装置(有载分接开关)的安装

(1)有载调压控制台一般安装在控制室内,导线通过预埋管穿线与分接开关连接,连接应紧固正确。接通控制电源,动作与指示应正确无误。

(2)电压切换装置的机构应动作灵活、润滑良好、机械连锁及限位开关动作正确。调换开关的触头及铜辫子软线应完整无缺,触头间应有足够的压力(一般为 80~100 N)。

七、变压器连线

(1)变压器的一、二次连线、地线、控制线的安装应符合有关的规定。

(2)变压器的一、二次连线的安装不应使变压器的绝缘套管直接承受应力。

(3)变压器的工作零线与中性点接地线应分别敷设。工作零线宜用绝缘导线。

(4)变压器中性点的接地回路中,靠近变压器处应做可拆卸的连接点。

(5)油浸变压器附件的控制导线应采用具有耐油性能的导线或耐油塑料套管进行保护。靠近墙壁的导线应用金属软管保护。

八、变压器吊芯检查

(1)油浸变压器在试运前应做吊芯检查。制造厂规定不做吊芯检查者:560 kV·A 及以下,运输过程中无异常情况者可不做吊芯检查。

(2)检查应在气温不低于 0 ℃、芯子温度不低于周围空气温度、空气相对湿度不大于 75% 的条件下进行(器身暴露在空气中的时间不得超过 16 h)。

(3)做好吊芯检查的准备工作。

①准备合格的倒链及钢丝绳、1 m 左右的短道木 2~4 根、安全变压器及安全行灯、手电筒等。

②根据现场情况搭设一步或二步脚手架,并检查合格。

③准备盛油容器,经过清洗的油桶、油抽子、漏斗、小油桶等。

④必要时准备耐油密封垫(厂家应提供配件)。

⑤拆卸妨碍吊芯的母线、支架、二次线等。

(4)吊芯检查。检查所有螺栓应紧固,并应有防松措施。铁芯无变形,表面漆层良好,铁芯应接地良好。

(5)线圈的绝缘层应完整,表面无变色、脆裂、击穿等缺陷。高低压线圈无移动变位情况。

(6)圈间、线圈与铁芯、铁芯与轭铁间的绝缘层应完整无松动。

(7)引出线绝缘良好,包扎紧固,无破裂情况,引出线固定应牢固可靠,接触良好紧密,引出线接线正确。

(8)所有能触及的穿芯螺栓应连接紧固。用兆欧表测量穿芯螺栓与铁芯、轭铁及铁芯与轭铁之间的绝缘电阻,并做 1 000 V 的耐压试验。

(9)油路应畅通,油箱底部清洁无油垢杂物,油箱内壁无锈蚀。

(10)芯子检查完毕后,应用合格的变压器油进行冲洗,并从箱底油堵处将油放净。吊芯过程中,芯子与箱壁不应碰撞。

(11)吊芯检查后如无异常,就应立即将芯子复位并注油至正常油位(变压器油应事先试验合格)。

(12)吊芯检查完成后,要对油系统密封进行全面仔细检查,不得有漏油渗油现象。

(13)吊芯检查报告应作为竣工资料之一,在竣工交接时提交建设单位。

第三节　配电盘、配电柜安装

配电柜也称开关柜或配电屏,其外壳通常采用薄钢板和角钢焊制而成。根据用途及功能的需要,在配电柜内装设各种电器设备,如隔离开关、自动开关、熔断器、接触器、互感器及各种检测仪表和信号装置等。安装时,必须先制作和预埋底座,然后将配电柜固定在底座上,其固定方式多采用螺栓连接(对固定场所,也采用焊接)。

一、配电盘、配电柜的二次搬运

(1)配电盘、配电柜的运输应由起重工作业,电工配合。根据设备的质量、距离长短,可采用汽车、汽车吊配合运输,人力推车运输或卷扬机滚杠运输。

(2)设备吊点。配电盘、配电柜顶部有吊环者,吊索应穿在吊环内;配电盘、配电柜顶部无吊环者,吊索应挂在四角主要承力结构处,不得将吊索掉在设备部件上(如开关拉杆等)。吊索的绳长应一致,以防柜体变形或损坏部件。

(3)运输中必须用软绳索将设备与车舍固定牢固,防止磕碰,以免仪表、元件或油漆损坏。

(4)二次搬运配电盘、配电柜顺序应按施工图的位置进入变配电室,以"先里后外"的顺序搬运至设备基础附近,以便安装。

二、配电盘、配电柜的安装

(1)配电盘、配电柜的安装应按施工图位置顺序排列在预制的型钢基础上,单台配电盘、配电柜只找柜面和侧面的垂直度。成列配电盘、配电柜的安装,应先找正两端的柜。然后在距柜顶和柜底各 200 mm 处在两端柜之间绷两根小线(可采用棉线或尼龙线)作为稳装成列盘柜的基准线。其他柜以第一台柜为基准比对基准线逐台找正。找正时采用贴片在柜体和型钢基础之间进行调整,每处垫片最多不得超过 3 片。稳装到最后两台柜时,为便于安装,可将最后一台柜移开后将两台柜顺序排列在型钢基础上,以成排柜为基准进行找正。

(2)找平找正后,按设备底角孔在型钢基础架上号孔,然后移开配电盘、配电柜。按柜固定螺栓尺寸,在基础型钢架上用手电钻钻孔。一般的要求是,低压柜钻 $\phi 12.2$ 孔,高压柜钻 $\phi 16.2$ 孔。钻孔后将配电盘、配电柜重新推回到型钢基础上(移动设备时注意找正时的垫片位置),分别用 M12、M16 镀锌螺栓固定。柜体与型钢基础、柜体与柜体、柜体与两侧挡板均采用镀锌螺栓固定,按找正要求再进一步找平、找正。配电柜底座安装图如图 4.9 所示。

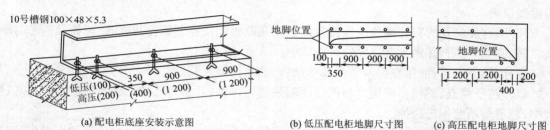

(a) 配电柜底座安装示意图　　　　(b) 低压配电柜地脚尺寸图　　　(c) 高压配电柜地脚尺寸图

图 4.9　配电柜底座安装图(mm)

（3）配电盘、配电柜稳装应横平竖直、连接紧密、牢固，无明显间隙。采用小线、线坠、水平尺进行检查，其稳装时的允许偏差值见表 4.6。

（4）配电盘、配电柜接地，每台柜应单独与接地干线连接。

①柜、屏、台、箱、盘的金属框架及基础型钢必须接地（PE）或接零（PEN）可靠；装有电器的可开启门，门和框架的接地端子间应用裸编织铜线连接且有标识。

②低压成套配电柜、控制柜（屏、台）和动力、照明配电箱（盘）应有可靠的防电击保护。柜（屏、台、箱、盘）内保护导体应有裸露的连接外部保护导体的端子，当设计无要求时，柜（屏、台、箱、盘）内保护导体最小截面积 S_p 不应小于表 4.7 的规定。

（5）手车式高压柜安装应做到：

①手车推入、拉出应灵活，主回路隔离触头应准确地插入触头座。

②接地触头或接地簧片在手车推入时必须和车体接触良好，接触处如有油漆或锈污，必须用砂纸擦净。

③安全挡板能随手车的进出而灵活升降，不得卡住。

（6）当高压柜及低压柜同设一室且二者中只有一个柜顶有裸线的母线时，二者之间的净距离不应小于 2 m。

（7）成排布置的配电柜，其柜前和柜后的通道宽度不应小于表 4.8 所列数值。

表 4.6　配电盘、配电柜稳装时的允许偏差值

项次	项	目	允许偏差（mm）
1	垂直度	每米	1.5
2	水平度	相邻两柜顶部	2
		成列柜顶部	5
3	不平度	相邻两柜面	1
		成列柜面	
4	柜间缝隙		2

表 4.7　保护导体的截面积

相线的截面积 S（mm²）	相应保护导体的最小截面积 S_p（mm²）
$S \leqslant 16$	S
$16 < S \leqslant 35$	16
$35 < S \leqslant 400$	$S/2$
$400 < S \leqslant 800$	200
$S > 800$	$S/4$

注：S 指柜（屏、台、箱、盘）电源进线相线截面积且两者（S、S_p）材质相同。

表 4.8　配电柜前（后）通道宽度　　　　　　　　单位：m

通道最小宽度／装置种类	单排布置			双排对面布置			双排背对背布置			多排同向布置		
	柜前	柜后		柜前	柜后		柜前	柜后		柜间	前后排柜距离	
		维修	操作		维修	操作		维修	操作		前排	后排
固定式	1.5 *1.5	1.0 *0.8	1.2	2.0	1.0 *0.8	1.2	1.5 *1.3	1.0	1.3	2	1.5 *1.3	1.0 *0.8
抽屉式	1.8 *1.6	0.9 *0.8		2.3	0.9 *0.8		1.8 *1.6	1.0		2	1.8 *1.6	0.9 *0.8

注：带有＊号的数据为有困难的情况下（如建筑平面限制等原因）的最小尺寸。

（8）成排布置的配电柜总长度超过 6 m 时，柜后的通道应有两个通向本室或其他房间的出口，并应布置在通道的两端，当两出口之间距离超过 15 m 时，其间还应增加出口。

（9）配电柜安装完毕后，漆层应完整、无损伤，固定支架均应刷漆。

（10）配电柜安装完毕后进行检查并做好监测记录，配电盘、配电柜检查记录作为竣工资料之一，在竣工交接时提交建设单位。

第四节　母线安装

变配电装置的配电母线，一般由硬母线制作，又称汇流排。它用绝缘子支承，有时需穿越室内外建筑物，其材料多为铝（铜）板材。

一、母线支架的制作和安装

（1）母线支架用 50 mm×50 mm×5 mm 的角钢制作，用 M10 膨胀螺栓固定在墙上。

（2）母线支架的间距。低压母线不得大于 900 mm；高压母线不得大于 1 200 mm，封闭母线、插接布线的支架选用"输电母线槽"。

二、母线安装的一般规定

本规定适用于 10 kV 及以下硬母线的安装，封闭布线、插接母线"输电母线槽"。

（1）进入现场的铜、铝母线、铝合金管母线应报请监理，对材质进行核验，当无出厂合格证或资料不全及对材质有怀疑时，应按表 4.9 进行检验。

表 4.9　检验数值表

母线名称	母线型号	最小抗拉强度（N/mm²）	最小伸长率（%）	20 ℃时最大电阻率（Ω·mm²/m）
铜母线	TMY	255	6	0.017 77
铝母线	LMY	115	3	0.029 0
铝合金母线	LF21Y	137	—	0.037 3

（2）母线表面应光滑平整，不应有裂纹、折皱、夹杂物及变形和扭曲现象。

（3）各种金属支架、构架的安装螺丝孔不应采用气焊割孔或电焊吹孔。

（4）支持绝缘件底座、套管的法兰、保护网（罩）等不带电的金属构件、支架应按规定进行接地，接地线宜排列整齐、方向一致。

（5）母线与母线、母线与分支线、母线与电器接线端子搭接时，其搭接的处理应符合下列规定：

①铜与铜：室外、高温且潮湿或对母线有腐蚀性气体的室内，必须搪锡，在干燥的室内可直接连接。

②铝与铝：直接连接。

③钢与钢：必须搪锡或镀锌，不得直接连接。

④铜与铝：在干燥的室内，铜导体应搪锡，室外或空气相对湿度接近 100% 的室内，应采用铜铝过渡板，铜端应搪锡。

⑤钢与铜或铝：钢搭接面必须搪锡。

（6）母线的相序排列，当设计无规定时应符合表 4.10 的规定。

（7）母线的涂漆颜色表见表 4.11。母线刷漆应均匀、整齐，不得流坠或污染设备。母线搭接或卡子、夹板处，明设地线接线螺栓处的两侧 10～15 mm 均不刷漆。

（8）母线安装的最小安全距离示意图如图 4.10 所示，室内配电装置的安全净距见表 4.12。

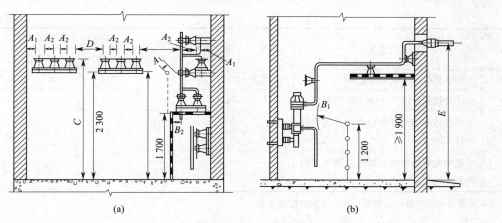

图 4.10 母线安装的最小安全距离示意图(mm)

表 4.10 母线相序排列表

类 别		垂直排列	水平排列	前后排列
交 流	A 相(L1)	上	左	远
	B 相(L2)	中	中	中
	C 相(L3)	下	右	近
	中性线 N 兼中性保护线 PEN	次下	次右	次近
直 流	保护接地线 PE	最下	最右	最近
	正极	上	左	远
	负极	下	右	近

表 4.11 母线的涂漆颜色表

母线相位	涂 色	母线相位	涂 色
A 相	黄	中性(不接地)	紫
B 相	绿	中性(接地)	淡蓝
C 相	红	—	—
直流母线:正极为褚色,负极为蓝色			

表 4.12 室内配电装置的安全净距   单位:mm

符号	适用范围	图 号	额定电压(kV)			
			0.4	1~3	6	10
A_1	1. 带电部分至接地部分之间 2. 网状和板状遮拦向上延伸线距地2.3 m 处与遮拦上方带电部分之间	图 4.10(a)	20	75	100	125
A_2	1. 不同相的带电部分之间 2. 断路器和隔离开关的断口两侧带电部分之间	图 4.10(a)	20	75	100	125
B_1	1. 栅状隔栏至带电部分之间 2. 交叉的不同时停电检修的无遮拦带电部分之间	图 4.10(a)(b)	800	825	850	875

续上表

符号	适用范围	图　号	额定电压(kV)			
			0.4	1～3	6	10
B_2	网状遮拦至带电部分之间	图 4.10(a)	100	175	200	225
C	无遮拦裸导体至地(楼)面之间	图 4.10(a)	2 300	2 375	2 400	2 425
D	平行的不同时停电检修的无遮拦裸导体之间	图 4.10(a)	1 875	1 875	1 900	1 925
E	通向室外的出线套管至室外通道的路面	图 4.10(b)	3 650	4 000	4 000	4 000

注:本表所列各值不适用于制造厂生产的成套配电装置。

三、母线的加工

(1)母线的加工前应当进行调直,母线调直必须用木槌,下面垫道木进行作业,不得用铁锤调直。母线调直后按所需长度进行切断,切断时刻用手锯或砂轮作业,不得用电弧或电焊进行切断。母线的切断面应平整。

(2)矩形母线应减少直角弯曲,母线弯曲需用工具进行冷煨,矩形母线不得进行热煨弯。煨弯处不得有裂纹及明显的皱折。

(3)母线扭弯,扭弯部分的长度不得小于母线宽度的 2.5～5 倍,母线扭转 90°时加工尺寸要求如图 4.11 所示。

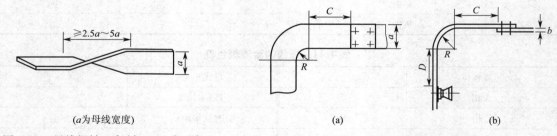

(a 为母线宽度)

图 4.11　母线扭转 90°时加工尺寸要求　　　　图 4.12　矩形母线立弯与平弯

　　　　　　　　　　　　　　　　　　　　　　(a)　　　　　　　　　(b)

(4)母线平弯及立弯的弯曲半径(图 4.12)不得小于表 4.13 的规定。母线开始煨弯处距最近绝缘子的母线支持夹板边缘的距离(D)不应大于 $0.25L$,但不得小于 50 mm,同时母线开始煨弯处距母线连接位置不应小于 50 mm,L 为母线两支持点间的距离。

表 4.13　母线最小弯曲半径(R)值

母线种类	弯曲方式	母线断面尺寸 $a \times b$(mm)	最小弯曲半径(mm)		
			铜	铝	钢
矩形母线	平弯	50×5 及其以下	$2a$	$2a$	$2a$
		125×10 及其以下	$2a$	$2.5a$	$2a$
	立弯	50×5 及其以下	$1b$	$1.5b$	$0.5b$
		125×10 及其以下	$1.5b$	$2b$	$1b$
棒形母线	—	直径为 16 及其以下	50	70	50
		直径为 30 及其以下	150	150	150

四、母线的安装

（1）绝缘子安装。绝缘子安装前要摇测绝缘，绝缘电阻值大于 1 MΩ 为合格。检查绝缘子外观无裂纹、缺陷现象，绝缘子灌注的螺栓、螺母应牢固。绝缘子上下要各垫一个石棉垫固定在支柱上，同时绝缘子夹板、卡板的制作要与母线的规格相适应，绝缘子夹板、卡板的安装要牢固。

（2）母线螺栓搭接尺寸见表 4.14。

表 4.14　母线螺栓搭接尺寸

搭接形式	类别	序号	连接尺寸(mm)			钻孔 φ (mm)	个数	螺栓规格
			b_1	b_2	a			
	直线连接	1	125	125	b1b2	21	4	M20
		2	100	100	b1b2	17	4	M16
		3	80	80	b1b2	13	4	M12
		4	63	63	b1b2	11	4	M10
		5	50	50	b1b2	9	4	M8
		6	45	45	b1b2	9	4	M8
	直线连接	7	40	40	80	13	2	M12
		8	31.5	31.5	63	11	2	M10
		9	25	25	50	9	2	M8
	垂直连接	10	125	125	—	21	4	M20
		11	125	100～80	—	17	4	M16
		12	125	63	—	17	4	M12
		13	100	100～80	—	17	4	M16
		14	80	80～63	—	13	4	M12
		15	63	63～50	—	11	4	M10
		16	50	50	—	9	4	M8
		17	45	45	—	9	4	M8
	垂直连接	18	125	50～40	—	17	2	M16
		19	100	63～40	—	17	2	M16
		20	80	63～40	—	15	2	M14
		21	63	50～40	—	13	2	M12
		22	50	45～40	—	11	2	M10
		23	63	31.5～25	—	11	2	M10
		24	50	31.5～25	—	9	2	M8
	垂直连接	25	125	31.5～25	60	11	2	M10
		26	100	31.5～25	50	9	2	M8
		27	80	31.5～25	50	9	2	M8
	垂直连接	28	40	40～31.5	—	13	1	M12
		29	40	25	—		1	M10
		30	315	31.5～25	—	11	1	M10
		31	25	22	—	9	1	M8

(3)母线的螺栓连接。矩形母线应采用贯穿螺栓连接;管形和棒形母线应用专用线卡连接,严禁用内螺纹管接头或锡焊连接。

(4)母线采用螺栓连接时,垫圈应选用专用加厚垫圈,相邻螺栓垫圈间应有 3 mm 以上的净距,螺母侧必须配齐镀锌的弹簧垫、螺栓。母线平置时,贯穿螺栓应由下往上穿,其余情况下,螺母应置于维修侧,螺栓长度应在螺栓紧固丝扣后能露出螺母 2 或 3 扣。螺栓受力应均匀,不应使电器的连接端子受到额外应力。母线的接触面应连接紧密,连接螺栓应用力矩扳手紧固,其紧固力矩值应符合表 4.15 的要求。

表 4.15　钢制螺栓的紧固力矩值

螺栓规格(mm)	力矩值(N·m)
M8	8.8~10.8
M10	17.7~22.6
M12	31.4~39.2
M14	51.0~60.8
M16	78.5~98.1
M18	98.0~127.4
M20	156.9~196.2
M24	274.6~313.2

(5)母线安装除应满足本章的一般规定外还应满足以下规定。

①水平段:两支持点高度误差不大于 3 mm,全长不大于 10 mm。

②垂直段:两支持点垂直误差不大于 2 mm,全长不大于 5 mm。

③间距:平行部分间距应均匀一致,误差不大于 5 mm。

(6)对水平安装的母线应采用开口扁钢卡子,对垂直安装的母线夹板,母线只允许在垂直部分的中部夹紧在一对夹板上,同一垂直部分的其余的夹板和母线之间应留有 1.5~2 mm 的间隙。

(7)母线安装调整完毕后将元宝卡子扭斜,卡子扭斜的方向应一致,使卡子的对角固定母线。

(8)母线固定金具与支持绝缘子间固定应平整牢固,不应使其所支持的母线受到额外应力。交流母线的固定金具或其他支持金具不应形成闭合磁路。

(9)管形母线安装在滑动式支持器上时,支持器的轴座与管形母线之间应有 1~2 mm 的间隙。

五、母线安装后的试验

低压母线在拆除和原有通路的二次回路接线后,用 500 V 兆欧表摇测试验,各相母线对地及各相母线之间的绝缘电阻不得小于 0.5 MΩ。高压母线必须做工频耐压试验,一般可同高压设备一起委托符合资质要求的试验单位试验。

第五节　隔离开关及负荷开关的安装

一、隔离开关的安装

隔离开关是在无负载情况下切断电路的一种开关,起隔离电源的作用,根据级数分为单级和三级;根据装设地点分为室内型和室外型。

室内三级隔离开关由开关体和操作机构组成,常用的隔离开关本体有 GN 型,操作机构为 CS6 型手动操作机构。

10 kV 隔离开关及操作机构在墙上的安装图如图 4.13 所示。

(一)外观检查

安装隔离开关前,应按下列要求进行检查清理:

(1)隔离开关的型号及规格应与设计施工图相符。

(2)接线端子及闸刀触头应清洁,并且接触良好(可用 0.05 mm×10 mm 的塞尺检查触头刀片的接触情况),触头如有铜氧化层,应使用细纱布擦净,然后涂上凡士林油膏。

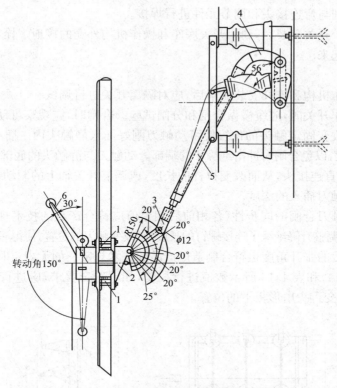

图 4.13　10 kV 隔离开关及操作机构在墙上的安装图

1—角钢；2—操作机构；3—直连机构；4—弯连接头；5—操作拉杆；6—操作手柄

（3）绝缘子表面应洁净，无裂纹、无破损、无焊接残留斑点等缺陷，瓷体与铁件的连接部分应牢固。

（4）隔离开关底座转动部分应灵活。

（5）零配件应齐全、无损坏，闸刀触头无变形，连接部分应紧固，转动部分应涂以适合当地环境与气候条件的润滑油。

（6）用 1 000 V 和 2 500 V 兆欧表测量开关的绝缘电阻，10 kV 隔离开关的绝缘电阻值应在 80～1 000 MΩ 以上。

（二）隔离开关的安装

隔离开关经检查无误后，即可进行安装。

（1）预埋底脚螺栓。隔离开关装设在墙上时，应先在墙上划线，按固定孔的尺寸，预埋好底脚螺栓。装设在钢构架上时，应先在构架上钻好孔眼，装上紧固螺栓。

（2）本体吊装固定。用人力或滑轮吊装，把开关本体安放于安装位置，然后对正体底脚螺栓，稍拧紧螺母，用水平尺和线垂进行位置校正后将固定螺母拧紧。在吊装固定时，要注意不要使本体瓷件和导电部分遭受机械碰撞。

（3）操作机构安装。将操作机构固定在事先预埋好的支架上，并使用其扇形板与隔离开关上的转动拐臂（弯连接头）在同一垂直平面上。

（4）安装操作连杆。连杆连接前，应将弯连接头连接在开关本体的转动轴上，直连接头连接在操作机构扇形板的舌头上，然后把调节元件拧入直连接头。操作连杆应在开关和操作机构处于合闸位置装配，先测出连杆的长度，然后下料。连杆一般采用 φ20 mm 的黑铁管制作，加工好后,两端分别与弯连接头和调节元件进行焊接。

(5)接地连接。开关安装后,利用开关底座和操作机构外壳的接地螺栓,将接地线(如裸铜线)与接地网连接起来。

(三)整体调试

开关本体、操作机构和连杆安装完毕后,应对隔离开关进行调试。

(1)第一次操作开关时,应缓慢做合闸和分闸试验。合闸时,应观察可动触刀有无旁击,如有旁击现象,可用改变固定触头的位置使可动触刀刚好插入静触头内。插入的深度不应小于90%,但也不应过大,以免合闸时冲击绝缘子的端部。动触刀与静触头的底部应保持3～5 mm的间隙,否则,应调整直连接头,从而改变拉杆的长度,或调节开关轴上的制动螺钉以改变轴的旋转角度,来调整动触刀插入的深度。

(2)调整三相触刀合闸的同步性(各相前后相差值应符合产品的技术规定,一般不得大于3 mm)时,可借助于调整升降绝缘子连接螺钉的长度,来改变触刀的位置,使得三相触刀同时投入。

(3)开关分闸后的张开角度也符合制造厂产品的技术规定。如无规定时,可参照隔离开关安装尺寸图(图4.14)和表4.16所示数值进行校验,如不符合要求,应进行调整,即是调整操作连杆的长度或改变舌头扇形板上的位置。

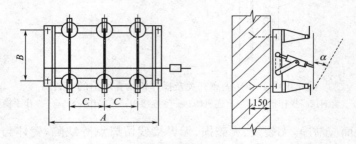

图 4.14　隔离开关安装尺寸图(mm)

表 4.16　隔离开关安装尺寸表

隔离开关型号	尺寸(mm)			$\alpha(°)$
	A	B	C	
GN2-6/400～600	580	280	200	41
GN2-10/400～600	680	350	250	37
GN2-10/1000～2000	910	346	350	37
GN6-6/200～400～600	546	280	200	65
GM6-10/200～400～600	646	280	250	65
GN6-10/100	646	280	250	65

(4)调整触刀两边的弹簧压力,保证动、静触头有紧密的接触面。此时一般用0.05×10 mm的塞尺进行校验,其要求是:线接触时应塞不进去;面接触时塞尺插入的深度不应超过4 mm(接触面宽度≤50 mm)或6 mm(接触面宽度≥60 mm)。

(5)如隔离开关带有辅助接头时,可根据情况改变耦合盘的角度进行调整。要求常开辅助接头应在开关合闸行程的80%～90%时闭合,常闭触头应在开关分闸行程的75%断开。

(6)开关操作机构的手柄位置应正确,合闸时手柄应朝上,分闸时手柄应朝下。合闸与分闸操作完毕后其弹性机械锁销(弹性闭锁销)应自动进入手柄末端的定位孔中。

(7)开关调整完毕后,应将操作机构中的螺栓全部固定,将所有开口销子分开,然后进行多次的分合闸操作,在操作过程中再详细检查是否有变形和失调现象。调试合格后,再将开关的开口销子全部打入,并将开关的全部螺栓、螺母紧固可靠。

二、负荷开关的安装

负荷开关是带负载情况下闭合或切断电路的一种开关。常用的室内负荷开关由 FN2 和 FN3 型,这类开关采用了由开关传动机构带动的压气装置,分闸时喷出压缩空气将电弧吹熄。它灭弧性能好,断流容量大,安装调整方便。FN2-10R 型负荷开关,带有 KN1 型熔断器,作过载及短路保护使用,其常用的操作机构有手动的 CS4 型或电动的 CS4-T 型。FN2-10R 型手动操作负荷开关和 CS4-T 型电磁操作机构外形图如图 4.15 所示。

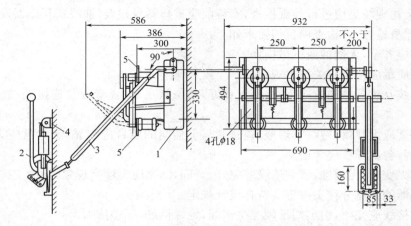

图 4.15　FN2-10R 型手动操作负荷开关和 CS4-T 型电磁操作机构外形图(mm)
1—负荷开关;2—操作机构;3—操作拉杆;4—组合开关;5—接线板

FN2 型负荷开关是三级联动式开关,与普通隔离开关很相似,不同之处是又多了一套灭弧装置和快速分断机构。它由支架、传动机构、支持绝缘子、闸刀及灭弧装置等主要部分组成,其检查、安装调试与隔离开关大致相同,但调整负荷还应符合下列要求:

(1)负荷开关合闸时,辅助(灭弧)闸刀先闭合,主闸刀后闭合;分闸时,主闸刀先断开,辅助(灭弧)闸刀后断开。

(2)灭弧筒内的灭弧触头与灭弧管的间隙应符合相关要求。

(3)合闸时,刀片上的小塞子应正好插入灭弧装置的喷嘴内,并避免将灭弧喷嘴破坏,否则应及时处理。

(4)三相触头的不同时性不应超过 3 mm,分闸状态时,触头间距及张开的角度应符合产品的技术规定,否则应按隔离开关的调整方法进行调整。

(5)带有熔断器的负荷开关,安装前应检查熔断器的额定电流是否与设计相符。

第六节　互感器的安装

电压和电流互感器统称互感器。电压互感器用 PT 或 TV 表示(CVT 与传统的电压互感器不同,它是电容式电压互感器),它能将高电压变换为测量保护中使用的低电压;电流互感器用 CT 或 TA 表示,它能将大电流变换为小电流。此外,使用互感器可使测量仪表的低压电路与高压电路相隔离,解除高压给仪表和工作人员带电威胁。同时降低了仪表的绝缘要求,使结构简单,成本降低。

一、互感器安装的一般规定

(一)互感器的搬运

(1)互感器在运输和保管期间应防止受潮、倾倒或机械损伤。

(2)油浸式互感器应直立搬运,运输倾斜角不宜超过 15°。

(3)油浸式互感器整体起吊时,吊索应固定在规定的吊环上,不得利用瓷裙起吊,并不得碰伤瓷套。

(二)互感器的外观检查和器身检查

互感器运达现场后应进行外观检查,安装前应进行器身检查(油浸式互感器发现异常情况时才需进行器身检查)。检查项目与要求如下:

(1)附件应齐全,无锈蚀或机械损伤。

(2)瓷件质量应符合有关技术规定。

(3)油浸式互感器的油位应正常,密封良好,油位指示器、瓷套法兰连接处、放油阀均应无浸油现象。

(4)瓷套管应无掉落、裂纹等现象,瓷管套与上盖间的胶合应牢靠,法兰盘应无裂纹,穿心导电杆应牢固,各部螺栓应无松动。

(5)铁芯无变形、无锈蚀,线圈绝缘应完好、紧固,油路应无堵塞现象,绝缘支撑物应牢固。

(6)互感器的变比分接头位置应符合设计规定。

(7)二次接线应完整,引出端子硬连接牢固,绝缘良好,标志清晰。

(8)互感器除应按上述要求检查外,还应遵照电力变压器检查的有关规定。

(三)互感器的安装要求

(1)互感器应水平安装,并列安装的互感器应排列整齐,同一组互感器的极性方向应一致。

(2)互感器的二次接线端子和油位指示器的位置,应位于便于检查的一侧。

二、电压互感器及其安装

(一)电压互感器

电压互感器能提供量测仪表和继电保护装置用的电压电源,二次电压均为 100 V。

电压互感器按其冷却条件分为干式和油浸式;按相数分为单相和三相;按原理分为电容电压互感器和电磁式电压互感器;按安装地点分为户内式和户外式;按绕组数分为双绕组和三绕组,等等。

(二)电压互感器的安装

1. 电压互感器的固定

电压互感器一般直接固定在混凝土墩上或构件上。若在混凝土墩上固定,需等混凝土达到一定强度后方可进行。配电柜内的电压互感器一般为成套设备,无需安装,只需检查接线。

2. 电压互感器的接线

在接线时应注意以下几点:

(1)互感器套管上的母线或引线,不应使套管受到拉力,以免损坏套管。

（2）电压互感器外壳及分级绝缘互感器的一次线圈的接地引出端子必须妥善接地。

（3）电压互感器低压侧要装设熔断器，熔体额定电流一般以 2 A 为宜。

（4）电压互感器与新装变压器一样，交接运行前必须经交流耐压试验，并应测量线圈的绝缘电阻（一次线圈对外壳的绝缘电阻用 2 500 V 兆欧表测量；二次线圈对一次线圈及外壳的绝缘电阻用 1 000 V 兆欧表测量）。

（5）电压互感器在运行中，二次侧不可短路。

（6）电压互感器的副边绕组必须可靠接地。

三、电流互感器及其安装

（一）电流互感器

电流互感器是将大电流变成小电流的装置，所以又称交流器，它提供量测仪表和继电保护装置用的电流电源。电流互感器的一次（即副边）电流由负荷而定，二次电流（即副边）均为 5 A。

电流互感器按其冷却条件可分为空气冷却和油冷却；按功能可分为计量式和保护式；按一次线圈的匝数又可分为单匝式和多匝式。

（二）电流互感器的安装

1. 电流互感器的固定

电流互感器一般在金属构件上（如母线架上）和母线穿越墙壁或楼板处安装固定。安装固定时应注意以下几点：

（1）电流互感器安装在墙孔及楼板中心时（安装方法与穿墙套管相似），其周边应有 2～3 mm 的间隙，然后塞入油纸板，以便于拆卸维护和避免外壳生锈。

（2）每相的电流互感器，其中心应安装在同一平面上，并与支持绝缘子等设备在同一中心线上，各互感器的间距应一致。

（3）零序电流互感器安装时，与导磁体或其他无关的带电导体相距不应太近；互感器构架或其他导磁体不应与铁芯直接接触，或不应构成分磁电路。

2. 电流互感器的接线

电流互感器五种常见的接线方法如图 4.16 所示。实际接线时还要符合下列要求：

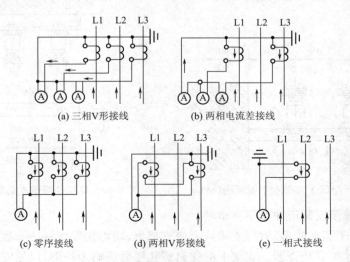

(a) 三相V形接线　　　　　(b) 两相电流差接线

(c) 零序接线　　　(d) 两相V形接线　　　(e) 一相式接线

图 4.16　电流互感器常见的接线方法

（1）接至电流互感器端子的母线，不应使电流互感器受到任何拉力。

（2）电流互感器的法兰盘及铁芯引出的接线端子，一般用裸铜线用螺栓进行接地连接。

（3）电流互感器在运行时，其二次线圈不应开路。

（4）当电流互感器的二次线圈绝缘电阻低于（10～20）MΩ 时，必须进行干燥处理，使其绝缘恢复。

（5）电流互感器二次线圈接地端必须可靠接地。

第七节　支持绝缘子、避雷器的安装

一、支持绝缘子的安装

在变配电所中，硬母线在绝缘子支架上的安装有水平安装方式和垂直安装方式。对高、低压绝缘子支架的安装情况和支架作法，如图 4.17～图 4.20 所示。

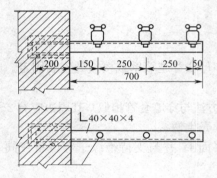

图 4.17　低压绝缘子支架水平安装图（mm）

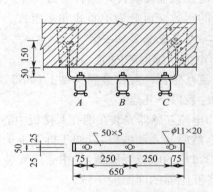

图 4.18　低压绝缘子支架垂直安装图（mm）

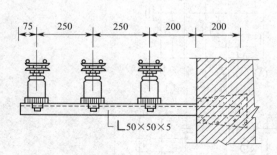

图 4.19　高压绝缘子支架水平安装图（mm）

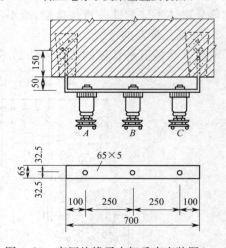

图 4.20　高压绝缘子支架垂直安装图（mm）

关于支持绝缘子安装应注意下列事项：

（1）支持绝缘子装在砖墙、混凝土墙或金属支架上，均需预先埋好底脚螺栓或金属支架，等到混凝土凝固后才可安装瓷器。支架上的穿钉螺孔要做成略为长形，以便安装时调节间距。

（2）检查外表有无裂缝、细孔或机械损伤，用汽油将瓷体擦净。检查出厂合格证明，如没有合格证,应进行绝缘测量及耐压试验,在 20 ℃时绝缘电阻值应在 1 000 MΩ 以上,必要时再进行耐压试验。

(3)在直线上安装瓷瓶时,应先将两头装好作基准点,拉好一条钢丝后把中间的瓷瓶一一装好,使达到水平与垂直一致。

(4)瓷瓶的底座及金属支架都须接地,一般用扁钢或裸铜线,为了美观起见,各瓷瓶的接地引线方向必须一致。

(5)垂直装瓷瓶时,应从高处往下装,以免工具或材料跌落而打坏瓷瓶。

(6)如土建尚未完工或瓷瓶附近烧电焊时,为防止损坏瓷器,应用麻布或厚纸包扎瓷瓶以起到保护作用。

二、避雷器的安装

(一)安装避雷器需注意的几个事项

(1)在安装避雷器现场,首先检查避雷器,应选用符合一级分类试验的产品,其冲击电流可按 GB 50057—2010《建筑物防雷设计规范》规定方法选取,当较难计算时,可按 IEC 60364-5-534《建筑物电气设施》的规定,每一个相线和中性线对保护地之间的避雷器的冲击电流值不应小于 12.5 kA。采用 3+1 形式时,中性线与保护地之间不宜小于 50 kA,在分配点盘处或 UPS 前端宜安装第二级避雷器,在重要的终端设备和精密敏感设备处宜安装第三级避雷器,其标称放电电流不应小于 3 kA。

(2)在线路上多处安装避雷器时,其两避雷器之间不宜小于 5 m。若小于 5 m 应加装退耦元件。

(3)电源线路多级避雷器防护,主要目的是达到分级泄流,避免单级防护时,如果所选单级避雷器防护水平低,随着过大的雷击电流而出现单级避雷器损坏,导致防雷失败;如果所选避雷器防护水平高,限制电压也会相对较高,再叠加上从防雷器安装位置到被保护设备间线路的感应雷强度,会造成到达被保护设备的电涌电压超过设备的耐压值,造成设备的线路或元器件发生电击穿。通过合格的多级泄流能量的配合,保证避雷器有较长的使用寿命和设备电源的残压,低于设备端的耐雷电流冲击电压,确保设备的安全。

(4)避雷器一般并联安装在各级配电柜(箱)开关之后的设备侧,它与负载的大小无关。而接串联型的避雷器时必须考虑负载的功率,不能超过串联型的避雷器的额定功率,并留有一定的余量。

(5)在选用避雷器标称放电电流时,并不是选择的越高越好。若选择的太高这无疑会增大用户的工程费用,同时也是一种资源的浪费,但也不能选择太低,否则对设备起不到保护作用。因此,在选供电线路避雷器时,标放电电流应科学合理,这样才能达到最佳效果。

(6)安装建筑物及设备的供电系统避雷器,首先检查是否是单相或三相供电,是否是 TT 供电模式。在 TN-C-S 供电系统中,防雷器只需选用 3 片防雷模块,防雷器并行接到 3 根电源相线(L1,L2,L3)上,相线通过防雷器接到保护地中性线上。

(7)3+1 防雷器是指相线与中性线之间安装压敏电阻防雷模块,而中性线和地线之间安装放电间隙的防雷器模块。

(8)如果是 TN-S 制式的供电系统(3+1)电路结构的防雷器,3 根相线通过防雷器连接到中线,中线通过火化间隙器连接到保护地线中,这种电路结构可以预防由于市电故障而产生的短时过电压,从而避免引起防雷器产生短路电流的问题。

(9)在 TT 型供电系统中,先用防雷器(3+1)把 3 根相线通过防雷器连接到中线,中线通过火花间隙器连接到(保护地)线,中性线串接到一起。这种电路结构可预防因为市电故障而产生的短路时过电压,从而避免防雷器产生短路电流的问题。

注意在电源前端,断路器的容量大于防雷器的要求数值时,须在防雷器的前端串接适当的断路保护器。

(二)在安装避雷器时需注意的几个环节

(1)交流工作接地。是在变压器的中性点与中性线接地,在高压系统里采用中性点接地方式,可使接地继电保护准确动作并消除单相电弧接地电压,可防止零序电压偏移,保护三相电压基本平衡。做好交流接地一定要高度重视,并仔细、认真施工。

(2)安全保护接地。其目的是将电气设备的金属部分与接地体之间做良好的金属接地。具体来说,就是将用电设备的金属构架用(保护地)线连接起来,但严禁将保护地线与中性线连接。加装保护接地装置是降低它的接地电阻,不仅保护智能电器系统设备安全有效运行,也是保护非智能建筑内设备及人身安全的必要手段。

(3)直接接地。在现代化的、智能化的楼宇内,包含有大量的计算机通信设备和带有大量的自动化设备。为了使其准确性高、稳定性好,除了需要一个稳定的供电电源外,还必须具备一个稳定的基本电位。在具体工作中,可采用较大截面的绝缘铜线作为引线,一端直接与基准电位连接,另一端与供电设备的直流接地。在安装避雷器系统的过程中,要求防雷保护接地电阻应小于 4 Ω,直流工作接地应小于或等于 4 Ω,才能保证智能化楼宇的安全。

(三)阀型避雷器的安装

(1)新装避雷器,首先应检查其电压等级是否与被保护设备相符。

(2)新装和复装(无雷期退出运行)前,必须进行工频交流耐压试验和直流泄露试验及绝缘电阻的测定,达不到标准要求的,不能使用。

(3)安装前,应检查避雷器是否完好。瓷件应无裂纹、无破损;密封应完好;各节的连接应紧密;金属接触的表面应清除氧化层、污垢及异物;保护要清洁。

(4)安装时的线间距离应符合规定:3 kV 时为 46 cm;6 kV 时为 69 cm;10 kV 时为80 cm。水平距离均应在 40 cm 以上。

(5)避雷器应对支持物保持垂直,固定要牢靠,引线连接要可靠。

(6)避雷器的上、下引线要尽可能短而直,不允许中间有接头,其截面应不小于规定值,铝线不小于 25 mm²,铜线不小于 16 mm²。

(7)避雷器的安装位置与被保护设备的距离,应越近越好,对 3~10 kV 电气设备的距离应不大于 15 m。

阀型避雷器在安装前,应做简单的现场试验,可用 2 500 V 及以上的兆欧表测量其绝缘电阻。对配电线路常用的 FS 型避雷器,其绝缘电阻一般应大于 2 000 MΩ,每次测量,应做好记录建卡工作,以便掌握其绝缘电阻有无大的变化,若绝缘电阻值与上次比较下降幅度很大,说明有可能是密封老化致使受潮或火花间隙短路造成。

(四)阀型避雷器的巡视检查

(1)瓷套是否完好,有无破损、裂纹及闪络痕迹,表面有无严重污秽。

(2)引线有无松动及烧伤现象或机械损伤情况。

(3)上帽引线处密封是否正常,有无进水现象。

(4)瓷套与法兰处的水泥接缝及油漆是否为完好。

(5)听一听避雷器内部有无声响。

第八节 穿墙套管的安装

穿墙套管是高压架空进户线引入室内时或其他情况下作为引导导电部分穿过建筑物或穿过电气设备箱壳,使导体部分与地绝缘及支持用。引入线的高压套管安装方法有两种,一种是在施工时把套管螺栓直接预埋在墙上,并预留3个套管孔,套管就直接固定在墙上;另一种是根据图样,施工时在墙上与六角钢架大小的方孔,套管在角钢架中钢板上安装。一般变配电所的引入、引出线,常采用这种方式,10 kV架空引入线穿墙安装图如图4.21所示。高压穿墙瓷套管及穿墙板安装图如图4.22所示。

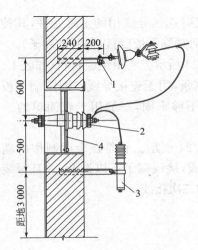

图4.21 10 kV架空引入线穿墙安装图(mm)

1—进户线绝缘子支架;2—高压穿墙瓷套管;

3—避雷器及支架;4—穿墙板

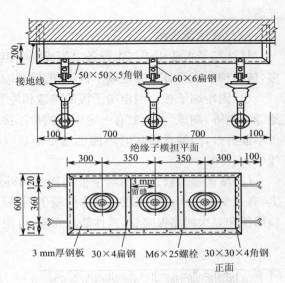

图4.22 高压穿墙瓷套管及穿墙板安装图(mm)

采用这种穿墙板安装瓷套管应注意下列事项:

(1)角钢支架用混凝土牢靠,若安装在外墙上,其垂直面应略呈斜坡,使套管安好后屋外的一端稍低;若套管两端均在屋外,角钢支架仍需保持垂直,套管仍需水平。

(2)角钢架必须良好接地,以防发生意外事故。

(3)套管应详细检查,不应有裂纹或破碎现象,并用1 000~2 500 V摇表测定绝缘,电阻值需在1 000 MΩ以上,必要时应做耐压试验。

(4)套管的中心线应与支持绝缘子中心线在同一直线上,尤其是母线式套管更应注意,否则母线穿过时会产生困难。

(5)瓷套管两端导线与墙面的距离见表4.17,必须符合母线安装一节的规定,若受现场限制不能达到时,应将角钢架四面的端凸角削去,使与角钢架形成45°。

表4.17 穿墙套管安装的最小距离

项 目		允许最小距离(mm)
室外相间		350
室内相间		250
双回路相间		2 200
对地高度	室内	3 500
	室外	4 000
	室外邻街	4 500

第九节　二次接线的安装

凡用于电力系统或电气设备的量测仪表,控制操作信号装置、继电保护和自动装置等设备均属二次设备。用导线或控制电缆,将二次设备按一定的工艺和功能要求连接起来所构成的电路,均称为二次接线或二次回路。

一、二次接线的连接组件

二次接线除电缆和导线外,还包括接线端子板、电阻器、保险器和接线端子标号牌等主要元器件。

（一）接线端子板

接线端子板适用于二次设备之间或配电柜之间转线时连接导线用的主要元件,其种类较多,按结构形式可分为固定端子板(不能拆开的端子)和活动端子板(可以拆开的端子)。

（1）固定端子板。固定端子板的构造和外形如图 4.23 所示。它由绝缘材料(如胶木、分层绝缘材料等)制成,上面敷有一定间隔的带压接螺钉的铜条,用于连接导线。固定端子板的端子不能拆开,当触点损坏时不能迅速更换,压接导线也不够牢固,一般用于较简单的二次接线中。

（2）活动端子板。活动端子板的构造和外形如图 4.24 所示。它是在金属制作的端子板上,有几个或几十个绝缘胶木制作的端子用螺钉固定而成,接线端子可以拆开,并且可装设试验端子和二次回路保险管,其性能较完善,可用于复杂的二次接线。

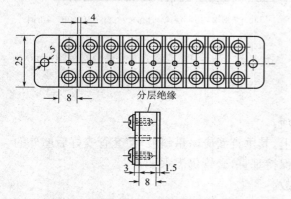

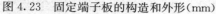

图 4.23　固定端子板的构造和外形(mm)

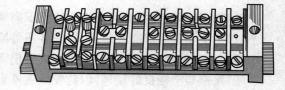

图 4.24　活动端子板的构造和外形

（二）电阻器

二次回路通常采用陶瓷电阻器作为专用的附加电阻,用来提供二次设备需要的不同电压值或二次设备的热稳定。应水平位置安装,并使其有良好的散热条件。

（三）保险器

二次回路专用的短路保护装置,一般采用管型玻璃式,直接安装在端子板的保险管端子上。

（四）接线端子标号牌

二次接线比较复杂,导线根数又多,为区别不同接线与端子的功能与标号,电缆线芯和导线的端部均应装设接线端子标号牌,以表明其回路编号,便于安装、检查和维修。目前多采用聚氯乙烯套管坐标号牌,由于聚氯乙烯用防褪色的墨汁写字困难,所以一般采用二氯乙烷加紫药水(即龙胆紫)制成的混合液体作为写字墨水。

二、二次接线的敷设方式

二次接线的敷设方式应由控制盘、继电保护盘、互感器及配电间隔的具体结构和周围的环境等条件决定。

（一）在混凝土或砖结构上的敷设方式

这种敷设方式通常将导线敷设在金属线夹或绝缘线夹上,导线与结构表面的间距约为10 mm,如图 4.25 所示。

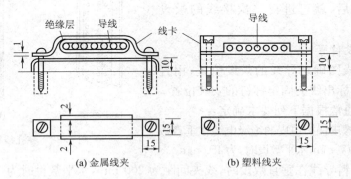

图 4.25　导线敷设在混凝土或砖结构上(mm)

金属线夹一般用 1 mm 厚的铁皮制成,绝缘线夹用胶木或塑料板制成。线夹可按图 4.25 所示的尺寸加工,但高度和长度应根据导线的线径、根数、排列层数等实际情况而定。在金属线夹内的导线束,要用绝缘带(如黄蜡带、塑料带)将其包扎,包扎层数一般为 2~3 层,两端应各伸出 2 mm。

（二）直接在混凝土或金属表面上的敷设方式

导线直接敷设在混凝土或金属表面上时,可将导线直接用线卡固定,如图 4.26 所示。线卡可按图示尺寸加工,线卡下导线束固定的处理与上述方法相同。

（三）在配电柜上的敷设方式

当在配电柜内敷设时,一般常采用带扣的抱箍绑扎导线,不另设支撑点,如图 4.27 所示。带扣抱箍可用厚 0.2 mm、宽 8~12 mm 的镀锌铁皮按图中形式制作。若绑扎导线较少,一般可采用铝线卡作为导线的抱箍。此外,还应注意配电柜内敷设的二次导线不允许有接头。

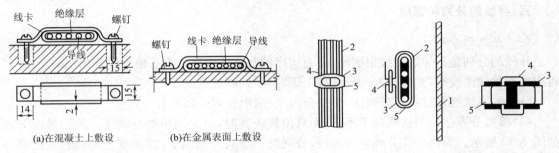

图4.26　导线直接敷设在混凝土或金属表面上(mm)

图 4.27　用带扣的抱箍绑扎导线
1—配电盘;2—导线;3—绝缘层;4—扣;5—抱箍

（四）在线槽内的敷设方式

为简化敷设工作，目前已广泛采用将导线敷设在预先制成的线槽内，穿孔线槽形式如图 4.28所示。线槽由钢板或塑料制成，敷设时，先将线槽固定在配电柜上，然后将导线放在槽内，并用布带或线绳将其绑扎成束，接至端子板的导线由线槽旁边的孔眼中引出。

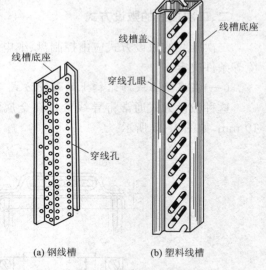

图 4.28　穿孔线槽形式

三、二次接线的敷设

当量测仪表、继电保护、互感器或其他自动装置分别安装完毕后，就可进行二次接线的敷设工作。

（一）确定敷设位置

根据安装接线图确定导线的敷设位置，用直尺或线垂划好线，标出线夹固定螺钉的安装位置。

线夹的间距通常根据下列要求确定：

（1）裸铅皮或橡皮保护包皮的绝缘电缆在垂直敷设时，线夹间距为 400 mm，水平敷设时，为 150 mm。

（2）橡皮或塑料导线在垂直敷设时，线夹间距为 200 mm，水平敷设时为 150 mm。

（二）固定线夹和敷设导线

先用螺钉将线夹挂上，然后开始进行敷设。为避免导线交叉应根据安装图的编号及端子的排列顺序，合理安排导线的排列位置，再根据导线实际需要的长度（包括弯曲和预留长度）切断导线，并将其拉直。敷设时，先将端部的一个线夹和抱箍把导线包住，使其成束（单层或多层），再将导线沿敷设方向用线夹夹好，然后在导线下垫好绝缘层，最后将导线束进行修整。一般可用小木锤将线束轻轻敲平，使其整齐美观，敷设后的导线束如图 4.29所示。

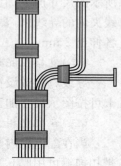

图 4.29　敷设后的导线束

（三）导线分支

当导线分支由线束引出时，必须将导线做成慢弯，不能用带尖梭的工具（如螺丝刀、平口钳等）弯曲导线。导线的弯曲半径一般为导线直径的 3 倍左右，当导线穿过金属板时，应加套绝缘衬管保护。

四、导线的分列和连接

（一）导线的分列

导线的分列是指导线由线束引出，并有次序的与端子连接。为了使导线分列正确，在分列时应根据接线图校线，并将校好的导线挂上临时标号，以备接线。

分列的方法通常有单层分列法、多层分列法、扇形分列法和垂直分列法。

（1）单层分列法。当接线端子不多，而且位置较宽时，可采用单层分列法。单层导线分列如图 4.30 所示。为使导线分列整齐美观，分列时一般从外侧端子（终端端子）开始，依次将导线接在相应的端子上，并使导线横平竖直。

（2）多层分列法。当位置较窄、接向端子的导线较多时，宜采用多层分列法。端子板附近导线分列成三层如图 4.31 所示。第一层的 4 根导线接入 1、2、3、4 号端子;第二层导线接入 5、6、7、8 号端子;第三层导线接入 9、10、11、12 号端子。

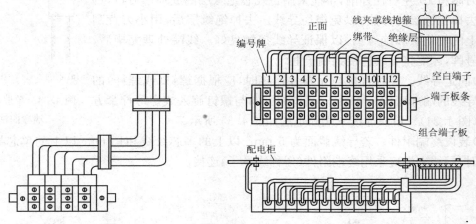

图 4.30 单层导线分列　　　　图 4.31 端子板附近导线分列成三层

三层配线的线束分列如图 4.32 所示。线束中的上层导线束接入上面的(或左边)端子板;中间层的导线束接入中间的端子板;下层的导线束接入下面的(或右边)端子板。

(3)扇形分列法。在不复杂的单层或双层配线时,常采用扇形分列法(图 4.33),此法接线简单、安装迅速、外形整齐。敷设时,应将导线校好拉直,先从外侧敷设固定,然后逐渐移到中间。

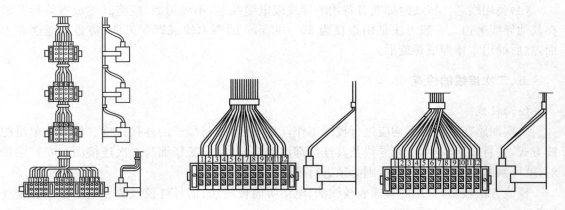

图4.32 三层配线的线束分列　　　　图 4.33 导线的扇形分列

(4)垂直分列法。这种分列法用于端子板垂直安装时导线的分列,常用于配电柜内端子板的导线连接。电缆沟引向配电柜的导线校直后,将其绑扎成束(单层或双层)后,固定在端子板两端,然后由线束引出导线,接至端子板。

上述各种分列法的导线均不应交叉,如遇特殊情况,应设法使导线的上层部分看不到交叉现象。此外,接线端子板上的每个端子一般只接一根导线。由线束引接到端子板或仪表、器件的导线,如长度超过 200 mm 时,应用铝线卡、线绳或扎带将其绑扎成束,铝线卡或扎带下也应垫上绝缘层。

(二)二次导线与元器件的连接

从线束引出的导线经分列后,应将其正确的连接到接线端子和元器件上。

（1）剪断多余导线和线头加工。根据线束到端子的距离（包括弯曲部分）量好尺寸，剪断多余部分，然后用剥线钳或小刀剥削绝缘层，此时，应将小刀倾斜 10°左右往外削，不能采用将线芯绝缘层割成环形刀口，再用钳子去掉绝缘层的方法，以免损伤导线。去掉绝缘层后，用小刀背刮掉线芯上的氧化层和绝缘屑，以保证导线接触良好。线端处理完毕后，挂上标号牌，才能将导线连接到端子上。

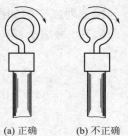

（2）固定导线。导线直接与元器件连接时，应根据螺钉（或螺杆）的直径将导线的端部弯成一个圆环，其弯曲方向与螺钉旋入或螺母拧紧方向一致（图 4.34）。单股导线末端固定法如图 4.35 所示。

图 4.34　单股导线末端弯曲法

（3）装设终端附件。若导线截面为 6 mm² 以上的多芯绞线和10 mm² 以上的单芯导线接入端子时，导线末端应采用终端附件（俗称线鼻子）连接。

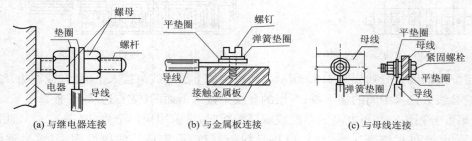

图 4.35　单股导线末端固定法

（4）备用线芯。接线时如遇有备用的导线或电缆线芯，不要剪断，应将其卷成螺旋形并放在其他导线旁边。一般方法是用直径为 20～30 mm 的圆木棒或螺丝刀柄，将备用线绕在上面，然后抽出木棒即成螺旋形。

五、二次接线的检查

（一）校线

二次回路在接线前后均应进行校线工作，以保证导线与端子的连接正确。如果是单层配线方式，并且线路较短，所有导线及其连接都比较明显，且只需仔细与二次连接图和安装图校对，就可判断接线是否正确时，则必须进行校线工作。

校线方法较多，常用的有摇表校线法、电话听筒校线法、信号灯校线法和电缆校正器校线法等。

（1）摇表校线法。摇表校线法接线图如图 5-36 所示。校线时，用一根连接线将其一端接至电缆的铅包皮上或接地，另一端接至导线束的任何一根导线上；在电缆或导线束的另一端，将摇表的一个端子接在铅皮或接地端上，然后用摇表另一端子依次接触电缆或导线束的每一根线芯。当摇动摇表时，若指针为零，则表示导线连接的那根导线与摇表端子接触的线芯是同一根线芯。此外也可使用万用表代替摇表校线。

（2）电话听筒校线法。当检查两端在不同房间内或距离较远的导线（或控制电缆）时，常使用电话听筒校线法（图 4.37）进行校线。当听筒中有响声并可同时通话时，说明导线构成闭合回路，则两听筒所接的线芯为同一根线芯。

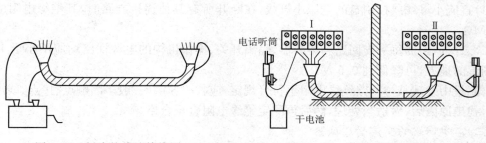

图 4.36 摇表校线法接线图　　　　图 4.37 电话听筒校线法

（3）信号灯校线法。信号灯校线法的接线如图 4.38 所示，当两个灯泡同时发亮时，说明两灯泡所接的线芯为同一根线芯。信号灯的灯源可采用安全变压器，也可采用干电池或蓄电池。

（4）电缆校正器校线法。此法是专用电缆校正器校线，校正器是由一些分别为 100 Ω、200 Ω等的电阻组成的电阻箱。校线时，先将被测电缆的铅包皮与电阻箱的一个公共端钮相连，其他各线芯分别与电阻箱的 100 Ω、200 Ω 等按钮相连，然后在电缆的另一端用欧姆表测量，使欧姆表的一根表笔与电缆铅包皮相连，另一根表笔分别与各线芯相接触，从而测出各线芯对铅包皮的电阻值。若测出电阻为 100 Ω，则说明与万用表相连的此根线芯和接在电缆校正器 100 Ω 端钮上的线芯是同一根线芯。如此依次进行测量，就可较方便地校出每根线芯。电缆校正器校线原理图如图 4.39 所示。

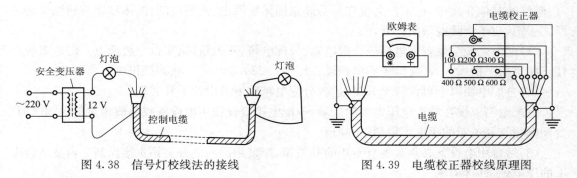

图 4.38 信号灯校线法的接线　　　　图 4.39 电缆校正器校线原理图

（二）二次绝缘电阻的测定

对新安装的二次接线回路，必须测量其绝缘电阻值，以检验绝缘二次回路的绝缘情况。测量绝缘电阻时，应使用 500～1 000 V 的摇表；电压为 48 V 及以上的回路，应使用不超过 500 V 的摇表。

1. 二次回路的测定范围

二次回路的测定范围应包括所有电气设备的二次回路，如操作、信号、保护、测量等回路，以及这些回路的所有电器。这些回路可分为以下几种：

（1）直流回路，是由保险器或自动开关隔离的一段回路。

（2）电流回路，是由一组电流互感器连接的所有保护装置及仪表回路，或一组保护装置的数组电流互感器回路。

（3）电压回路，是由一组或一个电压互感器连接的回路。

2. 二次回路绝缘电阻的允许值

对新安装的二次接线回路，应测量导线对地及线芯间或相邻导线的绝缘电阻值，并应使之符合下列规定：

（1）直流小母线或控制盘的电压小母线，在断开所有其他连接支路时，其绝缘电阻应不小于 10 MΩ。

（2）二次回路的每一支回路和熔断器、隔离开关、操作机构的电源回路均应不小于 1 MΩ。在较潮湿的地方，可降低到 0.5 MΩ。

若测量中发现某一回路绝缘电阻不符合规定，应找出原因（一般多因触点、接点、线圈受潮所致），找出原因后，做适当处理，然后再测定绝缘电阻直至合格。

（三）二次回路的交流耐压试验

二次回路的试验标准电压为 1 000 V。绝缘电阻在 10 MΩ 以上的回路可用 2 500 V 摇表来代替，时间为 1 min。48 V 以下的回路可不做交流耐压试验。

第十节　配电箱和开关箱的安装与维护

配电箱是指定型成品配电箱，如动力配电箱、计量箱和通用控制箱等，箱内的仪表、开关、电器等元器件均由制造厂配置。配电箱主要有悬挂式、嵌墙式和落地式 3 种安装方式。

一、配电箱、开关箱安装的基本要求

（一）配电箱、开关箱的设置

配电箱、开关箱应装设在干燥、通风及常温场所，不得装设在有严重损伤作用的瓦斯、烟气、潮气及其他介质中，也不得装设在易受外来固体物撞击、强烈振动、液体浸溅及热源烘烤场所。否则，应予清除或做防护处理。

（1）配电系统应设置配电柜或总配电箱、分配电箱、开关箱，试实行三级配电。配电系统宜使三相负荷平衡，220 V 或 380 V 单相设备宜接入 220/380 V 三相四线供电。

（2）总配电箱以下可设若干分配电箱，分配电箱以下可设若干开关箱。

总配电箱应设在靠近电压电源的区域，分配电箱应设在用电设备或负荷相对集中的区域，分配电箱与开关箱的距离不得超过 30 m。

（3）每台用电设备必须有各自专用的开关箱，严禁用同一个开关箱直接控制 2 台及 2 台以上的用电设备（含插座）。

（4）动力配电箱与照明配电箱宜分别设置。当合并设置为同一配电箱时，动力和照明应分路配电；动力开关箱与照明开关箱必须分设。

（5）配电箱、开关箱周围应有足够 2 人同时工作的空间和通道，不得堆放任何妨碍操作、维修的物品，不得有灌木、杂草。

（6）配电箱、开关箱应采用冷轧钢板或阻燃绝缘材料制作，钢板厚度应为 1.2～2.0 mm，其中开关箱箱体钢板厚度不得小于 1.2 mm，配电箱箱体钢板厚度不得小于 1.5 mm，箱体表面应做防腐处理。

（7）配电箱、开关箱内的电器应先安装在金属或非木质阻燃绝缘电器安装板上，然后方可整体紧固在配电箱、开关箱箱体内。金属电器安装板与金属箱体应做电气连接。

（8）配电箱、开关箱内的电器（含插座）应按其规定位置紧固在电器安装板上，不得歪斜和松动。

（9）配电箱的电器安装板上必须分设 N 线端子板和 PE 线端子板。N 线端子板必须与金属电器安装板绝缘；PE 线端子板必须与金属电器安装板做电气连接。进出线中的 N 线必须通过 N 线端子板连接；PE 线必须通过 PE 线端子板连接。

（10）配电箱、开关箱内的连接必须采用铜芯绝缘导线。导线绝缘的颜色标志应规范要求配置并排列整齐；导线分支接头不得采用螺栓压接，应采用焊接并做绝缘包扎，不得有外露带电部分。

（11）配电箱、开关箱的金属箱体、金属电器安装板及电器正常不带电的金属底座、外壳等必须通过 PE 线端子板与 PE 线做电气连接，金属箱门与金属箱必须通过采用编织软铜线做电气连接。

（12）配电箱、开关箱的箱体尺寸应与箱内电器的数量和尺寸相适应，箱内电气安装板板面电器安装尺寸可按照表 4.18 确定。

表 4.18　配电箱、开关箱内电器安装尺寸选择值

间距名称	最小净距(mm)
并列电器(含单机熔断器)间	30
电器进、出线瓷管(塑胶管)孔与电器边沿间	15 A,30
	20～30 A,50
	60 A 及以上,80
上、下排电器进出线瓷管(塑胶管)孔间	25
电器进、出线瓷管(塑胶管)孔至板边	40
电器至板边	40

（13）配电箱、开关箱中导线的进线口和出线口应设在箱体的下底面。

（14）配电箱、开关箱的进线、出线口应配置固定线卡，进出线应加绝缘护套并成束卡在箱体上，不得与箱体直接接触。移动式配电箱、开关箱的进线、出线应采用橡皮护套绝缘电缆，不得有接头。

（15）配电箱、开关箱外形结构应能防雨、防尘。

（二）配电箱、开关箱的安装高度

配电箱的安装高度应按设计要求确定。配电箱、开关箱应装设端正、牢固。固定式配电箱、开关箱的中心点与地面的垂直距离应为 1.4～1.6 m。移动式配电箱、开关箱应装设在坚固、稳定的支架上，其中心点与地面的垂直距离应为 0.8～1.6 m。

（三）暗装配电箱后壁的处理和预留孔洞的要求

在 240 mm 厚的墙壁内暗装配电箱时，其墙后壁需加装 10 mm 厚的石棉板和直径为 2 mm、孔洞为 10 mm 铅丝网，再用 1:2 水泥砂浆抹平，以防开裂。墙壁内预留孔洞的大小，应比配电箱的外形尺寸略大 20 mm 左右。

（四）其他安装要求

（1）配电箱的金属构件、铁制盘及电器的金属外壳，均应做保护接地（或保护接零）处理。

（2）接零系统中的零线，应在引入线处或线路末端的配电箱处做好重复接地。

（3）配电箱内的母线应有黄(L1)、绿(L2)、红(L3)、黑(接地的零线)、紫(不接地的零线)等分相标志，可用刷漆涂色或采用与分相标志颜色相应的绝缘导线。

（4）配电箱外壁与墙面的接触部分应涂防腐漆，箱内壁及盘面均刷两道驼色油漆。除设计有特殊要求外，箱内油漆颜色一般均应与工程门窗颜色相同。

（五）电器装设的选择

（1）配电箱、开关箱内的电器必须可靠、完好，严禁使用破损、不合格的电器。

（2）总配电箱的电器应具备电源隔离，正常接通与分断电路，以及短路、过载、漏电保护功能。电器设备应符合下列原则：

①当总路设置总漏电保护器时，还应装设总隔离开关、分路隔离开关及总断路器、分路断路器或总熔断器、分路熔断器。当总路所设总漏电保护器同时具备短路、过载、漏电保护功能的漏电断路器时，可不设总断路器或总熔断器。

②当各分路设置分路漏电保护器时，还应装设总隔离开关、分路隔离开关及总熔断器、分路断路器或总熔断器、分路熔断器。当分路所设漏电保护器同时具备短路、过载、漏电保护功

能的漏电断路器时,可不设分路断路器或分路熔断器。

③隔离开关应设置于电源进线端,应采用分段时具有可见分段点,并能同时断开电源所有极的隔离电器。若采用分断时具有可见分断点的断路器,可不另设隔离开关。

④熔断器应选用具有可靠灭弧分断功能的产品。

⑤总开关电器的额定值、动作整定应与分路开关电器的额定值、动作整定值相适应。

(3)总配电箱应装设电压表、电流表、电度表及其他需要的仪表。专用电能计量仪表的装设应符合当地供用电管理部门的要求。

装设电流互感器时,其二次电路必须与保护零线有一个连接点且严禁断开电路。

(4)分配电箱应装设总隔离开关、分路隔离开关及总断路器、分路断路器或总熔断器、分路熔断器。

(5)开关箱必须装设隔离开关、断路器或熔断器及漏电保护器。当漏电保护器同时具有短路、过载、漏电保护功能的漏电断路器时,可不装设断路器或熔断器。隔离开关应采取分断时具有可见分断点,能同时断开电源所有极的隔离电器,并应将其设置于电源进线端。当断路器具有可见分断点时,可不另设隔离开关。

(6)开关箱中的隔离开关只可直接控制照明电路和容量不大于 3.0 kW 的动力电路,但不应频繁操作;容量大于 3.0 kW 的动力电路应采用断路器控制,操作频繁时还应附设接触器或其他启动控制装置。

(7)开关箱中各种开关电器的额定值和动作整定值应与其控制用电设备的额定值和特性相适应。

(8)漏电保护器应装设在总配电箱、开关箱靠近负荷的一侧,且不得用于启动电气设备的操作。

(9)漏电保护器的选择应符合现行国家标准 GB/T 6829—2017《剩余电流动作保护器的一般要求》和 GB/T 13955—2005《漏电保护器安装和运行的要求》的规定。

(10)开关箱中漏电保护器的额定漏电动作电流应不大于 30 mA,额定漏电动作时间应不大于 0.1 s。

使用用于潮湿或有腐蚀介质环境的漏电保护器应采用防溅型产品,其额定漏电动作电流应不大于 15 mA,额定漏电动作时间应不大于 0.1 s。

(11)总配电箱中漏电保护器的额定漏电动作电流大于 30 mA,额定漏电动作时间应大于 0.1 s,但其额定漏电动作电流与额定动作时间的乘积应不大于 30 mA·s。

(12)总配电箱和开关箱中漏电保护器的级数和线数必须与其负荷的相数和线数一致。

(13)配电箱、开关箱中的漏电保护器宜选用无辅助电源型(电磁式)产品,或选用辅助电源故障时能自动断开的辅助电源型(电子式)产品。当选用辅助电源故障且不能断开辅助电源型(电子式)产品时,应同时设置缺相保护。

(14)漏电保护器应按产品说明书安装、使用。对搁置已久重新使用或连续使用的漏电保护器应逐月检查其特性,发现问题及时修理或更换。

(15)配电箱、开关箱的电源进线端严禁采用插头和插座做活动连接。

二、配电箱的安装

配电箱的安装方法具体如下:

(1)配电箱的安装高度除施工图中有特殊要求外,暗装时底口距地面为 1.4 m;明装时为 1.2 m,但对明装电度表板应为 1.8 m。

（2）安装配电箱、板及所需木砖等均需要预先随土建砌墙时埋入墙内。

（3）在 240 mm 厚的墙内暗装配电箱时，其后壁需用 10 mm 厚石棉板及铅丝直径为 2 mm、孔洞为 10 mm 的铅丝网钉牢，再用 1:2 水泥砂浆抹好以防开裂。另外，为了施工及检修方便，也可在盘后开门，以木螺丝在墙后固定。为了美观应涂以与粉墙颜色相同的调和漆。

（4）配电箱外壁与墙有接触的部分均涂防腐油，箱内壁及盘面均涂灰色油漆两道。箱门油漆颜色除施工图中有特殊要求外，一般均与工程中门窗的颜色相同。铁制配电箱均需先涂防锈油漆再涂油漆。

（5）配电盘上装有计量仪表、互感器时，二次侧的导线使用截面不小于 2.5 mm^2 的铜芯绝缘导线。

（6）配电盘后面的配线需排列整齐，绑扎成束，并用卡钉紧固在盘板上。盘后引出及引入的导线应留出适当的裕度，以利于检修。

（7）为了加强盘后配线的绝缘强度和便于维修管理，导线需按相位颜色套上软塑料套管，U 相用黄色，V 相用绿色，W 相用红色，零线用淡蓝色。

（8）导线穿过盘面时，木盘需套瓷管头，铁盘需装橡胶护圈。工作零线穿过木盘面时，可不加瓷管头，只套以塑料管。

（9）配电盘上的闸刀、保险器等设备，上端接电源，下端接负荷。横装的插入式保险等应从面对配电盘的左侧接电源，右侧接负荷。

（10）零线系统中的重复接地应在引入接线处，在末端配电盘上也应做重复接地。

（11）零母线在配电盘上不得串接。零线端子板上分支路的排列须与插保险对应，面对配电盘从左到右编排 1、2、3…

（一）配电箱的悬挂式安装

采用悬挂式安装的配电箱，可以直接安装在墙上，也可安装在支架上或柱上。

1. 配电箱在墙上安装

（1）预埋固定螺栓。在墙上安装配电箱之前，应先量好配电箱安装孔的尺寸，在墙上划好孔的位置，然后钻孔，预埋固定螺栓（有时采用胀管螺栓固定）。预埋螺栓的规格应根据配电箱的型号和重量选择（见表 4.19），螺栓的长度应为埋设深度（一般为 120～150 mm）加上箱壁、螺母和垫圈的厚度，再加上 3～5 mm 的裕留长度。配电箱一般有上、下各两个固定螺栓，埋设时应用水平尺和线锤校正使其水平或垂直，螺栓中心间距应与配电箱安装孔中心间距相等，以免错位，造成安装困难。

表 4.19 常用配电箱安装尺寸表

设备型号	安装孔间距(mm)		螺栓螺母垫圈尺寸 d(mm)	质量 (kg)	说 明
	A	B			
XL-3-1	390	290	8	30	
XL-3-2	570	290	8	35	
XL-10-1/15	180	360	10	10	尺寸 A、B 说明:
XL-10-2/15	365	465	10	22	
XL-10-3/15	495	465	10	28	
XL-10-4/15	665	465	10	40	
XL-10-1/35,XL-10-1/60	180	420	10	12	
XL-10-2/35,XL-10-2/60	430	550	10	28	

设备型号	安装孔间距(mm)		螺栓螺母垫圈	质量	说明
	A	B	尺寸 d(mm)	(kg)	
XL-10-3/35,XL-10-3/60	595	555	10	40	
XL-10-4/35,XL-10-4/60	760	555	10	45	
XLF-11-100,XLF-11-200	274	176	10	26	
XLF-11-400	334	232	10	40	
XLF-11-60R	274	184	10	34	
XLF-11-100R	274	230	10	50	
XLF-11-200R	315	295	10	65	
XLF-11-400R	364	476	10	75	
XL-12	290	320	10	23	
XM-7-3/10	240	370	8	8	
XM-7-3/0A	240	290	8	7	
XM-7-6/0,XM-7-6/1	270	670	8	12~15	
XM-7-6/0A	270	410	8	12	
XM-7-9/0,XM-7-9/1,XM-7-12/0	450	670	8	21~30	
XM-7-6,XM-7-12/1	450	670	8	18~33	
XM-7-9/0A,XM-7-12/00	450	510	8	19~28	
XM-7-3/1	270	470	8	9	
XM-7-2	350	370	8	12	
XM-7-4	350	570	8	15	

尺寸 A、B 说明:

　(2)配电箱的固定。待预埋件的填充材料凝固干透后,方可进行配电箱的安装固定。固定前先用水平尺和线锤校正箱体的水平度和垂直度,如不符合要求,应检查原因,调整后再将配电箱固定牢靠。配电箱的墙上安装如图 4.40 所示。

　2. 配电箱在支架上安装

　在支架上安装配电箱之前,应先将支架加工焊接好,并在支架上钻好固定螺栓的孔洞,然后将支架安装在墙上或埋设在地坪上。配电箱的安装固定与上述方法相同,配电箱在落地支架上安装如图 5.41 所示。

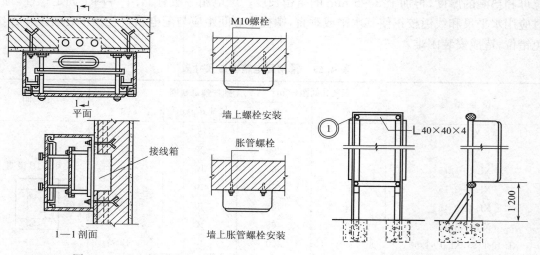

图 4.40　配电箱的墙上安装　　　　　图 4.41　配电箱在落地支架上安装(mm)

3. 配电箱在柱上安装

安装之前一般在柱上先装设角钢和抱箍,然后在上、下角钢中部的配电箱安装孔处焊接固定螺栓的垫铁(图 4.42),并钻好孔,最后将配电箱固定安装在角钢垫铁上。

(二)配电箱的嵌墙式安装

配电箱的嵌墙式安装如图 4.43 所示,应配合配线工程的暗敷设进行。待预埋线管工作完毕后,将配电箱的箱体嵌入墙内(有时用线管与箱体组合后,在土地建施工时埋入墙内),并做好线管与箱体的连接固定和跨接地线的连接工作,然后在箱体四周填入水泥砂浆。

当墙壁的厚度不能满足嵌入式的需要时,可采用半嵌入式安装,即配电箱的箱体一半在墙面外,一般嵌入墙内,如图 4.43(a)所示,其安装方式与嵌入式相同。

(三)配电箱的落地式安装

在安装之前,一般应预先制一个高出地面约 100 mm 的混凝土空心台,如图 4.44(a)和(b)所示,这样可使进出线方便,不易进水,保证运行安全。进入配电箱的钢管应排列整齐,其管口高出基础面 50 mm 以上。配电箱的落地式安装如图 4.44 所示,图中的 B、C 尺寸由设计确定。他们的安装方法,可参照配电柜的安装进行。

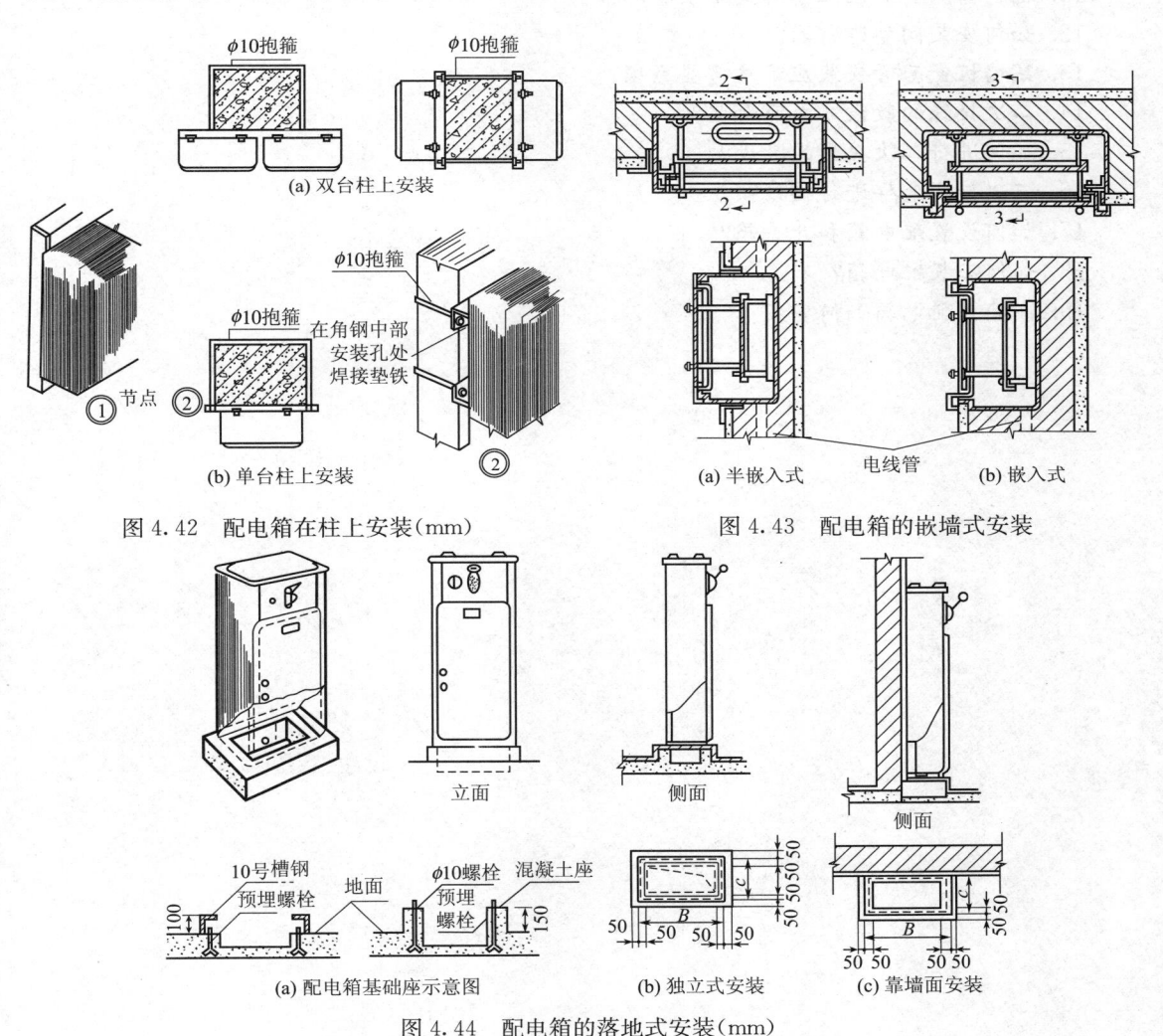

图 4.42　配电箱在柱上安装(mm)　　　　图 4.43　配电箱的嵌墙式安装

图 4.44　配电箱的落地式安装(mm)

思 考 题

1. 安装前,建设工程应具备哪些条件?
2. 变压器安装要求有哪些?
3. 如何安装配电柜?
4. 如何安装穿墙套管和穿墙板? 有何要求?
5. 如何安装硬母线?
6. 如何安装隔离开关?
7. 如何安装负荷开关?
8. 互感器的一般规定是什么?
9. 如何安装电压互感器和电流互感器?
10. 如何安装支持绝缘子?
11. 避雷器的安装应注意哪些事项和环节?
12. 如何安装阀型避雷器?
13. 穿墙板瓷套管安装应注意哪些事项?
14. 二次接线的敷设方式有哪些?
15. 如何进行二次接线的敷设?
16. 二次接线怎样进行接线?
17. 如何设置配电箱和开关箱?
18. 如何安装配电箱?
19. 嵌墙式配电箱如何安装?

第五章　照明线路

第一节　电气照明概述

电气照明是一门综合性的技术,它不仅是应用光学和电学方面的技术,也涉及建筑学、生理学等方面。电气照明在国民经济中占有相当重要的地位。人们生产和生活中的各方面活动都需要应用电气照明技术,铁路企业也不例外,如铁路车站、货场、工厂、办公室等对电气照明都有一定要求。

电气照明的重要组成部分是光源和照明配件。照明技术的发展趋向:在电光源方面,要求提高光效、延长寿命、改善光色、增加品种和减少附件;在照明配件方面,要求提高效率、配光合理,并满足不同环境和各种光源的配套需要,同时采用新材料、新工艺,逐步实现灯具系列化、组装化、轻型化和标准化。总之,要求高质量、低费用。

目前国内外对电气照明技术的研究都十分重视,已经制造和正在试制造的各种电光源种类繁多,大体上可分为两大类:

第一类:热辐射光源。它是当物体通过电流,使之加热而发光的辐射光源,其特点是能发出波长连续的光,给人以色调调和的良好感觉。如白炽灯、卤钨灯等。

第二类:气体放电光源。它是通电使原子受到激发而发光的放电光源,通过选用适当的发光物质,使发出的光几乎全部在人眼的灵敏度范围内,并且效率也较高。不过由于它的光波长不连续,因而使人有不自然的感觉。气体放电光源又可分为:一般气体放电灯(如荧光灯、高压汞灯、氙灯)与高强度气体放电灯(简记为 HID,如高压钠灯、金属卤化物灯)两类。

一、光照学的基本概念

为了学习电气照明技术,首先了解常用基本术语。

（一）光

光是指能引起视觉的辐射能,它是一种电磁波,又称可见光。不同波长的光给人的颜色感觉也不同。

（二）光通量

光源在单位时间内,向周围空间辐射并引起视觉的能量,称为光通量,以 ϕ 表示,单位为 lm(流明)。

在实际照明工程中,光通量是说明光源发光能力的一个基本量,是光源的一个基本参数。

例:一个 100 W 的白炽灯,在 220 V 额定电压下发出的光通量为 1 250 lm;一个 40 W 的荧光灯,在 220 V 的额定电压下发出的光为 2 400 lm。

（三）发光效率（光效）

一个光源所发出的光通量与该光源所消耗的电功率之比,称为发光效率,以 η 表示,单位为 lm/W(流明/瓦)。发光效率是电光源的重要技术指标。例如:100 W 的白炽灯的光效为 12.5 lm/W;40 W 的荧光灯光效为 60 lm/W。

（四）发光强度（光强）

发光强度是光通量的空间密度。光源在某一特定方向上单位立体角内（每球面度）辐射的光通量，称为光源在该方向上的发光强度，以 I 表示，单位为 cd（坎德拉）。

点光源在立体角 ω 内发出的光通量为 ϕ，则 ϕ 与 ω 之比称为发光强度。

$$I=\phi/\omega$$

上式中 ω 是以光源为球心，以任意 r 为半径的球面上切出的球面积 S 对此半径平方的比值，即 $\omega=S/r^2$，单位为球面度。

（五）照度

照度是用来说明被照面（工作面）上被照射的程度，通常用被照面单位面积上接收的光通量来表示，其符号为 E，单位为 lx（勒克斯）。被光均匀照射的平面上的照度为

$$E=\phi/A$$

式中　A——被照面积，m^2。

即均匀分布 1 lm 光通量在 1 m^2 的面积上所产生的照度为 1 lx。在 1 lx 的照度下，我们仅可以看到四周的情况。工作场所的照度所需为 20～100 lx；满月在地面上产生的照度仅为 0.21 lx；正午时露天地面上产生的照度达 100 000 lx。

被照面和光源之间的关系，可用照度和发光强度的关系来表示。立体角 ω 的示意图如图 5.1 所示，图中点光源 S 到被照面的距离为 r，被照面的面积 A 上接收的光通量为 ϕ，面积 A 所形成的立体角 ω 为

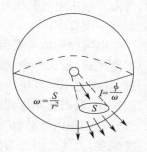

图 5.1　立体角 ω 的示意图

$$\omega=\frac{A'}{r^2}=\frac{A\cos\alpha}{r^2}$$

光源 α 角方向上的发光强度为

$$I_a=\frac{\phi}{\omega}$$

所以

$$\phi=I_a\cdot\omega=\frac{I_a\cdot A\cos\alpha}{r^2}$$

所以被照面的照度为

$$E=\phi/A=I_a\cos\alpha/r^2$$

上式表明：照度 E 与光源在这个方向上的光强成正比，与它至光源距离的平方成反比。实际上，所谓点光源是相对于光源至受照面的距离而言，当光源尺寸小于它到受照面的距离 1/10 时，即可视为点光源。

由此可知，被照面离灯越近，它的照度越高，而且是按平方增长。正因如此，我们在日常生活中，为了增加工作面的照度，常采用将灯放低些，并且尽可能将它放在工作面上方。

在照明设计中，照度是一个很重要的物理量。国家规定了各种工作条件下的照度标准。

（六）亮度

亮度是一单元表面在某一方向上的光强密度，它等于该方向上的发光强度和此表面在该方向的投影面积之比，其符号为 L，单位为 nt（尼特），1 nt = 1 cd/m^2，较大的亮度单位是 sd（熙提），1 sd = 10^4 nt。

亮度也是照明装置的一个重要物理量，是决定物体明亮程度的直接指标。当发光表面的亮度相当高时，对视觉会引起不愉快及有害作用，这种情况称为耀光，它是发光表面的特性。

由于耀光作用的结果所产生的视觉状态称为眩光,应限制直射或反射耀光,可采用保护角较大的灯具或采用带乳白色玻璃散光罩的灯具,也可以通过提高灯具的悬挂高度来实现。

(七)色表与显色性

作为照明光源,除要求它发光效率高和成本低以外,还要求它发出的光具有良好的颜色。所谓光源的颜色有两个方面的含义,一方面是人眼直接观察光源时所看到的颜色,称为光源的色表,以色温表示;另一方面是光源的光照射到物体上所产生的客观效果,称为光的显色性。如果各色物体受照效果和标准光源照射时一样,则认为该光源的显色性好,反之,如果物体在受照射后颜色失真,则该光源显色性差。

二、常用电光源介绍

(一)热辐射光源

1. 白炽灯

白炽灯是最早出现的电光源,即所谓的第一代电光源。白炽灯是靠电能将灯丝加热至白炽而发光的,它由灯丝、支架、引线、玻璃壳和灯头几部分组成,白炽灯的构造如图 5.2 所示。白炽灯的灯丝通常由钨丝制成,这是由于钨丝熔点高,蒸发率小的缘故。熔点高而蒸发率小的材料可以工作于较高的温度。灯丝的工作温度越高,其辐射的可见光在辐射总能量中所占比例越高,从而提高了发光效率。

根据泡壳内充气与否,可分为真空泡和充气泡(40 W)两种。真空泡灯丝温度不超过 2 400 K,因为真空泡的灯丝温度不是很高,所以发光效率仅为 7~9 lm/W。充气泡是在灯泡中充入氩、氮等气体,此气体增加了灯丝周围的压力,从而有效地抑制钨的蒸发。灯丝温度可提高到 2 700~3 000 K,在不降低寿命的前提下,其发光效率可提高到 10~18 lm/W,白炽灯的色温约为 2 100~2 900 K。

白炽灯的参数:额定电压、额定功率、额定光通量、发光效率、使用寿命和色温。

2. 卤钨灯

卤钨灯是由钨丝、充入卤素的玻璃泡和灯头等组成,其构造如图 5.3 所示。卤钨灯有双端、单端和双泡壳之分。

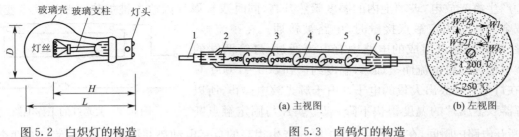

图 5.2 白炽灯的构造

图 5.3 卤钨灯的构造
1—灯头;2—钼箔;3—支架;4—灯丝;5—灯管;6—卤化物

卤钨灯是一种充入卤素族元的白炽灯,它利用卤钨的再生循环作用抑制钨丝的蒸发,这种灯在点燃过程中,从灯丝蒸发出来的钨在泡壁区域内与卤素化合成卤化钨,是一种挥发性卤钨化合物,一旦扩散到热灯丝附近又分解为卤素和钨,释放出来的钨沉积到灯丝上,卤素则重新扩散到泡壁附近再与钨化合,这一过程称为钨的再生循环。

卤钨灯与白炽灯相比,具有光效高、体积小、便于控制、寿命长、输出功率大等优点,特别是被广泛地应用在大面积照明与定向投影照明场所,如建筑工地、展厅、广场、舞台和商店橱窗照明及较大区域的泛光照明等。

卤钨灯不适应低温场合,附近不宜放易燃物质,不宜作为移动照明灯具。

(二)气体放电光源

1. 荧光灯

荧光灯是所谓的第二代光源,它是一种管壁涂有荧光物质的预热式、热阴极、低气压水银放电灯,按其色温不同可分为:日光色、白色、暖白色。

荧光灯主要由灯管和电极组成,如图 5.4(a)所示。灯管内壁涂有荧光粉,将灯管内抽真空后并注入一定量的汞、氩、氪、氖等气体。常见的灯管呈直管状,根据需要,灯管也可以做成环形和其他形状。

灯管两端有电极,它是气体放电灯的关键部件,并引出管外,也是决定灯的寿命的主要因素。荧光灯的电极通常由钨丝绕成双螺旋或三螺旋形状,灯丝上涂有发射材料。荧光灯的电极主要用来产生热电子发射,维持灯管放电。

荧光灯附件有启辉器和镇流器,分别如图 5.4(b)、(c)所示。启辉器(又称跳泡)的主要元件是一个由两种膨胀系数不同的金属材料压制而成的双金属片(冷态触头常开)和一个固定触头,其作用是在灯管刚接通电路时,启辉器双金属片闭合,有电流通过灯丝,对灯丝预热;双金属片断开瞬间,镇流器产生高压脉冲,两电极之间气体被击穿,产生气体放电。镇流器是一个有铁芯的线圈,其主要作用是启动时在启辉器的作用下产生高压脉冲,在工作时用于平衡灯管电压。

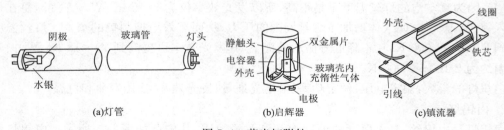

(a)灯管　　(b)启辉器　　(c)镇流器

图 5.4　荧光灯附件

荧光灯的工作电路如图 5.5 所示,其工作原理是:当荧光灯接通电源时,启辉器内的双金属片产生辉光放电,玻璃泡内的温度骤然升高,同时双金属片因放电被加热膨胀而发生变形,当双金属片与固定触点接触时,电路被接通。在镇流器、灯丝、启辉器触点组成的电路中有电流通过,灯管两端的钨丝电极因通过电流而被加热,温度约达到 800～1 000 ℃时,在灯丝上释放出大量的电子。由于辉光放电停止,所以启辉器双金属片的温度很快下降,双金属片与固定触点断

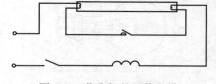

图 5.5　荧光灯的工作电路

开,断开电路的瞬间,在镇流器线圈中瞬间产生很高的自感电动势并加在灯管上,使灯管两个电极之间产生弧光放电,灯管点燃。汞蒸气辐射出紫外线,在紫外线的照射下,灯管内壁的荧光粉被激发而发出可见光。同时,管内汞蒸气流离并辐射紫外线照射到灯管内壁荧光粉而发射荧光。

镇流器的另一个作用是镇流。因为荧光灯管是一个非线性元件,如不串联镇流器,在灯管电流增加时,灯管电阻反而减小,这样可能导致灯管烧毁。

荧光灯启动分类:预热式、快速启动式和瞬时启动式。

快速启动式是在管的内壁涂敷透明的导电薄膜,提高极间电场。在镇流器内附加灯丝预

热回路且镇流器的工作电压设计得比启动电压高,所以在电源电压施加后的 1 s 就可以启动。瞬时启动荧光灯不需要预热,可以采用漏磁变压器产生的高压瞬时启动灯管。

随着新技术的发展,各种新型荧光灯及新装置不断出现,如电子镇流器和节能荧光灯等。

荧光灯的发光是闪烁的,若电流频率为 50 Hz,则荧光灯的发光明暗每分钟要改变 100 次,这种由电源频率变化所造成荧光灯的这种周期性的闪烁现象称为频闪效应。由于电流变化较快,加之荧光粉的余辉作用,人们感觉不甚明显,只有在灯管老化时才能较明显的感觉出来。由于频闪效应的客观存在,因此对照明要求较高的场所应采取必要的补偿措施,如在大面积照明场所及在双管、三管灯具中采用分相供电,即可明显消除频闪效应。

荧光灯具有良好的显色性和发光效率,因此被广泛用于图书馆、教室、办公室、商店的照明。

2. 高压汞灯

高压汞灯是一种高压气体放电灯,这里所谓"高压"是反映灯管内工作状态下的气体压力(2~6 个大气压),高压汞灯可分为外镇流高压汞灯和自镇流高压汞灯两种。

外镇流高压汞灯结构:螺丝灯头、泡壳、石英放电管,放电管两端各有一个主电极,其中一端还有一个引燃极。在管内抽去空气后充以适量的水银和少量氩气,在泡壳与放电管之间抽真空或充氮气作为保护气体,以隔离外界的空气温度对放电管内水银蒸汽的影响,高压汞灯结构和电路原理图如图 5.6 所示。

自镇流高压汞灯比外镇流高压汞灯少一个镇流器,代之以自镇流灯丝。灯丝发热不仅帮助点燃,还起降压,限流作用。

3. 高压钠灯

高压钠灯也是一种强弧光放电灯。它采用半透明多晶氧化铝陶瓷材料制成放电管,具有优良的抗钠浸蚀性,管内充入钠和汞,产生很高的钠蒸气压力,同时充入惰性气体氩和氙,以辅助起动。

高压钠灯的结构主要由灯丝、双金属片、热继电器、放电管、玻璃外壳等组成(图 5.7)。

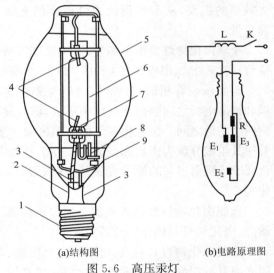

(a)结构图　　　　　(b)电路原理图

图 5.6　高压汞灯

1—灯头;2—连接;3—管脚;4—电极;5—外壳;
6—放电管;7—引燃极;8—电阻;9—充汞

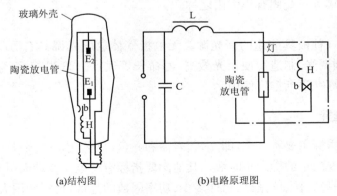

(a)结构图　　　　　　　(b)电路原理图

图 5.7　高压钠灯

　　当灯接入电源后,电流镇流器、热电阻、双金属片常闭触点形成通路,此时放电管内无电流,过一会儿,热电阻发热,使双金属片继电器断开,在断开的这一瞬间,镇流器线包产生很高的自感电动势,它和电源电压全加在放电管两端,首先使管内氖气电离放电,继而温度升高,汞变为蒸气而放电,使管内温度进一步升高,最后使钠变为蒸气状态,也开始放电,进而放射出可见光。

4. 低压钠灯

　　低压钠灯是由抽真空的玻璃管、放电管、电极和灯头构成。

　　低压钠灯是在低气压钠蒸气放电中钠原子被激发而产生放电发光的,放电时大部分辐射能集中在共振线上,钠的共振波长为 589 nm。低压钠灯启动电压高,目前大多数钠灯利用开路电压较高的漏磁式变压器直接启动,触发电压在 400 V 以上。

5. 金属卤化物灯

　　金属卤化物灯是一种新型气体放电灯(也是第三代光源),它是在高压汞灯的基础上,在放电管中加入各种金属卤化物,依靠这些金属原子的辐射,提高灯管内金属蒸气压力,以利于发光效率的提高,从而获得比汞灯更高的光效和显色性。

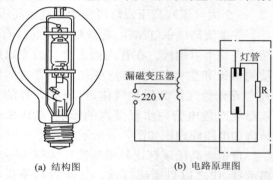

(a) 结构图　　　　　　(b) 电路原理图

图 5.8　金属卤化物灯

　　金属卤化物灯是由电弧管(石英玻璃管或陶瓷管)、玻璃外壳、电极和灯头构成,如图 5.8 所示。

　　与高压汞灯相似,点燃时,放电首先在主电极和辅助电极之间的惰性气体中形成,随后发展到两个主极之间。卤化物在灯的高温区域扩散,并按其组成分解为卤素和金属。在分解过程中,金属原子辐射出它的原子光谱线,在低温区,卤素和金属又反方向扩散,重新化合成原来的卤化物。

　　金属卤化物灯按其渗入的金属原子种类,分为碘化钠-碘化铊-碘化铟灯(简称钠铊铟灯)、镝灯、卤化锡灯与碘化铝灯等。

　　金属卤化物灯具有发光体积小、亮度高、重量轻、光色接近太阳、发光效率高等优点,所以该光源具有很好的发展前途。这类光源常作为室外广场照明。

6. 氙灯

　　氙灯是一种内充高纯度气体的弧光放电灯,它具有光色好、体积小、亮度高、起动方便等优点。由于所发的光接近日光固有小太阳之称。

7. 其他新光源

　　无电极光源是一种极具前途的新光源。无电极气体放电光源具有可瞬间起动和热再起动,允许实现全范围调光、制造简便及光效高、寿命长等优点。20 世纪 80 年代末研制出的无极荧光灯和微波硫灯在逐渐推广使用。

三、电光源的选择

　　电光源的性能指标主要有 3 个,即光效、寿命和光色(显色性)。寿命是光源的光通量自额定值衰减到一定程度为止的燃点小时数。其他次要指标有受电压波动而引起的光特性变化程度,工作的可靠性和稳定性、抗振性、附件多少、功率因数的高低、投资费用大小等。

　　在照明设计中,常对光源的综合技术经济指标进行比较,以决定其好坏。

根据上述各种光源的发光原理和结构特点,在照明设计中一般按下述原则选用。

1. 按照明设施的目的和用途选用电光源

(1)在灯具的悬挂高度较低(4 m 及以下),又需要较好的视看条件的屋内场所,宜采用荧光灯。为防止眩光和照度分布均匀,不宜采用大功率光源。

(2)在灯具的悬挂高度较高(8~10 m 及以上),又需较好的视看条件的屋内或屋外场所,宜采用高压水银荧光灯或碘钨灯等大功率的光源。在采用高压水银荧光灯作为均匀照射时,建议与白炽灯混合选用。

(3)在灯具高挂,又需较好的大面积视看条件的露天场所时,宜采用金属卤化灯或管形氙灯。

(4)在照明开闭频繁,又需要调光的场所,宜采用白炽灯,因为白炽灯的开关次数对其寿命没有什么影响。

2. 按环境要求选择电光源

低温场所不宜用电感镇流器的荧光灯和卤钨灯,以免启动困难。在有爆炸危险的场所,应根据爆炸危险介质的类别和组别选择相应的防爆灯;在多灰场所,应选用防尘灯具;在有压力的水冲洗灯具的场所,必须采用防溅型灯具;在有腐蚀性气体的场所,宜采用耐腐蚀性材料制成的封闭灯具。

3. 按投资与年运行费用选择电光源

在满足使用功能和照明质量的要求下,应重点考虑灯具的效率和经济性,并进行初始投资费、年运行费和维修费的综合计算。初始投资费包括电光源的购置费、配套设备和材料费、安装费等;年运行费包括每年的电费和管理费;维修费包括电光源检修和更换费用。

各类光源的特点和适用场所见表5.1。

表 5.1 各类光源的特点和适用场所

类型	名称	优点	缺点	适用场所
热辐射光源	白炽灯	结构简单,体积小,价廉,使用和维修方便,显色性好,启动快,便于调光,不产生电磁干扰,频闪不明显,功率因数为1	光效低,寿命短,电能消耗大,维修费用高,表面亮度大,电压波动对光通影响大	要求照度不高的场所(如仓库、走廊、楼梯间、旅馆、住宅、小道),需要调光的场所(如剧院、影院、舞场),显色性要求高的场所(如绘画、诊断室、餐厅、印刷),需要避免频闪及电磁干扰的场所,开关频繁的地方,事故照明,局部照明
	卤钨灯	效率较高,寿命较长,体积小,光色好,发光量稳定,便于调光,不产生电磁干扰,频闪不明显,功率因数为1,启动快	表面亮度大,温度高,耐振性差,电压波动对光通量影响大,灯管水平安装倾斜度不得超过4°	照度要求较高、显色性要好,无振动且高大的场所(如高大车间、礼堂、影院、宴会厅、体育馆、厂前区、室外配电装置),需要调光的场所,需要避免频闪及电磁干扰的场所
气体放电光源	荧光灯	光色好,光效高,寿命长,表面亮度小,耐电压波动	需配镇流器和起动器,功率因数低,受环境温度影响大,不宜频繁开关	照度要求较高或进行长时间紧张视觉动作的场所(如设计室、阅览室、办公室、教室、主控制室、医院、商店、试验室),需要正确识别色彩的场所(化验室、实验室、餐厅),为了节能的一般场所(住宅、仓库、矮小厂房、旅馆、体育馆)
	荧光高压汞灯	光效高,寿命长,耐雨雪,耐振动,耐热,耐电压波动	起动时间长,再起动时间也长,光色偏青蓝	照度要求高,但对光色无特殊要求的场所(站台、广场、道路、运动场、堆场、室外配电装置),混光照度场所(高大厂房、体育馆)

续上表

类型	名　称	优　点	缺　点	适　用　场　所
气体放电光源	高压钠灯	光效最高,寿命长,透雾性强,耐振性较好	光色偏黄,起动时间长,再起动时间也长,功率因数低,对电压波动最敏感	照度要求高,但对光色无要求的场所(如道路、大桥、隧道、车站、广场、室内外体育场、高大厂房),多尘多雾场所(如铸工车间、浴室)
	金属卤化物灯	光色高,显色性好,耐振动,耐电压波动	起动时间长,再起动时间也长,寿命较短,表面亮度大	照度要求较高,光色要求较好的场所(道路、广场、室内外运动场、车站、剧院、高大厂房)

第二节　照明质量

照明质量就是在量的方面,要在工作面上创造合适的照度(或亮度);在质的方面,要解决眩光、光的颜色、阴影等问题。

为了获得良好的照明质量,必须考虑以下几个方面。

(一)合理的照度

照度是决定物体亮度的间接指标,在一定范围内,照度增加就使视觉能力提高。合适的照度将有利于保护工作人员的视力,有利于提高产品质量,提高劳动生产率。增加照度和节约用电是相互矛盾的,但是,如果增加照度对提高产品质量、提高劳动生产率、改善工人视力所得的效益与增加照度的费用相比是合理的,那么,提高照度水平也是值得的。

(二)照明的均匀度

在工作环境中如果有彼此亮度不相同的表面,当视觉从一个面转到另一个面时,眼睛被迫经过一个适应过程。当适应过程经常反复时,就会导致视觉疲劳,为此,在工作环境中的亮度分布应该均匀。在工作面上最低照度与平均照度之比为照度均匀度:

$$U_n = E_{min}/E_{av}$$

式中　U_n——照度均匀度。

　　E_{min}——最低照度。

　　E_{av}——平均照度。

室内照明工作区的照度均匀度不宜低于 0.7,非工作区的照度不宜低于工作区照度的 1/5。在工作区未能事先确定的情况下,宜采用均匀布置灯的一般照明。

在实际布灯过程中,只要灯具的距高比(灯间距离与灯具距工作面的高度之比)不大于所选灯具的最大允许距高比,就能满足照度均匀度的要求。

(三)限制眩光

眩光是指由于亮度分布不适当或亮度的变化幅度太大,或由于在时间上相继出现的亮度相差过大,所造成的观看物体时感觉不舒适或视力减低的视觉条件。眩光按其引起的原因分直射眩光和反射眩光两种。一般来说,被视物与背景的亮度超过 1:100 时,就容易引起眩光。为限制眩光可以采用以下几种办法:

(1)限制光源亮度,降低灯具的表面亮度。

(2)局部照明的照明器应采用不透光的反射罩,且照明器的保护角应不小于 30°;若照明器安装高度低于工作者的水平视线时,照明器的保护角应为 10°~30°

（3）正确地选用照明器的型式，合理布置照明器位置，并选好照明器的悬挂高度是消除或减弱眩光的有效措施。照明器悬挂高度增加，眩光作用就减少。没有保护角的照明器，应该具有较低的亮度。为了限制直射眩光，室内一般照明用的照明器对地面的悬挂高度应不低于规定值，这种最低高度主要决定于照明器形式和灯泡容量。

（四）阴　　影

阴影的功能有两种，一种对视觉有害，另一种对视觉有利。

（1）有害阴影

由于方向性照明及障碍造成的阴影会使被照对象的亮度对比下降，对视觉工作是不利的。为克服不利的阴影需注意合理地布置灯具，应避免在离开较远的地方分散装置，否则会使阴影扩大。另外，还需注意提高照明的扩散度。

（2）有利阴影

适度的阴影能够表现出物体的立体感、实体感和材质感。物体上最亮的部分与最暗的部分的亮度比称为亮暗比。亮暗比小于 1∶2 时，有平板感；大于 10∶1 时，又过分强烈，而在 3∶1 时最理想。在观察浮雕、复杂工件、卡尺、玻璃器皿上的刻度及凹凸不平的表面等情况下，适度阴影是必要的。

（五）光源的显色性和色温

（1）光源的显色性对视觉能力有很大影响。在需要正确辨别色彩的场所，为避免失真，应合理选择光源的显色性。

（2）光源的色温会影响人们的感觉。同一色温下的光源，其照度不同时，人的感觉也不相同。一般色温低的照度下会使人感到愉快，而在高照度下则会使人感到过于刺激。高色温的光源在低照度下会使人感到阴沉昏暗，而在高照度下则会使人觉得愉快。

（3）改善光色的方法。改善光色的方法可以采用显色指数高的光源，如白炽灯、日光色荧光灯。另外，也可采用混光照明，即在同一场所内采用两种以上的光源照明。

（六）照度的稳定性

照度的不稳定不但会分散工作人员的注意力，对安全生产不利，而且将导致视觉疲劳。引起照度不稳定的原因是电源电压的波动，如线路负荷的变动、电动机的启动等都会引起电压波动。另外，由于光源的老化，灯具污垢增加均会降低照度。此外，灯具摆动也会引起照度不稳定。

（七）频闪效应

随着电压、电流的周期性交变，气体放电灯的光通量也会发出周期性的变化，这使人眼产生明显的闪烁感觉。当被照物体处于转动状态时，就会使人眼对转动状态的识别产生错觉，特别是当被照物体的转动频率是灯泡闪烁频率的整数倍时，转动的物体看上去像不转动一样，这种现象称为频闪效应，这容易使人产生错觉而出事故。因此，应采取措施降低频闪效应。通常把气体放电灯采用分相接入电源的方法，如 3 根荧光灯管分别接入三相电源，采用双管荧光灯。

第三节　照明器的选用与布置

照明器是光源和灯具的总称。其中，光源在前文中已做了介绍，而灯具的作用是把光源发出的光线按需要重新分配，提高电光源的利用率，并使被照射面获得良好均匀的照度。此外，灯具还能起到固定和保护光源,以及限制眩光等作用。

一、照明器的任务及分类

(一)照明器的任务

(1)合理配光,把光通量分配到需要的地方。

(2)保护眼睛,减少眩光。

(3)防止光源受机械损伤及污损。

(4)保证照明安全。

(5)装饰环境。

(二)照明器的分类

灯具一般按配光、结构、在建筑物上的安装方法及使用环境分类。

1. 按光通量在空间分布分类

照明器按灯具的配光不同可分为直射型、半直射型、均匀漫射型、半间接型和间接型 5 类。

(1)直射型灯具。光源的 99％以上直接投射到被照物体上,其特点是亮度大,光线集中,方向性强,给人以明亮紧凑感。直射型灯具效率高,但容易产生强烈的眩光与阴影。这类灯具由反光性能良好的不透明材料制成,如搪瓷、铝和镀银镜面等。这类灯具又可按配光曲线的形状分为:窄配光、余弦配光、宽配光 3 种,具体有广照型、均匀配光型、配照型、深照型和特深照型等。

(2)半直射型灯具。光源的 60％～90％直接投射到被照物体上,而有 10％～40％经过反射后再投射到被照物体上。它能将较多的光线照射到工作面上,又使空间环境得到适当的亮度,改善了房间内的亮度。

(3)漫射型灯具。典型的有乳白玻璃球灯。

(4)半间接型灯具。这类灯具上半部用透明材料,下半部用漫射透光材料制成。

(5)间接型灯具。光源的 90％以上先照到墙上或顶棚上,再反射到被照物体上,具有光线柔和,无眩光和阴影的优点,使室内有安详平和的气氛。

2. 按安装方式分类

按安装方式可分为:顶棚嵌入式、顶棚吸顶式、悬挂式、壁灯、发光顶棚、高杆灯、落地式、台灯、庭院灯、建筑临时照明等。

3. 按灯具用途分类

(1)实用照明灯具。符合高效率和低眩光的要求,并以照明功能为主的灯具。大多数灯具为实用照明灯具,如荧光灯、路灯、室外投光灯和陈列室用的聚光灯等,主要以实用照明为主。

(2)应急、障碍照明灯具。应急灯是指在公共场所设置专用火灾、应急和诱导照明的灯具。障碍照明灯具是指为保证飞机在空中飞行的安全或船只在水运航道中航行的安全,在高大建筑物的顶端或在水运航道的两边设置障碍照明的灯具。这类灯具常用红色或频闪照明方式,提醒注意安全。

(3)装饰照明灯具。此类灯具以装饰照明为主,一般由装饰性零部件围绕光源组合而成,如豪华的大型吊灯、草坪灯等。

4. 按灯具外壳结构分类

(1)开启式灯具。此类灯具是敞口的或无罩的,光源与外界环境直接相通。

(2)闭合型灯具。此类灯具具有闭合的透光罩,但内外仍能自由通气,尘埃易进入透光罩内。

(3)密闭型灯具。透光罩在密闭处加以密封,将灯具内的光源与外隔绝,内外空气不能流通,可作为防潮、防尘、防水场所的照明灯具。

(4)防爆安全型灯具。透光罩将灯具内外隔绝,在任何条件下,不会因灯具而引起爆炸的危险。

(5)隔爆型灯具。隔爆型灯具结构特别坚实,并有一定的隔爆间隙,即使发生爆炸也不易破裂。

(6)防腐型灯具。此类灯具的外壳用防腐材料制成且密封性好,腐蚀性气体不能进入外壳内部。

5. 按防触电保护分类

为保证电气安全,灯具所有带电部分必须采用绝缘材料加以隔离,目的是防触电。根据防触电保护方式,灯具可分为0、Ⅰ、Ⅱ、Ⅲ4类。

二、照明器的选用

照明器的选用应考虑适用、经济和美观,既要注意节约,又要保证工作环境的照度,均匀的亮度,避免眩光及要与建筑物协调。选择的基本原则如下:

(1)合适的配光特性,如光强分布、表面亮度、保护角等。

(2)符合使用场所的环境条件。

(3)符合防触电保护要求。

(4)经济性好,如光效高、电气安装容量合理、初投资及维护运行费用低。

(5)外形与建筑风格协调。

三、照明器的布置

(一)照明器的布置要求

(1)保证规定的照度,并使工作面上的照度尽量均匀。

(2)光线的射向适当且无眩光、阴影等现象。

(3)安装容量减至最小。

(4)检修维护工作安全方便。

(5)布置上整齐、大方,并与建筑物协调。

(6)为避免光源摆动影响视觉和光源寿命,照明器不宜设置在有工业气流或自然气流经常冲击的场所。

一般室内照明工作区的照度均匀度不宜低于0.7,而在非工作区照度不宜低于工作区照度的1/5。

(二)照明器的布置方式

1. 灯具布置要求

灯具的布置对照明质量有重要影响,光投方向、工作面上的照度及照度均匀性、眩光、阴影等,都直接与照明器布置有关。灯具布置是否合理还影响光效及照明装置的维修和安全。因此,布置灯具时,主要考虑以下几方面的要求:

(1)满足有关规定及技术要求,如照度值、照度均匀性等。

(2)满足工艺对照明方式的要求。

（3）眩光和阴影在控制范围内。

（4）维修维护方便、安全。

（5）节能、高效。

（6）美观大方，与建筑空间或装饰风格协调。

2. 灯具的平面布置和悬挂高度

（1）灯具的平面布置

灯具的平面布置有均匀布置和选择布置两种。

均匀布置方式灯具位于有规律的结构的行列上，灯具间的距离及行与行间的距离相等。灯具均匀布置时整个被照面上具有均匀的照度。通常将同类型灯具按等分面积的形式布置成单一的几何图形，单行排列和多行排列，如直线形、矩形、菱形、角形、满天星形等，均匀布置的几种形式如图 5.9 所示。

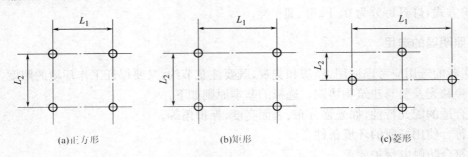

(a)正方形　　　　　　　(b)矩形　　　　　　　(c)菱形

图 5.9　均匀布置的几种形式

选择布置方式灯具是根据工作场所对灯光的不同要求，选择布灯方式和位置，这种布置能够选择最有利的光照方向和最大限度地避免工作面上的阴影。采用选择性布置，除保证局部必要照度外，还可以减少灯具数量，节省投资和电能消耗。

（2）灯具的悬挂高度

灯具的悬挂高度主要是考虑防止眩光，并注意防止碰撞和触电危险。

（3）灯具布置的合理性

为了使照明均匀，灯具之间的距离不能过大，离墙也不能太远，一般采用"距高比"来控制灯间距离。距高比是灯间距离与灯具距工作面（一般假定工作面距地面 0.8 m）的高度比。距高比 L/h 过小，照明的均匀度好，但经济性差；若距高比 L/h 过大，则不能保证规定的均匀度。各种灯具的距高比取决于灯具的配光曲线。

为了使整个房间有较好的亮度分布，灯具的布置除选择合理的距高比外，还应注意灯具与天棚的距离，当采用漫射配光灯具时，灯具与天棚的距离和工作面与天棚的距离之比宜在 0.2～0.5 范围内。

为保证室内边缘照度不致太低，对最靠墙的一行灯具与墙的距离 D 可做如下规定：当墙边无工作台时，$D \leqslant L/2$；当墙边有工作台时，$D \leqslant L/3$。

第四节　照度标准及计算

一、照度标准

为了创造良好的工作条件，提高劳动生产率，保护职工健康，工作场所及其他活动环境的照明必须有足够的照度。根据影响视觉的 3 个主要因素——被视物的形状大小、被视物的表面亮度、被视物与背景的亮度对比,由国家制订出各种工作场所的最低照度值或平均照度值,称为该工作场所的照度标准。

采用最低照度标准为照度标准,是指工作面上照度最低一点的照度,即工作面上视觉工作比较起来最差的位置。这样的规定有利于劳动生产和视力保护。在进行照明设计时,应保证工作面上的照度不低于最低照度,但一般不高于规定的最低照度值的 20%。在布局合理,保证照度均匀的情况下,也可采用工作面上的平均照度值作为照度标准。

1992 年建设部批准颁发了《工业企业照明设计标准》(GB 50034—1992),1991 年建设部批准并颁发了《民用建筑照明设计标准》(GBJ 133—1990)。部分照明设计标准见附表 4 所示。

二、照度计算

照度计算的目的是按照规定的照度及其他已知条件,例如灯具的形式及布置,光源的种类,房间的大小及其各方面的反射系数和清洁程度,来决定灯泡的容量和数量,或在灯具形式、布置及光源容量等都已确定的情况下,计算其某点的照度值。

不论水平面、垂直面或倾斜面上某点的照度,都是由直射光和反射光两部分组成的。

照度计算的基本方法有利用系数法、单位容量法、逐点计算法。本节只介绍利用系数法和单位容量法。

(一)利用系数法

利用系数法也称光通法,适用于灯具作均匀布置时的一般照明,以及利用周围墙壁和顶棚作为反射面的场所,当采用反射式灯具时,也可采用此法计算。

1. 计算公式

考虑到整个房间所有发出的光通量不可能全部投射到工作面,总有一部分被灯具、顶棚、墙壁及地面所吸收,因此在计算过程中,将上列因素归纳,以利用系数 μ 来表示:

$$\mu = \Phi/n\Phi_d$$

式中　Φ——投射到被照工作面上的总光通量(包括灯具直射在工作面上的光通量和从墙壁、顶棚等处反射到表面上的光通量),lm。

　　　n——灯具数量。

　　　Φ_d——每盏灯泡发出的光通量,lm。

被照工作面上的平均照度 E_{av} 应为

$$E_{av} = \Phi/A = n\Phi_d\mu/A$$

式中　A——被照工作面的面积,m²。

实际上,灯泡和灯具在使用过程中,由于灰尘和灯泡本身发光效率的降低,照度将减小,因此须计入维护系数 K(见附表 5),这样平均照度公式可写成:

$$E_{av} = n\Phi_d\mu K/A$$

若已知工作场所的平均照度 E_{av},灯数 n 及房间面积 A,可求每盏灯的光通量 Φ_d,以便确定单灯功率:

$$\Phi_d = \frac{E_{av} \cdot A}{n \cdot \mu \cdot K}$$

若事先已确定了每盏灯的光通量 Φ_d,则可求灯数:

$$n = \frac{E_{av} \cdot A}{\Phi_d \cdot \mu \cdot K}$$

通常照度标准给出的是各种条件下的最低照度 $E_{\min}$，而 $E_{\min}=E_{\mathrm{av}}/Z$，$Z$ 为最小照度系数，于是：

$$\Phi_{\mathrm{d}}=\frac{E_{\min}\cdot Z\cdot A}{n\cdot\mu\cdot K}$$

$$n=\frac{E_{\min}\cdot Z\cdot A}{\Phi_{\mathrm{d}}\cdot\mu\cdot K}$$

为简化计算，最小照度系数 Z 常取 1.2。

2. 利用系数的确定

利用系数的确定与下列因素有关。

(1)灯具形式

不同的灯具，其效率与配光特性不同，因而利用系数也不同，显然，效率愈高，光线愈集中，利用系数愈高。

(2)室空间比

房间大小、灯具计算高度和工作面的高低均影响室内光通量的反射和分布，故应求出室空间比，再查利用系数表。室空间比的计算公式：

$$RCR=\frac{5h_{\mathrm{R}}(L+B)}{L\cdot B}$$

式中　RCR——室空间比；

L——房间长度，m；

B——房间宽度，m；

h_{R}——室空间高度，即灯具平面至工作面之间的净空距离（$h_{\mathrm{R}}=h-h_{\mathrm{c}}-h_{\mathrm{F}}$），m；

其中　h——房间的净空高度，m；

h_{c}——灯具平面至顶棚之间的距离，即灯具悬挂长度，m，

h_{F}——工作面高度，指工作面到地面之间的距离，m。

(3)房间内表面的顶棚反射系数和墙壁反射系数

室内光通量的相互反射与表面所用的装饰材料和颜色有关。为简化利用系数的计算，通常按顶棚反射系数 ρ_{c} 为 70%、50%、30% 或 10% 和墙壁反射系数 ρ_{w} 为 70%、50%、30% 或 10%，以及 ρ_{c} 为零和 ρ_{w} 为零来确定利用系数。

顶棚和墙壁的反射系数可查附表 6 获得。只要选定了合适的灯具，同时确定了被照房间的室空比及顶棚和墙壁的反射系数，即可从表中查出利用系数。

在实际计算中，对于墙壁的反射系数，还应考虑到建筑物开窗或其他障碍物所占面积过大的影响到反射系数的降低。如工业厂房车间的窗户面积占墙壁面积一半以上，而玻璃的反射系数是很低的(9%)，为不使查找利用系数误差过大，应对反射系数进行修正，求出平均反射系数后，再查找利用系数。

$$\rho_{\mathrm{w}}=\frac{\rho_{\mathrm{w1}}\cdot S_{\mathrm{w1}}+\rho_{\mathrm{w2}}\cdot S_{\mathrm{w2}}+\cdots+\rho_{\mathrm{wn}}\cdot S_{\mathrm{wn}}}{S_{\mathrm{w1}}+S_{\mathrm{w2}}+\cdots+S_{\mathrm{wn}}}=\frac{\sum_{i=1}^{n}\rho_{\mathrm{wi}}\cdot S_{\mathrm{wi}}}{\sum_{i=1}^{n}S_{\mathrm{wi}}}\times100\%$$

式中　ρ_{w}——内墙面平均反射率；

ρ_{w1}——内墙面反射率；

ρ_{w2}——玻璃窗反射率；

S_{w1}——内墙有效面积，m²；

S_{w2}——玻璃窗面积,m²。

3. 利用系数法计算步骤

(1)根据要求确定工作面照度并选定灯具。

(2)求出房间墙的平均反射系数和顶棚反射系数。

(3)求出室空间比 RCR。

(4)查出利用系数。

(5)确定维护系数 K。

(6)代入公式计算所需灯数。

(7)按实际位置布置灯位。

(8)检查照度均匀性,所布置灯具是否满足距高比要求。

【例5.1】 已知装配车间,车间跨度15 m,屋架下弦高8.5 m,柱距6 m,车间全长36 m,屋顶为大型屋面板,地为素混凝土,墙面白灰粉刷,车间纵向两侧开有采光窗户,面积占墙面的50%,端墙不开窗户,试确定照明方案并求出灯具数目。

【解】 (1)确定照度选择灯具

车间照度拟定为75 lx,选用配照型工厂灯,光源用400 W荧光高压汞灯,为适当改善光色并兼做事故照明,选用同样的500 W白炽灯灯具。

混光比例:荧光高压汞灯的光通与白炽灯的光通之比为2∶1。为简便计算,可按荧光高压汞灯提供工作面照度50 lx,白炽灯提供25 lx考虑。

(2)求墙面的平均反射率和顶棚的有效反射率

墙面为白灰粉刷,取 $\rho_{w1}=50\%$;玻璃窗 $\rho_{w2}=9\%$,故墙面平均反射率:

$$\rho_w=[2\times36\times8.5\times(0.5\times0.5+0.5\times0.09)+2\times15\times8.5\times0.5]/$$
$$[2\times8.5\times(36+15)]\times100\%=35.5\%$$

可近似取 $\rho_w=30\%$。

顶棚为大型屋面板,近似取顶棚实际反射率为 $\rho_c=10\%$。

(3)求室空间比

因车间内有吊灯,灯具安装与屋架下弦平齐,即灯具悬挂高度 $h_c=0$,工作面高度 h_F 确定为0.8 m,则

$$h_R=8.5-0-0.8=7.7(m)$$

故 $RCR=5\times7.7\times(36+15)/(36\times15)=3.64$

(4)查利用系数附表2

白炽灯:$RCR=3$,$\mu=0.56$;$RCR=4$,$\mu=0.49$。

当 $RCR=3.64$ 时,用插入法求得:

$$\mu=0.56-(0.56-0.49)\times(3.64-3)/(4-3)=0.515$$

再查附表3中的荧光高压汞灯:

当 $RCR=3.64$ 时,

$$\mu=0.51-(0.51-0.45)\times(3.64-3)/(4-3)=0.472$$

(5)确定减光系数 K

因车间很少有尘埃,减光系数取0.75。

(6)求出灯具数目

白炽灯:$n=25\times15\times36\times1.2/(8\ 300\times0.515\times0.75)=5.1$ 个,取5个。

荧光高压汞灯：$n = 50 \times 15 \times 36 \times 1.2/(21\ 000 \times 0.472 \times 0.75) = 4.4$ 个，取 5 个。

(7)灯具布置并检查照度的均匀性

为配合建筑结构，选用白炽灯和荧光高压汞灯各 5 盏，交叉布置。

白炽灯光效为 16.6 lm/W，光通量为 8 300 lm，高压汞灯光通量为 2 100 lm，查附表 5，维护系数 K 取 0.75。实际平均最小照度为

$$E_{\min} = E_{av}/Z = (5 \times 8\ 300 \times 0.515 \times 0.75 + 5 \times 21\ 000 \times 0.472 \times 0.75)/$$
$$(15 \times 36 \times 1.2) = 82.1(\text{lx})$$

实际照度比最小照度标准大，满足要求。

等效灯距为

$$L = \sqrt{L_a \times L_b} = \sqrt{6 \times 8} = 6.9(\text{m})$$

实际布灯的距高比

$$L/h = 6.9/8 = 0.86$$

小于灯具的最大允许距离比，故照度是均匀的，灯具布置如图 5.10 所示。

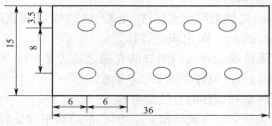

图 5.10　灯具布置图

【例 5.2】　某办公室长 10.6 m，宽 5.8 m，高 3 m，顶棚为白色钙塑板，墙面贴蓝白色壁纸，地面显水泥抹面压光，采用简式单管荧光灯一般照明，试确定灯位及功率。

【解】　首先查得办公室的平均照度要求为 50～150 lx，我们取 100 lx 计算灯数。房间不高，采用吸顶安装。房间的室空间比为

$$RCR = 5h_R(L+B)/(L \times B) = 5 \times 2.2 \times (10.6 + 5.8)/(10.6 \times 5.8) = 2.93$$

根据已知条件房间的反射系数：顶棚取 0.7、墙壁取 0.5。拟采用 40 W 荧光灯，查附表 1 可得利用系数为 0.71，于是灯数为

$$n = E_{av} \times L \times B/(\Phi_d \times \mu \times K) = 100 \times 10.6 \times 5.8/(2\ 200 \times 0.71 \times 0.75) = 5.25$$

其次按距高比布置灯位，允许距高比为 1.0，因而灯间距离：

$$l = \lambda \times h = 1.3 \times 2.2 = 2.86(\text{m})$$

按此条件布置 6 盏 40 W 荧光灯，如图 5.11 所示。

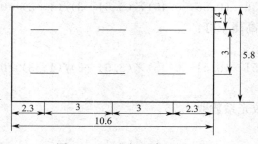

图 5.11　6 盏灯具布置图(m)

（二）单位容量法

单位容量法即单位面积所需安装容量来计算或选择的方法，因其简单方便而被广泛采用。此法适用于均匀布置的一般照明计算，即

$$P=W\times S$$

式中　P——全部灯泡的总安装功率，W。

　　　W——单位面积安装功率，W/m²。

　　　S——被照面积，m²。

根据已知的面积及所选的灯具形式和最小照度，计算高度，从单位面积安装功率附表 8 中查出相应单位面积安装功率，计算出灯泡的总安装功率，然后除以较佳照明器方法所得的照明器数量，即单个灯泡的功率。

【例 5.3】　某机械加工车间一般面积 $S=36\times18$ m²，柱距 6 m，梁的高度为 7 m，试用单位容量法估算灯泡功率。

【解】　机械加工车间一般照明的最低照度值为 30 lx，车间面积为 648 m²，选用配照型工厂灯，查附表 8 得单位面积的安装功率为 5.5 W/m²，则总安装容量为

$$P=W\times S=5.5\times648=3\ 564(\text{W})$$

车间横向由 3 个跨距组成，每个跨距宽度为 6 m；这样每一个跨距内隔一个柱子安一个灯，总共安装 9 个灯。

每个灯泡功率为

$$W=P/n=3\ 564/9=396(\text{W})$$

故选用 500 W 的白炽灯泡。

第五节　室外照明

一、室外照明灯具的选择和布置

（一）道路照明

(1)灯具的安装高度：是指灯具对车道路面的高度，它是控制眩光的主要条件之一。

(2)灯具的外伸部分：是指灯具伸入车道部分的长度。外伸过大，则车道部分亮度高，而人行道部分亮度低；外伸过小，则车道部分亮度低，而人行道部分亮度高。外伸部分必须适当，一般外伸部分的长度按发光部分的长度来确定。

(3)倾斜角度：是指灯具轴线与水平线之间的夹角。倾斜角过大会增加眩光，也使人行道的亮度降低，一般倾斜角在 5°以下。

(4)配置方式：对于不同宽度的道路，灯具可采用不同的排列方式，同时还可以采用不同排列方式的任意组合，从而形成多种配置方式。

(5)照度标准：为了达到路面亮度分布均匀，对不同类型配光的灯具按照不同的配置方式，将其安装高度、灯具安装距离、道路宽度的比率限制在一定范围内，即可满足要求。

(6)道路弯曲部分灯具的配置：在道路弯曲部分，为了准确辨别道路弯曲的形状，最好将灯具设置在曲线的外侧。

(7)道路交叉部分的灯具配置：在丁字路口和十字路口，为了看清岔路，应在车辆前进方向的右侧，距离路口(0.3~0.4)s(s 为灯距)处设置灯具一盏，以提高路口的亮度，同时也具有诱导性。

（二）广场照明

1. 广场照明的灯具布置

（1）足够的明亮。

（2）整个广场的明亮程度应均匀一致。

（3）眩光要少。

（4）结合环境，造型美观。

（5）设计灯杆要考虑周围的情况，不要影响广场周围使用功能。

2. 高杆照明

高杆照明，一般为高度大于 20 m（含 20 m）的灯杆上，安装一组灯具进行大面积照明。

3. 选择高杆照明时应注意的问题

（1）灯架和灯杆结构形式的选择

杆塔顶部灯架有固定式和升降式两种。固定式有利于调整灯具的瞄准角度，但检修人员上下不方便；升降式维修比较方便，但不便于调整灯具的瞄准点。灯杆有柱式和塔式两种，升降式灯架一般配柱式灯杆；固定式灯架，既可配柱式又可配塔式灯杆。

（2）灯具布置方式选择

平面对称式：主要适用于宽阔道路的照明。

径向对称式：主要适用于大面积广场、转盘和道路布置的比较紧凑的简单立交照明。

非对称式：主要适用于大型、多层的复杂立交或道路分布很广、很分散的立交照明。

（3）灯杆的选型

首先考虑的是功能，在满足功能要求的前提下尽量做到美观，其次在不同的照明场所对美观的要求应有所不同。

（4）杆位的选择

既要使灯具发出的光线照射到所需要的被照面上，符合布光的要求，又要使灯具有效地处于汽车驾驶员的视线以外，以避免和减少眩光，提高驾驶员的视觉功能。

（5）灯具和光源的选择

除满足一般灯具的要求以外，还应考虑以下条件：

①具有合理的配光。

②灯体和灯座机械强度高，零部件连接可靠。

③维修方便。

④灯具重量轻。

（6）灯具的投射角和杆距的合理确定

采用泛光灯时，灯具的最大光强方向与垂线的夹角不宜大于 65°。

高杆灯的灯位确定：常规灯具，按平面对称式布置，杆距与高度比以 3∶1 为宜，不应大于 4∶1；泛光灯具，按径向对称式布置，杆距与高度比以 4∶1 为宜，不应大于 5∶1；采用非对称布置，杆距与高度比可适当放大。

（三）编组场照明

1. 照明的布置要求

（1）应有足够的照度，以满足作业人员对照明的要求。

（2）照明设备的布置，不应影响调车人员的作业及司机对信号的瞭望，同时应不妨碍站场的近期发展。

(3)应尽量减少阴影和眩光。

(4)照明控制设备应装设在便于控制的场所。

2. 照明方式

一般采用投光灯照明,但对于 8 股道及以上的编组场,建议采用灯桥照明。对于出发场、到达场、牵出线可采用投光灯或柱上弯灯照明。

3. 投光灯照明设计

(1)投光灯的基本参数

光束角:又称光束扩散角,在通过光轴的任一平面内,光强为峰值的 1/10 的两个对称方向间的夹角 β。

轴向光强:投光灯光分布区内的最大光强值 I。

俯角:投光灯的光轴与水平线间的夹角 θ,称为投射俯角。

(2)投光灯的安装高度

以不产生眩光为准,其最低安装高度按下式确定:

$$H \geqslant (D+W/3) \times \tan30°$$

式中　H——投光灯的安装高度,m。

　　　D——投光灯至场地边缘的水平距离,m。

　　　W——被照场地的宽度,m。

(3)投光灯照度计算

投光灯照度计算可划分为估算和精确两种。估算的方法有利用系数法、单位容量估算法等。

二、灯柱、灯塔、灯桥

1. 灯柱

灯柱一般采用钢筋混凝土柱和钢柱。采用混凝土电杆时直径一般为 150 mm,高度约为 8~9 m。站台灯柱电源引入采用电缆,当采用弯灯时可采用架空引入方式。站场灯柱外缘距站场边缘的距离不应小于 1.5 m;路灯灯柱外缘距道边不应小于 0.5 m;有侧沟时应在侧沟外 0.5 m;道口灯柱外缘距铁路不应小于 2.45 m,距道边不应小于 0.5 m;灯柱偏离中心位置不应大于 50 mm。

2. 灯塔

(1)投光灯塔一般布置在股道外侧,当需要在股道中间布置时,灯塔外缘距铁路中心不应小于 3 m。投光灯塔高度一般有 13 m、15 m、21 m、28 m 和 35 m 多种。其中 13 m 投光灯塔的塔材,采用 15 m 钢筋混凝土电杆,15 m 以上的投光灯塔一般采用钢筋结构铁塔(图 5.12)。

(2)投光灯塔的电源引入方式,可采用架空或电缆引入,但灯塔不应作为承力杆使用。灯塔照明配线应采用钢管配线,配管应横平竖直,并用管卡固定在支架上,一般采用镀锌管。

(3)管内导线宜采用铜芯绝缘线,绝缘强度不低于交流 500 V,不允许在管内接头。

(4)铁塔应设有爬梯,中间设有休息平台,以便安装和维修,

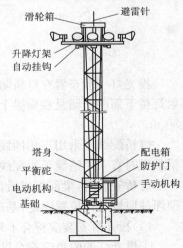

图 5.12　灯塔投光灯照明

爬梯宽度不应小于 400 mm。

（5）铁塔各部位应可靠接地，接地电阻不应大于 10 Ω。

（6）投光灯的安装俯角应符合设计要求，若采用高压水银投光灯，一般俯角为 4°～8°。

（7）灯具及镇流器的安装，需注意事项介绍如下：

①灯具及镇流器盒直接固定在工作台的角钢上或花纹细板上。

②投光灯安装应牢固，俯角应符合设计要求。

③镇流器应安装在铁盒内，每盏投光灯应设熔断器保护。

（8）控制方式

投光灯一般应分组集中控制并以自控为宜，自控采用智能、光控、时控 3 种方式，尽量做到三相平衡。

3. 灯桥

站场内投光灯塔在编组场内照明时，易被停放的车辆挡住光线产生阴影而影响调车作业，特别是多股道时。而灯桥上的投光灯，因系平行于股道照射，光线均匀不会产生阴影，照度也有所提高，能够满足现场作业要求，在 8 股道以上的编组场及到发场被广泛采用。灯桥设在编组场两侧，两灯桥间距一般为 400～500 m。灯桥照明如图 5.13 所示。

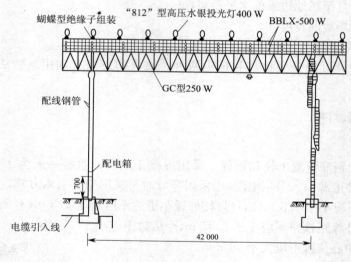

图 5.13　灯桥照明（m）

投光灯一般布置在灯桥防护拉杆的立柱上，投光方向在两股道的中间，平行股道向两侧照射灯桥下面的照明是在横梁上吊 GC-10 型高压水银荧光灯，一般容量为 250 W，间距不大于 30 m。

灯桥配线应采用三相四线制，导线为铜芯绝缘线。沿桥支柱敷设时宜采用钢管配线，沿桁梁敷设时宜采用绝缘子明配线。

灯桥安装时，梁部组成后，按支持点做挠度测验，应大于规定值。桥柱一般采用整体浇制，预埋件应按设计位置固定，基础形式常采用纵形基础。

（1）投光灯安装应符合下列规定：

①投光灯的俯角应符合设计要求。

②投光灯引入线宜采用橡皮电缆直接引入。

③投光灯、反射器、玻璃罩等应固定牢固,灯具应接地良好。

④灯座板应焊在灯桥的角钢扶手拉杆上。

(2)镇流器的安装应符合下列规定:

①镇流器引线采用绝缘导线或橡皮电缆。

②镇流器和熔断器应设通风良好和拆卸方便的保护罩,以便保护。

当光源功率因数较低时,采取低压电容器进行补偿,电容器应装设在通风良好的箱内,装设在灯桥配电箱附近。

投光灯控制方式有集中自动控制和多回路控制:

①自动控制通常采用微光、时间和微电脑 3 种方案,集中控制点一般设在经常有人值班处所,有条件时可将控制线引在配电所控制室内。

②多灯桥时,为减少起动电流,应进行分座起动。同一电源供电的分座起动延时时间不应小于 2 min。

为了方便维修和安装,灯桥应设有走道、栏杆,走道宽度不应小于 1.2 m,保护栏杆高度不低于 1.2 m。灯桥还应设置爬梯,一般设在灯桥两侧的灯柱上,在灯桥全长小于 60 m 时,允许设一处爬梯。灯桥的金属部分均应镀锌或涂油防腐。

第六节　照明灯具的安装

一、照明灯具安装

(一)安装的一般要求

(1)室内灯具悬挂最低高度,通常不得低于 2～4 m。如室内环境特殊,达不到最低安装设计时,可用 36 V 安全电压供电。

(2)室内灯开关通常安装在门边或其他便于操作的位置。一般拉线开关离地面高度不应低于 2 m,扳把开关不低于 1.3 m,与门框的距离以 150～200 mm 为宜。

(3)电源插座明装时,离地面高度不应低于 1.4 m,同一个场所插座安装高度应尽量保持一致,其高度差不应超过 5 mm。几个插座成横排安装时更应注意高度一致,高差不超出 2 mm。

(4)不同的照明装置,不同的安装场所,照明灯具使用的导线芯线横截面积不同,应根据灯具功率大小计算选用。

(5)灯具重量在 1 kg 以下时,可直接用软线悬吊;重于 1 kg 者,应加装金属吊链;超过 3 kg 者,应固定在预埋的吊挂螺栓或吊钩上。预制楼板和现浇楼板埋设吊挂和螺栓做法分别如图 5.14 和图 5.15 所示。

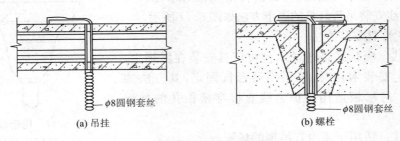

(a) 吊挂　　　　　　　　　(b) 螺栓

图 5.14　预制楼板埋设吊挂和螺栓做法

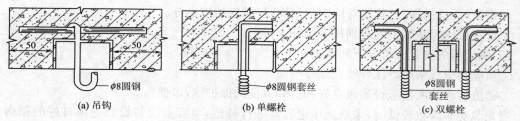

(a) 吊钩 (b) 单螺栓 (c) 双螺栓

ϕ8圆钢 　ϕ8圆钢套丝 　ϕ8圆钢套丝

图 5.15 现浇楼板埋设吊挂和螺栓做法

(二)照明灯具安装的方式

户内照明灯具的安装方式有悬吊式、吸顶式、壁挂式等,如图 5.16 所示。对安装的一般要求介绍如下:

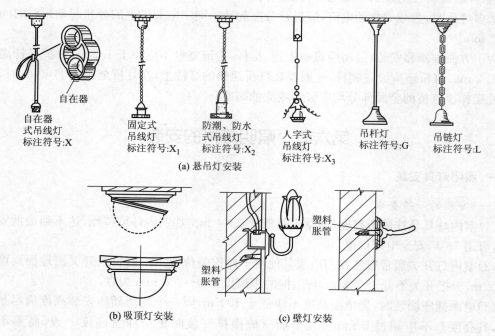

自在器式吊线灯 标注符号:X　固定式吊线灯 标注符号:X_1　防潮、防水式吊线灯 标注符号:X_2　人字式吊线灯 标注符号:X_3　吊杆灯 标注符号:G　吊链灯 标注符号:L

(a) 悬吊灯安装

(b) 吸顶灯安装　(c) 壁灯安装

图 5.16 照明灯具的安装方式

1. 悬吊式灯具安装方法

(1)线吊式。直接由软线承重,但由于盒内接线螺钉承重较小,因此安装时需在盒内打结。

(2)吊链式。悬挂质量由吊链承担。

(3)管吊式。当灯具重量较大时,可采用钢管来悬挂灯具。用暗管配线安装吊管灯具的固定方法如图 5.17 所示。

2. 嵌顶式灯具安装方法

(1)吸顶式。吸顶式是通过木台将灯具安装在屋顶上。在空心楼板上安装木台时,可采用弓形板固定,其方法如图 5.18 所示。弓形板适用于护套线直接穿楼板孔的敷设方式。

(2)嵌入式。适用于屋内有吊顶的场所。

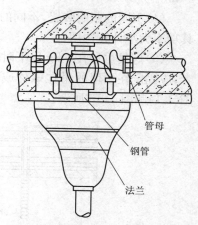

管母　钢管　法兰

图 5.17 用暗管配线安装吊管灯具的固定方法

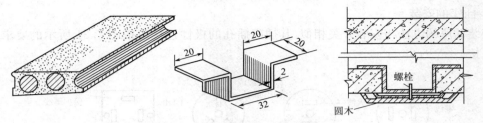

图 5.18 空心楼板用弓形板安装木台(mm)

3. 壁式灯具安装

通常装设在墙壁或柱上,安装前应埋设木台固定件,如木砖、焊接铁件或打入膨胀螺栓等,其预埋件的做法如图 5.19 所示。

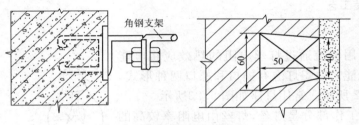

图 5.19 壁灯固定件的埋设(mm)

(三)开关和插座的安装

明装时,应先在定位处预埋木台或膨胀螺栓以固定木台,然后在木台上安装开关或插座。暗装时,应先行预埋,再用水泥砂浆填充抹平,接线盒口应与墙面粉刷层平齐,等穿完线后再装开关和插座,其板面应端正紧贴墙面。

1. 开关的安装

安装开关的一般做法如图 5.20 所示。所有开关均应接在电源的相线上,其扳把接通或断开的上下位置应一致。

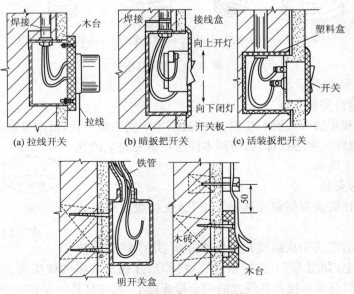

(a) 拉线开关   (b) 暗扳把开关   (c) 活装扳把开关

图 5.20 安装开关的一般做法(mm)

2. 插座的安装

安装插座的方法与安装开关相似,其插座插孔的极性连接应按图 5.21 所示的要求进行,切勿乱接。

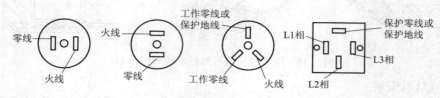

图 5.21　插座插孔的极性连接

二、灯具安装工艺

1. 白炽灯

白炽灯是利用电流通过灯丝电阻的热效应将电能转换成热能和光能。白炽灯泡有插口和螺口两种形式,其构造如图 5.22 所示。常用灯座如图 5.23所示。

灯泡的主要工作部分是灯丝,灯丝由电阻率较高的钨丝制成。为防止断裂,灯丝多绕成螺旋式。40 W 以下的灯泡内部抽成真空,40 W 以上的灯泡在内部抽成真空后又充少量氩气或氮气等气体,以减少钨丝挥发,延长灯丝寿命。灯丝通电后,在高电阻作用下,迅速发热发红,直到白炽程度而发光,白炽灯因此得名。

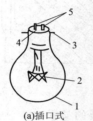

图 5.22　白炽灯泡构造
1—玻璃泡;2—灯丝;3—卡脚;
4—绝缘体;5—触点;6—螺纹触点

(a) 插口吊灯座　(b) 防水螺口灯座　(c) 螺口吊灯座　(d) 螺口平灯座　(e) 防水螺口吊灯座　(f) 防水螺口平灯座

图 5.23　常用灯座

2. 白炽灯安装步骤

（1）圆木（木台）安装

将电源相线和零线卡入圆木线槽,并穿过圆木中间两侧小孔,留出足够连接电器或软吊线的线头,然后用螺丝从中心孔穿入,将圆木固定在事先完工的预埋件上,如图 5.24 所示。

（2）挂线盒的安装

下面以塑料挂线盒为例叙述其安装工艺,瓷挂线盒的安装与此大体相同。

先将圆木上的电线头从挂线盒底座中穿出,用木螺丝将挂线盒紧固在圆木上,如图 5.25(a)所示,然后将伸出挂线盒底座的线头剥去 20 mm 左右绝缘层,弯成接线圈后,分别压接在挂线盒的两个接线桩上,再按灯具的安装设计要求,取一段铜芯

图 5.24　圆木的安装

软线（花线或塑料绞线）作挂线盒与灯头之间的连接线，上端接挂线盒内的接线桩，下端接灯头接线桩，如图 5.25(b)所示。为了不使接头处承受灯具重力，吊灯电源线在进入挂线盒盖后，在离接线端头 500 mm 处打一个结，如图 5.25(c)所示，这个结正好卡在挂线盒线孔里，承受着部分悬吊灯具的重量。如果是瓷质挂线盒，应在离上端头 60 mm 左右的地方打结，再将线头分别穿过挂线盒两棱上的小孔固定后，与穿出挂线盒底座的两根电源线头相连，最后将接好的两根线头分别插入挂线盒底座平面的小孔里。其余操作方法与塑料挂线盒的安装相同。

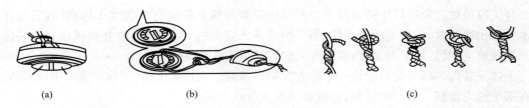

图 5.25 挂线盒的安装

此外，平灯座在圆木上的安装也与塑料挂线盒在圆木上的安装方法大体相同，不同的是，不需要软吊线，由穿出的电源线直接与平灯座两接线桩相接，如图 5.26 所示。

（3）吊灯头的安装

旋下灯头上的胶木盖子，将软吊线下端穿入灯头盖孔中，在离导线下端头 30 mm 处打一个结，然后把去除了绝缘层的两个下端头芯线分别压接在两个灯头接线桩上，如图 5.27(c)所示，最后旋上灯头盖子。

如果是螺口灯头，火线（相线）应接在跟中心铜片相连的连接桩上，零线接在与螺口相连的接线桩上，如图 5.27(a)、(b)所示。如果接反，容易出现触电事故。

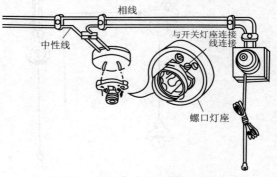

图 5.26 平灯头的安装

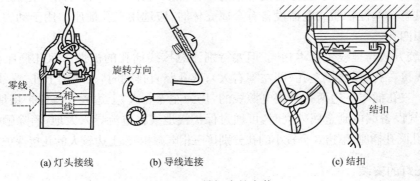

(a)灯头接线　(b)导线连接　(c)结扣

图 5.27 吊灯头的安装

3. 开关的安装

开关的品种很多，常用的开关如图 5.28 所示，按应用结构分为单联开关和双联开关。

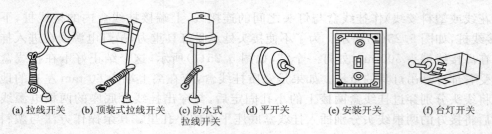

(a) 拉线开关　(b) 顶装式拉线开关　(c) 防水式　(d) 平开关　(e) 安装开关　(f) 台灯开关
　　　　　　　　　　　　　　　　拉线开关

图 5.28　常用的开关

　　开关应串联在通往灯头的火线上。开关的安装步骤和做法与挂线盒大体相同,只是在从圆木中穿出线头时,一根是电源火线,另一根是进入灯头的火线,它们应分别接在开关底座的两个接线桩上,然后旋紧开关盒,装完开关的灯具如图 5.29 所示。

　　上述安装的串联开关只能在一个地方控制一盏灯。在日常生活、工作和生产中,经常有需要在两个地方控制一盏灯的情况,这就必须安装双联开关。

　　用两个双联开关在两个地方控制一盏灯的原理图如图 5.30 所示。

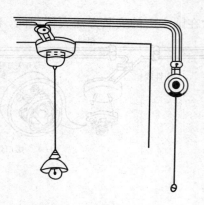

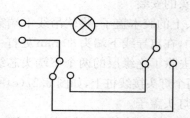

图 5.29　装完开关的灯具　　　　　图 5.30　两个地方控制一盏灯原理图

　　4. 插座的安装

　　插座一般不用开关控制,它始终是带电的。在照明电路中,一般可用双孔插座,但在公共场所、地面具有导电性物质或电器设备有金属壳体时,应选用三孔插座。用于动力系统中的插座,应是三相四孔。

　　插座安装方法与挂线盒基本相同,但要特别注意接线插孔的极性。双孔插座在双孔水平安装时,火线接右孔,零线接左孔(即左零右火);双孔竖直排列时,火线接上孔,零线接下孔(即下零上火)。三孔插座下边两孔是接电源线的,仍为左零右火,上边大孔接保护接地线,它的作用是一旦电气设备漏电到金属外壳时,可通过保护接地线将电流导入大地,消除触电危险。

　　三相四孔圆孔插座,下边 3 个较小的孔分别接三相电源相线,上边较大的孔接保护接地线。

三、日光灯的安装

　　安装日光灯,首先是对照电路图连接线路,组装灯具,然后在建筑物上固定,并与室内的主线接通。安装前应检查灯管、镇流器、启辉器等有无损坏,是否互相配套,然后按下列步骤安装。

　　(一)准备灯架

　　根据日光灯管长度的要求,购置或制作与之配套的灯架。

（二）组装灯架

一对绝缘灯座将日光灯管支承在灯架上，再用导线连接成日光灯的完整电路，灯座有开启式和插入式两种，如图5.31所示。开启式灯座还有大型和小型两种，如6 W、8 W、12 W、13 W等的细灯管用小型灯座，15 W以上的灯管用大型灯座。

在灯座上安装灯管时，对插入式灯座，先将灯管一端灯脚插入带弹簧的一个灯座，稍用力使弹簧灯座活动部分向外退出一小段距离，另一端趁势插入不带弹簧的灯座。对开启式灯座，先将灯管两端灯脚同时卡入灯座的开缝中，再用手握住灯管两端灯头旋转约1/4圈，灯管的两个引出脚即被弹簧片卡紧使电路接通，如图5.32所示。

灯架用来装置灯座、灯管、启辉器、镇流器等日光灯零部件，有木制、铁皮制、铝皮制等几种，其规格应配合灯管长度、数量和光照方向选用。灯架长度应比灯管稍长，日光灯架如图5.33所示。反光面应涂白色或银色油漆，以增强光线反射。

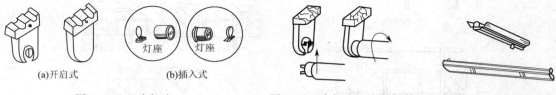

(a)开启式　　(b)插入式
图5.31　日光灯座　　　图5.32　在灯座上安装灯管　　图5.33　日光灯架

对分散控制的日光灯，将镇流器安装在灯架的中间位置，对集中控制的几盏日光灯，几只镇流器应集中安装在控制点的一块配电板上，然后将启辉器座安装在灯架的一端，两个灯座分别固定在灯架两端，中间距离要按所用灯管长度量好，使灯管两端灯脚既能插进灯座插孔，又能有较紧的配合。各配件位置固定后，按电路图进行接线，只有灯座才边接线边固定在灯架上。接线完毕，要对照电路图详细检查，以免接错、接漏。

（三）固定灯架

固定灯架的方式有吸顶式和悬吊式两种，悬吊式又分金属链条悬吊和钢管悬吊两种。安装前先在设计的固定点打孔预埋合适的紧固件，然后将灯架固定在紧固件上。日光灯的安装方式和实际接线如图5.34所示。

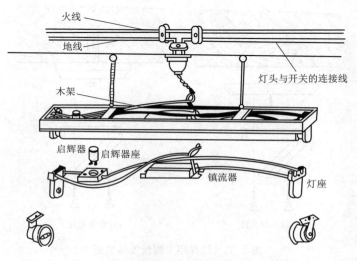

图5.34　日光灯的安装方式和实际接线

四、吸顶灯、吊灯及壁灯的安装

（一）吸顶灯的安装

1. 一般吸顶灯混凝土棚面上安装

在混凝土棚面上安装吸顶灯,可根据 5.35 选用固定螺栓的布置方法。大型或多头吸顶灯允许采用金属胀管螺栓坚固,但螺栓规格不得小于 M16;圆盘吸顶灯紧固螺栓不得少于 3 个;方形或矩形底盘吸顶灯紧固螺栓不得少于 4 个,螺栓布置图如图 5.35 所示。

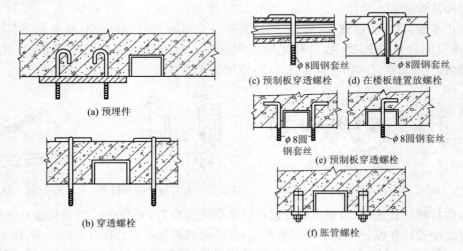

图 5.35　螺栓布置图

2. 小型单头吸顶灯的安装

小型单头吸顶灯一般在灯具配用的底台上安装,而灯具底台是紧固在混凝土墙面上的,所以灯具底台安装的牢固程度、位置的准确性决定灯具的安装质量。灯具底台可以用胀管螺栓紧固,也可用木螺丝在预埋木砖上紧固。如灯具底台直径超过 100 mm 必须用 2 个螺钉。灯具用木螺丝安装紧固如图 5.36 所示。

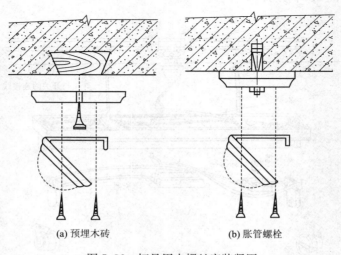

图 5.36　灯具用木螺丝安装紧固

（二）吊灯安装

大型吊灯绝大部分属于现场组装型,小型吊灯大多数可以在安装前一次装配成形整体安装。目前家庭一般安装小型豪华吊灯。

小型吊灯在混凝土棚面上安装时,因为体积小、质量轻,不仅可采用预埋螺栓,还可以采用胀管螺栓紧固,可根据灯具的体积和质量选用胀管螺栓规格,但最小不宜小于 M16,多头小型吊灯不宜小于 M8,螺栓数量至少要 2 个。螺栓布置图如图 5.35 所示。

（三）壁灯安装

1. 根据底座的构造,壁灯可采用底台或不用底台。带底台的壁灯,先紧固底台,然后再将灯具紧固在底台上。

2. 在墙面、柱面上安装壁灯,可以用灯位盒的安装螺孔旋入螺钉来固定,也可在墙面上打孔置入胀管螺钉。

3. 壁灯安装高度一般为灯具中心距地面 2.2 m 左右;床头壁灯以 1.2～1.4 m 高度较为合适。壁灯安装示意图如图 5.37 所示。

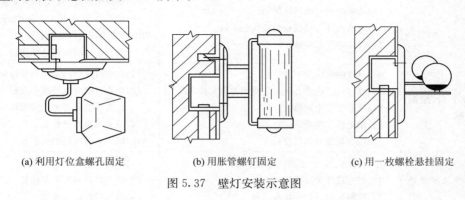

(a) 利用灯位盒螺孔固定　　　(b) 用胀管螺钉固定　　　(c) 用一枚螺栓悬挂固定

图 5.37　壁灯安装示意图

第七节　照明线路故障维修

一、检查时间安排

(1)每年在雨季前和雷季前各检查一次。

(2)每年冬季前进行一次防冻检查。

(3)暴风雨及大风后应做特殊巡视和检查。

(4)对特殊企业恶疾生产车间的照明装置的检查应视具体情况而定。

(5)在天花板上安装的吸顶灯及日光灯镇流器的发热元件,应在运行一年后进行抽查,检查有无烤焦木台等现象,必须时对全部灯具加强防火措施。

二、照明装置的检查

(1)照明灯具上所安装的灯泡是否超过额定容量。

(2)局部照明所用的降压变压器,初级侧引线的绝缘如果有损坏时,应及时更换或包好绝缘布带。

(3)灯具各部件如果发现松动、脱落、损坏应及时修复或更换。

(4)运行变压器外壳及所有移动式灯具外壳的接线是否完好、可靠。

(5)检查照明开关、螺口灯具相线和零线接法是否正确。

(6)插座有无烧伤,接地线是否良好可靠。

(7)室外照明装置的检查,具体有:

①室外照明灯具有无单独熔丝(飞保险)保护。

②露天处所处的照明灯具是否采用防水灯口。

③室外照明灯具的开关控制箱是否漏电,泄水口是否畅通,清除箱内杂物。

三、白炽灯与荧光灯常见故障与分析

白炽灯和荧光灯照明线路常见故障分析分别见表 5.2 和表 5.3。

表 5.2 　白炽灯照明线路常见故障分析

故 障 现 象	产 生 原 因	对 应 检 修 方 法
灯泡不亮	(1)灯泡钨丝烧断。 (2)电源熔断器的熔丝熔断。 (3)灯座或开关接线松动或接触不良。 (4)线路中有断路故障	(1)调换新灯泡。 (2)检查熔丝烧断的原因并更换熔丝。 (3)检查灯座和开关的接线处并修复,用电器或用校火灯头检查。 (4)检查线路的断路处并修复
开关合上后,熔断器熔丝烧断	(1)灯座内两线头短路。 (2)螺口灯座内中心铜片与螺旋铜圈相碰、短路。 (3)线路中发生短路。 (4)用电器发生短路。 (5)用电量超过熔丝容量	(1)检查灯座内两接线头并修复。 (2)检查灯座并扳校准中心铜片。 (3)检查导线是否老化或损坏并修复。 (4)检查用电器并修复。 (5)减小负载或更换熔断器
灯泡忽亮忽暗或忽亮忽灭	(1)灯丝烧断,但受震后忽接忽离。 (2)灯座或开关接线松动。 (3)熔断器熔丝接头接触不良。 (4)电源电压不稳定	(1)调换灯泡。 (2)检查灯座和开关并修复。 (3)检查熔断器并修复。 (4)检查电源电压
灯泡发强烈白光,并瞬时或短时烧坏	(1)灯泡额定电压低于电源电压。 (2)灯泡钨丝有搭丝,从而使电阻减小,电流增大	(1)更换与电源电压相符的灯泡。 (2)更换新灯泡
灯光暗淡	(1)灯泡内钨丝挥发后,积聚在玻璃壳内表面透光度减低,同时由于钨丝挥发后变细,电阻增大,电流减小,光通量减小。 (2)电源电压过低。 (3)线路因年久老化或绝缘损坏有漏电现象	(1)正常现象,不必修理。 (2)调高电源电压。 (3)检查线路,更换导线

表 5.3 　荧光灯照明线路常见故障分析

故 障 现 象	产 生 原 因	对 应 检 修 方 法
日光灯管不能发光	(1)灯座或启辉器底座接触不良。 (2)灯管漏气或灯丝断。 (3)镇流器线圈断路。 (4)电源电压过低。 (5)新装日光灯接线错误	(1)转动灯管,使灯管四极和灯座四夹座接触,使启辉器两极与底座,二铜片接触,找出原因并修复。 (2)用万用表检查或观察荧光粉是否变色,确认灯管坏,可换新灯管。 (3)修理或调换镇流器。 (4)不必修理。 (5)检查线路

续上表

故障现象	产生原因	对应检修方法
日光灯抖动或两头发光	(1)接线错误或灯座灯脚松动。 (2)启辉器氖泡内动、静触片不能分开或电容器击穿。 (3)镇流器配用规格不合适或接头松动。 (4)灯管陈旧,灯丝上电子发射物质放电作用降低。 (5)电源电压过低或线路电压过大。 (6)气压过低	(1)检查线路或修理灯座。 (2)将启辉器取下,用两把螺丝刀的金属头分别触及启辉器底座两块铜片,然后将两根金属杆相碰,并立即分开,如灯管能跳亮,则启辉器是坏了,应更换启辉器。 (3)调换适当的镇流器或加固接头。 (4)调换灯管。 (5)如果有条件,升高电压或加粗导线。 (6)用热毛巾对灯管加热
灯管两端发黑或生黑斑	(1)灯管陈旧,寿命终将的现象。 (2)如果新灯管,可能因启辉器损坏使灯丝发射物质加速挥发。 (3)灯管内水银凝结是细管常见现象。 (4)电源电压太高或镇流器配用不当	(1)调换灯管。 (2)调换启辉器。 (3)灯管工作后即能蒸发或灯管旋转180°。 (4)调整电源电压或调换适当的镇流器
灯光闪烁或光在管内滚动	(1)新灯管暂时现象。 (2)灯管质量不好。 (3)镇流器配用规格不符或接线松动。 (4)启辉器损坏或接触不好	(1)开用几次或对调灯管两端。 (2)换一根灯管,试一试有无闪烁。 (3)调换合适的镇流器或加固接线。 (4)调换启辉器或加固启辉器
灯管光度减低或色彩转差	(1)灯管陈旧的必然现象。 (2)灯管上积垢太多。 (3)电源电压太低或线路电压降太大。 (4)气温过低或冷风直吹灯管	(1)调换灯管。 (2)消除灯管积垢。 (3)调整电压或加粗导线。 (4)加防护罩或避开冷风
灯管寿命短或发光后立即熄灭	(1)镇流器配用规格不合或质量较差,亦或镇流器内部线圈短路,致使灯管电压过高。 (2)受到剧震,将使灯丝震断。 (3)灯管因接线错误将灯管烧坏	(1)调换或修理镇流器。 (2)调换安装位置或更换灯管。 (3)检修线路
镇流器有杂音或有电磁声	(1)镇流器质量较差或其铁芯的硅钢片未夹紧。 (2)镇流器过载或其内部短路。 (3)镇流器受热过度。 (4)电源电压过高引起镇流器发出声音。 (5)启辉器不好,引起开启时辉光杂音。 (6)镇流器有微弱声,但影响不大	(1)调换或修理镇流器。 (2)调换镇流器。 (3)检查受热原因。 (4)如有条件,设法降压。 (5)调换启辉器。 (6)是正常现象,可用橡皮垫衬,以减少震动
镇流器过热或冒烟	(1)电源电压过高或容量过低。 (2)镇流器内线圈短路。 (3)灯管闪烁时间长或使用时间太长	(1)有条件可调低电压或换用容量较大的镇流器。 (2)调换镇流器。 (3)检查闪烁原因或减少连续使用的时间

第八节 照明线路安装练习

一、膨胀螺栓的安装

在电气安装中,膨胀螺栓使用很多,很普遍,要求学生掌握安装方法。

（一）安装图

膨胀螺栓安装实习图如图 5.38 所示。

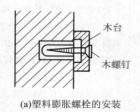

(a)塑料膨胀螺栓的安装

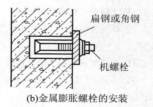

(b)金属膨胀螺栓的安装

图 5.38　膨胀螺栓安装实习图

（二）实验器材和工具

(1)塑料膨胀螺栓 2～3 副(规格不限)。

(2)金属膨胀螺栓 2 副(可选 $\phi6$ mm 或 $\phi8$ mm 的)。

(3)冲击钻头若干。

①安装塑料膨胀螺栓钻头直径可与螺栓同规格。

②安装金属膨胀螺栓钻头直径比螺栓直径一般要大 4 mm。

(4)手电钻一把。

(5)圆木台 2 块(常用圆木台,规格不限)。

(6)角钢(4 mm×50 mm×50 mm)或扁钢(4 mm×40 mm)两根。

(7)插销座一个。

(8)绝缘手套一副。

（三）安装步骤及要求

(1)按照图示在废砖墙或砖上钻孔。

①安装塑料膨胀螺栓孔深与螺栓长相同。

②安装金属膨胀螺栓孔深应比螺栓外套略长。

两种孔深均不可过长,过长不易安装牢固。

(2)手电钻在圆木和角钢上钻孔,孔径与螺栓外径相同。

(3)用木螺钉在塑料膨胀螺栓上固定圆木。

(4)用金属膨胀螺栓安装扁钢或圆钢。

(5)检查是否牢固。

（四）评分方法

本练习两个内容可各按 5 分制记分,每个时限 20 min,全部练习可在一堂课内完成。

二、一个单联开关控制一盏白炽灯

一个开关控制一盏白炽灯并带一个插销座电路,是照明线路中最典型的电路,每个从事电气工作的人员都必须掌握。

（一）电路介绍

1. 电路原理图(图 5.39)

工作原理介绍如下:

K 开关闭合—L 白炽灯得电点亮;K 开关断开—L 白炽灯失电熄灭,插销座始终得电。

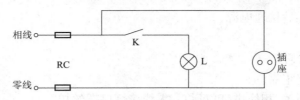

图 5.39　一个开关控制一盏白炽灯电路原理图

2. 实验安装图(图 5.40)

本练习以塑料槽板为例。

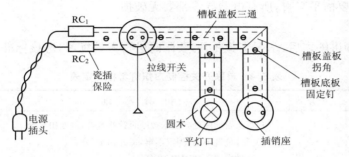

图 5.40　白炽灯安装图

(二)实验材料

(1)木制配电盘一块,规格 800 mm×600 mm×25 mm。

(2)插式熔断器二套,规格 RC1A-5A。

(3)螺口平灯口一个。

(4)圆木 3 个,规格 ϕ100 mm 或 ϕ75 mm。

(5)塑料槽板 2 条,规格二线或三线。

(6)塑料槽板三通一个,转角一个,规格同(5)。

(7)单相双眼插座一个。

(8)单联拉线开关一个。

(9)塑料绝缘线 2×2 m,规格 BV(1.5 mm^2)或其他。

(10)带软导线的单相插头一个。

(11)木螺钉及小铁钉若干,绝缘胶布若干。

(三)实验工具

实验工具包括:电工皮五联及皮带、十字螺丝刀、一字螺丝刀、电工刀、尖嘴钳、挑口钳、克丝钳、试电笔、小锥、盒尺、直尺、钢笔等。

(四)安装步骤及要求

1. 安装步骤

(1)电器定位划线。

(2)固定槽板底板。

(3)固定圆木及电器。

(4)在槽板底板上敷设导线并连接电器。

(5)安装槽板盖板、转角、三通。

（6）检查线路无误后接通电源。

2. 安装要求

（1）定位划线要合理。

（2）所有元件固定牢靠。

（3）电源相线进开关，相线进灯口顶心，零线接灯口螺丝扣。

（4）绝缘恢复要可靠，导线连接要可靠。

（5）导线头顺时针弯成羊眼圈固定在电器上。

（6）插销左孔接零线，右孔接相线。

（7）槽板安装要横平竖直，所有电器导线都要无破损。

（五）评分标准

学生在经教师讲解之后，掌握实验要领，要限时进行考核练习，考核标准见表 5.4。

表 5.4　单联开关控制白炽灯考核评定表

练习内容	配分	扣　分　标　准	扣分	得分
灯具及插座等安装	70 分	（1）灯头及插座处导线未按顺时针弯弯者，每处扣 5 分。 （2）元件位置不正，固定不牢，每处扣 10 分。 （3）元件定位不合理扣 10 分。 （4）元件损坏，每处扣 20 分。 （5）相线未进开关扣 15 分。 （6）安装造成断路、短路，每通电一次扣 25 分		
槽板安装	30 分	（1）槽板固定不牢扣 5 分。 （2）槽板接口不严密扣 5 分。 （3）槽板敷设不直扣 5 分。 （4）槽板盖板错位、不严扣 5 分。 （5）导线连接方法不对扣 10 分。 （6）导线连接不紧密，绝缘不好扣 10 分。 （7）导线零火线进插销座不对扣 10 分。 （8）导线防线，每处扣 5 分		
考核时间	120 min	超过 5 min 扣 5 分，不足 5 min 按 5 min 计		
开始时间		结束时间　　　　　　　　　　　　　评分		

注：各项内容中的最高扣分不应超过各项内容的配分数。

说明：通电实验时，要通过改变电源插头位置保证相线进入 RC1，零线进入 RC2。

（六）故障与排除

在生活实际和练习当中，电路经常会出现一些故障，这里仅就常见故障进行列举。

（1）一开灯，保险丝即熔断。此为短路故障，多发生在灯口顶心与外皮螺口相碰。排除方法：用尖嘴钳或改锥校正，严重者更换灯口。

（2）开灯灯不亮，其他无异常，可能的原因是：

①灯泡坏。排除方法：换灯泡。

②开关接触不良。排除方法：修理或更换开关。

③不摘灯泡测量，灯口两端用试电笔测试均带电，其原因是零线线路断路。排除方法：从灯口往电源方向检查零线，将断处接上。

三、日光灯的安装

现在的日光灯多为成品灯,从商店买来就可直接安装。本练习的目的在于通过具体安装进一步掌握工作原理,掌握安装技巧,掌握组成结构,掌握维修方法。

(一)电路介绍

1. 电路原理图(图 5.41)。

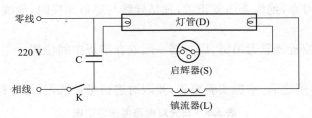

图 5.41 配有单线图镇流器的日光灯接线原理图

2. 实验安装图(图 5.42)。

(二)实验器材

(1)双线木槽板一根,长度 0.7 m。

(2)瓷夹板两副。

(3)20 W 镇流器一个。

(4)20 W 灯管一个。

(5)管脚一副。

(6)启辉器及座一套。

(7)0.8 mm² 塑铜软导线 2 m。

(8)双线插销头一个。

(9)黑胶布,木螺钉,小铁钉若干。

(三)实验工具

实验工具:电工皮五联及工具全套,另有小锤、试电笔、盒尺或直尺、铅笔、手电钻或台钻等。

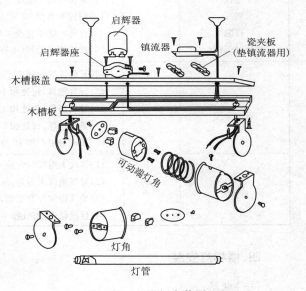

图 5.42 日光灯安装图

(四)安装步骤及要求

1. 安装步骤

(1)电器定位划线(参照安装图上各元件的位置)。

(2)用手电钻打孔,用电工刀在槽板中间靠左或靠右位置拉一个过线槽。

(3)敷设导线。导线按长度剪好(略长一些),每根在线槽内靠近电器处用黑胶布缠 1~2 圈,便于导线固定。

(4)固定电器(镇流器先不要固定)和接线。

(5)检查确无接线错误,将灯管试装,若灯脚距离合适,灯管可以方便可靠地安装上,取下灯管,盖上盖板,并用小钉钉好。

(6)固定镇流器及吊线,并安装好电源插头。

(7)用万用表电阻挡检查有无短路、断路。

(8)确认正常后通电试灯。

2. 安装要求

(1)定位划线要合理、准确。

(2)所有元件接线正确且安装牢固可靠。

(3)电源相线进入开关之后,相线进镇流器(此实验因不用实验板,此要求不好实现,但在生产实际中务必要注意)。

(4)导线连接要可靠,绝缘要恢复正常,凡是导线与螺钉相接时,导线头要顺时针弯成羊眼圈,固定在螺钉上。

(5)镇流器安装位置要靠近吊链,启辉器一般安在槽板中间位置。

(五)评分标准

学生在经教师讲解之后,掌握实验要领,要限时进行考核练习,评分标准见表5.5。

表 5.5   日光灯电路考核评定表

练 习 内 容	配分	扣 分 标 准	扣分	得分
定位 划线 打眼 开过线槽	30 分	(1)定位一处不准扣 5 分。 (2)划线不直扣 10 分。 (3)打孔一处不直或未打好,每处扣 5 分。 (4)过线槽未削好(不够深,过宽,过窄,板开裂),每处扣 3 分		
固定元件 固定导线	40 分	(1)元件或导线固定不牢扣 5 分。 (2)元件损坏,每处扣 10 分。 (3)导线损伤,每处扣 10 分。 (4)槽板损坏,每处扣 5 分。 (5)槽板盖不严扣 10 分		
接线	30 分	(1)接线头应顺时针旋入,未旋入好,每处扣 3 分。 (2)导线绝缘未做好,每处扣 5 分。 (3)导线固定处有毛刺,每处扣 5 分。 (4)接线错误,每处扣 10 分		

四、楼梯灯安装

(一)电路

1. 电路原理图(图 5.43 和图 5.44)

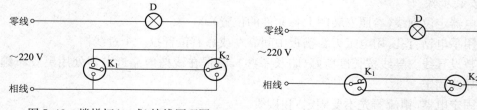

图 5.43   楼梯灯(一式)接线原理图   图 5.44   楼梯灯(二式)接线原理图

2. 实验安装图(图 5.45)

本练习以扳把楼梯开关为例,其他楼梯开关与此相似。

(二)实验器材

(1)扳把式或拉线式楼梯开关两副。

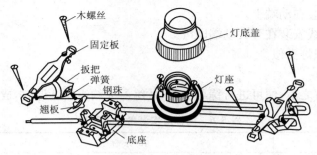

图 5.45 楼梯灯的安装

(2)圆木一块。

(3)螺口平灯口一个。

(4)白炽灯泡一个。

(5)1.5 mm² 铜或 2.5 mm² 铝单股导线 2 m。

(6)三线塑料线槽 1 m。

(7)四线接线端子排一个。

(8)木制配电盘一块,规格 800 mm×600 mm×25 mm。

(9)小铁钉、木螺钉若干,胶布若干。

(10)带插头的塑料双股铜绞线 2~3 m。

(三)实验工具

电工皮五联工具及小锤、钢笔、直尺等。

(四)安装步骤及要求

1. 安装步骤

(1)按照安装图在配电盘上定位划线。

(2)将平灯口放在圆木中央四周,划线定位。

(3)圆木按要求用电工刀刻槽,便于放置导线。

(4)固定圆木、端子排及塑料槽板(图中未画出)。

(5)槽板内敷线,并穿进电器中。

(6)固定开关、灯口等电器,并接线。

(7)接好电源引线,至端子排。

(8)盖上线槽板。

(9)检查各部安装是否正确可靠。

(10)试灯。

2. 安装要求

(1)定位要均匀合理。

(2)元件固定牢固。

(3)接线要正确(扳把开关动端接相线,另一扳把开关动端要接灯口顶心,零线接灯口螺扣)。

(4)圆木上部要开 3 条线槽,线槽深度、宽度以导线放入不会硌伤导线为准。

(5)导线要顺时针弯成羊眼圈固定在电器上(直入式除外)。

(6)所有接线处应无毛刺,导线不应有接头,绝缘要恢复良好。

(五)故障与排除

现象:一个开关能控制,另一个开关不能控制。

原因:相线未安装在动端上。

排除方法:将相线安装在开关动端即可。

其他故障与白炽灯类似。

(六)评分标准

学生在教师讲解之后,便可进行练习操作,此练习大约需要 2 课时,成绩评定见表 5.6。

表 5.6　楼梯灯安装考核评定表

练习内容	配分	扣分标准	扣分	得分
定位划线	20 分	(1)固定不准,每处扣 5 分。 (2)圆木不正扣 5 分。 (3)所有元件不在一条直线上扣 5 分		
元件固定	30 分	(1)线槽不合要求,每处扣 5 分。 (2)元件固定不牢,每处扣 5 分。 (3)元件损坏,每处扣 5 分。 (4)导线损伤,每处扣 5 分		
接线和试灯	50 分	(1)接线错误,每处扣 10 分。 (2)接线头应顺时针旋入而未做者,每处扣 5 分。 (3)导线固定处有毛刺,每处扣 5 分。 (4)未检查或检查后未排除故障试灯者扣 10 分		

注:各项内容中的最高扣分不应超过各项内容的配分数。

思　考　题

1. 画出荧光灯的接线图,并说明其工作原理。
2. 如何限制频闪?
3. 如何限制眩光?
4. 常见电光源有哪些?
5. 照明器的选用原则是什么?
6. 照明器按用途分为哪几种?
7. 荧光灯中镇流器的作用是什么?
8. 编组场照明布置要求有哪些?
9. 采用灯桥照明的优点有哪些?
10. 灯桥上投光灯安装有哪些要求?
11. 照明灯具安装有哪些要求?
12. 灯具安装方式有哪些?
13. 某车间库房 $S=12\times24$ m²,$h=3.04$ m,顶棚及墙均刷白,无窗帘,侧墙开窗。侧墙开窗面积占侧墙总面积 30%,端墙大门面积占各端墙的 50%。门窗的反射率分别为 8% 及 9%,室内地面的平均照度按 70 lx 考虑,灯具为吸顶安装,采用 40 W 荧光灯。求荧光灯的数量,并按比例(1:200)布置。

第六章 低压供电线路的安装规程及其故障预防

第一节 屋内外配电装置安全规程

屋内外配电装置的最小安全距离应分别满足表 6.1 和表 6.2 的规定。

表 6.1　屋内配电装置的最小安全距离　　　　单位:mm

序号	名　称	额定电压(kV)									
		0.4	1~3	6	10	15	20	35	60	110J	110
A_1	带电部分至接地部分	20	75	100	125	150	180	300	550	850	950
A_2	不同相的带电部分之间	20	75	100	125	150	180	300	550	900	1 000
B_1	带电部分至栅栏	800	825	850	875	900	930	1 050	1 300	1 600	1 700
B_2	带电部分至网状遮栏	100	175	200	225	250	280	400	650	950	1 050
C	无遮栏裸导体至地面	2 300	2 375	2 400	2 425	2 450	2 480	2 600	2 850	3 150	3 250
D	不同时停电检修的无遮栏裸导体之间的水平净距	1 875	1 875	1 900	1 925	1 950	1 980	2 100	2 350	2 650	2 750
E	出线套管至屋外通道的路面	3 650	4 000	4 000	4 000	4 000	4 000	4 000	4 500	5 000	5 000

注:1.110J 是指中性点直接接地电力网,下同。

2. 当带电部分至板状遮栏时,其中 B_2 值可取 (A_1+30)mm。

3. 海拔超过 1 000 m 时,本表所列 A 值按每升高 100 m 增大 1% 进行修正,B、C、D 值应分别增加 A_1 值的修正差值。

表 6.2　屋外配电装置最小安全距离　　　　单位:mm

序号	名　称	额定电压(kV)									
		0.4	1~10	15~20	35	60	110J	110	220J	330J	500J
A_1	带电部分至接地部分	75	200	300	400	650	900	1 000	1 800	2 600	3 800
A_2	不同相的带电部分之间	75	200	300	400	650	1 000	1 100	2 000	2 800	4 400~4 600
B_1	带电部分至栅栏	825	950	1 050	1 150	1 350	1 650	1 750	2 550	3 350	4 500
B_2	带电部分至网状遮栏	175	300	400	500	700	1 000	1 100	1 900	2 700	—
C	无遮栏裸导体至地面	2 500	2 700	2 800	2 900	3 100	3 400	3 500	4 300	5 100	7 500
D	不同时停电检修的无遮栏裸导体之间的水平净距	2 000	2 200	2 300	2 400	2 600	2 900	3 000	3 800	4 600	5 800

注:1. 330~500 kV 栏内的数值为试行值。

2. 同表 6.1 中"注 3",但对 35 kV 及以下的 A 值,可在海拔超过 2 000 m 时进行修正。

3. 110J、220J、330J、500J 系指中性点直接接地电网。

4. 带电作业时,不同相或交叉的不同回路带电部分之间,其中 B_1 值为 (A_2+750)mm。

第二节 低压供电线路的安装规程

室内外配线是指沿建筑物的墙壁、屋檐、天花板及建筑物的墙内、楼板内、顶棚内和地坪内敷设的低压导线。

室内外配线分为明配线和暗配线两种。明配线是敷设于墙壁、屋檐下及天花板表面的线路,而暗配线是敷设于建筑物的墙内、楼板内、顶棚内或地坪内的线路。

为防止碰撞、人体接触和其他管道及设施的影响,也必须保持一定的安全距离。

一、接户线的安全距离

接户线应符合表 6.3 和表 6.4 要求。

表 6.3　接户线对地最小距离

接户线电压		最小距离(m)
高压接户线		4
低压接户线	一般	2.5
	跨越通车街道	6
	跨越通车困难街道、人行道	3.5
	跨越胡同(里、弄、巷)	3

表 6.4　低压接户线(绝缘线)与建筑物、弱电线路的最小距离

敷设方式		最小允许距离(mm)
水平敷设	距阳台平台屋顶的垂直距离	2 500
	距下方窗户的垂直距离	300
	距上方窗户的垂直距离	800
	距下方弱电线路交叉距离	600
	距上方弱电线路交叉距离	300
	垂直敷设时至阳台、窗户的水平距离	750
	沿墙或构架敷设时至墙、构架的距离	50

二、各种明配线与地面及建筑的安全距离

这里主要列举一下明配绝缘导线和明配裸导线及开关、插座、敞开式灯具等与地面的安全距离。

(1)明配绝缘导线与地面的安全距离。一般说的明配绝缘导线多为采用瓷夹、塑料夹、瓷瓶或瓷球的配线,其导线与导线、导线的最大固定点、导线与地面的安全距离,即最小距离,见表 6.5~表 6.7。

(2)明配裸导线与地面的安全距离。裸导线与地面的最小安全距离见表 6.8。

表 6.5　导线间的最小距离

固定点间距(m)	导线最小间距(mm)	
	屋内布线	屋外布线
≤1.5	35	100
1.6~3	50	100
3.1~6	70	100
>6	100	150

注:不包括户外杆塔及地下电缆线路。

表 6.7　明配绝缘导线与地面的最小安全距离

配线方式		最小距离(m)
导线水平敷设	室内	2.5
	室外	2.7
导线垂直敷设	室内	1.8
	室外	2.7

注:1. 垂直配线低于表内数值时,应穿保护管。
　　2. 室外水平配线跨越人行道时,距地面最低距离不应小于 3.5 m。

表 6.6　导线的最大固定间距

敷设方式	导线截面(mm²)	最大间距(mm)
瓷(塑料)夹布线	1~4	600
	6~10	800
鼓形(针式)绝缘子布线	1~4	1 500
	6~10	2 000
	10~25	3 000
直敷布线	≤6	200

表 6.8　明配裸导线与地面的最小安全距离

遮护方式	对地距离(m)	遮护距导线距离(m)
无遮护	3.5	—
网状遮栏	2.5	0.1
板式遮栏	不限制	0.05

（3）明配裸导线的线间和至建筑物表面的最小安全距离不应小于表 6.9 所列值。

表 6.9 明配裸导线的线间和至建筑物表面的最小安全距离

固定点间距(m)	允许最小距离(mm)	固定点间距(m)	允许最小距离(mm)
2 以下	50	4～6	150
2～4	100	6 以上	200

（4）开关、插座、敞开式灯具与地面的安全距离。一般情况下，扳把开关距地面高度多为 1.2～1.4 m；拉线开关距地面高度为 2.2～2.8 m；明装插座距地面为 1.8 m；敞开式灯具距地面高度室内为 2 m，室外为 2.5 m。

三、配线与管道及与建筑物各部位的安全距离

（1）各种配线与管道之间的最小安全距离见表 6.10。由于某种原因达不到表中的规定时，如是蒸汽管可在管外包隔热层，如是热水管也可以包隔热层。当上下水管与配线管平行敷设且在同一垂直面时，应将配线管敷设于上下水管的上方。

表 6.10 室内线路与各种管道的最小安全距离   单位:mm

线路配线方式	各种配线与不同管道的最小安全距离											
	煤气管		乙炔管		氧气管		蒸气管		暖气或热水管		通风管,上、下水管,压缩空气管等	
	平行	交叉	平行	交叉	平行	交叉	平行	交叉	平行	交叉	平行	交叉
导线穿金属管	100	100	100	100	100	100	1 000 (500)	300	300 (200)	100	—	—
电缆	500	300	1 000	500	500	300	1 000 (500)	300	500	100	200	100
明敷绝缘导线	1 000	300	1 000	500	500	300	1 000 (500)	300	300 (200)	100	200	100
裸母线	1 000	300	2 000	500	1 000	500	1 000	500	1 000	500	1 000	500
起重机滑触线	1 500	500	3 000	500	1 500	500	1 000	500	1 000	500	1 000	500
配电设备	1 500	—	3 000	—	1 500	—	500	—	100	—	100	—

注:括号内数字是在管道下面配线的数据,无括号数字是在管道上面配线的数据。

（2）配线与建筑物各部位的安全距离。配线与建筑物各部位的最小安全距离见表 6.11。

埋入墙内一部分的第一支持物横担，其外露部分应根据受力情况加拉线，其导线边线距墙不应小于 150 mm。

第一支持物采用电杆时，电杆横担对地距离不应低于 4.5 m。

表 6.11 配线与建筑物各部位的最小安全距离   单位:mm

配 线 方 式		最小允许距离
水平敷设时的垂直距离	距阳台、平台、屋顶	2 500
	距窗户上口	300
	距窗户下口	800
垂直敷设时的水平距离	距阳台、窗户	750

（3）表外线的安全距离。表外线多为穿管敷设，表外线的电线管伸出墙外部分一般为150 mm，距第一支持物为250 mm，并应采取防水措施。低于2.5 m的明设表外线，应有防护措施，进入室外表箱的导线应从下方穿入。

四、户内、外线路装置的安全规程

按照机械强度要求，户内、外线路装置的最小截面和敷设距离应符合表6.12的规定。

表6.12　户内、外线路装置的最小截面和敷设距离

装置场所	装置方法	绝缘导线最小截面(mm^2) 铜线	绝缘导线最小截面(mm^2) 铝线	敷设距离 绝缘导线截面(mm^2) 铜线	绝缘导线截面(mm^2) 铝线	前后支持物间的最大距离(m)	线间最小距离(mm)	与地面最小距离(mm) 水平敷设	与地面最小距离(mm) 垂直敷设
户内	木槽板线	0.5	1.5	—	—	0.5（底钉间） 0.3（盖钉间）	—	0.15	0.15
户内	塑料护导线	0.5	1.5	—	—	0.2	—	0.15	0.15
户内	瓷夹板明线	1.0	1.5	1.0~2.5		0.6		2.2	1.3
户内	瓷夹板明线			4.0~10.0		0.8			
户内	瓷柱明线	1.0	2.5	1.0~2.5		1.5	35	2.2	1.3
户内	瓷柱明线			4.0~10.0		2.0	50		
户内	瓷柱明线			16.0~25.0		2.5	50		
户内	瓷瓶明线	2.5	4.0	—	4.0	6.0	100	2.2	1.3
户内	瓷瓶明线			2.5及以上	6.0及以上	10.0	150		
户外	塑料护导线	1.0	2.5	—	—	0.2	—	2.2	1.3
户外	瓷柱明线	在雨雪不能落到导线的地方，允许采用，要求与户内瓷柱明线相同							
户外	瓷瓶 装在墙铁板上	2.5	6.0	2.5及以上	6.0及以上	10.0	150	同进户线规定	
户外	瓷瓶 装在电杆横担上	2.5	6.0	2.5	6.0	10.0	200	同进户线规定	
户外	瓷瓶 装在电杆横担上			4.0及以上	10.0及以上	25.0			

第三节　低压供电线路的检验与验收

一、通电前的检查

一套电路敷设安装完成后，在通电前应先检查电路的通断、绝缘及接线准确情况，发现问题应及时排除，防止因线路错误造成通电时的较大损失。下面介绍检查操作及故障处理方法。

检查前，应去掉电路中所有用电负载，即不上灯泡和灯管，插座上不插插头，吊扇拆开接线，目的是让火线与零线间无人为的连接通路。为此，还要将电能表输出的火线和零线拆开，如图6.1所示。另外，所有开关均处在开（合）的位置，接好熔断器。

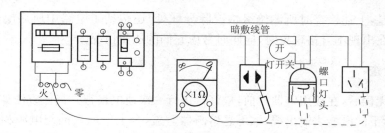

图 6.1 用万用表欧姆挡检测线路通断情况(以查火线为例)

(一)检查连线的通断情况

用万用表的电阻挡(先用最低挡)或试灯,一端接在电能表输出端拆下的线端(火线、零线分两次接),另一端分别去接各处的线端,如插座的一个电极、灯头的一个电极等。检查与火线或与零线相连的线端是否都是通的。

如果发现某点不通,若其上端有开关或熔断器,应先检查一下它们是否处于开(合)或完好的状态,如无问题,则应查找有关连接点接线是否有脱落或折断现象,直至全通后为止,如图6.1 所示。

如发现应接火线的接了零线(如开关、螺口灯头的中心片、插座的右孔等),立即给予更正。

(二)检查火线、零线及地线三者之间的绝缘情况

火线若与零线或地线绝缘不好,就会"漏电",造成人员触电和电能的浪费,严重时会造成短路,引起火灾等事故。

对于采用漏电保护开关和专用接地保护线的用电线路,若零线在漏电保护开关后和上述地线短路,则该漏电保护开关将合不上。因此,检查并确保火线、零线及地线三者之间的绝缘是否良好的工作是非常必要的。

可用万用表最大的电阻部分测量火线和地线、零线和地间的电阻。绝缘良好时,表针应停在 10 MΩ 以上,一般大于 200 MΩ。

上述检查测量可在线路中均匀地设置几个点进行,这样可得到更准确的结果,如图 6.2 所示。

(三)检查火线对大地的绝缘情况

对于有专用地线的用电线路,上述第二项已检查了火线对大地(地线)之间的绝缘情况。

对于没有专用地线的用电线路,则可将万用表的一端接电路火线,另一端与大地相接(应利用由地下通过来的水管或插入土中较深的钢钎等),所测数据也应在 10 MΩ 以上,如图 6.3 所示。

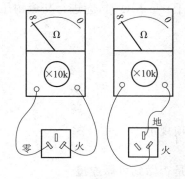

图 6.2 万用表检测火线对零线及
地线间的绝缘电阻

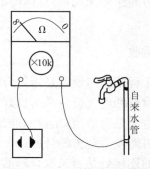

图 6.3 用万用表检测火线对地的
绝缘情况

应注意的是：上述检查时所测绝缘情况除导线处，还包括了电路中所用电器，如插座、灯头、挂线盒等，在出现不合格现象时，应同时考虑它们的质量情况。

二、通电检查

上述检查无误后，在接用电器具前，最好再进行一次通电检查。具体方法如下：

(1)接好拆下的电能表输出线，拿下总熔断器盒盖，合上电能表前与电源相接的开关。此时电能表应有很轻微的嗡嗡声，有些表的表转盘会很慢地转动（称为潜动）。用验电笔触及熔断器接电能表的一端，火线端亮，零线端不亮，用万用表交流 250 V 挡测量火、零两端电压，应在 220 V 左右(有些地区可能低些)，说明送电正常。

(2)插好总熔断器，用验电笔检验线路各端点，应与火线相接的端点亮、与零线接的端点不亮，说明线路通畅正确，否则应断电检查并排除故障。

在上述检查中，可同时检查开关的通电情况和接线情况。例如，将验电笔触及螺口灯头的中心片，开关打开时，笔亮，开关关闭时，笔灭，说明开关工作正常并控制了火线，灯头接线也正确。

在通电检查时，应使用合格的验电笔并时刻注意安全，应有人监护，防止发生意外事故。

用验电笔检查无误后，先断开电源开关及各分开关，接入所有用电器。检查各接触点无问题后，合上电源总开关。逐个打开分开关，观察各用电器的工作情况是否正常，如都正常，则线路施工完成。

三、竣工后的试验

(一)绝缘电阻试验

(1)导线绝缘电阻的测试。测试前应先断开熔断器，在相邻的两个熔断器间或在最末一个熔断器后面，导线对地或两根导线间的绝缘电阻应小于 0.5 MΩ。

(2)配电装置每一段的绝缘电阻不应小于 0.5 MΩ。电压为 220 V 以下的设备，应使用电压不超过 500 V 的绝缘电阻表。

(二)交流耐压试验

(1)电流互感器、电压互感器和开关的交流耐压试验必须符合规定。

(2)二次回路的交流耐压值试验标准为 1 kV。

(3)电压为 1 kV 以下的配电装置，交流耐压值验标准为 1 kV。

(4)对动力和照明配线，当导线的绝缘电阻小于 0.5 MΩ 时，应进行交流耐压试验，试验电压为 1 kV。

四、竣工验收

(1)检查工程施工与设计是否符合。

(2)工程材料和电气设备是否良好。

(3)施工方法是否恰当，质量标准是否符合各项规定。

(4)检查可能发生危害的处所。

(5)配线的连接处是否采取合理的连接方法，是否做到可靠连接。

(6)配线和各种管路的距离是否符合安全规定，和建筑物的距离是否符合标准。

(7)配线穿墙的瓷管是否移动，各连接触点的接触是否良好。

(8)电线管的接头及端头所装的护线箍是否有脱离的危险。

(9)所装设的电器和电器装置的容量是否合格。

第四节 低压供电线路的保护及常见故障预防

一、线路的保护

为了防止过负荷或短路故障造成配电线路的导线接头过热、绝缘损坏或引起火灾等事故，每条配电线路的电源端和各个分支点均装设适当的保护装置（如自动开关或熔断器等）加以保护。在选择保护装置时，要考虑线路的最小截面和允许的安全载流量，以免线路发生故障或严重过载时，由于保护装置不动作而烧毁导线绝缘层，甚至造成更大的事故。具体地说，应按以下原则对配电线路加以保护。

(1)分级截面的干线和支线，其保护装置的动作电流要与上下级的动作时间相配合，以便发生短路故障时，能有选择地切断故障线路。例如，在低压网络中，远离变压器的分支配电线路路径长、导线截面小、阻抗大，在发生短路故障时，若故障电流小于整定的动作电流，保护装置就不会动作，因此线路故障不能切除，结果由于线路长期过载而发生火灾或其他事故。

(2)当选用熔断器作为线路的短路保护装置时，熔断器的熔体额定电流不应大于电缆或穿管绝缘导线允许载流量的 2.5 倍，或明敷绝缘导线允许载流量的 1.5 倍。如果能满足短时间过载和启动电流的要求，则应尽量选用额定电流较小的熔体。

(3)当采用只带瞬时或短延时电流脱扣器的自动开关作为短路保护装置时，整定电流应避开负荷电流，但对整定电流与导体允许载流量的比例不做规定。当采用带有长延时过电流脱扣器的自动开关时，该脱扣器的整定电流一般不大于绝缘导线或电缆允许载流量的 1.1 倍，其动作时间应避开短时负荷电流的持续时间。

二、线路的定期检修

500 V 以下车间电气线路的定期检修最低限度应按表 6.13 所列进行。

表 6.13 500 V 以下车间电气线路预防性计划检修期限

项 目 名 称	车间内环境特点					
	干燥房屋	潮湿房屋	多尘房屋	有腐蚀性蒸气或气体的房屋	有着火危险的房屋	有爆炸危险的房屋
明装在瓷柱或绝缘子上的绝缘导线	三个月一次	每月一次	每月一次	每月一次	每月一次	—
明装在瓷柱或绝缘子上的裸导线	六个月一次	三个月一次	三个月一次	—	—	—
明装在绝缘子上的母线	六个月一次	三个月一次	三个月一次	—	—	—
隐蔽母线	三个月一次	—	—	—	—	—
暗装的导线(检查分线盒和接线盒)	六个月一次	—	六个月一次	—	三个月一次	—
装在金属槽板中的导线	六个月一次	—	六个月一次	—	三个月一次	—
明装的铠装电缆及塑料绝缘的电缆和导线	六个月一次	三个月一次	三个月一次	三个月一次	三个月一次	—
敷设在电线管内的导线	六个月一次	三个月一次	六个月一次	三个月一次	三个月一次	三个月一次

三、线路的巡视检查

对顶棚内的线路每年至少要巡视检查维修一次;线路停电时间过一个月以上,重新送电前,应做巡视检查,并测绝缘电阻。线路巡视检查的内容如下:

(1)检查导线与建筑物等是否有摩擦和相蹭之处,绝缘是否破损,绝缘支持物有无脱落。

(2)车间裸线各相的弧度和线间距离是否相同,裸导线的防护网(板)与裸导线的距离是否符合要求,必要时应调整导线间和导线与地面的距离。

(3)明敷设电线管及木槽板等是否有开裂、砸伤等处,钢管接地是否良好;检查绝缘子、瓷柱、导线横担、母线支撑、金属槽板的支撑状态,必须时予以修理。

(4)钢管和塑料的防水弯头有无脱落或导线蹭管口的现象。

(5)地面下敷设的塑料管线路上方有无重物积压或冲撞。

(6)导线是否有长期过负荷现象,线的各连接点接触是否良好,有无过热现象。

(7)对三相四线制照明回路,应着重检查零线回路各连接点的接触情况是否良好,有无腐蚀或脱开。

(8)线路上是否接用不合格的或容量不允许的电气设备,有无乱拉的临时线路。

(9)测量线路绝缘电阻。在潮湿车间,有腐蚀性蒸气、气体的房屋,每年两次以上,每伏工作电压的绝缘值不得低于 500 Ω;干燥车间,每年测一次,每伏工作电压绝缘电阻不得低于 1 000 Ω。

(10)检查各种标示牌和警告牌是否齐全;检查熔体和熔断器是否合适和完整;检查各导电部分的涂色情况,有无潮气和污垢。

四、线路常见故障及预防

(一)断路故障及预防

(1)断路故障的现象。断路是最常见的一类电路故障,断路故障最基本的表现形式是回路不通。在某些情况下,断路还会引起过电压,断路点产生的电弧还可能导致电气火灾和爆炸事故。

①回路不通、装置不能工作。电路必须构成回路才能正常工作,电路中某一个回路断路,往往会造成电气装置的部分功能或全部功能的丧失(不能工作)。

②断路点电弧故障。电路断线,尤其是那些似断非断路点(即时断时通的断路点),在断开瞬间往往会产生电弧或在断路点产生高温,电力线路中的电弧和高温可能会酿成火灾。

③三相电路中的断路故障。三相电路中,如果发生一相断路故障,一则可能使电动机因缺相运行而被烧毁;二则使三相电路不对称,各相电压发生变化,使其中的相电压升高,造成事故。三相电路中,如果零线(中性线)断路,则对单相负荷影响更大。

(2)断路故障原因分析。电路存在断路(开路),也就是线路有断开处,这样电流就不能形成回路,电路不能正常运行。造成断路故障的原因通常有以下几个方面:

①导线线头连接点松散或脱落。

②导线因受外界物体撞击或勾拉等机械损伤而断裂。

③小截面导线被鼠咬断。

④小截面导线因严重过载或短路而烧断。

⑤单股小截面导线因质量不佳或因安装时受到损伤,其绝缘层内的芯线断裂。

⑥铜—铝过渡连接点在电化学腐蚀下，最容易造成接触不良而产生断路。

⑦导线接头存在虚接点和虚焊点。

⑧接触器触头沾染类似灰尘、油污与锈迹，使得触头接愈不良而造成断路等。

(3)查找断路故障的方法。查找断路故障，首先应根据故障现象判断出属于断路故障，再根据可能发生断路故障的部位确定断路故障的范围和断路回路，然后利用检测工具，找出断路点。查找断路故障常用的方法有电压法、电位法和电阻法等。

①电压法。电压法的基本原理是：当电路断开以后，电路中没有电流通过，电路中各种降压元件已不再有电压降落，电源电压全部降落在断路点两端，因而可通过测量断路器点的电压判断出断路故障点。

②电位法。电位法的基本原理是：断路点两端电位不等，断路点一端与电源一端电位相同，断路点另一端与电源另一电位相同，因而可以通过测量电路中各点电位判断断路点。

试电笔等实际上是一种显示带电体高电位(带电体是对地电位)的工具，因此，可通过试电笔测量(显示)电路中各点的电位来检测断路故障。

显然，电位法主要适宜于一根火线(高电位线)和一根中性线(低电位线)单相交流电路。对于直流电路也可采用，因为试电笔检测正、负极时，正极比负极明亮一些。

③电阻法。电阻法的基本原理是：电路出现断路故障以后，断路点两端电阻为无穷大，而其他各段的电阻近似为零，负载两端的电阻则为某一定值。因此，可以通过测量电路各线段电阻值来查找断路点。

检测电阻值一般采用万用表欧姆(Ω)挡或用摇表进行测量。

(4)预防断路故障的措施。预防线路断路故障措施如下：

①低压线路的新建和整改中，必须严格执行《低压电力线路技术规程》，加强施工质量管理。

②施工中发现导线有死弯时，为不留隐患，应剪断重接或修补。

③安装低压进户线的第一支持物的墙体应坚固，位置适宜，走向合理，与周围各个方向的距离合格。进户口的绝缘子及导线应尽量避开房檐雨水的冲刷和房顶杂物的掉落区。

④照明线路的相线、中性线必须用相同的导线，并有足够的机械强度。

⑤合理选择熔丝，发现熔丝熔断及时查找原因，故障排除后更换新的熔丝，然后再送电。

⑥导线接头按技术要求进行连接，运行中电工应加强对线路的巡视检查，发现氧化、松动、接触不良等，及时检修。

⑦加强控制电器的维护检修，各触点保持良好接触。

⑧做好线路的定期检查和清障工作，对影响线路运行的树木、房屋、柴草等及时处理，保证线路安全可靠运行。

(二)短路故障及预防

(1)短路故障的类型。不同电位的导电部分之间被导电体短接或其间的绝缘被击穿，称为短路故障。在电路中，负载两端短接是最严重的短路故障。

按照不同的情况，短路故障又划分为金属性短路、非金属性短路；单相短路、多相短路；匝间短路等。

①金属性短路和非金属性短路。不同电位的两个金属导体直接相接或被金属导电线短接，称为金属性短路。金属性短路时，短路点电阻为零，因而短路电流很大。

若不同电位的两点不是直接相接，而是经过一定的电阻相接，称为非金属性短路。非金属性短路时,短路点电阻不为零,因而短路电流不及金属性短路大,但持续时间可能很长,在某些情况下,其故障危害性更大。

②单相短路和多相短路。在三相交流电路中,短路故障分为单相短路、三相短路和两相短路。

只有其中一相对中性线或地线发生短接故障,称为单相短路故障,如图 6.4(a)和(b)所示。当发生单相短路时,故障相的设备将不能工作,与故障相相接的三相设备和两相设备也不能工作。

三根相线相互短接,称为三相短路故障,如图 6.4(c)所示,三相短路是最严重的短路故障。

两相相线相互短接,称为两相短路故障,如图 6.4(d)所示。

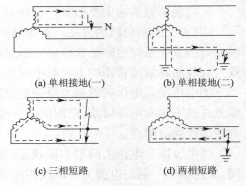

(a) 单相接地(一)　　(b) 单相接地(二)

(c) 三相短路　　(d) 两相短路

图 6.4　三相交流电路短路故障

③匝间短路。电机、变压器、电磁线圈等,其中的部分绕组被短接(部分线匝不能工作),称为匝间短路。一般属于元件内部故障,也可能是由于外部因素,如金属导线附着在绕组表面,从而造成短路。因此,匝间短路也可归类于电路短路故障。

不太严重的匝间短路(如只短接了数量很少的线匝数),电路还可短时工作,但必须尽早排除。

④短接故障。电路中的按钮、开关、断电器触头、熔断器等,是对电路通断进行手动或自动控制的元件。电路工作时,这些元件均处于闭合状态,元器件两端电位相同,但当其中某一元件断开时,断开元件两端电位不同。因此,这些元件两端如果被短接,实际上属于短路故障,其影响也是很大的。

(2)短路故障原因分析。产生短路故障的基本原因是不同电位的导体之间的绝缘击穿或者相互短接而形成的。

①三相短路。线路短路一般由如下原因造成:

a. 线路带地线合闸。

b. 线路倒杆造成三相接地短路。

c. 受外力破坏。

d. 线路运行时间较长,绝缘性能下降等。

②两相短路。线路短路一般由如下原因造成:

a. 使用绝缘电线时,没有按具体的环境选用,使绝缘受高温、潮湿或腐蚀等作用的影响而失去绝缘能力。

b. 旧房的电气线路年久失修,绝缘层陈旧老化或受损,使芯线裸露。

c. 电源过电压,使电线绝缘被击穿。

d. 绝缘导线在机械外力作用下导致绝缘层损坏。

e. 因雷击使线路绝缘损坏。

f. 用电设备、开关装置和保护装置内部发生相间碰线或绝缘损坏而发生短路。

③导线相接。两条不等电位的导线短接;导线摆动,两根导线相碰;树枝使导线短接;临时短接未拆除,造成严重回路,线头不包扎,导线短接;插座未上盖,导线被短接等。

④安装、修理人员接错线路,造成人为碰线短路。

⑤不按规程要求,私接乱拉、管理不善、维护不当造成短路。

⑥动物作祟。鸟类、老鼠等类动物作祟，也是造成电路短路故障的重要原因。

⑦架空电力线路下方违章作业。在架空电力线路下方进行吊装和其他作业，不按规定操作，也容易造成电力线路短路。

（3）短路故障的查找方法。从查找电气故障方面来考虑，短路故障具有以下特点：

①短路点（即短路两端）的电阻（阻抗）为零或接近于零。

②短路电流具有很大的破坏性，一旦发生了短路，一般是不能再直接通电检查，这与断路故障是不同的。

③短路故障发生后，电路的保护元件（如熔断器、断路器等）动作，而保护元件可能控制多个回路组成的区域，因而查找电气短路故障，必须先从故障区域找出故障回路，然后再在故障回路中找到短路故障点。

下面分别介绍故障回路和故障点的查找方法。

①故障回路的查找。万用表法：万用表法是电路断电以后，用万用表欧姆挡（电阻挡）测定短路回路电阻的方法。

②短路故障点查找。查找到了短路故障支路，还要继续确定故障点的具体部位。短路故障点必然是回路中降压元件（如灯泡、电感型线圈、电机绕组、电阻等负载）的两端或内部。

以如图 6.5 所示的电路为例，查找该回路短路故障的方法如下。

a. 断开降压元件（图中为一灯泡）的一端，用万用表电阻挡测量①和②之间（即降压元件两端之间）的电阻。若阻值为某一值，说明负载内部完好，短路点在负载设备外部。

b. 若短路点在外部，再测量①和③之间的电阻。若阻值为零，则短路故障在③号导线至

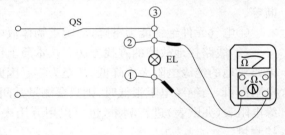

图 6.5　短路故障点的查找方法

①号导线之间。断开这些段的某些点依次测量，可找到确定的短路故障点。

（4）短路故障的原因。室内配电线路发生短路的主要原因是：

①导线没有按具体使用环境合理选用，使导线的绝缘受到高温、潮湿或腐蚀等作用而失去绝缘能力。

②维修保养不善。导线受热或绝缘老化使线芯裸露。

③违反安装规程。用金属捆扎多相别绝缘导线或把绝缘导线挂在钉子等金属上，因磨损和生锈腐蚀，使绝缘受到破坏。

④线路过电压，导线绝缘击穿。

⑤安装或维修线路时，带电作业造成人为碰线或将线路接错。

⑥雷击过电压。

⑦线路空载时的电压升高，击穿绝缘导线薄弱的地方造成线路短路等。

（5）预防线路短路措施

①严格按安装工艺标准进行安装，保证安装质量。花线的削头不宜过长，扒掉胶皮后，必须把细丝拧在一起预先做线圈，开口顺螺丝旋转的方向，把螺丝拧紧后，不准将毛丝弹出。

②坚持验收制度。每安装完成一项，就要自检一项，然后再经他人验收，以防止隐患。

③导线弧垂符合规定的技术要求。同时，要加强对线路的巡视检查，发现弧垂不同时，应尽快进行处理。

④在新线和整改线路时,必须严格施工质量。

⑤安装照明开关。严格按照工艺标准施工,并做好验收工作。

⑥隔离开关熔丝必须搭配恰当,符合熔丝额定电流的技术要求。

⑦加强管理,做好防范工作。

⑧在低压线路上安装避雷器,防止雷击损坏线路绝缘造成的短路故障。

⑨线路运行时按规程进行操作,避免误操作。

⑩加强低压线路的维护检修工作,采取必要措施,避免线路受外力作用。

（三）线路接地故障及预防

除了正常的工作接地和保护接地外,线路中某点因绝缘损坏或其他原因与大地相接而形成的接地,从而使线路中出现过电流、过电压,损坏设备或对人身造成危险等,均属于故障接地。

（1）线路单相接地故障原因。造成线路单相接地故障的原因是:

①线路附近的树枝等碰及导线。

②导线接头处氧化腐蚀脱落,导线断开落地。

③外因破坏造成导线断开落地,如在线路附近伐树倒在线路上,线跨越道路时汽车碰断等。

④电气元件绝缘能力下降,对附近物体放电。

（2）线路接地故障的查找方法。从本质上讲,线路接地故障就是线路对地的绝缘损坏,使电路对地的绝缘电阻大大降低,甚至为零。因此查找线路接地故障,只要测量线路对地的绝缘电阻即可,当绝缘电阻很低时,则只要测量其间的电阻即可,因而查找线路接地故障可以用绝缘电阻表(兆欧表)进行测量,也可以用万用表电阻挡测量。

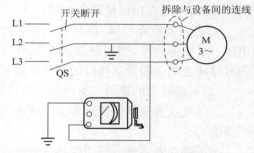

用绝缘电阻表测量电路接地故障如图 6.6 所示,当三相线路的 L2 相接地时,首先应拆除与三相线路相连的设备,使三相导线不能通过设备的绕组相互连在一起,然后用绝缘电阻表依次测量各相对地的绝缘电阻。显然,L1、L3 相对地应有一定的绝缘电阻值（MΩ）,而 L2 相对地绝缘电阻为零或很低。当绝缘电阻为零时,用万用表电阻挡测量效果

图 6.6　用绝缘电阻表测量电路接地故障

一样,但当还有一定的绝缘电阻时,用万用表电阻挡测量可能会得不到正确的结论。

（3）预防线路接地故障的措施。预防线路接地故障的主要措施如下:

①做好安全用电的宣传教育工作,线路附近的安全距离以内严禁栽树,进行建筑等。

②导线跨越道路时,保证导线对地的安全距离。

③勤检查、多巡视,做好线路的清障工作。

（四）漏电故障

若电路中部分绝缘体有较轻程度的损坏,就会形成漏电故障。漏电分相间漏电和相地间漏电两类,存在漏电故障时,在不同程度上反映出耗电量的增加。随着漏电程度的发展,会出现类似过载和短路故障的现象,如熔体经常烧断、保护装置容易动作及导线过热等。

引起漏电的主要原因是:

①线路安装不符合技术规范要求。

②线路和设备因受潮、受热而降低了绝缘性能。

③线路连接处恢复的绝缘层不符合要求或恢复层绝缘带松散。

④线路和设备的绝缘老化或损坏。

预防漏电故障的主要措施是：

①改正不符合技术规范的安装形式。

②排除潮气、隔开热源。

③恢复线路的绝缘层。

④更换绝缘良好的导线或电气设备。

（五）发热故障

电气线路中允许连续通过而不至于使电线过热的电流量，称为安全载流量或安全电流。如导线流过的电流超过了安全电流值，就叫导线过载。电线过载，一般以温升为标准。一般导线允许的最高温度为 65 ℃，导线的温度超过这个温度值，会使绝缘加速老化，甚至损坏，引起事故。

线路导线的发热或连接处的发热，其故障原因通常有以下几方面：

①导线选用规格不符合技术要求，若截面过小便会出现导线过载发热的现象。

②用电设备的容量增大而线路导线的截面没有相应地增大。

③线路、设备和其他装置存在漏电现象。

④导线连接处松散，因接触电阻增加而发热。

预防发热故障的主要措施是：

①合理选用导线。

②用电设备容量增大时，及时增加导线的截面积。

③导线连接处紧密。

思 考 题

1. 怎样用万用表检测线路通断？

2. 低压供电线路竣工后的试验有哪些？

3. 低压供电线路的常见故障有哪些？怎样预防？

第二篇　架空线路工程

第七章　架空线路概述

电力线路与发电厂、变电站互相连接,构成电力系统或电力网,完成输送、分配电能的任务,一般分为架空线路和电缆线路两种。广泛采用的则是架空线路,因为它造价低,材料供应充足,施工方便,容易在运行中发现隐患,便于及时处理。线路发生故障时,亦便于检修,当负荷增加时,可方便地更换导线截面。但在大城市,采用架空线路既影响行人和交通安全,又损害市容;在多雷地区架空线路容易遭受雷击;污秽严重地区容易发生绝缘受损事故。因此,在某些特殊的地方,应该装设电缆线路。下面我们主要介绍电力线路中的架空线路的有关知识。

第一节　架空线路的基本知识

根据架空线路担负输送电能的作用,可分为输电线路(又称送电线路)和配电线路。输电线路,即架设在升压变电站与降压变电站之间的线路或一次降压站与二次降压站之间的线路,专用于输送电能的线路。配电线路,是从降压变电站至各用户之间的线路,专门用于分配电能的线路。

一、架空线路的特点

架空线路是采用杆塔支持导线,适用于户外的一种线路安装形式。线路通常都采用多股绞合的裸导线来架设,因为导线的散热条件好,所以导线的载流量要比同截面的绝缘导线高出30%～40%,从而降低了线路的成本。

架空线路具有成本低、材料供应充足、施工方便、安装容易、投资少、维护和检修方便,且易于发现和排除故障等优点。但是,它容易受到周围环境(如气温、空气质量和雨雪大风、雷电等)的影响,而且,架空线路要占用一定的地面和空间,有碍交通和整体美化,因此,其使用受到了一定的限制。

二、架空输电线路的任务

输电、配电能的线路统称为电力线路,由发电厂向电力负荷中心输送电能的线路及电力系统之间的联络线路称为输电线路;由电力负荷中心向各个电力用户分配电能的线路称为配电线路。

从技术、经济和环境污染等方面考虑,现代化的大型火力发电厂大多建在能源基地,水力发电厂则建在水力资源处。这些电厂发出的电能需要通过输电线路向负荷中心输送,同时,为了增强系统的稳定性,提高抗冲击负荷的能力,实现跨区域、跨流域调节电能,提高能源的经济利用,在电力系统之间往往采用超高压架空输电线路进行联络(也称联网)。电力系统联网运行既提高了系统安全性、可靠性和稳定性,又可实现经济调度,使各种能源得到充分利用。

架空输电线路的任务就是联络电厂、变电站，实现电力系统联网，输送电能保持发电和用电之间供需平衡。高压输电线路是电力工业的大动脉，是电力系统的重要组成部分。

架空配电线路的任务是在消费电能的地区接受输电网受电端的电力，进行分配，输送到城市、郊区、乡镇和农村，并进一步分配给工业、农业、商业、居民及各类用电用户。

三、架空线路的分类

架空线路按电压等级一般可分为低压、高压和超高压 3 种。一般企业工厂配电用架空线路的电压等级为 6 kV(10 kV) 和 0.4 kV 两种，其中 0.4 kV 为车间低压电气设备的动力线路或生活照明线路。

电压等级高低的划分并没有绝对的标准，通常电压等级在 1 kV 以下的是低压线路，1 kV 及以上的是高压线路，330 kV 及以上的是超高压线路，交流 750 kV、直流 ±800 kV 及以上的被称为特高压线路。一般地，输送电能容量越大，线路采用的电压等级就越高。目前我国配电线路(交流)的电压等级有 10 kV、35 kV、110 kV；输电线路(交流)的电压等级有 35 kV、(60 kV)、110 kV、(154 kV)、220 kV、330 kV、500 kV、750 kV、1 000 kV，其中 60 kV 和 154 kV 在新建线路中不再使用。采用超高压架空线路输电，可有效地减少线路电能损耗，降低线路单位造价，少占耕地，使线路走廊得到充分利用。

架空线路按电流的性质分为交流线路和直流线路。与交流线路相比，在输送相同功率的情况下，直流线路需要的投资较少，主要材料消耗低，线路的走廊宽度较小；作为两个电网的联络线，改变传送方向迅速方便，可以实现相同频率甚至不同频率交流系统之间的不同步联系，能降低主干线及电网间的短路电流。主要用在下列处所：发电厂和变、配电所的自用电，以供给继电保护、自动装置、事故照明和信号设备等。随着换流技术的不断完善和换流站造价的降低，超高压直流输电有着广泛的应用前景，而交流电是可以用变压器把它的电压变换为需要的电压而达到经济合理的分配电能。一般有：低压单相二线制、低压单相三线制、低压三相三线制、低压三相四线制、高压三相三线制、高压单相二线制等。

架空输电线路按杆塔上的回路数目分为单回路、双回路和多回路。除架空电线外，单回路杆塔上仅有一回三相导线，双回路杆塔上有两回三相导线，多回路杆塔上有三回及以上的三相导线。单回路线路是大量存在的，双回路和多回路线路主要用于线路走廊狭窄，靠近发电厂或变电站进出线拥挤地段。相较于单回路线路，双回路和多回路线路一方面节省了钢材和避雷线，降低了线路造价，减少了占地面积，具有实际经济意义，但运行检修安全可靠性差，当其中一回线路发生雷击事故时，可能波及另一回线路，使停电范围扩大。另外，在检修中常会发生跑错间隔，操作人员误登带电线路的情况，导致发生触电伤亡事故。

四、架空线路的接线方式

架空线路主要有放射式、普通环式、拉手环式、双线放射式、双线拉手环式 5 种接线方式。

（一）放射式

放射式供电接线图如图 7.1 所示，线路末端没有其他能够联络的电源。这种接线方式结构简单，投资较小，维护方便，但是供电可靠性较低，只适合于农村、乡镇和小城市采用。

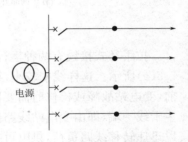

图 7.1　放射式供电接线图

(二)普通环式

普通环式接线是在同一个变电站的供电范围内,把不同的两回线路的末端或中部连接起来构成环式网络,如图 7.2 所示。当变电站 10 kV 侧采用单母线分段时,两回线路应分别来自不同的母线段,这样只有变电站全所停电时,才会影响用户用电,而当变电站一母线段停电检修时,用户可以不停电。这种接线方式结构,投资比放射式要高些,但线路停电检修可以分段进行,停电范围要小得多。用户年平均停电小时数比放射式小,适合于大中城市边缘,小城市、乡镇也可采用。

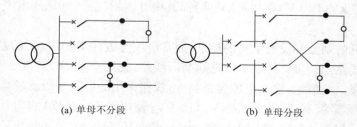

(a) 单母不分段　　　　　　　　　　　　(b) 单母分段

图 7.2　普通环式供电原理接线图

(三)拉手环式

拉手环式供电接线原理图如图 7.3 所示。它与放射式的不同点在于每个变电站的一回主干线都和另一变电站的一回主干线接通,形成一个两端都有电源、环式设计、开式运行的主干线,任何一端都可以供给全线负荷。主干线上由若干分段点(一般安装油浸、真空、产气、吹气等各种形式的开关)形成的各个分段中的任何一个分段停电时,都可以不影响其他各分段的供电。因此,线路停电检修时,可以分段进行,缩小停电范围,缩短停电时间;一端变电站全停电时,线路可以全部改由另一端电源供电,不影响用户用电。这种接线方式线路本身的投资并不一定比普通环式更高,但变电站的备用容量要适当增加,以负担其他变电站的负荷。实际经验证明,不管架空线路的接线方式如何,一般情况下,变电站主变压器都需要留有 30% 的裕度,而这 30% 的裕度对拉手环式接线也已够用,当然,采用 40% 的裕度更为安全。

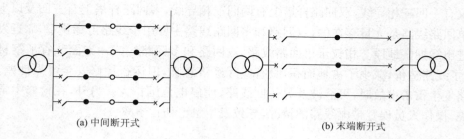

(a) 中间断开式　　　　　　　　　　　(b) 末端断开式

图 7.3　拉手环式供电接线原理图

拉手环式接线有两种运行方式,一种是各回主干线都在中间断开,由两端分别供电,如图 7.3(a) 所示。这样线损较小,线路故障停电范围也较小,但在线路开关操作实现远动和自动化前,变电站故障或检修时需要留有线路开关的倒闸操作时间。另一种是主干线的断开点设在主干线一端,即由变电站线路出口断路器断开,如图 7.3(b) 所示,这样变电站故障或检修时可以迅速转移线路负荷,供电可靠性较高,但线损增加,是很不经济的。在实际应用时,应根据系统的具体情况因地制宜。

（四）双线放射式

双线放射式供电接线原理图如图 7.4 所示。这种接线虽是一端供电，但每基电杆上都架有两回线路，每个用户都能两路供电，即常说的双"T"接。任何一回线路事故或检修停电时，都可由另一回线路供电，即使两回线路不是来自两个变电站，而是来自同一变电站 10 kV 侧分段母线的不同母线段，也只有在这个变电站全停时，用户才会停电。但运行经验说明，同杆架设的两回架空线路和两回电缆线路不同，线路故障时，往往会影响两回线路同时跳闸，而线路检修时，为了人身安全，又往往要求两回线路同时停电，供电可靠性并不一定比拉手环式高。因此最好两回线路不同杆架设，但路径又会遇到很多困难。这种结构造价较高，只适合于一般城市中的双电源用户。当然，对供电可靠性要求较高的著名旅游区、城市中心区也可采用这种结构，但这些地区一般往往要求采用电缆线路，不用架空线路。

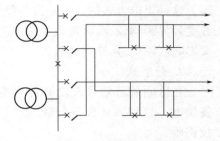

图 7.4　双线放射式供电接线原理图

有的地方同杆架设两回架空线路，一回做普通线，一回做专用线。一般用户接在普通线上，重要用户接在专用线上。这样，由于电源不足需要停电时，可以只停普通用户，不用停重要用户，但普通线的负荷很重，重要用户负荷很轻，从电网的概念看是很不经济的。

（五）双线拉手环式

双线拉手环式供电接线原理图如图 7.5 所示。双"T"接，这种接线两端有电源，从理论上说，供电可靠性很高，但造价过高，很少采用，这里不做详细介绍。

五、铁路自动闭塞供电方式

由铁路变配电所、自动闭塞高低压电力线路及变配电设备组成的铁路自动闭塞电力系统，为铁路行车信号提供电源，对提高铁路运输效率、保证行车安全具有重要作用。

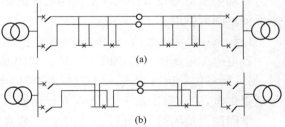

图 7.5　双线拉手环式供电接线原理图

（一）自动闭塞电力系统的组成及特点

在自动闭塞区段，铁路区段站或地方电源较可靠的中间车站，每隔 40～60 km 就设有一座电力配电所，由地方变电站引来的外部电源，经铁路配电所所内隔离调压器，向区间送电（电压等级一般为 10 kV），并与相邻配电所进行互供，形成双端供电网络，经由变压器向信号设备供电，变压器及以上称为高压系统。连接两相邻配电所的高压电力线路称为自动闭塞高压电力线路，由该线路在区间或车站接引的信号变压器将 10 kV 变成 380/220 V，经由低压线路供车站或自闭信号用电。这样，由铁路电力配电所、10 kV 电力线路、信号变压器和低压线路就构成了自动闭塞电力系统。

自动闭塞电力系统是专供行车信号设备用电的，采用对地绝缘系统。传输功率较小、传输距离较远且随铁路沿线分布，采用两端供电式配电网络和双回式配电网络。为了保证行车信号可靠用电，必须尽量减少系统干扰。自动闭塞供电系统采用对地绝缘的电力系统，可以减少其他电力系统大（故障）电流通过地线侵入引起的干扰，避免大系统（故障）电流引起信号设备误动作所造成的行车事故。其另一个优点是，不论是高压或低压系统，某一点接地时，仍能维持供电一段时间而不影响行车信号使用。

（二）区间信号设备的供电运行方式

区间信号设备的供电方式一般来说可分为集中式和分散式两种。

1. 集中式

信号专用变压器设置在车站，以 380/220 V 电源送至信号楼，由信号楼向区间信号提供电源。这种供电方式的优点是设备设置简单、可靠，区间没有电力变压器、互供装置和低压电力线受外界影响较少，因而发生故障的几率小，维护费用较少。缺点是车站信号停电既影响本站又影响区间信号，影响面较大。

2. 分散式

在区间的各信号点设有信号专用变压器。通过电力互供箱和电务继电器箱向信号设备供电。这种方式设备分散、点多、线长，受外界影响较大，故障几率大，事故处理、故障查找困难。

在三显示自动闭塞区段中，当某一闭塞分区被列车占用时，该分区入口端的通过色灯信号显示红灯，接近红色灯光前一个闭塞分区入口端的通过色灯信号显示黄灯，接近黄色灯光前的一个闭塞分区入口端的通过色灯信号显示绿色灯光，接近绿色灯光前的色灯信号显示绿色灯光。显然如果某一信号机处中断供电，必然打乱整个闭塞分区的信号显示，使正常的运输秩序受到破坏。

（三）供电电源的互供方法

自动闭塞信号设备中断供电将使正常运输秩序受到破坏，因此，必须有电力互供设备装置来保证不间断供电。

1. 10 kV 单回电力线路自动闭塞供电系统

各电力配电所间只有单回 10 kV 自动闭塞电力线路，两相邻配电所之间一般采用一所主供，另一所备供的运行方式。当主供所故障停电时，备供所自投装置动作，由备供所向区间信号负责供电，完成高压系统主、备用互供切换。

单回路自动闭塞区段低压互供方式一般采用三点三线式低压联络互供、三点二线式低压联络互供、点集式低压联络互供、分散式低压联络互供 4 种供电方式。

2. 10 kV 双回电力线路自动闭塞供电系统

各配电所之间有双回 10 kV 电力线路（一回自动闭塞线，一回电力贯通线）。两相邻配电所之间一般采用每所各主供一回的运行方式，每所同时做另一回路的备用。

双回 10 kV 电力线路区段的互供装置是从自动闭塞电力线和电力贯通线分别取一路电源进入本点互供箱，进行横向互供。

（四）自动闭塞电力系统的供电可靠性

自动闭塞信号供电的可靠性涉及高压系统、互供方式和信号设备的供电方式 3 个方面。

1. 高压系统

10 kV 单回路供电系统在铁路沿线两配电所之间只有一路电源，由于长大线路沿铁路线分布设置条件恶劣，故障几率相当高。当 10 kV 线路发生短路故障，该供电臂主送电的配电所开关跳闸，备供所自投不成功，故障不处理完就不能恢复整个供电臂（40～60 km）所带的信号供电。10 kV 双回路供电系统在两配电所之间有两路电源，相对于信号用电设备来说，两路电源同时停电的几率低得多。当一回路发生故障停电时，另一回路仍能正常供给信号负荷供电，因此双回路供电可靠性比单回路高得多。

2. 互供方式

三点三线式、三点两线式和分散式互供装置是单回路自动闭塞供电线路区段弥补可靠性、减少故障停电时间的部分技术措施。它们在高压线路发生故障后，靠事故处理人员查出故障，并采用拉开线路隔离开关切除故障的办法来恢复无故障区段的供电。点集式互供装置与上述互供装置相比采用了车站的其他电源，但由于铁路沿线大部分是农用等电源，对信号用电来说其可靠性并无明显的提高。

双回路互供装置直接在信号用电点，分别在自动闭塞、贯通双回高压线路上接引的两台变压器低压侧进行横向联络互供，当一回 10 kV 线路发生故障后，自动切换由另一回路电源供电，而不影响信号正常显示，其可靠性是比较高的。

3. 信号设备的供电方式

采用分散式或集中式的供电方式是进一步提高信号供电可靠性的关键环节。由于集中式供电区间设信号变压器（包括高压保险部分开关和避雷器）和互供装置等低压设备，与分散式供电相比，这种供电方式大大减少了这些设备本身和外界造成故障停电的几率。因此，集中式供电可靠性高于分散式。

目前来说，自动闭塞信号采用集中式供电和 10 kV 双回路电力线路横向互供的设备设置，是供电可靠性高、满足信号不间断供电要求和确保运输生产正常进行的有效办法。

第二节　架空线路的结构组成

架空电力线路由电杆、导线、横担、金具、绝缘子和拉线等主要器件构成，其构成如图 7.6 所示。各器件作用如下。

（1）电杆：用来支持绝缘子和悬挂导线，并保持导线对地面和其他障碍物或建筑物有足够的高度和水平距离，保证设备的正常运行及人身安全。

（2）导线：传导电流，输送电能。

（3）横担：作为瓷绝缘子的安装架，装在电杆的上端，用来固定架设导线。

（4）金具：在敷设架空线路中架空电力线路，将绝缘子和导线悬挂或拉紧在杆塔上，用于导线、地线的连接，防震及拉线杆中拉线的紧固与调整等。

（5）绝缘子：用于固定导线，并使导线之间，导线与大地之间保持绝缘。

（6）拉线：由于架线以后，会发生受力不平衡现象，因此，应采用拉线来稳固电杆。

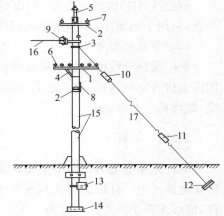

图 7.6　架空线路的构成

1—低压横担；2—高压横担；3—拉线抱箍；
4—横担支撑；5—高压杆头；6—低压针式绝缘子；
7—高压针式绝缘子；8—低压蝶式绝缘子；
9—悬式蝶式绝缘子；10—接紧绝缘子；
11—花篮螺栓；12—地锚（拉线盘）；
13—卡盘；14—底盘；15—电杆；
16—导线；17—拉线

一、导　线

（一）导线的结构

导线的功能用于输送电能，是电力线路的主要组成部分，经常受风、冰、雨、雪及大风温度变化的作用，还可能受到周围空气所含化学杂质的侵蚀，因此，它不但要具有良好的导电性能，同时还应具备机械强度高、抗腐蚀性强、质轻价廉等特点。

架空线路的导线,通常采用 LJ 型硬铝绞线和 LGJ 型钢芯铝绞线,截面不应小于 16 mm²。一般电压 6～10 kV 的高压架空线路的铝线截面不应小于 35 mm²,钢芯铝线的截面不应小于 25 mm²,35 kV 的线路不应小于 35 mm²。

架空线路的导线,按结构可分为单股导线、多股导线和空心导线;按导线使用的材料可分为铜线、铝绞线、钢芯铝绞线、铝合金绞线和钢绞线。各种裸导线的构造如图 7.7 所示。

(a) 单股线　　(b) 同一种金属的多股绞线　　(c) 两种金属的多股导线

图 7.7　各种裸导线的构造

铝绞线(LJ)电导率高,质轻价廉,但机械强度差,耐腐蚀性差,多用于档距不大的 10 kV 及以下的架空线路。

钢芯铝绞线(LGJ)就是将多股铝线绕在钢芯外层。由于集肤效应,电流主要从铝导线通过,而机械载荷主要由钢芯承担。因其机械强度大,在架空线路中广泛应用。

铝合金绞线(LHJ)机械强度大,防腐蚀性能好,电导率高,应用于一般输配电线路。

铜绞线(TJ)电导率高于铝绞线,机械强度大,防腐蚀性能好,但是成本高。

钢绞线(GJ)机械强度高,但电导率差且易生锈,集肤效应严重,只用于电流小、年利用率低的线路及避雷线。

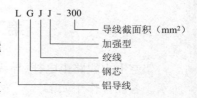

(二)导线的型号

架空线路导线的型号由导线材料、结构、载流截面积 3 部分表示。其中,导线材料和结构用汉语拼音字母表示;载流截面积用数字表示,单位是 mm²。例如,LGJJ-300 加强型钢芯铝绞线,截面积为 300 mm²。

二、电　杆

电杆是架空电力线路中架设导线的支撑物,把它埋设在地上,装上横担及绝缘子,导线固定在绝缘子上。杆塔的形式与线路电压等级、线路回路数、线路的重要性、导线结构、气象条件、地形地质条件等因素有关。为防止大风雨季节里电杆折断,要求电杆应具有足够的机械强度并经久耐用,同时还应价廉,便于搬运和架设。

按其材料的不同可分为钢筋混凝土杆、木杆、金属杆(铁杆、铁塔)等。目前木杆塔重量轻,施工方便,成本低,但易腐朽,使用年限短,已基本不用。金属杆较牢固,使用年限长,但消耗钢材多,易生锈腐蚀,造价和维护费用大,主要用在超高压、大跨越的线路及某些受力较大的塔杆上。钢筋混凝土杆经久耐用,造价较低,维护费用低,节省大量木材和钢材,而且机械强度较高,使用最为广泛。按杆塔的用途和作用可分为直线杆塔、耐张杆塔、转角杆塔、终端杆塔、分支杆塔、跨越杆塔等,各种杆塔在线路中的特征及应用如图 7.8 所示。

输电线路,各参数含义如下(图 7.9):

档距——相邻杆塔导线悬挂点之间的水平距离称为档距,用字母 L 表示。

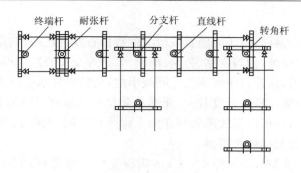

（a）各种杆塔的特征

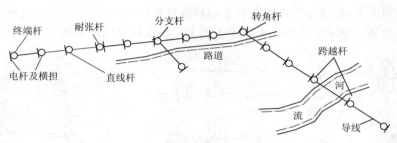

（b）各种杆塔在线路中的应用

图 7.8 各种杆塔在线路中的特征及应用

弧垂——导线上任意点到悬挂点连线之间在铅垂方向的距离,用字母 f 表示,一般情况下,弧垂特指一档距内的最大弧垂。

限距 —— 导线到地面的最小距离,用字母 h 表示。

耐张段 —— 两个耐张杆塔之间的距离。

（一）直线杆塔

直线杆塔(又叫中间杆),位于线路的直线段上,仅作支持导线、绝缘子和金具用。承受线路的垂直载荷(如重力)和水平载荷(如风荷),不能承受顺线路方向的导线拉力。当杆塔一侧发生断线时,它

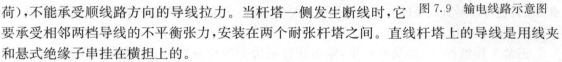

图 7.9 输电线路示意图

要承受相邻两档导线的不平衡张力,安装在两个耐张杆塔之间。直线杆塔上的导线是用线夹和悬式绝缘子串挂在横担上的。

直线杆塔在架空线路中用得最多,约占杆塔数的 80% 左右。直线杆塔如图 7.10 所示。

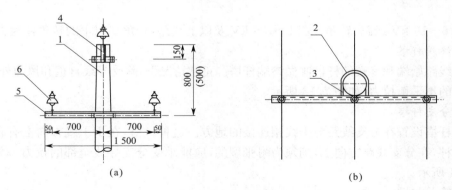

图 7.10 直线杆塔(mm)

1—电杆;2—U 形抱箍;3—M 形抱铁;4—杆顶支座抱箍;5—横担;6—针式绝缘子

(二)耐张杆塔

耐张杆塔(又叫承力杆),位于线路直线段上的数根直线杆之间,或位于有特殊要求的地方(架空导线需要分段架设处,如与铁路、公路、河流、管道等交叉处),这种电杆机械强度较大,能够承受一侧导线的拉力,在运行中可能发生断线事故,而使电杆承受拉力。为了防止故障的扩大,必须在一定距离处装设机械强度较大、能够承受拉力的电杆,这种杆塔叫做耐张杆塔。这样,当发生断线事故时,就可以把故障限制在两个耐张杆之间,起线路分段和控制事故范围的作用。耐张杆的强度比直线杆大得多。

一般耐张段为 1~2 km,即每隔 1~2 km 需设立一个耐张杆,但在施工与运行条件许可时,耐张段可以适当延长。

正常工作情况下,耐张杆所承受的荷重与道线杆相同,在事故情况下承受断线拉力。耐张杆上的导线要用悬式绝缘子或碟式绝缘子来固定。耐张杆塔构造如图 7.11 所示。

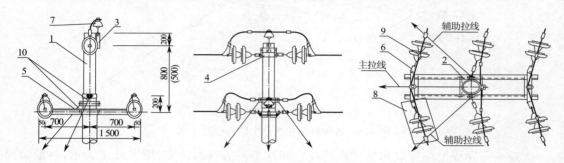

图 7.11　耐张杆塔构造(mm)

1—电杆;2—M 形抱铁;3—杆顶支座抱箍;4—拉线及中导线抱箍;5—横担;
6—拉线;7—针式绝缘子;8—耐张绝缘子串;9—并沟线夹;10—拉线

(三)转角杆塔

线路所经的路径尽量走直线,但还是不可避免会有一些改变方向的处所,该处所叫做转角,设在转角处的杆塔就叫转角杆塔。转角杆塔随着转角的大小(15°,30°,60°,90°)可以是耐张型的,也可以是直线型的。如果采用直线型时,就要在拉力不平衡的反方向上装设拉线,以平衡这个不平衡拉力。

正常工作情况下,所受的荷重,除耐张杆塔所受的荷重之外,还承受导线拉力的角度合力(由于杆塔两边导线的拉力不在一条直线上,而产生的不平衡拉力),如图 7.12 所示。

一般 6~10 kV 线路、转角 30°以下,35 kV 及以上线路、转角 5°以下的转角杆为直线型。

(四)终端杆塔

设在线路始端和终端的杆塔叫做终端杆塔。正常情况下,除受导线自重和风力外,还能承受单方向的不平衡拉力,如图 7.13 所示。

(五)分支杆塔

分支杆塔设置在分支线路与干线相连接的地方。这种杆塔,在主干线方向上有直线型与耐张型两种,在分支线路方向上,则须为耐张型的,应能承受分支导线全部的拉力。分支杆塔如图 7.14 所示。

(六)跨越杆塔

跨越杆塔用于线路跨越铁路、河流、山谷及其他交叉跨越的地方。当跨越档距较大时,采用特殊设计的跨越杆塔。它比普通电杆高,承受力较大,故一般要增加人字或十字拉线补充强度。

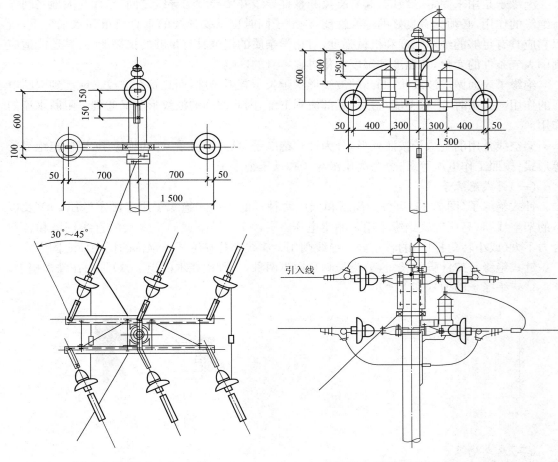

图 7.12 转角杆塔(转角 30°～45°)(mm) 　　　　图 7.13 终端杆塔(架空引入)(mm)

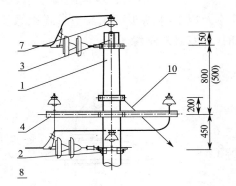 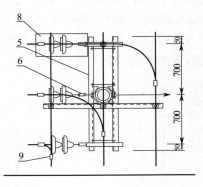

图 7.14 分支杆塔(mm)

1—电杆;2—M形抱铁;3—杆顶支座抱箍;4—横担;5—横担;6—拉线;

7—针式绝缘子;8—耐张绝缘子串;9—并沟线夹;10—拉线

三、绝缘子

绝缘子是用来固定导线的,起着支撑和悬挂导线并使导线与导线之间,导线与大地之间保持绝缘的作用,必须具有良好的绝缘性能;绝缘子同时也承受导线的垂直荷重和水平荷重,所以它应具有足够的绝缘强度和机械强度,对化学杂质的侵蚀具有足够的抗御能力;其还能适应周围大气条件的变化,如温度和湿度变化对它本身的影响。

绝缘子表面做成波纹状,凹凸的波纹形状延长了爬弧长度,而且每个波纹又能起到阻断电弧的作用。大雨时,雨水不能直接从上部流到下部,因此凹凸的波纹形状又起到了阻断水流的作用。

架空线常用的绝缘子按照外形,分为针式绝缘子、悬式绝缘子、蝶式绝缘子、瓷横担绝缘子等形式;按照工作电压等级,分为高压绝缘子和低压绝缘子。

(一)针式绝缘子

针式绝缘子(图 7.15)可分为高压和低压两种。低压针式绝缘子用于额定电压1 kV及以下的架空线路;高压针式绝缘子用于额定电压 3~10 kV 导线截面不太大的直线杆塔和转角合力不大(或小转角杆塔)的转角杆。导线则用金属线绑扎在绝缘子顶部的槽中使之固定。

针式绝缘子按针脚的长短,分为长脚和短脚两种,长脚用在木横担上,短脚用在铁横担上。

针式绝缘子的型号如下所示。

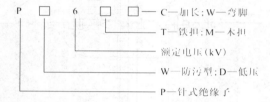

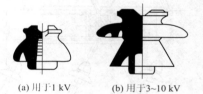

(a) 用于1 kV　　(b) 用于3~10 kV

图 7.15　针式绝缘子

(二)悬式绝缘子

悬式绝缘子(图 7.16)使用在各级线路上的耐张、转角和终端杆上,承受拉力的作用。广泛用于电压为 10 kV 的线路上。悬式绝缘子是一片一片的,使用时组成绝缘子串,通常由多片悬式绝缘子组成绝缘子串使用。当导线在LJ70 及以下时,常用 X4.5 型悬式绝缘子与蝶式绝缘子配合使用,在 LJ95 及以上导线或大跨越时,用双悬式绝缘子。

悬式绝缘子的型号如下所示。

图 7.16　悬式绝缘子

(三)蝶式绝缘子

蝶式绝缘子按使用电压等级,分为高压和低压两种,低压蝶式绝缘子用于额定电压 1 kV

及以下的架空线路;高压蝶式绝缘子用于额定电压 3～10 kV 架空线路,还与悬式绝缘子配合使用,更多的用于低压线路终端,耐张及转角等承受较大拉力的杆塔上。这种绝缘子制造简易、廉价。蝶式绝缘子的型号如右所示。

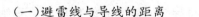

E □ 6 □

- 尺寸大小的代号
- 额定电压(kV)
- D—低压
- E—蝶式绝缘子

（四）瓷横担绝缘子

瓷横担绝缘子两端为金属,中间是磁质部分,能同时起到横担和绝缘子的双重作用,有较高的绝缘水平,是一种新型绝缘子结构,主要应用于 60 kV 及以下线路,并逐步应用于 110 kV 及以上线路。

瓷横担绝缘子的型号如右所示。

CD10 － 1～8

- 产品序号
- 额定电压(kV)
- 瓷横担绝缘子

四、避 雷 线

避雷线的作用是将雷电吸引到自身,并将雷电流安全引入大地,从而保护架空线路免受雷击。避雷线又称架空地线,一般采用钢绞线。

（一）避雷线与导线的距离

1. 对边导线的保护角

对边导线的保护角如图 7.17 所示,对边导线的保护角应满足

$$\alpha = \arctan \frac{S}{h}$$

式中　α——对边导线的保护角,α 的值一般取 20°～30°。

　　　　S——导线与避雷线之间的水平位移,m,水平位移 S 应满足表 7.1。

　　　　h——导线与避雷线之间的垂直位移,m。

表 7.1　上下层之间的水平位移　　　　　　　　　　　　　　　　单位:m

线路电压(kV)	35	60	110	220	330	500
设计冰厚度 10 mm	0.2	0.35	0.5	1.0	1.5	1.75
设计冰厚度 15 mm	0.35	0.5	0.7	1.5	2.0	2.5

2. 双避雷线的保护高度(图 7.18)

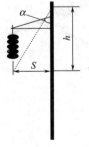

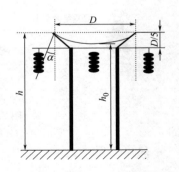

图 7.17　对边导线的保护角　　　　　　图 7.18　双避雷线的保护高度

双避雷线的保护高度应满足:

$$h_0 = h - \frac{D}{4p}$$

式中　h_0——两避雷线间保护范围上部边缘最低点的高度,m。

　　　　h——避雷线的高度。

　　　　D——两避雷线间的距离,不应超过避雷线与中间导线高度差的 5 倍。

　　　　p——高度影响系数。

（二）避雷线在防雷措施方面的功能

（1）防止雷直击导线。雷击塔顶时避雷线对雷电有分流作用,减少流入杆塔的雷电流,使塔顶电位降低。

（2）对导线有耦合作用。避雷线可降低雷击塔顶时塔头绝缘上（绝缘子串和空气间隙）的电压。

（3）对导线有屏蔽作用。避雷线可降低导线上的感应过电压。

五、金　　具

金具是用来固定导线、绝缘子、横担等的金属部件,是用于组装架空线路的各种金属零件的总称。以下是常用的几种金具,分别介绍如下:

（1）悬垂线夹。悬垂线夹［图 7.19(a)］的主要作用是将导线固定在直线杆塔的悬垂绝缘子串上或将避雷线固定在非直线杆塔上。

（2）耐张线夹。耐张线夹［图 7.19(b)］的主要作用是将导线固定在非直线杆塔的耐张绝缘子串上或将避雷线固定在直线杆塔上。

（3）接续金具。接续金具用于架空电力线路导线或避雷线的接续和修补,按结构形式和安装方法的不同分为压缩型、螺栓型和预绞丝式 3 类,其中压缩型又可分为液压、爆压和钳压 3 种。

（4）连接金具。利用连接金具将绝缘子组装成串或将线夹、绝缘子串、杆塔横担相互连接。

（5）保护金具。保护金具包括防振保护和绝缘保护两种。防振保护金具用于防止因风引起导线或避雷线周期性的振动而造成导线、避雷线、绝缘子串乃至杆塔的损害,其形式有护线条、防振锤、阻尼线等。护线条是加强导线抗振能力的,防振锤、阻尼线则是在导线振动时产生与导线振动方向相反的阻力,以削弱导线振动的。

绝缘保护金具有悬重锤,用于减少悬垂绝缘子串的偏移,防止其过分靠近杆塔。

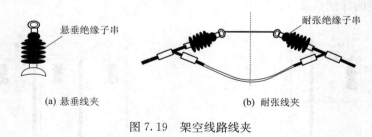

　　(a) 悬垂线夹　　　　　　　　　　　　(b) 耐张线夹

图 7.19　架空线路线夹

六、拉　　线

架空线路的电杆在架线以后,会发生受力不平衡现象,因此必须用拉线稳固电杆。此外,当电杆的埋设基础不牢固时,也常使用拉线来补强;当负荷超过电杆的安全强度时,也常用拉线来减少其弯曲力矩。拉线按用途和结构可分以下几种:

（1）普通拉线（又叫尽头拉线）,用于线路的耐张终端杆、转角杆和分支杆,主要起拉力平衡的作用。普通拉线与电杆的夹角一般采用45°,受地形限制时可适当减小,但不应小于30°。

(2)转角拉线,用于转角杆,主要起拉力平衡作用。

(3)人字拉线(又叫两侧拉线),用于基础不坚固和交叉跨越加高杆或较长的耐张段(两根耐张杆之间)中间的直线杆上,主要作用是在狂风暴雨时保持电杆平衡,以免倒杆、断杆。

(4)四方拉线(又叫十字拉线),一般装于顺线路方向和直线路方向的四个方位,以增强耐张单杆和土质松软地区电杆的稳定性。

(5)高桩拉线(又叫水平拉线)。凡拉线延方向遇有障碍(如道路、小河或建筑物等)不能就地安装接线时,采用高桩拉线应保持一定高度,以免妨碍交通。

(6)自身拉线(又叫弓形拉线)。为防止电杆受力不平衡或防止电杆弯曲,因地形限制不能安装普通拉线时,可采用自身拉线。

上述几种拉线的种类如图7.20所示。

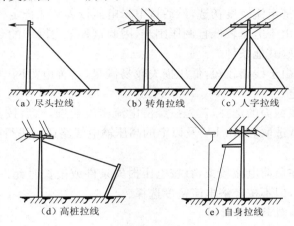

(a)尽头拉线　　(b)转角拉线　　(c)人字拉线

(d)高桩拉线　　　　(e)自身拉线

图 7.20　拉线的种类

第三节　导线的选择

一、架空线路适用的导线种类

架空线路应采用多股裸导线,如果线路的输送功率大,导线截面积大,对导线的机械强度要求高时,可采用钢芯铝导线(钢芯铝导线广泛采用在35 kV及以上的线路中)。

在电压220 kV及以上的线路,为了减少电晕和对无线电的干扰,提高线路的输电能力,多采用分裂导线。

低压配电线路可使用单股裸铜导线,用电单位厂区内的线路一般采用外包绝缘导线。除低压配电线路使用外包绝缘导线外,架空线一般采用裸露导线。

二、架空线路导线截面选择

导线截面的选择对电网技术、经济性能影响很大,在选择导线截面时,既要保证供电安全可靠,又要充分利用导线的负荷能力。因此,要综合考虑技术、经济效益来选择合理的导线截面积。

(一)导线截面选择原则

1. 按经济电流密度选择

由于传输距离远、容量大、运行时间长、年运行费用高,输电线路和高压配电线路导线面积一般按经济电流密度选,以保证年运行费用最低。

2. 按长时允许电流选择

保证导线在最大允许负荷电流下长时工作不致过热。

3. 按允许电压损失选择

使线路电压损失低于允许值,以保证供电质量。

4. 按机械强度条件选择

由于架空线路要受到自身重力及大自然的外力作用,所以要求架空线路具有一定的机械强度。

根据架空线路导线截面选择的基本原则,在导线截面选择时要针对不同的电力网特点,灵活运用技术经济条件,合理选择。电力网分类如下:

(1)区域电力网。这种电力网的特点是电压高,线路较长,输送容量与最大负荷利用小时数都较大,首先应按经济电流密度初选,然后按电晕电压校验和热稳定校验。

(2)地方电力网。由于电压较低且调压困难,因此这种电力网中的导线截面按电压损失为首要条件来选择,再校验其他条件。

(3)低压配电网。由于线路较短,低压损失较易满足,这种电力网中的导线截面主要按热稳定和机械强度来决定。

高压架空线路导线截面的选择,首先按经济电流密度初选,然后按其他条件进行校验,最后按各种条件中最大者选取。110 kV 及以上的高压输电线路还应进行电晕电压校验,才能决定最小允许截面积。

低压架空线路往往负荷电流较大,宜按电压损失条件或按长时允许电流条件选择导线截面,再按其他条件校验,但不按经济电流密度选择。

(二)架空电力线路截面选择计算

1. 按机械强度选择导线截面

由于架空线路架设在大气中,导线要经受各种外界不利的条件,如风、冰、雪、雨及温度变化及周围空气中含有对导线有腐蚀作用的物质等,因此要求导线必须具有足够的机械强度,以保证安全可靠运行。

架空线的最小允许截面应满足表 7.2 的规定,以防止架空线受自然灾害条件影响发生断线。

表 7.2　架空导线按机械强度要求的最小允许截面　　单位:mm²

导线材料种类	6~35 kV 架空线		1 kV 以下线路
	居民区	非居民区	
铝绞线及铝合金导线	35	25	25
钢芯铝绞线	25	16	25
铜线	16	16	φ4.0 mm

注:1. 与各种工程交叉施工时,铝绞线及铝合金最小截面为 35 mm²,其他不小于 16 mm²。

2. 高压配电线路不应使用单股铜导线。

3. 裸铝绞线及铝合金线不应使用单股线。

4. 避雷线均采用镀锌钢绞线,其最小允许截面为 25 mm²。

2. 按经济电流密度选择导线截面

架空线路的导线截面,一般按照经济电流密度选择。按经济电流密度选择导线截面时,必须综合考虑投资和年运行费这两个方面的因素。为了降低功率和电能损耗,导线截面积越大损耗越小,但初期投资增加。从降低投资、折旧费、利息的角度,则希望截面积越小越好,但必须保证供电质量和安全。另外,导线截面积大小对电网的运行费用有密切关系,按经济电流密度选择导线截面可使年综合费用最低,年综合费用包括电流通过导体所产生的年电能损耗费、导电投资、折旧费和利息等。综合这些因素,使年综合费用最小时,所对应的大小截面称为经济截面 S,对应的电流密度称为经济电流密度 J。

经济电流密度受线路类型、电压、地形、负荷性质、电站造价、发电成本、电能利用小时、维修折旧费、流动资金周转率等许多因素影响,这些因素都是随着国家在不同时期的技术经济政策,并考虑多方面的因素后加以确定的。我国现行的经济电流密度见表 7.3。

表 7.3　我国现行的经济电流密度　　　　　　　　　　单位:A/mm²

导线材料 J　　T_{max}/h		1 000~3 000	3 000~5 000	5 000 以上
裸导体	铜	3.00	2.25	1.75
	铝(钢芯铝线)	1.65	1.15	0.90
	钢	0.45	0.40	0.35
铜芯纸绝缘电缆、橡皮绝缘电缆		2.5	2.25	2.00
铝芯电缆		1.92	1.73	1.54

年电能损耗与年最大负荷利用小时数 T_{max} 有关,所以经济电流密度 J 与 T_{max} 有关。按经济电流密度选择导线截面应首先确定 T_{max},然后根据导线材料查出经济电流密度 J,按线路正常运行最大长时工作电流 I_{max},由下式计算出导线经济截面 $S(\text{mm}^2)$:

$$S=\frac{I_{max}}{J}=\frac{p}{\sqrt{3}JU_e\cos\varphi}$$

式中　p——输送容量,kW。

　　　S——经济截面积,mm²。

　　　I——最大负荷电流,A。

　　　J——经济电流密度,A/mm²。

从相关手册中选取一种与 S 最接近的标准截面的导线,然后再按其他技术条件校验截面是否满足要求。

(1)机械强度校验

为了保证电力运行安全可靠,一切电压等级的电力线路都应具有必要的机械强度。对于跨越河流、运河、山谷、通信线路和居民区的线路,其导线截面不应小于 35 mm²。通过其他地区的线路最小允许截面:35 kV 以上线路为 25 mm²;35 kV 及以下线路为 16 mm²,具体见表 7.2。

(2)热稳定校验

一切电压等级的电力线路都要按照发热条件校验导线截面。所选导线的最大允许持续电流应大于该线路在正常或故障后运行方式下可能通过的最大持续电流。

按热稳定要求的导体最小截面为

$$S_{min}=\frac{I_{\infty}}{C}\sqrt{t_i}$$

式中　C——热稳定系数。

I_∞——稳态短路电流。

t_i——假想时间。

（3）电压损耗校验

对于 10 kV 及以下电压等级的线路，如果电压调整问题不能或不宜（经济上不合算）由别的措施解决时，可按允许电压损耗选择导线截面。但是要注意，如果导线截面已大于 95 mm²，继续增大导线截面对降低电压损耗的作用就不大了。对于 35 kV 及以上电压等级的线路，一般都不采用增大导线截面的办法来减少电压损耗。

【例 7.1】　有一条额定电压为 10 kV，长度 L 为 3 km，距离为 1 m 的钢芯铝绞线，供一集中负荷为 896 kW，功率因数为 0.9 的车间，最大利用小时数为 4 500，容许电压损耗为 5%，求经济电流截面。

【解】　按照 $J_{max}=4\,500$，查表 7.3 得出，$J_{ec}=1.15$ A/mm²。

导线经济截面为

$$S=\frac{I_{max}}{J}=\frac{p}{\sqrt{3}\,JU_e\cos\varphi}=\frac{896}{\sqrt{3}\times1.15\times10\times0.9}=50$$

所以取 LGJ-50 通过导线的电流：

$$I=50\times1.15=57.5(\text{A})$$

查电工手册，知 LGJ-50 导线容许载流量为 220 A，大于 57.5 A，故选定的导线截面满足发热要求，同时可得：$r_0=0.65$ Ω/km，$X_0=0.353$ Ω/km。线路参数为

$$R=r_0L=0.65\times3=1.95(\Omega)$$
$$X=X_0L=0.353\times3=1.06(\Omega)$$

线路的功率损耗：

$$\Delta P=3I^2R\times10^3=3\times57.5^2\times1.95\times10^3=19.3(\text{kW})$$

负荷视在功率：

$$s=p/\cos\varphi=896/0.9=995.5(\text{kV}\cdot\text{A})$$

线路电压损耗：

$$Q=\sqrt{s^2-p^2}=\sqrt{995.5^2-896^2}=433.8(\text{kVar})$$
$$\Delta u=(pR+qX)/U_e=(896\times1.95+433.8\times1.06)/10=220(\text{V})$$

电压损耗的百分比：

$$\Delta U\%=\Delta u/U_e\times100\%=220/10\,000\times100\%=2.2\%<5\%$$

所以选择的 LGJ-50 导线符合电压损耗的要求。

3. 按长时允许电流选择导线截面

电流通过导线将引起导线发热，当导线通过的电流超过其允许通过的电流时，将使导线过热，严重时会引起火灾和其他事故。因此，选择导线截面应使导线的长时允许电流大于线路长时最大工作电流（包括故障情况），即

$$I_{al}\geqslant I_{max}$$

表 7.4 为环境温度 25 ℃（标准温度）下的导线长时允许载流量，当环境温度为 θ_0 时，导线的长时允许载流量应按下式进行修正：

$$I'_{al}=I_{al}\sqrt{\frac{\theta_m-\theta'_0}{\theta_m-\theta_0}}=I_{al}K$$

式中　I'_{al}——环境温度为 θ'_0 时的长时允许电流，A；

I_{al}——环境温度为 θ_0 时的长时允许电流，A；

θ_0'——实际环境温度，℃；

θ_0——标准环境温度，℃，一般为 25 ℃；

θ_m——导线最高允许温度，℃；

K——电流修正系数，其值可参阅相关标准。

表 7.4　裸导线的长时允许电流（环境温度为 25 ℃，导线最高允许稳定 70 ℃）　　单位：A

铜　　线			铝　　线			钢芯铝线	
导线型号	长时允许电流		导线型号	长时允许电流		导线型号	室外长时允许电流
	室内	室外		室内	室外		
TJ-4	50	25	LJ-16	105	80	LGJ-16	105
TJ-6	70	35	LJ-25	135	110	LGJ-25	135
TJ-10	95	60	LJ-35	170	135	LGJ-35	170
TJ-16	130	100	LJ-50	215	170	LGJ-50	220
TJ-25	180	140	LJ-70	265	215	LGJ-70	275
TJ-35	220	175	LJ-95	325	260	LGJ-95	335
TJ-50	270	220	LJ-120	375	310	LGJ-120	380
TJ-70	340	280	LJ-150	440	370	LGJ-150	445
TJ-95	415	340	LJ-185	500	425	LGJ-185	515
TJ-120	485	405	LJ-240	610	—	LGJ-240	610
TJ-150	570	480	LJ-300	680	—	LGJ-300	700
TJ-180	645	550	—	—	—	—	—
TJ-240	770	650	—	—	—	—	—

注：表中 TJ—硬铜绞线；LJ—硬铝绞线；LGJ—钢芯铝绞线；横线后的数字表示导线的截面（mm²）。

4. 按允许电压损失选择导线截面

电流通过导线时，除产生电能损耗外，由于线路上有电阻和电抗，还要产生电压损失等，使线路末端电压低于首端电压，影响电压质量。当电压损失超过一定的范围后，将使用电设备上的电压过低，严重影响用电设备的正常运行。按规定，高压配电线路的电压损失一般不得超过线路额定电压的 5%；从母线到用电设备的线路损耗，一般不得超过用电设备额定电压的 5%。所以，要保证设备的正常运行，必须根据线路的允许电压损失来选择导线截面。

线路的电压损失是指线路始、末两端电压的有效值之差，以 ΔU 表示，则

$$\Delta U = U_1 - U_2$$

如果以百分数表示，则

$$\Delta U\% = \frac{U_1 - U_2}{U_N} \times 100\%$$

在选择导线截面时，实际电压损失 $\Delta U\%$ 不超过允许电压损失 $\Delta U_{al}\%$，即

$$\Delta U\% \leqslant \Delta U_{al}\%$$

为了保证供电质量，对各类电力网规定了最大允许电压损失，见表 7.5。

导线截面为

$$S = \frac{pL}{r\,\Delta U_r\% U_e^2} \times 100\,(\text{mm}^2)$$

式中　p——通过线路的有功功率,kW。

　　　L——线路的长度,km。

　　　r——导线材料的导电系数,m/(Ω·mm²)。

　$\Delta U_r\%$——容许电压损耗中电阻分量%。

表 7.5　电力网最大允许电压损失百分数

电网种类及运行状态	$\Delta U_{al}(\%)$	备　注
1. 室内低压配电线路	1～25	
2. 室外低压配电线路	3.5～5	
3. 厂内部供给照明与动力的低压线路	3～5	1、2 两项之和大于 6%
4. 正常运行的高压配电线路	3～6	4、6 两项之和不大于 10%
5. 故障运行的高压配电线路	6～12	
6. 正常运行的高压输电线路	5～8	
7. 故障运行的高压输电线路	10～12	

【例 7.2】　有一条额定电压为 10 kV 线路,用钢芯铝绞线架设。线间几何均距为 1 m,线路长度 3 km,有功功率 1 500 kW,功率因数为 0.8。试按电压损耗选择导线截面积(容许电压损耗为 5%)。

【解】　视在功率为

$$s=p/\cos\varphi=1\,500/0.8=1\,875(kV\cdot A)$$

无功功率为

$$Q=\sqrt{s^2-p^2}=\sqrt{1\,875^2-1\,500^2}=1\,125(kVar)$$

电抗中的电压损耗:

$$\Delta U_X\%=QX/U_e^2\times100\%=1\,125\times0.38\times3/100\times100\%=1.28\%$$

电阻中的电压损耗:

$$\Delta U_r\%=\Delta U\%-\Delta U_X\%=5\%-1.28\%=3.72\%$$

导线截面积

$$S=\frac{pL}{r\Delta U_r\%U_e^2}\times100=\frac{1\,500\times3\times100}{32\times3.72\times100}\times100=37.8(mm^2)$$

所以选用 LGJ-50 导线,其中 $r_0=0.65$ Ω/km,$X_0=0.353$ Ω/km。

线路实际电压损耗校验

$$\Delta U\%=(PR+QX)/U_e^2\times100\%=(150\times0.65+1\,125\times0.353)/100\times100\%=4.1\%<5\%$$

按发热条件进行校验,线路通过的电流:

$$I=\frac{p}{\sqrt{3}\times U_e\times\cos\varphi}=1\,500/\sqrt{3}\times10\times0.8=108(A)$$

查电工手册(或表 7.4),LGJ-50 导线容许的载流量 220 A,大于 108 A,故选定的导线满足发热条件。

5. 按发热条件选择导线截面

按发热条件来选择导线截面积,应按各种不同运行方式及事故状态下的输送容量进行发热校验,在导线选择时,不应使预期的输送容量超过导线发热所允许的数值。校验截流量时,铝及铝芯铝线在正常情况下不应超过 70 ℃,事故情况下不超过 90 ℃。在导线周围空气温度为 25 ℃时,计算出铝绞线和钢芯铝绞线的持续输送容量分别见表 7.6 和表 7.7。

表 7.6 LGJ 型导线持续输送容量

导线截面(mm²)	持续容许电流(A)	电压(kV·A)		
		0.38	6	10
16	105	69	1 090	1 820
25	135	89	1 404	2 340
35	170	112	1 765	2 940
50	220	145	2 285	3 810
70	275	181	2 860	4 760
95	335	220	3 480	5 800
120	380	—	3 950	6 580
150	445	—	4 630	7 700
185	515	—	5 350	8 900
240	610	—	6 339	10 565
LGLQ-300	710		7 378	12 297
LGLQ-400	845		8 781	14 635

表 7.7 TJ 型导线持续输送容量

导线截面(mm²)	持续容许电流(A)	电压(kV·A)		
		0.38	6	10
16	130	85	1 350	2 250
25	180	119	1 870	3 120
35	220	145	2 285	3 810
50	270	178	2 805	4 675
70	340	224	3 530	5 890
95	415	—	4 310	7 190
120	485	—	5 040	8 400

持续输送容量的计算公式为

$$S_e = \sqrt{3} I_e U_e$$

式中 S_e——持续输送容量,kV·A。

U_e——线路额定电压,kV。

I_e——持续允许电流,A。

如果导线周围平均温度不等于 25 ℃时,应将查得持续输送容量乘以表 7.8 的温度修正系数 K,进行负荷修正。不同周围空气温度下的修正系数 K 见表 7.8。

表 7.8 不同周围空气温度下的修正系数 K

周围空气温度(℃)	5	10	15	20	25	30	35	40
铝导线修正系数 K	1.2	1.15	1.11	1.05	1.0	0.94	0.88	0.81

　　按照发热条件选导线截面积小,在同样条件下,其电压损耗及功率损耗,都大于按经济电流密度选择的导线面积。按照这种方法选择的导线截面积,只是在线路较短的情况下较合适,所以必须进行电压损耗核算。

思　考　题

1. 输电线路的主要任务是什么? 采用超高压输电的优点是什么?

2. 架空输电线路的接线方式有哪几种?

3. 试述铁路自动闭塞的供电方式。

4. 架空线路由哪几部分组成? 各部分起什么作用?

5. 电杆按其在线路位置分为哪几种杆型? 各杆型受力情况如何?

6. 绝缘子和避雷线的作用各是什么?

7. 架空配电线路的拉线有几种? 各用于什么杆?

8. 什么是经济截面? 如何按经济截面密度来选择导线截面?

9. 架空配电线路导线、截面的选择有哪些条件?

10. 有一条额定电压为 10 kV,线路功率因数为 0.8,输电线路长 6 km,线间几何间距为 1 m,供一负荷为 896 kW 的车间,其最大利用小时数为 4 500,容许电压损耗为 5%,求经济电流截面。

第八章　架空线路施工

第一节　施工工艺流程及要求

一、我国架空线路施工技术的发展

进入 21 世纪以来,电网建设得到了加强。电力工业改变了历史上"重发、轻供、不管用"的状况,逐步加大了对电网建设的投入。全国电网从省级电网发展到区域电网,并开启了大规模西电东送、南北互济、全国联网的新时代,主网架电压等级也从 220 kV 提升到 500 kV,基本形成较为完备的 330/500 kV 主网架。

三峡工程的建设标志着中国水电工程技术和装备技术达到了国际领先水平。以三峡至常州 500 kV 直流工程建设为标志,中国直流输电工程已经处于世界前列,基本掌握了工程设计、施工、调试技术。西北 750 kV 电网示范工程的建成,为更高电压等级的电网建设奠定了基础。

随着输变电电压等级的不断提高,送变电施工队伍迅速成长壮大,施工技术水平不断提高,送变电施工从解放初期的马车运输、人抬肩扛、人推绞磨组立杆塔、人力地面拖拽放线等强体力劳动,改革过渡到载重汽车运输、吊车装卸、机动绞磨组立杆塔、牵引机械放线和导地线爆压连接。对于 500 kV 线路的张力放线,有些工程还采用了直升机放线,输电铁塔吊装已开始采用液压提升装置,改进了基础杆塔、架线、运输等主要工序的施工技术,并形成了一整套送电施工工艺的设计理论计算体系。在变电安装方面,随着电网电压等级的提高,安装容量从 35 kV、110 kV 的几百 kV·A 增大到了 500 kV 的 75 万 kV·A。随着电压的提高和容量的增大,相应的施工技术要求也得到发展和提高。施工企业的技术装备逐步提高,特别是改革制造了许多适用的小型机具,形成了我国特有的一套施工工艺,从而提高了送变电工程的安装质量,并缩短了施工工期。

二、架空线路施工的工艺流程

架空线路施工一般可分为准备工作、施工安装、启动验收 3 个阶段。

(一)准备工作

1. 现场调查

施工前对线路沿线进行现场调查非常重要。

(1)沿线自然条件的调查

①沿线各桩位的地形、地貌、地质、地下水的调查,确定各桩位能否利用机械化施工,确定设计选定的杆位、塔位是否适合施工。

②了解沿线气候情况,确定有无雨季积水、洪水和山洪等情况,对运输及施工有无影响。

(2)沿线交叉跨越及障碍物的调查

①了解沿线被跨河流的情况。

②了解沿线被跨公路、铁路的情况。

③了解沿线被跨电力线、通信线的情况。

④了解沿线被跨房屋、树木及其他障碍物的情况。

（3）运输道路、桥梁情况的调查

①了解沿线各桩位运输道路、距离等情况。

②了解沿线河流、桥梁、码头等情况。

此外，还须了解施工队驻地、职工生活设施、材料站、仓库、地方性材料、劳动力等情况。

2. 复测分坑

根据设计提供的杆塔明细表、线路平断面图，对设计终勘定线、转角、高差、杆位进行复测。在此基础上，按基础施工图进行分坑测量。分坑时要定出主桩、辅助桩，在地面上标出挖坑范围，并严格核对基础根开尺寸。

3. 备料加工

输电线路的设备主要有导线、避雷线、绝缘子和金具等，物资部门应根据技术部门编制的设备、材料清册进行订货，明确质量要求、交货期限和到货地点。

输电线路材料有部分要自行安排加工或委托地方加工的，如基础钢筋、地脚螺栓、铁塔、混凝土电杆及铁件（如横担、抱箍等），这个工作要根据工期提前进行，确保施工需要。

（二）施工安装

1. 基础施工及接地埋设

按设计提供的杆塔明细表、杆塔基础配制表、杆塔基础施工图，并按复测分坑放样的位置进行基坑开挖、基础施工，由于杆塔基础的形式很多，所以施工方法和顺序各不相同。但基础都是隐蔽工程，必须严格按质量标准进行验收，并做好记录。

接地装置一般随基础工程同时埋设，或基础工程结束后随即埋设接地装置。

2. 杆塔组立接地安装

杆塔工程一般包括立杆和立塔两部分。杆塔组立后就可将接地装置引出线与杆塔相连接。

3. 导地线架设及附件安装

架线包括导地线的展放、紧线、附件安装等内容。放线前要清理通道，处理交叉跨越等工作，放线时可采用拖地放线，也可采用张力放线，然后进行紧线、附件安装等作业。

（三）启动验收

1. 质量总检

这是施工单位在完工后进行的一道严格的自我检查。工程处根据施工结尾和项目验收情况向公司申请竣工验收，同时提供全部质量检查记录，公司组织有关部门人员做统一的、全面的质量检查。

2. 启动试验

在质量总检中存在的问题全部处理后，进行绝缘测量和线路常数测试。在经批准的启动委员会领导下，进行试送电72 h。

3. 投产送电

线路经72 h试运行良好就可以投产送电。投产前须移交全部工程记录和竣工图。

在施工中，为保证施工人员安全和设备安全，施工人员应该认真执行安全规程，严格按照作业标准进行施工。施工中应遵守施工组织纪律，做到分工明确，一切行动听指挥；遵守劳动纪律,做到坚守岗位,精神集中,尽心尽责完成本岗位工作;遵守技术纪律,坚持按规程操作,坚持按技术规范、技术措施施工。电力施工企业在执行《电力建设安全工作规程(架空电力线路部分)》的同时,在安全管理上应认真执行《电力建设安全健康与环境管理工作规定》。

三、架空线路的施工要求

当前,国家正在倡导保护森林植被,维持生态平衡,在输配电线路施工过程中,尤其是超高压线路工程建设中,要提高人们的环保意识,改进施工方式方法。如何进行环保施工,如何使森林植被得到有效保护,如何将施工对环境的影响降到最低,如何更好地恢复森林植被,减少施工对环境的影响等,是我们施工中必须引起重视的课题。

(一)正确把握地形地貌,减少原始植被损坏

在复测分坑阶段,强调了对塔位、塔坑位置的复测,确认实际与设计的符合性,对边坡的稳定性及边坡保护范围内的植被状况做到了然于胸。另外,针对现场实际情况,按照有效保护原始植被的原则,按照有关程序对基础进行了合理的调整。

(二)基坑开挖阶段,土壤分类存放

在可耕田地段施工时,将从坑中挖出的土分成两类,一类是“生土”,另一类是“熟土”。所谓“熟土”,即可耕农田表层以下 30~40 cm,包含丰富有机肥料,有利于农作物生长的土。“熟土”以外的土叫“生土”。关于生熟土的分类可以根据土壤的颜色深浅区分,这样可以真正做到因地制宜。基坑开挖阶段根据回填顺序分区堆放,并明确标识生熟土。

在高山大岭地段施工时,将从坑中挖出的土也分成两类,一类是“富养土”,另一类是“生土”。所谓“富养土”即地表以下 40 cm 左右,含有树叶草根等腐烂物质的土层(该土层含有草根草种等杂质,易于恢复植被),其余的土即为生土。基坑开挖时将从坑中挖出的土分成两类予以分类存放,并明确标识。

(三)严格控制过程,消除过程污染

(1)合理选择施工道路,减少植被损坏。在山区施工中的工地运输需要砍伐树木修建小运道路,首先尽可能利用原有山路进行拓宽改造,减少对成材树木的砍伐和植被的损坏;合理设置道路宽度,减少不必要的砍伐;根据地势情况,设置合理弯曲路径,避免顺坡度直上直下的道路,以防止形成泥石流冲刷。爱护施工经过的道路,严格做到工完料净场地清,不对道路造成污染,确保施工完毕后的施工道路和施工现场无任何施工和运输废弃物,以便于今后道路上生态的自然恢复。

(2)原材料与地面隔离。沙石料、水泥等原材料,从进入现场开始均采用彩条篷布下铺上盖,尤其对于小运倒运点,也应切实做到。这样可以做到既不污染土壤又不污染材料,避免材料中出现杂质。

(3)合理布置浇制现场,杜绝环境污染。基础浇制过程中,使用彩条篷布隔离现场材料与地面的接触,同时隔离搅拌机、发电机等机械与地面的接触;使用木板和彩条布将运送熟料的小路与地面隔离;使用彩条布将熟料与坑壁隔离(施工中根据进度拆除)。通过以上有效措施避免了生熟料和机械对环境的污染。

另外在生料的搅拌过程中,改变了搅拌方式,采用先搅拌灰浆然后添加生料的方式,这样虽然增加了搅拌时间,但基本避免了搅拌过程中的尘土飞扬污染环境的现象。

(4)工完料净场地清。浇制完毕的现场清理很重要,首先要将彩条布上废弃的渣土清理到一起,对于大开挖基础则予以深埋处理,对于掏挖式基础则集中后予以外运处理。平原地带弃

土予以外运,高山地带外运后覆以"富养土"处理。

对于弃土,可小运到不易冲刷的地方作为放置地,放置地的"富养土",也要及早取出,明确标识并单独存放。在弃土放置完毕后,按照邻近山体的形状做成近似的坡形,在其表层培植"富养土"。

(5)基坑回填先"生"后"熟"("富养土")。对于处于可耕田的基坑回填,首先回填生土并分层夯实,在回填到超出生熟土分界线 10 cm 时即停止,然后回填熟土。这样基础周围基本可恢复原样,即使今后回填土有沉降,也可确保恢复原样。这样"富养土"基本和土壤紧密接触,确保几场雨后,附有养分的"富养土"中就会重新长出小草,植被就会逐渐得到恢复。

(6)构建截水排水网,有效防止水土流失。在雨水充沛、森林茂盛的南方,排水系统是否有效,关系到如何更好地防止水土流失。有效的做法是:

①在基坑开挖过程中,不但对基坑及时用篷布进行覆盖,而且在基坑开挖之前即开挖截水沟和排水沟,解决临时排水问题,消除基坑积水问题。

②在基础施工结束,护坡、护面制作完成后,针对每基不同的地形,结合散水面、汇水面及设计要求,设计每基的排水系统,以保证基坑及护坡和边坡均得到保护,不受冲刷。

③排水沟和截水沟的挖掘也按"生土"和"富养土"分开的办法施工,以利于沟的形状的保持,真正长久地起作用。

④基础护面按地形状况做成与地形相似的斜面,以保证基础上空的雨水及时排出,基础周围不积水。

(四)加强环保教育,提高环保意识

关于环保施工,可以专门制定技术方案,技术交底时加以强调,技术培训和考试时也可列为一项重要内容。

(五)合理砍伐树木,保护森林资源

线路走廊穿过森林的工程虽然采用高跨设计,但很多树木依然因技术的原因需要砍伐。组塔阶段可采用速度较慢的铝合金小抱杆组塔方案组塔,施工场地基本限制在基础周围,可以有效减少无谓的树木砍伐。架线阶段可采用以小引大的办法逐挡牵引升空导引绳,尽量不砍伐通道。

线路架设完毕后,按照林业部门提供的各种树木的自然生长高度,按照运行规程高空逐相逐点测量计算净空距离,地面人员一一对应测量树木实际高度,然后现场确认所砍伐的树木,并明确标识一一记录。这样基本消除了以往运行单位要求"剃光头、铲树根"的现象,避免了无谓砍伐,确保了运行安全。

第二节　施工测量工具

在电力架空输电线路的施工中,为确保施工质量和电力线路的安全运行,要进行多方面的测量工作,主要内容如下:

(1)杆塔主杆基础分坑测量。把杆塔基础坑的位置测定,并钉立木桩作为开挖基础的依据。

(2)拉线基础分坑测量。把杆塔拉线基础坑的位置测定,并钉立木桩作为拉线基础开挖依据。

(3)基础的操平找正和检查。开挖后的基础坑质量,是基坑能否进行基础施工的关键。为了确保各类型基础是建筑在指定的杆塔位置上,必须以杆塔中心桩为依据,对基坑进行质量检查、对施工中的基础进行操平找正。

(4)杆塔检查。对杆塔的组立质量及杆塔本身结构进行检查,保障输送电力能量的支柱安全,确保电力线路安全运行。

(5)弧垂观测和检查。线路设计中,通过严格计算的弧垂值,即可保证对地、对被跨越物有充足的安全距离,又可保证线路应力在许可范围内。施工时,根据设计的弧垂值,计算出观测弧垂,并进行严格观测和检查,才能确保施工质量及保证线路安全运行。

在施工测量中,我们常用的测量工具主要有水准仪、经纬仪。另外,全站仪、全球定位系统(GPS)也逐渐应用于施工测量中。下面,我们对这些测量仪器做简单的介绍。

一、水　准　仪

(一)DS3 型水准仪

DS3 型微倾式水准仪主要由望远镜、水准器、基座等组成,其结构图如图 8.1 所示。

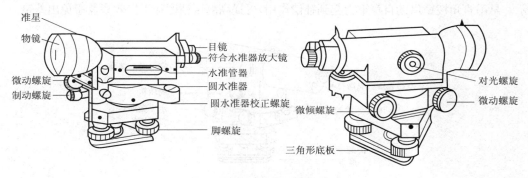

图 8.1　DS3 型水准仪结构图

(1)望远镜。望远镜具有成像和扩大视角的功能,是测量仪器观测远目标的主要部件,其作用是看清不同距离的目标和提供照准目标的视线。

望远镜由物镜、调焦透镜、十字丝分划板、目镜等组成。物镜、调焦透镜、目镜为复合透镜组,分别安装在镜筒的前、中、后三个部位,三者与光轴组成一个等效光学系统。通过转动调焦螺旋,调焦透镜沿光轴在镜筒内前后移动,改变等效光学系统的主焦距,从而可看清不同远近的目标。

十字丝分划板为一平板玻璃,上面刻有相互垂直的细线,称为十字丝。中间一条横线称为中丝或横丝,上、下对称且平行于中丝的短线称为上丝和下丝,上、下丝统称视距丝,用来测量距离。竖向的线称竖丝或纵丝。十字丝分划板压装在分划板环座上,通过校正螺丝套装在镜筒内,位于目镜与调焦透镜之间,它是瞄准目标和读数的标志。物镜光心与十字丝交点的连线称为望远镜视准轴,用 C—C 表示,为望远镜照准线。

(2)水准器。水准器有圆水准器和管水准器之分,用来标示仪器竖轴是否铅直,视准轴是否水平。

①圆水准器。圆水准器是一圆柱形的玻璃盒嵌装在金属框内而成的,玻璃盒顶面内壁是个球面,球面中央刻有一小圆圈,它的圆心 O 为圆水准器的零点,通过零点 O 和球心的直线即通过零点 O 的球面法线,称为圆水准器轴 L1—L1。当气泡居中时,圆水准器轴 L1—L1 处于铅垂位置。

②管水准器。管水准器又称水准管或长水准器,由圆柱状玻璃管制成,其内壁被研磨成较大半径的圆弧,管内注满酒精或乙醚,加热封口冷却后形成气泡。管面刻有间隔为 2 mm 的分

画线,分画线的中点 O 称为水准管零点,过零点做圆弧的纵切线,称为水准管轴 L2—L2,当水准管气泡居中时,水准管轴处于水平位置。

为了提高水准管气泡居中的精度和速度,水准管上方安装了一套符合棱镜系统,将气泡同侧两端的半个气泡影像反映到望远镜旁的观察镜中。当气泡不居中时,两端气泡影像相互错开;转动微倾螺旋(左侧气泡移动方向与螺旋转动方向一致),望远镜在竖直面内倾斜,使气泡影像相吻合,形成一光滑圆弧,表示气泡居中。这种水准器称为符合水准器。

③基座。基座由轴座、脚螺旋和连接板组成。仪器的望远镜与托板铰接,通过竖轴插入轴座中,由轴座支承,轴座用 3 个脚螺旋与连接板连接。整个仪器用中心连接螺固定在三脚架上。另外,控制望远镜水平转动的有制动、微动螺旋,制动螺旋拧紧后,转动微动螺旋,仪器在水平方向做微小转动,以利于瞄准目标。微倾螺旋可调节望远镜在竖直面内俯仰,以达到视准轴水平的目的。

(二)DSZ3 型水准仪

DSZ3 自动安平水准仪如图 8.2 和图 8.3 所示,其外形小巧美观,结构比 DS3 紧凑,但构造原理基本一致。区别主要在于 DSZ3 仪器没有管水准器,而是在仪器内部安装了悬吊直角棱镜,如图 8.4 所示。悬吊直角棱镜借助自身重力起到补偿作用,可提高测量精度和工作效率及避免出差错。

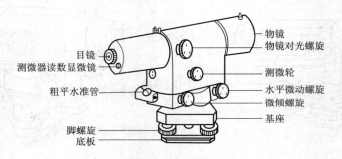

图 8.2　DSZ3 型水准仪结构图

为检查悬吊直角棱镜是否正常工作,在仪器表面一般有补偿器检查按钮,它与直角棱镜相连。读数时按动按钮,稳定后读数应该不变,否则,说明悬吊直角棱镜已坏,没有了补偿功能。DSZ3 内部结构图如图 8.3 所示。

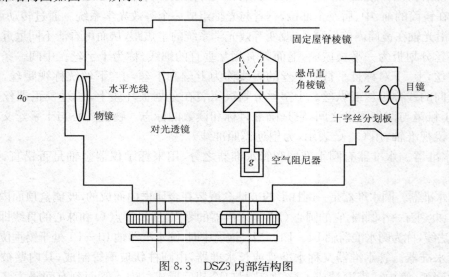

图 8.3　DSZ3 内部结构图

（三）两种水准仪的使用

使用时 DS3 需要调整微倾螺旋，使水准管气泡居中，从而光线水平再进行读数，而 DSZ3 在粗平瞄准目标后，即可读数。虽然视准轴不水平，但由于直角棱镜被悬吊，它在重力作用下会摆动至平衡位置，通过透镜的边缘部分折射，光线经过悬吊直角棱镜后即成水平线，从而保证结果正确。DSZ3 悬吊直角棱镜工作图如图 8.4 所示。

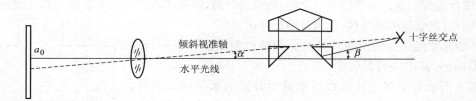

图 8.4　DSZ3 悬吊直角棱镜工作图

二、经纬仪

（一）DJ6 型光学经纬仪

DJ6 型光学经纬仪由照准部、水平度盘和基座 3 大部分组成，其结构图如图 8.5 所示。

（1）照准部

由望远镜、竖直度盘、读数显微镜和照准部水准管等部分组成。

①望远镜。用来照准目标，它固定在横轴上，绕轴而俯仰，可利用望远镜制动螺旋和微动螺旋控制器俯仰转动。

②竖直度盘。用光学玻璃制成，用来测量竖直角度。

③读数显微镜。用来读取水平度盘和竖直度盘的读数。

④照准部水准管。用来整平仪器，使水平度盘处于水平位置。

（2）水平度盘

①水平度盘。它是用光学玻璃制成的圆环。在度盘上顺时针方向刻有 0°～360° 的划分，用来测量水平角。在度盘的外壳附有照准部制动螺旋和微动螺旋，用来控制照准部与水平度盘的相对转动。当关紧制动螺旋时，照准部与水平度盘连接，这时如转动微动螺旋，则照准部相对于水平度盘做微小的转动；若松开制动螺旋，则照准部绕水平度盘旋转。

②水平度盘转动的控制装置。测角度时水平度盘是不动的，这样照准部转至不同位置，可以在水平度盘上读数求得角度值。但有时需要设定水平度盘在某一位置，就要转动水平度盘。

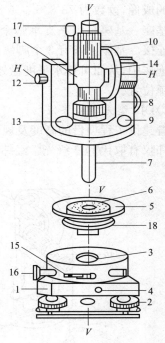

图 8.5　DJ6 型经纬仪结构图

1—基座；2—脚螺旋；3—竖轴轴套；
4—固定螺旋；5—水平度盘；6—度盘轴套；
7—旋转轴；8—支架；9—竖盘水准管微动螺旋；
10—望远镜；11—横轴；12—望远镜制动螺旋；
13—望远镜微动螺旋；14—竖直度盘；
15—水平制动螺旋；16—水平微动螺旋；
17—光学读数显微镜；18—复测盘

控制水平度盘的装置有两种。一是位置变动手轮,它又有两种形式,其中之一是度盘变换手轮,使用时拨下保险手柄,将手轮推压进去并转动,水平度盘亦随之转动,待转至需要位置后,将手松开,手轮退出,再上拨保险手柄,手轮就压不进去了;水平度盘变换手轮的另一种形式是使用时拨开护盖,转动手轮,待将水平度盘转至需要位置后,停止转动,再盖上护盖。具有以上装置的经纬仪,称为方向经纬仪。二是复测装置。当负责装置的扳手拨下时,读盘与照准部扣在一起同时转动,读盘读数不变。若将扳手向上拨,则两者分离,照准部转动时水平度盘不动,读数也随之改变。具有复测装置的经纬仪,称为复测经纬仪。

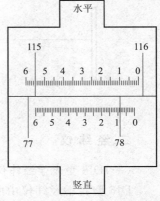

DJ6 型光学经纬仪的读数装置可分为微尺测微器和单平行玻璃测微器两种,其中以前者居多。

图 8.6 所示上半部是从读数显微镜中看到的水平度盘的像,只看到 115°和 116°两根刻画线,并看到刻有 60 个划分的分微尺。读数时,读取度盘刻画线落在分微尺内的那个读数,不足 1°的读数根据度盘刻图画线在分微尺上的位置读出,并估读到 0.1′。图 9.6 所示上半部读得的水平度盘的读数为 115°54.0′;下半部是竖直度盘的成像,读数为 78°8.5′。

③基座。基座是用来支承整个仪器的底座,用中心螺旋与三脚架相连接。基座上备有 3 个脚螺旋,转动脚螺旋,可使照准部水准管气泡居中,从而可使水平度盘处于水平位置,亦即仪器的竖轴处于铅锤位置。

图 8.6　分微尺读数示意图

（二）DJ2 型光学经纬仪

随着建设工程项目的高度及规模增大,工程测量中角度测量的精度也逐渐在提高,DJ2 级光学经纬仪有取代 DJ6 级光学经纬仪的趋势,DJ2 型经纬仪结构图如图 8.7 所示。

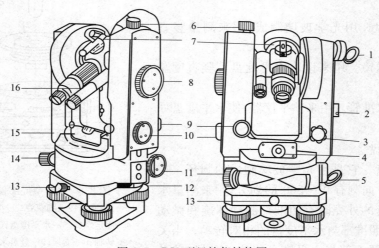

图 8.7　DJ2 型经纬仪结构图

1—竖盘照明镜;2—竖盘水准管观察镜;3—竖盘水准管微动螺旋;

4—光学对中器;5—水平度盘照明镜;6—望远镜制动螺旋;

7—光学瞄准器;8—测微轮;9—望远镜微动螺旋;

10—换像手轮;11—照准部微动螺旋;12—水平度盘变换手轮;

13—纵轴套固定螺旋;14—照准部制动螺旋;

15—照准部水准管（水平度盘水准管）;16—读数显微镜

在结构上,除望远镜的放大倍数稍大(30 倍),照准部水准管灵敏度较高(分划值为 $20''/2$ mm)、度盘格值更精细外,主要表现为读数设备的不同。DJ2 级光学经纬仪的读数设备有如下两个特点:

(1)DJ6 级光学经纬仪采用单指标读数,受度盘偏心的影响。DJ2 级经纬仪采用对径重合读数法,相当于利用度盘上相差 180°的两个指标读数并取其平均值,可消除度盘偏心的影响。

(2)DJ2 级光学经纬仪在读数显微镜中只能看到水平度盘或竖直度盘中的一种,读数时,必须通过转动换像手轮,选择所需的度盘影像。

DJ2 经纬仪读数如图 8.8 所示,瞄准目标后调节经纬仪上的测微轮(此时照准部已固定),使度盘正倒像精确吻合。首先从读数窗中读取整度数 74,再从分读数的十位和个位得到整分数 47,最后从秒读数的十位和分画线得到秒的整数值及估计值 $16.0''$,最终读数即为 $74°47'16.0''$。显然,DJ2 经纬仪读数可以精确到 $1''$,而 DJ6 则是 $1'$。

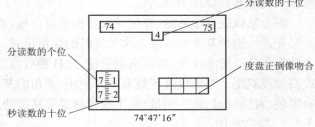

图 8.8　DJ2 经纬仪读数

(三)注意事项

(1)仪器安置。垂球对中误差应小于 3 mm,光学对点器对中误差应小于 1 mm,整平误差应不超过一格。

(2)仪器制动后不可强行转动,需转动时可用微动螺旋。

(3)观测竖直角时应先调整竖盘指标水准管,使竖盘指标水准管气泡居中,然后才能读取竖盘读数。

(4)测微轮式读数装置的经纬仪,读数时应先旋转测微轮,使双线指标线准确地夹住某一分画线后才能读数。

三、全 站 仪

全站仪的结构和组成图如图 8.9 所示。

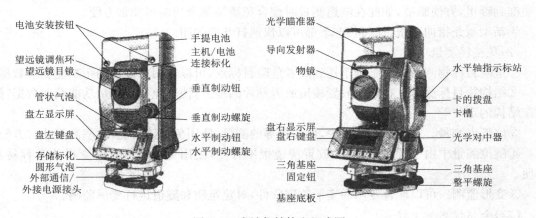

图 8.9　全站仪结构和组成图

全站仪主要由电子测角系统、电子测距系统和控制系统 3 大部分组成。

电子测角系统完成水平方向和垂直方向角度的测量;电子测距系统完成仪器到目标之间斜距的测量;控制系统负责测量过程控制、数据采集、误差补偿、数据计算、数据存储、通信传输等。

（一）全站仪功能

全站仪是全站型电子速测仪的简称。将电磁波测距仪和光学经纬仪组合在一起的仪器笼统地称之为"电子速测仪"。随着电子测角技术在经纬仪中的广泛应用，出现了电子经纬仪，人们自然地又把电磁波测距仪和电子经纬仪进行一体化设计，并对其功能不断完善，有电子改正（补偿）、电子记录、电子计算等，这才是今天意义上的全站型电子速测仪。

1. 基本功能

全站型电子速测仪是由电子测角（水平角和垂直角）、电子测距（水平距离和倾斜距离）、高差、电子计算和数据存储单元等组成的三维坐标测量系统，测量结果能自动显示，并能与外围设备交换信息。由于全站型电子速测仪较完善地实现了测量和处理过程的电子化和一体化，所以人们也通常简称为全站仪。

将全站仪安置于测站，开机时仪器先进行自检，观测员完成仪器的初始化设置后，全站仪一般先进入测量基本模式或上次关机时的保留模式。在基本测量模式下，可适时显示出水平角和垂直角。照准棱镜，按距离测量键，数秒钟后，完成距离测量，并根据需要显示出水平距离或高差或斜距。全站仪除了具有同时测距、测角的基本功能外，还具有三维坐标测量、后方交会测量、对边测量、悬高测量、施工放样测量等高级功能。

2. 特殊功能

除了基本功能外，全站仪还具有自动进行温度、气压、地球曲率等改正功能。部分全站仪还具有下列特殊功能：

（1）红色激光指示功能

①提示测量。当持棱镜者看到红色激光发射时，就表示全站仪正在进行测量；当红色激光关闭时，就表示测量已经结束，如此可以省去打手势或者使用对讲机通知持棱镜者移站，提高作业效率。

②激光指示持棱镜者移动方向，提高施工放样效率。

③对天顶或者高角度的目标进行观测时，不需要配弯管目镜，激光指向哪里就意味着十字丝照准到哪里，方便瞄准，如此在隧道测量时配合免棱镜测量功能将非常方便。

④新型激光指向系统，任何状态下都可以快速打开或关闭。

（2）免棱镜测量功能

①危险目标物测量。对于难于达到或者危险目标点，可以使用免棱镜测距功能获取数据。

②结构物目标测量。在不便放置棱镜或者贴片的地方，使用免棱镜测量功能获取数据，如钢架结构的定位等。

③碎部点测量。在碎部点测量中，如房角等的测量，使用免棱镜功能，效率高且非常方便。

④隧道测量中由于要快速测量，放置棱镜很不方便，使用免棱镜测量就变得非常容易及方便。

⑤变形监测。可以配合专用的变形监测软件，对建筑物和隧道进行变形监测。

（二）全站仪测量步骤

用全站仪进行控制测量，其基本原理与经纬仪进行控制测量相似，所不同的是全站仪能在一个测站上同时完成测角和测距工作。由于全站仪一般都有自动记录测量数据的功能，因此，外业测量数据不必用表格记录，为便于查阅和认识全站仪的测量过程也可用表格记录。一个测站上全站仪测量过程如下：

1. 开箱

开箱时,握住手提电池将仪器从箱中取出,然后轻拿仪器,防止受冲击或受强烈震动。(装箱时仪器连同安装好的电池一起装箱,令望远镜处于盘左位置。盘左键盘下边的存储表记与基座固定钮上的标志对齐并紧固按钮,再小心把仪器装入箱内)

2. 安置仪器

与经纬仪的安置步骤一致,装上仪器前务必拧紧脚架螺旋,防止摔坏仪器。装上仪器后,务必拧紧中心制动螺旋,防止仪器摔落。

(1)对中。用垂球或光学对中仪器。

(2)整平。

3. 照准

与经纬仪的照准步骤也一致,只是目镜对光是转动屈光度调整环,直至看到分划板十字丝非常清晰。

(1)装配反射棱镜。装配反射棱镜图如图8.10所示。

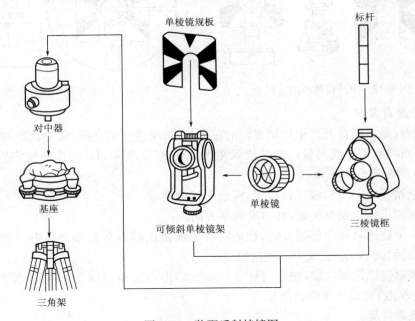

图8.10 装配反射棱镜图

(2)支架高度调节。支架高度可以通过上下滑动棱镜框承载装置调节,为了调整支架高度,拧脱高度调整螺钉,把棱镜框安到调整孔内,然后转上高度调整螺钉固定稳妥。调节支架高度示意图如图8.11所示。

(3)棱镜方向调节。支架上的棱镜可以朝向水平面上的任何方向。为了改变方向,反时针方向拨动制动钮松开后,旋转支架至棱镜所需位置,再顺时针方向拧紧制动钮。调节棱镜方向图如图8.12所示。

单棱镜规板的定位:用提供的两个螺丝把规板安在单棱镜框上,如图8.13所示。规板定位时,应调整到使规板上的楔形图的尖端对准棱镜和支架的中心。三棱镜框也可以做单棱镜框用,只要把单棱镜装在镜框中心的螺丝上即可。最终瞄准后,如图8.14所示。

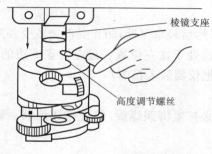

图 8.11　调节支架高度示意图

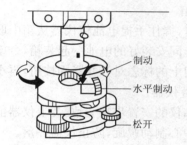

图 8.12　调节棱镜方向图

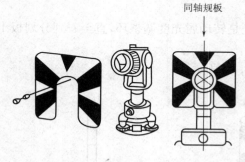

图 8.13　单棱镜规板的定位图

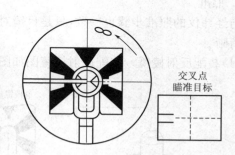

图 8.14　全站仪照准目标图

4. 盘左/盘右观测

盘左/盘右：是按竖盘处于望远镜目镜的左边/右边所进行的观测，称为盘左/盘右观测。

（1）水平角和水平距离测量。全站仪观测图如图 8.15 所示，D_4 为全站仪安置点，同时测至 A、B、C、D 的距离和水平角。

①安置全站仪于 D_4 点，成正镜位置，将水平度盘置零。

②在各观测目标点安置棱镜，并对准测站方向。

③选择一个较远目标为起始方向，按顺时针方向依次瞄准各棱镜 ABCD 并测量水平角、水平距离，最后回到 A 点，完成上半测回测量。

④倒转望远镜成倒镜位置，按逆时针方向依次瞄准各棱镜 ADCB 并测量水平角、水平距离，最后回到 A 点，完成下半测回测量。

⑤观测成果计算。

（2）三维坐标测量。将测站 A 坐标、仪器高和棱镜高输入全站仪中，后视 B 点并输入其坐标或后视方位角，完成全站仪测站定向后，瞄准 P 点处的棱镜，经过观测规牌精确定位，按测量键，仪器可显示 P 点的三维坐标。

（3）后方交会测量。将全站仪安置于待定上，观测两个或两个以上已知的角度和距离，并分别输入各已知点的三维坐标和仪器高、棱镜高后，全站仪即可计算出测站点的三维坐标。由于全站仪后方交会既测角度，又测距离，多余观测数多，测量精度也就较高，也不存在位置上的特别限制，因此，全站仪后方交会测量也可称作自由设站测量。

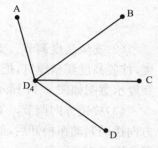

图 8.15　全站仪观测图

（4）对边测量。在任意测站位置，分别瞄准两个目标并观测其角度和距离，选择对边测量模式,即可计算出两个目标点间的平距、斜距和高差,还可根据需要计算出两个点间的坡度和方位角。

(5)悬高测量。要测量不能设置棱镜的目标高度,可在目标的正下方或正上方安置棱镜,并输入棱镜高。瞄准棱镜并测量,再仰视或俯视瞄准被测目标,即可显示被测目标的高度。全站仪悬高测量图如图8.16所示。

(6)坐标放样测量。安置全站仪于测站,将测站点、后视点和放样点的坐标输入全站仪中,置全站仪于放样模式下,经过计算可将放样数据(距离和角度)显示在液晶屏上,瞄准棱镜后开始测量。此时,可将实测距离与设计距离的差、实测量角度与设计角度的差、棱镜当前位置与放样位置的坐标差显示出来,观测员依据这些差值指挥施尺员移动方向和距离,直到所有差值为零,此时棱镜位置就是放样点位。

(7)偏心测量。若测点不能安置棱镜或全站仪直接观测不到测点,可将棱镜安置在测点附近通视良好、便于安置的地方,并构成等腰三角形。瞄准偏心点处的棱镜并观测,再旋转全站仪瞄准原先测点,全站仪即可显示出所测点位置。全站仪偏心测量图如图8.17所示。

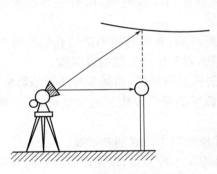 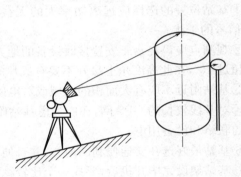

　　图8.16　全站仪悬高测量图　　　　　　图8.17　全站仪偏心测量图

四、全球定位系统(GPS)

(一)GPS的结构和组成

1.GPS组成

全球定位系统(GPS)包括3大组成部分,即空间星座部分、地面监控部分和用户设备部分。空间星座部分包括24颗卫星,它们在6个近似圆形的轨道上运行,每颗卫星都可发出两种频率的无线电信号。这些信号中都加上了包括卫星的位置、状态等信息在内的调制。卫星的轨道参数等有用的信息都由地面跟踪控制部分加以测定,并发射到卫星上去。由接收机收到的卫星信号中可得到有关卫星位置的信息,从而求得卫星的三维坐标,因而可把卫星看作是在天上的坐标已知的控制点。

2.GPS用户设备

用户设备主要是由GPS接收机、天线和信号处理器组成。GPS设备外形图如图8.18所示,其用于接收和加工卫星发出的无线电信号,其中接收机和天线,是用户设备的核心部分。用户设备的主要任务是接受GPS卫星发射的无线电信号,以获得必要的定位信息及观测数据,并经数据处理完成定位工作。

(二)GPS的测量步骤

GPS测量工作主要分为外业工作和内业工作,其工作流程包括对所要观测电力线路进行整体实地考察、制定观测计划、外业采集数据、内业处理数据、绘制图纸。

1. GPS 外业测量工作

在进行 GPS 测量之前，必须做好一切外业准备工作，以保证整个外业工作的顺利实施。外业准备工作一般包括测区的踏勘、资料收集、技术设计书的编写、设备的准备与人员安排、观测计划的拟订、GPS 仪器的选择与检验。

GPS 观测工作主要包括天线安置、观测作业、观测记录、观测成果的外业检核等 4 个过程。

图 8.18　GPS 设备外形图

(1)选择基站点、埋石。由于 GPS 测量不需要点间通视，而且网的结构比较灵活，因此选点工作较常规测量要简便，但点位选择的好坏关系到 GPS 测量能否顺利进行，关系到 GPS 成果的可靠性，因此，选点工作十分重要。选点前，收集有关布网任务、测区资料、已有各类控制点、卫星地面站的资料，了解测区内交通、通信、供电、气象等情况。

①基站位置的选择应远离功率大的无线电发射台和高压输电线，以避免其周围磁场对 GPS 信号的干扰。

②观测点应设在易于安置接收设备的地方且视野开阔，在视野周围障碍物的高度角一般不宜超过 15°，在此高度角上最好不要有成片的障碍物，以免信号被遮挡或吸收。

③基站附近不应有大面积的水域或对电磁波反射强烈的物体，以减少对路径的影响。

④对基线较长的 GPS 网，还应考虑基站附近有良好的通信设施和电力供应，以供观测站之间的联络和设备用电。

⑤基站最好选在交通便利的地方，并且便于用其他测量手段联测和扩展。

⑥基站架设完毕开机后，要找一个比较稳固的地方采集校验点，以便以后校正时使用。

(2)安置天线。天线一般应尽可能利用三脚架直接安置在标志中心的垂直方向上，对中误差不大于 3 mm。架设天线不宜过低，一般应距地面 1.5 m 以上。天线架设好后，在圆盘天线间隔 120°方向上分别量取 3 次天线高，互差须小于 3 mm，取其平均值记入测量手簿。为消除相位中心偏差对测量结果的影响，安置天线时用软盘定向使天线严格指向北方。

(3)外业观测。将 GPS 接收机安置在距天线不远的安全处，连接天线及电源电缆，并确保无误。按规定时间打开 GPS 接收机，输入测站名、卫星截止高度角、卫星信号采样间隔等。一个时段的测量工作结束后要查看仪器高和测站名是否输入，确保无误后再关机、关电源、迁站。为削弱电离层的影响，安排一部分时段在夜间观测。

对新线路进行测量，先采集转角杆杆位，如 J_1、J_2、J_3 等，然后利用 GPS 测量装置的线放样功能，依次在 J_1 和 J_2，J_2 和 J_3 等转角杆之间采集所需要的地形点、交叉跨越点的数据。

(4)观测记录。外业观测过程中，所有的观测数据和资料都应妥善记录。观测记录主要由接收设备自动完成，均记录在存储介质(如磁带、磁卡或记忆卡等)上。记录的数据包括载波相位观测值及相应的观测历元、同一历元的测码为距观测值、GPS 卫星星历及卫星钟差参数、大气折射修正参数、实时绝对定位结果、测站控制信息及接收机工作状态信息。

2. 内业处理观测数据

(1)观测成果检核。观测成果的外业检核是确保外业观测质量和实现定位精度的重要环节。因此，外业观测数据在测区时就要及时进行严格检查，对外业预处理成果，按规范要求进行严格检查、分析，根据情况进行必要的重测和补测，确保外业成果无误后方可离开测区。对每天的观测数据及时进行处理,及时统计同步环与异步环的闭合差,对超限的基线及时分析并重测。

（2）数据处理。GPS 测量数据处理是指从外业采集的原始观测数据到最终获得测量定位成果的全过程,大致可以分为数据的粗加工、数据的预处理、基线向量解算、GPS 基线向量网平差或与地面网联合平差等几个阶段。数据处理的基本流程示意图如图 8.19 所示,图中第一步数据采集和实时定位在外业测量过程中完成;数据的粗加工至基线向量解算一般用随机软件（后处理软件）将接收机记录的数据传输至计算机,进行预处理和基线解算;GPS 网平差可以采用随机软件进行,也可以采用专用平差软件包来完成。

①下载测量数据:将 GPS 手簿上的测量数据下载到计算机中。

②编辑数据:将不需要的数据点删除,然后将处理后的数据转换为绘图软件能够识别的文件类型。

③生成平面图:利用绘图软件将处理后的数据转换成平面图。

④生成平断面图:将平面图转换成标准格式的 GPS 数据,然后再将标准格式的 GPS 数据转换成平断面图。

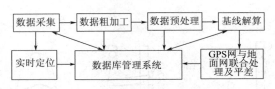

图 8.19　数据处理基本流程示意图

第三节　架空线路的常用工具

一、架空线路登高常用工具

电工在登高作业时,要特别注意人身安全,而登高工具必须牢固可靠,方能保障登高作业的安全。未经现场训练过的或患有精神病,严重高血压、心脏病和癫痫等疾病者,均不准使用登高工具登高。

（一）梯子登高

电工常用的梯子有竹梯和人字梯。竹梯通常用于室外登高作业,常用的规格有 13、15、17、19、21 和 25 挡;人字梯通常用于室内登高作业。梯子登高的安全知识介绍如下:

（1）竹梯在使用前应检查是否有虫蛀及折裂现象,两脚应各绑扎胶皮之类防滑材料。

（2）人字梯应在中间绑扎两道防自动滑开的安全绳。

（3）在人字梯上作业时,切不可采取骑马的方式站立,以防人字梯两脚自动断开时,造成严重工伤事故。

（4）竹梯放置的斜角约在 $60°\sim75°$ 之间（梯与地面夹角）。

（5）梯子的安放应与带电部分保持安全距离,扶持人应戴好安全帽,竹梯不许放在箱子或桶类物体上使用。

（二）踏板登杆

踏板又叫蹬板,用来攀登电杆的,其由板、绳索和挂钩等组成。板是采用质地坚韧的木材制成。绳索应采用 16 mm 三股白棕绳,绳两端系结在踏板两头的扎结槽内,顶端装上铁制挂钩,系结后绳长应保持操作者一人一手长。踏板和白棕绳均应承受 300 kg 重量,每半年进行一次载荷试验。踏板的挂钩方法如图 8.20 所示。

1. 登杆要领

(1)登杆前,杆必须立稳夯实,埋深要符合要求。检查安全带和脚扣,不得有任何损伤裂纹。

(2)应根据杆径选择合适的大、中、小号脚扣,鞋穿得不要太单薄,脚扣皮带系得不要太紧或太松,应事先试好。系好安全带,安全带的腰带不要系在腰上,要系在臀部的上部且松紧要适中。

(3)将工具袋装好工具,如榔头、扳手、板牙(和线路用的螺栓对应)、螺母、平垫弹垫、钢卷尺等,跨在肩上;把绳子($\phi 8 \sim 10$ mm,长度大于杆长)系在安全带右侧的金属钩上(以右手为例),另端撒开,戴好线手套。

图 8.20　踏板的挂钩方法

(4)登杆时必须做到,脚扣要与杆体蹬紧,臀部始终保持后倾,手抱紧杆体。登杆作业示意图如图 8.21 所示。

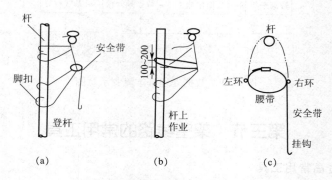

图 8.21　登杆作业示意图(mm)

(5)到达安装位置后,两脚蹬紧脚扣,左手抱杆臀部后倾,松开右手,右手解开右侧安全带的金属挂钩并手持挂钩抱住杆从杆后交叉于左手,这时右手紧抱杆身,左手松开杆体并持挂钩即可挂在左侧的环上;这时两腿受力蹬住脚扣,臀部向后用力并使安全带撑紧,安全带与杆体的接触部分要高于臀部的腰带,双手即可松开作业。调整在杆上的位置,面向送电方向。

2. 踏板登杆的注意事项

(1)踏板使用前,一定要检查踏板有无断裂或腐朽,绳索有无断股。

(2)踏板挂钩时必须正勾,切勿反勾,以免造成脱钩事故(图 8.20)。

(3)登杆前,应先将踏板钩挂好,用人体做冲击载荷试验,检查踏板是否合格可靠,同时对腰带也用人体进行冲击载荷试验。

3. 踏板登杆训练

(1)先把一只踏板钩挂在电杆上,高度以操作者能跨上为准,另一只踏板反挂在肩上。

(2)用右手握住挂钩端双根棕绳,并用大拇指顶住挂钩,左手握住左边贴近木板的单根棕绳,把右脚跨上踏板,然后用力使人体上升,待人体重心转到右脚,右手即上扶住电杆。

(3)当人体上升到一定高度时,松开右手并向上扶住电杆使人体立直,将左脚绕过左边单根棕绳踏入木板内。

（4）待人体站稳后，在电杆上方挂上另一只踏板，然后右手紧握上一只踏板的双根棕绳，并使大拇指顶住挂钩，左手握住左边贴近木板的单根棕绳，把左脚从下踏板左边的单根棕绳内退出，改成踏在正面下踏板上，接着将右脚跨上踏板，手脚同时用力，使人体上升。

（5）当人体离开下面一只踏板时，需把下面一只踏板解下，此时左脚必须抵住电杆，以免人体摇晃不稳。

4. 踏板下杆方法

（1）人体站稳在现用的一只踏板上（左脚绕过左边棕绳踏入木板内），把另一只踏板钩挂在下方电杆上。

（2）右手紧握现用踏板挂钩处双根棕绳，并用大拇指抵住挂钩，左脚抵住电杆下伸，随即用左手握住下踏板的挂钩处，人体也随左脚的下伸而下降，同时把下踏板下降到适当位置，将左脚插入下踏板两根棕绳间并抵住电杆。

（3）将左手握住上踏板的左端棕绳，同时左脚用力抵住电杆，以防踏板滑下和人体摇晃。

（4）双手紧握上踏板的两端棕绳，左脚抵住电杆不动，人体逐渐下降，双手也随人体下降而下移紧握棕绳的位置，直至贴近两端木板，此时人体向后仰开，同时右脚从上踏板退下，使人体不断下降，直至右脚踏到踏板。

（5）把左脚从下踏板两根棕绳内抽出，人体贴近电杆站稳，左脚下移并绕过左边棕绳踏到下踏板上。以后步骤重复进行，直至人体着地为止。

（三）脚扣登杆

脚扣又叫铁扣，也是攀登电杆的工具，其分为木杆脚扣和水泥杆脚扣两种，木杆脚扣的扣环上制有铁齿，其外形如图 8.22（a）所示。水泥杆脚扣的扣环上裹有橡胶，以防止打滑，其外形如图 8.22（b）所示。

脚扣攀登速度较快，容易掌握登杆方法，但在杆上作业时没有踏板灵活舒适，易疲劳，故适用于杆上短时间作业，为了保证杆上作业时的人体平稳，两只脚扣定位如图 8.22（c）所示。

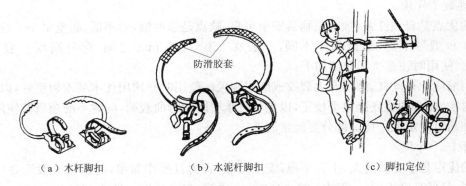

（a）木杆脚扣　　　　　　（b）水泥杆脚扣　　　　　　（c）脚扣定位

防滑胶套

图 8.22　脚扣及脚扣定位

1. 脚扣登杆的注意事项

（1）使用前必须仔细检查脚扣各部分有无断裂、腐蚀现象，脚扣皮带是否牢固可靠，脚扣皮带若损，不得用绳子或电线代替。

（2）一定要按电杆的规格选择大小合适的脚扣，水泥杆脚扣可用木板，但木杆脚扣不能用于水泥杆。

　　（3）雨天或冰雪天不宜用脚扣登水泥杆。

　　（4）在登杆前，应对脚扣进行人体载荷冲击试验。

　　（5）上、下杆的每一步，必须使脚扣安全套入，并可靠地扣住电杆，这样才能移动身体，否则会造成事故。

　　2. 安全带使用注意事项

　　（1）使用前，应检查有无腐朽、脆裂、老化、断股等现象，所有眼孔应无豁裂，钩环必须完整、牢固。

　　（2）使用时，应拴在可靠处，禁止拴在杆梢或将被拆卸的部件上，上好保险再探身，不许听响探身。在杆上转位时，不应失去安全带的保护。腰带、保险绳和腰绳如图 8.23 所示。

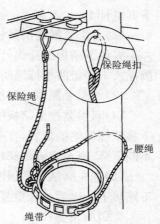

保险绳扣

保险绳

腰绳

绳带

图 8.23　腰带、保险绳和腰绳

　　3. 登杆方法

　　（1）登杆前对脚扣进行人体载荷冲击试验，试验时先登一步电杆，然后使整个人的重力以冲击的速度加在一只脚扣上，若没问题再换另一只脚扣做冲击试验，当试验证明两只脚扣完好时，才能进行登杆。

　　（2）左脚向上跨扣，左手应同时挟住电杆。

　　（3）右脚向上跨扣，右手同时挟住电杆，以后步骤重复，直至所需。

　　（4）下杆方法与登杆方法相同。

二、架空线路常用工具

　　（一）千斤顶

　　千斤顶是一种手动的小型起重和顶压工具，常用的有螺旋千斤顶（LQ 型）和液压千斤顶（YQ 型）两种。

　　1. 螺旋千斤顶

　　它的优点是自锁性强，顶起重物后安全可靠，缺点是速度慢，效率低，起重量小。起重一般为 5～50 t，型号不同，最低高度不同，一般在 250～700 mm 之间，起升高度一般不超过400 mm。使用时注意事项介绍如下：

　　使用前应检查丝杠、螺母有无裂纹或磨损现象。使用时必须用枕木或木板垫好，以免顶起重物时滑动，还必须将底座垫平校正，以免丝扣承受附加弯曲载荷，同时不准超负荷使用，顶高度也不准超过规定值。传动部分要经常润滑。

　　2. 液压千斤顶

　　它的优点是承受载荷大，上升平稳，安全可靠，省力且操作简单，起重量一般为 3～320 t，型号不同，最低高度不同，一般在 200～450 mm 之间，起升高度一般不超过 200 mm。使用时注意事项介绍如下：

　　使用前检查起升活塞等部分是否灵活，油路是否畅通。使用时底座要放置在结实坚固的基础上，下面垫以铁板、枕木，顶部还须衬设木板，以防重物滑动。当起重中途停止作业时要锁紧。大活塞升起高度不准超过规定值，不准任意增加手柄长度，以免千斤顶超负荷工作。

（二）滑轮

滑轮用来起重或迁移各种较重设备或部件,它的起重量约为 0.5～20 t,起重高度在 5 m 以下。

（三）麻绳

麻绳由于强度低,易磨损,只作捆绑、拉索和扛、吊物用,在机械驱动的起重机机械中禁止使用,工厂中常用的麻绳有亚麻绳和棕绳两种,质量以白棕绳为佳。电工常用的绳扣如下。

1. 直扣和活扣

直扣和活扣都用于临时将麻绳的两端结在一起,而活扣用于需迅速解开的场所,其结扣方法如图 8.24(a)和图 8.24(b)所示。

2. 腰绳扣

腰绳扣用于登高作业时拴腰绳,其结扣方法如图 8.25 所示。

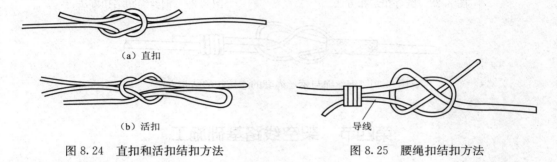

（a）直扣

（b）活扣

图 8.24　直扣和活扣结扣方法

导线

图 8.25　腰绳扣结扣方法

3. 抬扣

抬扣又称扛物扣,用来抬重物,调整和解开都比较方便,其结扣步骤如图 8.26 所示。

4. 吊物扣

吊物扣用来吊取工具或瓷瓶等工件,其结扣方法如图 8.27 所示。

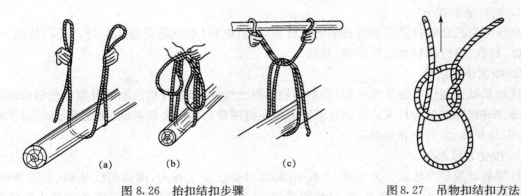

（a）　　　　（b）　　　　（c）

图 8.26　抬扣结扣步骤

图 8.27　吊物扣结扣方法

5. 倒背扣

倒背扣用来拖拉较重且较大的物体,可以防止物体转动,其结扣方法如图 8.28 所示。

（四）钢丝绳

1. 钢丝绳扣

钢丝绳扣用来将钢丝绳固定在一个物体上,其结扣方法如图 8.29 所示。

2. 钢丝绳与钢丝绳套的连接扣

钢丝绳与钢丝绳套的连接扣用来连接钢丝绳，其结扣方法如图 8.30 所示。

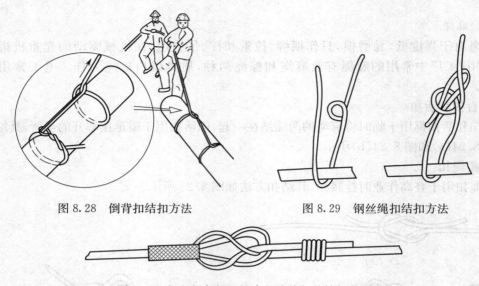

图 8.28　倒背扣结扣方法　　　　　　图 8.29　钢丝绳扣结扣方法

图 8.30　钢丝绳与钢丝绳套的连接扣的结扣方法

第四节　架空线路基础施工

一、杆塔基础类型

基础是指杆塔以下的部分结构，是用于稳定杆塔的装置。基础的作用是将杆塔、导地线荷载传到大地，并承受导地线、断线张力等所产生的上拔、下压或倾覆力。

（一）基础分类

1. 按杆塔形式分

高压架空线路的杆塔基础按杆塔形式分为 3 类：电杆（指钢筋混凝土电杆，下同）基础、铁塔基础、拉线钢杆（即轻型拉线铁塔）基础。

2. 按制作方法分

杆塔基础按制作方法分为 8 类：预制钢筋混凝土构件基础、现场浇制的混凝土或钢筋混凝土基础、深桩基础（分为打入式和钻孔灌注混凝土桩两种）、预制金属基础、掏挖型基础、爆扩桩基础、沉井基础、岩石锚筋基础等。

3. 按受力状态分

杆塔基础按受力状态分为 4 类：上拔基础，即基础仅受上拔力，例如拉线基础；下压基础，即基础仅受下压力，例如底盘基础；抗倾覆基础，这类基础是指埋置于经夯实的回填土内的电杆基础或窄基铁塔基础；联合基础。

（二）常见电杆基础

电杆基础又分为埋杆基础和三盘基础。

（1）电杆下段埋置于基坑内，利用置于基坑内的杆段承受下压力及倾覆力矩。10 kV 以下电力线及部分 35 kV 电力线的电杆均采用此类基础，简称埋杆基础。根据不同的电杆高度规定有不同的埋深。

(2)以混凝土底盘、卡盘和拉线盘(简称三盘)为主要部件,与埋置于地下的水泥杆杆段组成的基础称为三盘基础,拉线盘简称拉盘。三盘为预制的钢筋混凝土构件。在个别地质条件较差的桩位,也采用现场浇制的混凝土底盘、拉盘基础。虽然在一些地方曾用过天然石材制作三盘,但目前已经基本不用。

(三)常见铁塔基础

铁塔基础主要有下列 6 种类型。

(1)现浇阶梯直柱混凝土基础。它是各种电压等级线路应用较广泛的一种基础形式,阶梯直柱基础图如图 8.31 所示。它又分为钢筋混凝土直柱基础及素混凝土直柱基础两种。此类型基础与铁塔的连接均采用地脚螺栓。

(2)现浇阶梯斜柱混凝土基础。它是 500 kV 线路应用较广泛的一种新型基础,如图 8.32 所示。由于斜柱断面的差别,又分为等截面斜柱混凝土基础、变截面斜柱混凝土基础及偏心斜柱混凝土基础。基础与铁塔的连接有两种方式:一种为地脚螺栓式;另一种为主角钢插入式,又称为主角钢插入式混凝土基础。

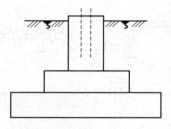　　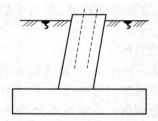

图 8.31　阶梯直柱基础图　　　　　图 8.32　阶梯斜柱基础

(3)装配式基础。根据基础使用主要材料的不同,装配式基础可分为金属装配式基础及钢筋混凝土构件装配式基础。

(4)桩式基础。桩式基础因用料的不同分为木桩、钢桩、钢筋混凝土桩基础等,在送电线路设计中应用较多的是钢筋混凝土桩式基础。它有两种型式:一种为预制桩;另一种为现浇灌注桩。在阶梯直柱混凝土基础的设计原则下,经过改进出现了扩底短桩基础。

(5)岩石基础。利用岩石地基的自然条件设计的锚筋基础称为岩石基础,分为单锚岩石基础和群锚岩石基础两大类。

(6)复合沉井基础。它是由沉井与现浇混凝土基础两部分组成。基础上部为现浇混凝土,下部为沉井。对于地下水位较高的地区,沉井既是基础的一部分,又可以用来抵抗坑壁的流沙和泥水,有利于基础施工。

二、基坑开挖与回填

架空线路施工中,将杆塔基础稳固于地基上的施工工序通常包括土石方工程和基础工程两部分。土石方工程包括基坑开挖与回填两方面的内容。

我们在这里只做土石方工程方面的介绍,对于现浇混凝土基础施工、装配式基础施工、灌注桩基础施工、岩石基础施工等其他基础工程部分,可以参阅其相关施工工艺标准。

(一)各类基坑开挖方法

1. 普通土坑开挖

普通土系指黏土类、砂土类、黄土类等土系。普通土坑的开挖,可以采取人工、小型机械及爆破等方法进行。由于这类土比较松软,又大多处于平原及丘陵地区,有条件的情况下应尽量采用机械化施工。

当交通不便时,应采用人工开挖。挖坑时,作业人员直接用铲分层分段平均往下挖掘。土方量少时,可直接抛掷土块,土方量较大时,则用三脚架或置摇臂抱杆吊筐出土。开挖时,根据不同土质适当放边坡,防止坑壁坍塌。每挖 1 m 左右即应检查边坡的斜度,进行修边,随时控制并纠正偏差。开挖时,要做到坑底平整。基坑挖好后,为防止坑底扰动,应尽量减少暴露时间,及时进行下道工序的施工。如不能立即进行下道工序,则应预留 150～300 mm 的土层,在铺石灌浆时或基础施工前开挖。

2. 泥水坑开挖

流动性淤泥土质开挖时,地下水位一般较高,所以要采取排水措施,并尽可能地避免雨季施工。坑内抽水排水法采用挡土板、抽水泵明沟排水等手段直接排水,适用于地下水不大或渗透系数较小的土壤。轻型井点坑外降水位法如图 8.33 所示,采用井点法等手段间接排水,适用于坑较深、地下水位较高、渗透系数大的土壤。

3. 干沙坑开挖

风积沙漠区的沙包、沙滩大都由粉沙及很小的细沙经风的力量搬迁而成,其沙质中基本不含水分或仅含有微量水分,所以非常松散,流动量也很大,在这样的地区进行线路基础施工,难度较大,基础坑在开挖过程中很容易塌方,有时是现挖现塌,有时是刚挖好稍待表层的微量水分一干、经风一吹或坑边稍振动就塌,对坑下的作业人员来说危险性较大。

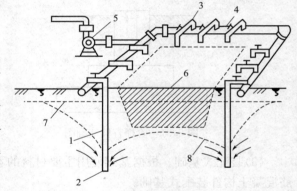

图 8.33　轻型井点坑外降水位法
1—井点管;2—冒滤管;3—弯连接管;
4—集水总管;5—水泵;6—基坑;
7—原有地下水位线;8—降低后地下水位线

110 kV 线路施工中采用上圆下方的基础坑开挖法进行沙漠地区混凝土杆底盘、拉盘坑的开挖。这种方法是在分好的坑位上先将最表层的风沙去掉 10～20 cm 深,开始以圆形向下开挖,开挖时要求坑口略大些,不带坡度或带微小坡度均可,坑面一定要平滑。这是由于圆形基础坑的稳固性较好,而且去土量较其他形状的基础坑少。要求表面平滑是因为基础坑表面如有凹凸不平的地方或棱角,经风吹表面沙质逐渐干燥,很容易引起局部塌方,从而带动大面积塌方。当圆坑挖深 1.5 m 左右时,按照实际需要在圆坑的中心开始开挖长方形或正方形的底拉盘坑,圆坑与方坑的交接处为自然过渡的台阶,形成一个阶梯形的基础坑。在开挖下部的方形坑时应考虑少量的坡度,一般操作时坡宽每边取 0.1～0.2 m 即可。当基础坑挖好后,坑下作业人员应立即上来,但不能踏着或攀着坑壁上,而应由坑口人员在坑口横担一较长木杠,中间挂一索具,坑下人员攀索具至木杠而上。总之,坑下作业人员在完成基础坑的开挖后上坑时尽可能不要与坑壁接触,以防塌方。当基础坑挖好后,应立即把底拉盘安放下去。

4. 冻土坑开挖

(1)切割开挖法。苏联在冻土地区,首先用装有割盘的履带式拖拉机竖直切割出深约 1.8 m 的地槽,地槽深度应超过冻土层厚度,将冻土切成小于 2 t 的块状,然后用一台施工用的专用吊车将切好的冻土块逐一吊离。需要时用履带拖拉机拉槽中插入的撬土钢棒,将冻土块撬离冻土层,然后挖掘坑内未冻土等。

(2)爆破开挖。冻土爆破施工即用炸药将冻土破碎,适用于开挖冻土层较深的坚硬土层和较大的面积施工。

(3)火烧融化冻土法。该法采用锯末、刨花、板皮、树枝或废机油之类物质作燃料,在冻土表面进行燃烧融化冻土,其中尤以燃烧锯末、刨花效果最好。

(4)蒸汽针融化冻土法。它是用机械钻孔,钻孔直径 50～200 mm,深度 1.5 m 左右,将蒸汽管插入孔内融化冻土,然后开挖施工。

(5)电流融化冻土法。该法用直径 25～30 mm,长 1.5～2.0 m 的钢筋作电极,成梅花状排列,每两根间距 0.4～0.8 m。该法只适用于有电源的基坑挖冻土。施工时电极随冻土融化分段打入,通常每隔 4～6 h 加深 0.4～0.8 m。当冻结深度为 1.5 m,电压为 220 V 时,解冻时间约为 16 h,电流法耗电量大且需特别注意用电安全。

5. 基坑爆破开挖

基础土石方常用爆破方法有:

(1)石坑爆破,一般用人工或机械打眼两种方法,常用加强抛掷法。

(2)土坑爆破,用于土坑及冻土爆破,一般采用抛掷爆破。方法与岩石爆破基本相同。土坑采用爆破法比用挖掘法效率高,同时可减轻体力劳动。

(3)土坑压固爆破,主要用于新土、水田及沼泽地带,可用延长药包炸成圆柱形腔,将电杆立于孔内。压固爆破采用延长药包时,其装药量与土质、炸药性能等因素有关。

(二)基础坑回填

回填是一项重要的工作,通常采用机械或人工方法进行回填、夯实,它直接影响杆塔基础上拔力或倾覆力的大小,应该引起重视。

1. 回填、夯实要求

基坑的回填夯实,按其重要性不同,可将不同形式的基础分为三类:铁塔预制基础、拉线预制基础、铁塔金属基础及不带拉线的混凝土电杆基础属第一类;现场浇筑铁塔基础、现场浇筑拉线基础属第二类;重力式基础及带拉线的杆塔本体基础属第三类。

(1)第一类基础的基坑回填夯实必须满足下列要求:

①对适于夯实的土质,每回填 300 mm 厚度夯实一次,夯实程度应达到原状土密实度的 80% 及以上。

②对不宜夯实的水饱和黏性土,回填时可不夯实,但应分层填实,其回填土的密实度亦应达到原状土的 80% 及以上。

③对其他不宜夯实的大孔性土、砂、淤泥、冻土等,在工期允许的情况下可采取二次回填,但架线时其回填密实程度应符合上述规定。工期短又无法夯实达到规定要求的,应采取加设临时拉线或其他能使杆塔稳定的措施。

(2)第二类基础的基坑回填方法应符合第一类的要求,但回填土的密实度应达到原状土密实度的 70% 及以上。

(3)第三类基础的基坑回填可不夯实,但应分层填实。

坑内有水时,回填时应先排出坑内积水。石坑回填应以石子与土按 3∶1 掺合后回填夯实。

对于杆塔及拉线基坑的回填,凡夯实达不到原状土密实度时,都必须在坑面上筑防沉层。防沉层的上部不得小于坑口,其高度视夯实程度确定,并宜为 300～500 mm。经过沉降后应及时补填夯实,在工程移交时坑口回填土不应低于地面。

接地沟的回填宜选取未掺有石块及其他杂物的好土,并应夯实。在回填后的沟面应筑有防沉层,其高度宜为 100～300 mm,工程移交时回填处不得低于地面。

2. 基坑开挖与回填的注意事项

(1)要注意熟悉被开挖基坑的桩位、杆塔型号、基础形式、土壤情况。根据设计要求的尺寸放样后再开挖。

(2)杆塔基础的坑深,应以设计规定的施工基面为准,拉线坑的坑深,以拉线坑中心的地面标高为基准。

(3)施工时应严格按设计要求的位置与深度开挖,坑深允许误差为 +100～-50 mm,坑底应平整,同基基坑在允许误差范围内按最深一坑操平。

(4)杆塔基础坑,其深度误差超过 +100 mm 时,可按下列规定处理:

①对于铁塔基础坑,其超深部分以铺石灌浆处理。对于钢筋混凝土电杆基础坑,超深在 100～300 mm 之间时,其超深部分以填土夯实处理;超深 300 mm 以上时,其超深部分以铺石灌浆处理。

②对于不能以填土夯实处理的水坑、流沙坑、淤泥坑及石坑等,其超深部分按设计要求处理,如设计无具体要求时,以铺石灌浆处理。

③对于个别杆塔基础坑,其深度虽已超过允许误差值 100 mm 以上,但经验算无不良影响时,经设计同意,可不做处理,只做记录。

⑤杆塔基础超深而以填土夯实处理时,应用相同的土壤回填,每层填土厚度不宜超过 100 mm,并夯实至原状土相同的密度,若无法达到时,应将回填部分铲去,改以铺石灌浆处理。

第五节　架空线路的架设

架空线路的架设分杆位复测、挖坑、排杆、组杆、立杆和架线等环节,现简述如下。

一、杆位复测

根据施工设计图(图 8.34)测量原钉立的标桩是否与设计资料相符,防止桩位因外力碰撞位移或丢失而造成施工失误。

二、挖　　坑

根据所使用的立杆机具和是否加装底盘,以确定是否挖成圆坑或带有马道的坑。对于无底盘的用汽车吊车等机具立杆的水泥杆坑,最好打成圆洞或用夹板锨挖成圆洞,以求不破坏或少破坏土质的原有紧密性。

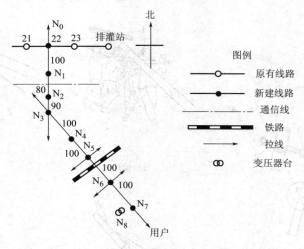

图 8.34　配电支线施工设计图

对用人力和抱杆等工具立杆的,应开挖成带有马道的基坑。主坑中心线在设计杆位的中心,马道应开挖在立杆的一侧。

拉线坑应开挖在标定拉线桩位处,其中心线及深度应符合设计要求。在拉线引入一侧应开挖斜槽,以免拉线不能伸直,影响拉力。

三、排　　杆

根据图 8.34 和表 8.1 所列的杆号及杆型,将水泥杆分别运到便于立杆的对应杆坑处。

表 8.1　杆型一览表

杆号	杆型	杆高(m)	杆号	杆型	杆高(m)	杆号	杆型	杆高(m)
N_0	直线改支接	11	N_3	15°转角	11	N_6	直线跨越	12
N_1	直线跨越	11	N_4	直线杆	11	N_7	终端	11
N_2	直线跨越	11	N_5	直线跨越	12	N_8	附变压器	砖构台

四、组　　杆

为施工方便,一般都在地面上将电杆顶部全部组装完毕,然后整体立杆。

五、立　　杆

通常用汽车吊等机具立杆,既快又安全。在缺少机械化吊杆机具的地方也可用人力和一些必要的工具立杆,下面做一介绍。

立杆前应检查所用工具,立杆过程中要有专人指挥,随时注意检查立杆工具受力情况,遵守有关安全规定。经常采用的立杆方法有以下几种。

(一)架腿立杆法

1. 架腿立杆法如图 8.35 和图 8.36 所示。

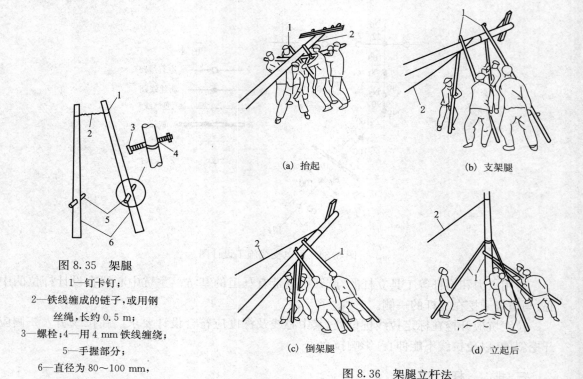

图 8.35　架腿
1—钉卡钉;
2—铁线缠成的链子,或用钢
　丝绳,长约 0.5 m;
3—螺栓;4—用 4 mm 铁线缠绕;
5—手握部分;
6—直径为 80～100 mm,
　长 5～7 m 的木杆

(a) 抬起　　　　　　　　　(b) 支架腿

(c) 倒架腿　　　　　　　　(d) 立起后

图 8.36　架腿立杆法
1—架腿;2—临时拉线

2. 固定式人字抱杆立杆法

固定式人字抱杆立杆法如图 8.37 所示。以立 10 kV 线路电杆为例,起吊工具有人字抱杆 1 副,高度约为杆高的 1/2;起吊用钢丝绳 1 条,长约 45 m,直径一般为 10 mm;固定抱杆用牵引钢丝绳 2 条,长约为杆高的 1.5 倍,直径为 6 mm;承载 3 t 的滑轮组 1 份,承载 3 t 的滑轮 1 个;绞磨 1 台;钢钎数根。

3. 倒落式抱杆立杆法

倒落式抱杆立杆法如图 8.38 所示。

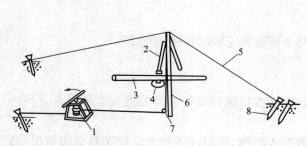

图 8.37　固定式人字抱杆立杆法
1—绞磨;2—滑轮组;3—电杆;4—杆坑;
5—钢丝拉绳;6—固定抱杆;7—引导滑轮;8—钢钎

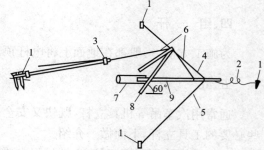

图 8.38　倒落式抱杆立杆法
1—钢钎;2—反面拉绳;3—滑轮组;4、5—侧面拉绳(棕绳);
6—钢丝绳;7—杆坑;8—脱离式抱杆;9—电杆

4. 立杆时应注意的事项

(1)在起立 15 m 混凝土杆时,为防止电杆受弯破坏,应采取两点固定,其方法如图 8.39 所示。在起立更高的单杆或双杆时,应由专业部门计算做出施工设计方案,按方案施工。

（2）电杆离地面 1 m 左右时,应停止起立,观察立杆工具和绳索吃力情况,如无异常情况,可继续起立。

（3）电杆起立后、埋土前,各方临时拉线不准拆除。这时指挥人员,应观察电杆沿线路方向是否正、直,沿线路垂直方向是否正、直,横担是否与线路垂直,如有偏差,应经调整后回填。

（4）埋土夯实。要求每埋 300～500 mm 夯实一次。坑内如有水,应将水淘干;如有大土块,应将土块打碎后再回填。回填土应高出地面 300～500 mm（马道部分也要高出地面 300～500 mm）。

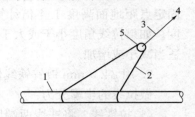

图 8.39　钢绳两点固定电杆
1—电杆;2—分固定钢绳;
3—总固定钢绳;4—联向抱杆;5—滑轮

六、架　　线

（一）拉线

由于电杆架线后会出现受力不平衡现象,所以采用拉线来平衡各方面的作用力,并抵抗风压,以防止电杆倾倒,如终端杆、转角杆、分支杆、耐张杆等,往往都要装拉线。

拉线一般用钢绞线或用直径 4 mm（ϕ 4.0 mm,即 8 号线）绞成。拉线的股数多少要根据电杆受力的大小与拉线间的角度而定。

1. 拉线种类

常用的拉线分下面几种:

（1）普通拉线。用于终端杆、转角杆和分支杆。装设在电杆受力的反面,以平衡电杆所受的单向拉力,如图 8.40(a)所示。对于耐张杆,应在电杆顺线路方向前后加拉线,以承受导线的拉力。

（2）侧面拉线（又叫人字或风雨拉线）。用于交叉跨越和耐张段较长的线路上,以便使线路能抵御横线路方向的风力,如图 8.40(b)所示。

（3）水平拉线。用于拉线需要跨过道路的电杆上,如图 8.40(c)所示。

（4）自身拉线（也叫弓形拉线）。用于地面狭窄、受力不大的电杆上,如图 8.40(d)所示。

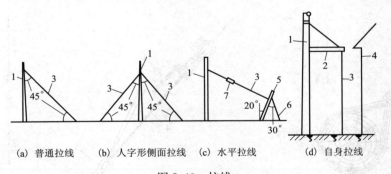

(a) 普通拉线　　(b) 人字形侧面拉线　(c) 水平拉线　　(d) 自身拉线

图 8.40　拉线
1—电杆;2—横木;3—拉线;4—房屋;5—拉桩;6—坠线;7—拉紧绝缘子

2. 拉线的装设

拉线与电杆的夹角一般为 $30°～45°$。拉线坑深和固定拉线下把用的地横木（或石条）尺寸,应根据拉力的大小确定。一般坑深为 1.2～1.5 m;地横木长 1.2 m,直径为 150 mm 左右。

一般来说,对于 45°无拉紧绝缘子的拉线长度,可按拉线在电杆上固定点距地面高度 1.4 倍计算,再加上"上把"和"下把"缠绕长度。如果拉线角度小于或大于 45°时,则拉线长度按 45°的计算值适当减小或增加。

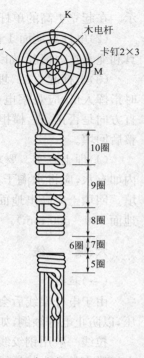

图 8.41　木电杆上把的做法

3. 用 φ4.0 mm 镀锌铁线做拉线的步骤

做拉线的步骤分为:

(1)拉铁线。将铁线两端固定,中间用人拉,将铁线拉直,以使各股拉线受力均匀。

(2)编拉线。按需要长度和股数剪断铁线并合股。

(3)做上把。木杆上把的做法如图 8.41 所示。水泥杆则先做好线鼻子,然后固定在拉线抱箍上。

(4)做下把。下把的做法如图 8.42 所示。高压线路常使用加工好的拉线下把,可节约人力,提高施工速度。

(5)绑扎地横木埋入坑内,下把与地横木固定方法如图 8.43 所示。可用水泥拉线盘替代地横木。

(6)连接上下把。把上把的尾端穿入下把鼻子中并折回,用紧线器夹住上把,再把上把的 1～2 股铁线穿在紧线器轴内开始紧拉线。紧好后将另几股合拢,然后用一根 φ3.2 mm 镀锌铁线缠绕,如图 8.44 所示,拉线绑扎部分如图 8.45 所示。拉线绝缘子安装示意图如图 8.46 所示。

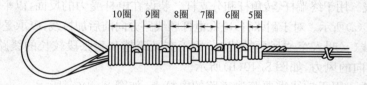

图 8.42　下把的做法

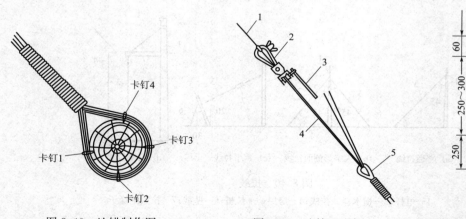

图 8.43　地锚制作图

图 8.44　连接上下把

1—拉线上把;2—紧线器;3—紧线器柄;
4—把拉线 1～2 股穿入紧线器轴孔;
5—拉线下把

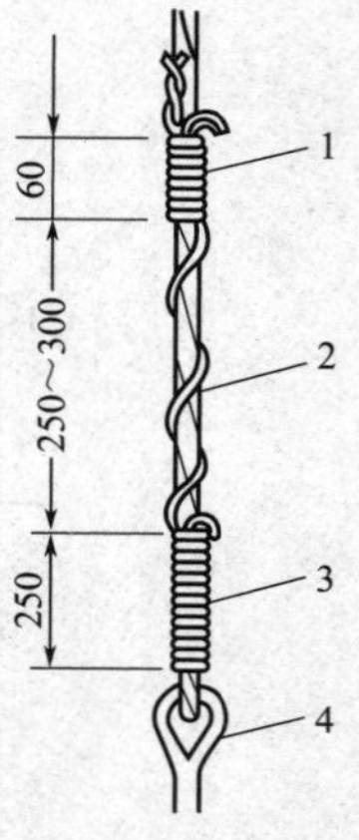

图 8.45　拉线的绑扎
部分(单位:mm)

1—上部绑扎;2—花绑;
3—下部绑扎;4—下把

目前,普遍用 GJ-25-GJ-70 直接做成拉线,用水泥拉线盘,使用拉线根(拉线棒)代替下把。这样施工方便,拉线质量好,使用年限长,如图 8.47 所示。具体做法与用 φ4.0 mm 镀锌铁线作拉线的方法相同。

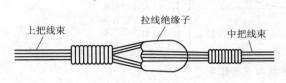

图 8.46　拉线绝缘子安装示意图

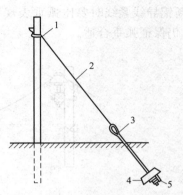

图 8.47　拉线与下把棍连接

1—拉线抱箍;2—拉线上把;3—拉线下把棍;4—拉线盘;5—拉线背板

(二)放线

放线时,要一条条地放,不要使导线磨损和断股,不要有死弯(背花),如出现磨伤、断股等时,应及时做出标志,以便处理。放线时要根据导线的多少,分别采用手放或用线轴架、放线车放线(图 8.48～图 8.50)。

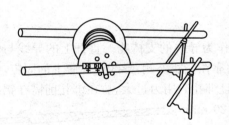

图 8.48　简单放线轴

图 8.49　坑中装线轴架放线

用手放线时,要正放几圈反放几圈,不要使导线有死弯。

放线时,最好在电杆上或横担上挂铝制的或木制的开口滑轮,把导线放在轮槽内,这样既省力又不会磨损导线。

放线若需跨过带电导线时,应将带电导线停电后再施工;如停电困难时,可在跨越处搭跨越架子。放线若通过公路、铁路时,要有专人观看车辆,及时通知,防止发生事故。

(三)紧线

紧线前先要做好耐张杆、转角杆和终端杆的拉线,然后分段紧线。紧线时根据导线截面的大小和耐张段的长短,选用人力紧线、紧线器紧线、绞磨紧线或汽车紧线等。为了防止横担扭转,可同时紧两根线(即先紧两边线,后紧中线)或三根线同时紧。

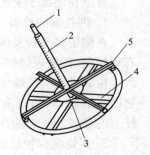

图 8.50　放线车

1—与槽钢底座焊牢的固定轴;2—与角钢架焊牢的活动套管;3—承压轴承;4—槽钢底座;5—角钢支架

紧线时,要根据当时的气温,确定导线的弧垂值。观测弧垂的方法是:在耐张段内选择一个标准挡距,在该挡距的两端电杆上,根据要求的弧垂值,各绑一横板(弛度尺,如图 8.51 所示),当导线紧到观察挡导线弧度最低点和两块横板,这三点成一条直线时就可以了。注意使用新铝导线紧线时要比弧垂表规定值平均多紧 15%～20%,以便在导线受拉力发生初伸长时,仍保证弧垂合适。

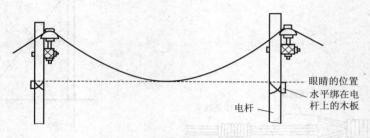

图 8.51　紧线与观测弧垂

紧线时应注意的几个问题:

(1)紧线前,应检查导线是否都放在铝滑车中。小段紧线亦可将导线放在针式绝缘子的顶部沟槽内,不许将导线放在铁横担上,以免磨伤。

(2)紧线时要有统一的指挥和明确的松紧信号。指挥人员要根据观测挡对弧垂观测的结果,指挥松紧导线。各种导线在不同温度下的弧垂值,因地区气象特点而不同。不同气象地区,应根据本地区电力部门规定的弧垂进行紧线。

(3)紧线时,一般应做到每基电杆有人,以便及时松动导线,使导线接头能顺利越过滑子或绝缘子。

(四)固定导线

在低压和 10 kV 高压的架空线上,一般都用瓷瓶作为导线的支持物。直杆上的导线与瓷瓶的贴靠方向应为同一方向;转角杆上的导线,必须贴靠在瓷瓶外侧,导线在瓷瓶上的固定,均采用绑扎方法,裸铝绞线因质地过软,而绑扎线较硬,且绑扎时用力过大,故在绑扎前需在铝绞线上包缠一层保护层,包缠长度以两端各伸出绑扎处 20 mm 为准。

导线在绝缘子上的固定,均采用绑扎方法。

1. 绑扎前的检查

在测定弧垂后及固定导线前,地面人员应逐杆检查线杆有无倾斜,如发现倾斜线杆应予以校正。

检查导线与绝缘子的贴靠方向:直线杆上的导线必须贴靠同一方向;转角杆上的导线必须贴靠绝缘子外侧,使转角杆上的导线的拉力加在绝缘子上,而不使绑线受力。

2. 裸铝线保护层的绑扎

在低压及 10 kV 的架空线上,绑扎裸铝线前,应对导线进行保护处理,其方式为用铝带对导线进行两层包缠,两端各长出绑扎部位 20 mm。比如导线在绝缘子上绑扎120 mm,则保护层的长度为 160 mm,其做法如图 8.52 所示。

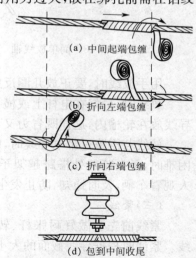

(a) 中间起端包缠

(b) 折向左端包缠

(c) 折向右端包缠

(d) 包到中间收尾

图 8.52　裸铝导线绑扎保护层

包缠时先从中间绑起,铝带每层必须排列整齐、紧密,前后圈带之间不能叠压。

3. 导线在低压绝缘子上的绑扎

低压绝缘子直线支持点的绑扎方法是,把导线紧贴在绝缘子嵌线槽内,把扎线一端留出足够的长度,即在嵌线槽中绕 1 圈和在导线上绕 10 圈的长度,并使扎线与导线成"×"状相交,如图 8.53(a)所示;把盘成圈状的扎线,从导线右边下方绕嵌线槽背后缠至导线左边下方,并压住原扎线和导线,然后绕至导线右边,再从导线右边上方围绕至导线左边下方,如图 8.53(b)所示;在贴近绝缘子处开始,把扎线紧缠在导线上,缠满 10 圈后剪除余端,如图 8.53(c);把扎线的另一端围绕到导线右边下方,也要从贴近绝缘子处开始,紧缠在导线上,缠满 10 圈后剪除余端,如图 8.53(d)所示;绑扎完毕如图 8.53(e)所示。

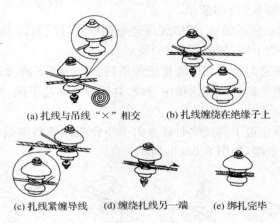

(a) 扎线与吊线"×"相交　　(b) 扎线缠绕在绝缘子上

(c) 扎线紧缠导线　(d) 缠绕扎线另一端　(e) 绑扎完毕

图 8.53　低压绝缘子直线支持点的绑扎

4. 低压绝缘子始、终端支持点的绑扎

把导线末端先在绝缘子嵌线槽内围绕一圈,如图 8.54(a)所示;把扎线短端嵌入两导线末端并合处的凹缝中,如图 8.54(b)所示;扎线长端在贴近绝缘子处,按顺时针方向把两导线紧紧地缠扎在一起,如图 8.54(c)所示;把扎线的长端在两导线上缠绕到 100 mm 长后,与扎线短端用钢丝钳紧绞 6 圈,然后剪去余端,并使它紧贴在两导线的夹缝中,如图 8.54(d)所示。

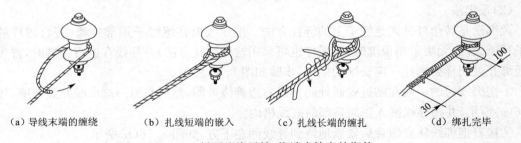

(a) 导线末端的缠绕　　(b) 扎线短端的嵌入　　(c) 扎线长端的缠绕　　(d) 绑扎完毕

图 8.54　低压绝缘子始、终端支持点的绑扎

不管是直线支持点还是始、终端支持点,导线与低压瓷柱的绑扎均同导线与低压绝缘子的绑扎方法一样。

5. 导线在针式绝缘子上的绑扎方法

(1)顶绑法

顶绑法一般用于固定直线杆针式绝缘子的导线,其操作方法如图 8.55 所示。绑扎时首先在导线绑扎处绑扎 150 mm 长的铝带,所用铝带的宽为 10 mm,厚为 1 mm,绑线的材料应与导线材料相同,直径应为 2.6~3 mm 范围内。绑扎步骤如下:

①把绑扎线绕成卷,在绑线的一端留出一个长约为 250 mm 的短头,用短头在绝缘子左侧的导线上绑绕 3 圈,方向是从导线外侧经导线上方,绕向导线内侧,如图 8.55(a)所示。

②用绑线在绝缘子颈部内侧,绕到绝缘子右侧的导线上绑绕 3 圈,其方向是从导线下方,经外侧绕向上方,如图 8.55(b)所示。

③用绑线在绝缘子颈部外侧,绕到绝缘子左侧导线上,再绑绕 3 圈,其方向是由导线下方,经内侧绕到导线上方,如图 8.55(c)所示。

④用绑线从绝缘子颈部内侧,绕到绝缘子右侧导线上,再绑绕 3 圈,其方向是由导线下方经外侧绕向导线上方,如图 8.55(d)所示。

⑤以后重复图 8.55(c)所示做法,把绑线绕瓷瓶颈槽到导线右边下侧,并斜压住顶槽中导线,继续绑扎到绝缘子左边下侧,如图 8.55(e)所示。

⑥从导线左边下侧按逆时针方向围绕瓷瓶颈槽到右边导线下侧,如图 8.55(f)所示。

⑦把绑线从导线右边下侧斜压住顶槽中导线,并绕导线左边下侧,使顶槽中导线被绑线压成×形,如图 8.55(g)所示。

⑧最后将绑线从导线左边下侧按顺时针方向围绕瓷瓶颈槽到绑线的另一端,相交于瓷瓶中间,并互绞 6 圈后剪去余端,如图 8.55(h)所示。

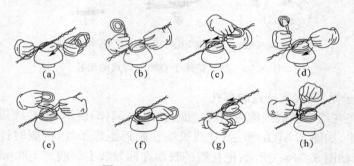

图 8.55　针式瓷瓶的顶绑法

(2)颈绑法

颈绑法是转角杆针式绝缘子上的绑扎方法。把导线放在绝缘子颈部外侧(若直线杆的绝缘子顶槽太浅,无法采用顶绑时,直线杆也可采用这种绑扎方法)。导线在进行颈绑时,首先在导线绑扎处同样要绑扎一定长度的铝带,步骤如图 8.56 所示。

①把绑线短的一端在贴近瓷瓶处的导线右边缠绕 3 圈,然后与另一端绑线互绞 6 圈,如图 8.56(a)所示,并把导线嵌入瓷瓶颈部的嵌线槽内。

②接着把绑线从瓷瓶背后紧紧地绕到导线的左下方,如图 8.56(b)所示。

③随着把绑线从导线的左下方围绕到导线右上方,并如同上法再把绑线绕瓷瓶 1 圈,如图 8.56(c)所示。

④把绑线再绕到导线左上方,并继续绕到右下方,使绑线在导线上形成×形的交绑状,如图 8.56(d)和图 8.56(e)所示。

⑤把绑线绕到导线左上方,并贴近瓷瓶处紧缠导线 3 圈后,向瓷瓶背后部绕去,与另一端绑线紧绞 6 圈后,剪去余端,如图 8.56(f)所示。

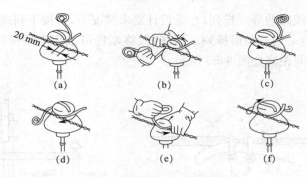

图 8.56　针式瓷瓶的颈绑法步骤

(3)终端绑扎法

终端绑扎法是终端杆蝶式绝缘子的绑扎方法,如图 8.57 所示,其操作步骤如下:

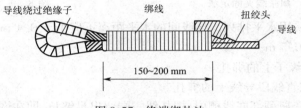

图 8.57　终端绑扎法

①首先在与绝缘子接触部分的铝导线上绑以铝带,然后把绑线绕成卷,在绑线一端留一个短头,长度为 200～250 mm(绑扎长度为 150 mm 时,短头长度为 200 mm;绑扎长度为200 mm 时,短头长度为 250 mm)。

②把绑线短头夹在导线与折回导线之间,再用绑线在导线上绑扎,第一圈应距蝶式绝缘子表面 80 mm,绑扎到规定长度后与短头扭绞 2～3 圈,余线剪去压平,最后把折回导线反方弯曲。

③绑扎长度不小于表 8.2 所示数值。导线截面不同,绑扎长度也不同。

表 8.2　绑扎长度

导线截面(mm²)	绑扎长度(mm)	导线截面(mm²)	绑扎长度(mm)
LJ-50 及以下	150	TJ-16 及以下	100
LJ-50	200	TJ-(25～30)	150
LJ-70	250	TJ-(50～95)	200

(4)用耐张线夹固定导线法,操作步骤如下:

①用紧线钳先将导线收紧,使导线弧垂比所要求的数值稍小一些,然后在导线需要安线夹的部分用同规格的线股缠绕,缠绕时,应从一端开始绕向另一端,其方向应与导线外层缠绕方向一致。缠绕长度应露出线夹两端 10 mm。

②卸下线夹的全部 U 形螺栓,使耐张线夹的线槽紧贴导线缠绕,然后装上全部 U 形螺栓及压板,并稍拧紧。最后按图 8.58 所示的 1、2、3、4 顺序拧紧。拧紧过程中,要使线夹受力均匀,不要使线夹的压板偏斜和卡碰。所有螺丝全部拧紧后,再逐个检查并反复紧一次。

(5)10 kV 及以下线路的导线排列,在无设计要求情况下,可按下列规定:

①10 kV 直线杆应采用三角形排列。耐张杆、终端杆可采用水平排列。导线间的最小距离不应小于 0.8 m,线间距离如图 8.59 所示。

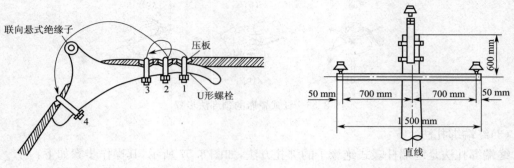

图 8.58 耐张线夹固定法　　　　　图 8.59 线间距离

②1 kV 以下,应采用水平排列。导线间的水平距离不应小于 0.4 m。靠近电杆的两导线间水平距离不应小于 0.5 m。

6. 导线在蝶形绝缘子上的绑扎

(1)蝶形绝缘子在直线段导线上的绑扎

①把导线紧贴在瓷瓶颈部嵌线槽内,把扎线一端留出足够长,即在嵌线槽中绕 1 圈和在导线上绕 10 圈的长度,并使扎线与导线成×状相交,如图 8.60(a)所示。

②把扎线从导线右下侧绕嵌线槽背后至导线左边下侧,按逆时针方向围绕正面嵌线槽,从导线右边上侧绕出,如图 8.60(b)所示。

③接着将扎线贴紧并围绕瓷瓶嵌线槽背后至导线左边下侧,在贴近瓷瓶处开始,将扎线在导线上紧缠 10 圈后剪除余端,如图 8.60(c)所示。

④把扎线的另一端围绕嵌线槽背后至导线右边下侧,也在贴近瓷瓶处开始,将扎线在导线紧缠 10 圈后剪除余端,如图 8.60(d)所示。

⑤绑扎完毕如图 8.60(e)所示。

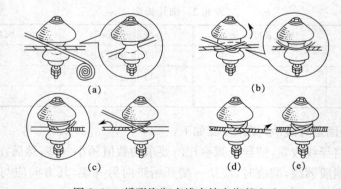

图 8.60 蝶形瓷瓶直线支持点绑扎方法

(2)蝶形绝缘子的终端绑扎

终端绑扎也称作"绑回头",用于耐张杆、分支杆和转角杆绝缘子与导线的绑扎。导线在蝶式绝缘子上的绑扎如图 8.61 所示。

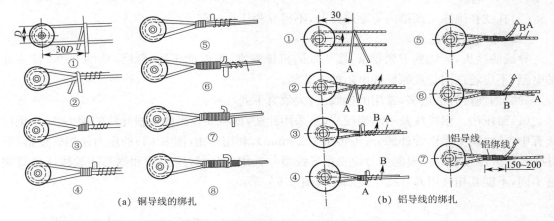

<table>
</table>

(a) 铜导线的绑扎　　　　　　　　　　(b) 铝导线的绑扎

图 8.61　导线在蝶式绝缘子上的绑扎

绑扎时,先把扎线的一端沿绝缘子颈部绕一圈,与导线合在一起,将所用扎线折回 300 mm 左右,挂在导线上,然后在干线上单独缠绕 5～10 圈,把绑线始端一并缠绕进去,再用绑线末端与始端拧紧小辫收尾,最后将多余部分剪掉,把小辫与干线贴紧压平。

低压蝶式绝缘子终端绑扎样例如图 8.62 所示。

7. 导线与瓷拉棒的绑扎

瓷拉棒的绑扎方法和要求类似于低压绝缘子始、终端绑扎,如图 8.63 所示。

8. 铜、铝导线在耐张杆和终端杆悬式绝缘子上的固定

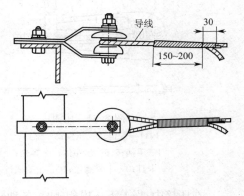

图 8.62　低压蝶式绝缘子终端绑扎样例(单位:mm)

铜、铝导线在耐张杆和终端杆悬式绝缘子上的固定和用耐张线夹固定导线法相同。步骤如下:

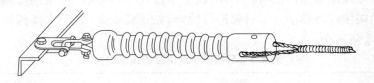

图 8.63　瓷拉棒的绑扎

(1)用紧线器收紧导线,使弛度比所要求的弧度稍小一些。

(2)应用铝带(铝导线)或同规格的线股将导线与耐张线夹接触部分包缠上。包缠时应从一端开始绕向另一端,其方向必须与导线外层线股缠绕方向一致。包缠长度必须露出线夹两端各 10～20 mm。最后将铝带或线股端头压在线夹内,以免松脱。

(3)卸下耐张线夹的全部 U 形螺栓,将导线放入线夹的线槽,应使导线包缠部分紧贴线槽,然后装上全部压板及 U 形螺栓,并稍拧紧螺母,再按图 8.58 的 1、2、3、4 顺序拧紧螺母。拧紧过程中,应注意线夹的压板不得歪斜和卡碰且要使受力均衡。

(4)所有螺栓紧固一次后,应进行全面检查,看其是否已符合要求,并再拧紧一次螺栓,使之特别紧固,以免导线滑动。同时,应注意防止碰伤导线和扎线。绑扎铝线时,只许用钳子尖夹住扎线,不得用钳口夹扎线。

(5)扎线在绝缘子颈槽内应顺序排开,不得互相压在一起。

(五)导线的连接

导线的接头,应达到下列要求:接头处的机械强度,不应低于原导线强度的 90%;接头处的电阻,不应超过同长度原导线电阻的 1.2 倍。

导线的连接方法很多,常用的接线法,大致有下列几种:

(1)钳压法。铝绞线及钢芯铝绞线,多采用此法,即将要连接的两根导线的端头,穿入铝压接管中(导线端头露出管外部分,不得小于 20 mm),利用压钳(图 8.64)的压力使铝管变形,把导线挤住。压接管和压模的型号应根据导线型号选用(铝绞线压接管和钢芯铝绞线压接管规格不同,不能互相代用),导线压接顺序如图 8.65 所示。

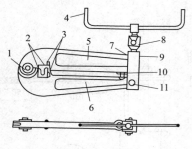

图 8.64 压钳
1、11—绞链;2—压模;3—螺钉;
4—手柄;5、6—压钳体;7—螺栓;
8—卡具;9—卡具螺纹;10—止动螺钉

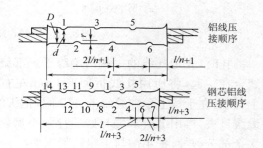

图 8.65 导线压接顺序

在压接中,当上下压模相碰时,各种导线的压接口数和压坑深度满足表 8.3 的要求。压坑不能过浅,否则压接管握着力不够,导线会抽出来。每压完一个坑后要持续压力 1 min 后再松开,以保证压坑深度准确。钢芯铝绞线压接管中有铝垫片,填在两导线间,可增加接头握着力,并使接触良好。

压接前应将导线用布蘸汽油清擦干净,涂上中性凡士林油后,再用钢丝刷清擦一遍,压接完毕应在压管两端涂红丹粉油。压后要进行检查,如压管变曲,要用木锤调直;压管弯曲过大或有裂纹的,要重新压接。

表 8.3 导线压坑深度及钳压压口数

导线截面(mm²)	铝绞线		钢芯铝绞线	
	压后尺寸 D(mm)	压接口数	压后尺寸 D(mm)	压接口数
16.0	10.5	6	12.5	12
25.0	12.5	6	14.5	14
35.0	14.0	6	17.5	14
50.0	16.5	8	20.5	16
70.0	19.5	8	25.0	16
95.0	23.0	10	29.0	20
120.0	26.0	10	33.0	24
150.0	30.0	10	36.0	24
185.0	33.5	10	39.0	26
240.0	—	12	43.0	2×14

（2）插接法。多股铜导线多用此法。首先拧开两根导线头，把它们交叉在一起，如图8.66(a)所示，再用绑线在中间缠绕50 mm，如图8.66(b)所示，然后再用导线本身的单股线或双股线向两端逐步缠绕，一股缠完后，将余下的线尾压在下面，再用另一股缠，直至缠完为止，如图8.66(c)所示，全部缠完后的插接接头，如图8.66(d)所示，导线截面在50 mm² 以下的连接长度一般为200～300 mm。

（3）绑接法。对于单股导线及较小型号导线的弓子线连接，可采用绑接法（临时供电线路中的铜导线或铝绞线也可使用此法）。导线的绑接法如图8.67所示。大线号的跳线弓子线，应使用线夹连接，绑接长度见表8.4。

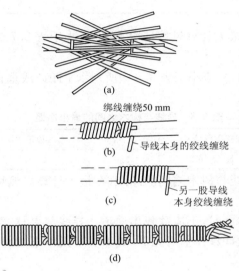

图8.66　导线插接法

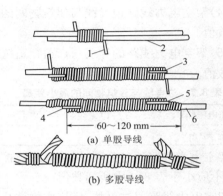

图8.67　导线的绑接法

1—绑线；2—辅助线；3、4—主线的多余部分弯起；5—绑线在辅助线和一根主线上缠5或6圈；6—绑线在辅助线上缠3或4圈后收结

表8.4　导线绑接长度　　　　　　　单位：mm

导线型号	挡距内绑接长度	弓子线绑接长度	绑线直径
单股铜线直径 3.2 mm 单股铁线直径 3.2 mm	80	80	1.6
单股铜线直径 4.0 mm 单股铁线直径 4.0 mm	100	100	1.6
铝绞线 35 mm² 以下	250～300	150～200	不小于单股导线直径

（六）对地距离及交叉跨越

（1）导线与地面或水面的距离，在最大计算弧垂情况下，不应小于表8.5中所列数值。

（2）导线与山坡、峭壁、岩石的净距，在最大计算风偏情况下，不应小于表8.6中所列数值。

（3）3～10 kV架空电力线路不应跨越屋顶为易燃材料的建筑物，对其他建筑物，也应尽量不跨越；如需跨越，应与有关主管部门协商确定。

导线与建筑物的垂直距离为：在最大计算弧垂情况下，对3～10 kV线路，不应小于3.0 m。

3 kV以下架空电力线路跨越建筑物时，导线与建筑物的垂直距离，在最大计算弧垂情况下，不应小于2.5 m。

表 8.5　架空绝缘线导线与地面或水面的最小距离

单位:m

线路经过地区	线路电压(kV)	
	3～10	3以下
居民区	6.5	6.0
非居民区	5.5	5.0
不能通航及不能浮运的河、湖的冬季冰面	5.0	5.0
不能通航及不能浮运的河、湖的最高水位	3.0	3.0
交通困难地区	4.5	4.0

表 8.6　导线与山坡、峭壁、岩石的最小净距

单位:m

线路经过地区	线路电压(kV)	
	3～10	3以下
步行可以到达的山坡	4.5	3.0
步行不能到达的山坡、峭壁及岩石	1.5	1.0

(4)架空电力线路边导线与建筑物间的距离,在最大计算风偏情况下,不应小于表 8.7 中所列数值。

(5)架空电力线路的导线与街道行道树间的距离,不应小于表 8.8 中所列水平距离或垂直距离数值。

表 8.7　边导线与建筑物间的最小距离

线路电压(kV)	3～10	3以下
距　离(m)	1.5	1.0

表 8.8　导线与树木之间的最小净距

线路电压(kV)	3～10	3以下
距　离(m)	3.0	3.0

架空电力线路通过公园、绿化区或防护林带,导线与树木之间的净距,在最大计算风偏情况下,不应小于表 8.9 中所列数值。

架空电力线路通过果林、经济作物林及城市灌木林时,不应砍伐出通道。导线与果林、经济作物林及城市灌木林之间的最小垂直距离,在最大计算弧垂情况下,对 10 kV 及以下线路,不应小于 1.5 m。

校验导线与树木间的垂直距离,应考虑修剪周期内,树木生长的高度。

(6)架空电力线路跨越架空弱电线路时,其交叉角应符合表 8.10 的要求。

表 8.9　导线与街道行道树间的最小距离

线路电压(kV)	3～10	3以下
最大计算弧垂情况下的垂直距离(m)	1.5	1.0
最大计算风偏情况下的水平距离(m)	2.0	1.0

表 8.10　架空电力线路与架空弱电线路的交叉角

弱电线路等级	一级	二级	三级
交叉角	≥45°	≥30°	不限制

(7)在厂区(站场)以外,架空电力线路与铁路、道路、通航河流、管道、索道及各种架空线路交叉或接近时,应符合表 8.11 的要求。

表 8.11　架空电力线路与铁路、道路、通航河流、管道、索道及各种架空线路交叉或接近的基本要求

项　　目	铁　　路	公路和道路	电车道(有轨及无轨)
导线或避雷线在跨越挡接头	标准轨距:不得接头;窄轨:不限制	一、二级公路和城市一、二级道路:不得接头;三、四级公路和城市三级道路:不限制	不得接头
交叉挡导线最小截面	35 kV 采用钢芯铝绞线为 35 mm²;10 kV 及以下采用铝绞线或铝合金线为 35 mm²	其他导线为 16 mm²	

续上表

项　目	铁　路			公路和道路	电车道(有轨及无轨)	
交叉挡针式绝缘子或瓷横担支撑方式	双固定			一、二级公路和城市一、二级道路为双固定	双固定	
最小垂直距离(m)　线路电压(kV)	至标准轨顶	至窄轨顶	至承力索或接触线	至路面	至路面	至承力索或接触线
3~10	7.5	6.0	3.0	7.0	9.0	3.0
3以下	7.5	6.0	—	6.0	9.0	3.0
最小水平距离(m)　线路电压(kV)	杆塔外缘至轨道中心			杆塔外缘至路基边缘	杆塔外缘至路基边缘	
				开阔地区 / 路径受限制地区	开阔地区 / 路径受限制地区	
10及以下	平行:最高杆(塔)高加3m			0.5	0.5	
其他要求	不宜在铁路出站信号机以内跨越			—		

项　目	通航河流		次要通航河流		架空明线弱电线路
导线或避雷线在跨越挡接头	不得接头		不限制		一、二级:不得接头; 三级:不限制
交叉挡导线最小截面	10 kV及以下采用铝绞线或铝合金绞线为35 mm²				
交叉挡针式绝缘子或瓷横担支撑方式	双固定		不限制		一、二级为双固定
最小垂直距离(m)　线路电压(kV)	至常年高水位	至最高航行水位的最高船桅顶	至常年高水位	至最高航行水位的最高船桅顶	至被跨越线
3~10	6.0	1.5	6.0	1.5	2.0
3以下	6.0	1.0	6.0	1.0	1.0
最小水平距离(m)　线路电压(kV)	边导线至斜坡上缘(线路与拉纤小路平行)				边导线间 开阔地区 / 路径受限制地区
3~10	最高杆(塔)高				最高杆(塔)高 / 2.0
3以下					最高杆(塔)高 / 1.0
其他要求	最高洪水时,有抗洪抢险船只航行的河流,垂直距离应与有关部门协商确定				1.电力线路应架设在上方 2.按过电压保护要求

项　目	电力线路	特殊管道	一般管道、索道
导线或避雷线在跨越挡接头	10 kV及以下线路:不限制	不得接头	不得接头
交叉档导线最小截面	其他导线为16 mm²		
交叉档针式绝缘子或瓷横担支撑方式	10 kV线路跨越6~10 kV线路为双固定	双固定	双固定

续上表

项　　目		电力线路		特殊管道	一般管道、索道
最小垂直距离(m)	线路电压(kV)	至被跨越线		至管道任何部分（导线在上，不站人）	至管道、索道任何部分（导线在上）
	3～10	2.0		3.0	2.0
	3 以下	1.0		1.5	1.5
最小水平距离(m)	线路电压(kV)	边导线间		边导线至特殊管道、一般管道、索道任何部分	
		开阔地区	路径受限制地区	开阔地区	路径受限制地区
	3～10	最高杆(塔)高	2.5	最高杆(塔)高	2.0
	3 以下		2.5		1.5
其他要求		电压较高的线路一般架设在电压较低线路的上方,电力接户线与相同电压或较低电压的专用线路交叉,电力接户线宜架设在上方		1. 与索道交叉,如索道在上方,索道的下方应装设保护措施; 2. 交叉点不应选在管道的检查井(孔)处; 3. 与管、索道平行、交叉,管、索道应接地	

注:1. 跨越杆塔的悬垂线夹(跨越河流除外)应采用固定型。

　　2. 架空线路与弱电线路交叉时,由交叉点至最近一基杆塔的距离,应尽量靠近,但不应小于 7 m(架设在城市的线路除外)。

　　3. 架空线路跨越三级弱电线路且有接头时,其接头应符合有关规定。

　　4. 表中最小水平距离值未考虑对弱电线路的危险和干扰影响,如需考虑时应另行计算。

　　5. 管、索道上的附属设施,均应视为管、索道的一部分。

　　6. 特殊管道指架设在地面上输送易燃、易爆物的管道。

　　7. 对路径受限制地区的最小水平距离的要求,应计及架空电力线路导线的最大风偏。

七、横担的安装

横担在线路中的作用是通过绝缘子,对导线起支撑作用,也就是横担首先固定在电杆上,绝缘子再固定在横担上,导线再固定在绝缘子上。同时随着横担几何尺寸的不同,使线路导线在档距中间电杆上应保持一定的电气空间绝缘距离。

（一）横担的种类和选择

1. 横担的种类

常用的横担有木横担、铁横担和瓷横担 3 种,其外形如图 8.68 所示。

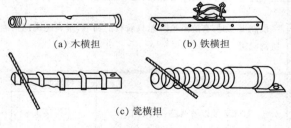

(a) 木横担　　　　　　　(b) 铁横担

(c) 瓷横担

图 8.68　横担外形

2. 横担的选择

3～10 kV 高压配电线路最好采用陶瓷横担,低压配电线路一般采用木横担或铁横担。横担的长度是根据导线的根数、相邻电杆间的大小和线间距离决定的。

（二）横担的安装位置及要点

为了施工方便，竖杆前一般都在地面上将电杆顶部的横担、金具等安装完毕，然后再整体竖杆。如果电杆竖起后组装，则应从电杆最上端开始，10 kV 及以下线路的横担规格，应按受力情况确定，一般不小于 50 mm×50 mm×6 mm 的角钢，由小区配电室出线的线路横担，角规格不应小于 63 mm×63 mm×6 mm。

1. 横担的安装位置

（1）直线杆的横担应安装在负荷侧，90°转角及终端杆应装于拉线侧。

（2）转角杆、分支杆、终端杆及受导线张力不平衡的地方，横担应安装在张力方向侧。

（3）多层横担均应装在同一侧。

2. 横担的安装要点

（1）单横担的安装。单横担在架空线路上应用最广，一般的直线杆，分支杆、轻型转角杆和终端杆都用单横担，单横担的安装方法如图 8.69 所示。安装时，用 U 形抱箍从电杆背部抱过杆身，穿过 M 形抱铁和横担的两孔，用螺母拧紧固定。螺栓拧紧后，外露长度不应大于 30 mm。

（2）双横担的安装。双横担又称合担，一般用于耐张杆、重型终端杆和转角杆等受力较大的杆型上，双横担的安装方法如图 8.70 所示。

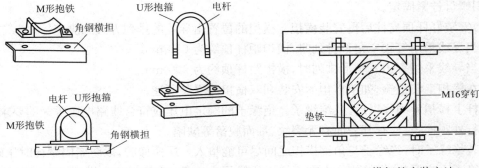

图 8.69　单横担的安装方法　　　　　　　图 8.70　双横担的安装方法

（3）瓷横担的安装。瓷横担用于直线杆上起到代替横担和瓷瓶双重作用，它绝缘性能较好，断线时能自行转动，不致因一处断线而扩大事故。瓷横担的安装步骤如图 8.71（a）所示。3～10 kV 高压线路中导线为三角排列时的瓷横担安装如图 8.71（b）所示。

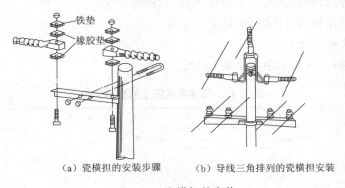

（a）瓷横担的安装步骤　　　　（b）导线三角排列的瓷横担安装

图 8.71　瓷横担的安装

（三）横担的组装操作

钢筋混凝土电杆的横担组装方法如图 8.72 所示,操作方法如下所述：

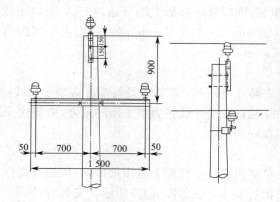

图 8.72　钢筋混凝土电杆的横担组装方法(mm)

（1）先装杆顶支柱。将杆顶支柱放在受电侧,电杆顶向下量 150 mm,安装第一个抱箍,再向下量 150 mm,安装第二个抱箍。面向受电侧,由左向右穿入螺栓,在两端各加一个垫圈用螺母固定。如果电杆上留有安装杆顶支柱的螺栓孔,则可不用抱箍,直接将螺栓穿过电杆的螺栓孔,用螺母拧紧固定。

（2）安装好杆顶支柱后再安装横担。横担的位置由导线的排列方式来决定。

①当导线采用等腰三角形排列时,横担距杆顶约为 600 mm。

②当导线采用等边三角形排列时,横担距杆顶约为 900 mm。

③在横担上装抱箍,如单横担的安装和双横担的安装所述。

④杆上横担紧固好以后,装绝缘子。绝缘子的额定电压应符合线路电压等级的要求,安装前应进行外观检查,检查其表面有无裂纹、釉面脱落等缺陷。

安装绝缘子时,绝缘子与角钢横担之间尽可能垫入一层薄橡胶,以防紧固螺栓时压碎绝缘子。绝缘子不应倒装,螺栓应由上向下插入绝缘子中心孔,螺母要拧在横担下方,螺栓两端需垫垫圈。在吊装装有绝缘子的横担上电杆时,要防止因绝缘子碰撞电杆而被击碎。

⑤多层横担均应安装在同一侧,有弯曲的电杆,横担均应装在弯曲凸面侧但仍应保持在受电侧。

⑥拧紧单螺母后,螺栓露出应不少于两扣,双螺母拧紧后,可平扣。

⑦开口销钉用在垂直方向时,应从上往下穿。

（四）横担安装的技术要求

（1）导线在横担上的最小距离见表 8.12。

表 8.12　导线在横担上的最小距离　　　　　　　　　单位：m

电压等级（kV）	电杆挡距						
	40 mm 及以下	50 mm	60 mm	70 mm	80 mm	90 mm	100 mm
1 kV～10 kV	0.6	0.65	0.7	0.75	0.85	0.9	1.0
1 kV 以下	0.3	0.4	0.45	0.5	—	—	—

（2）同杆架设的不同电压等级或相同电压等级双回路的线路时,横担间的垂直距离不应小

于表 8.13 中的数值。

表 8.13　同杆架设线路横担间的最小垂直距离　　　　　　　　　　单位:mm

架 设 方 式	直线杆	分支或转角杆
10 kV 与 10 kV	800	500
10 kV 与 1 kV 以下	1 200	1 000
1 kV 以下与 1 kV 以下	600	300
10 kV 与 35 kV	2 000	2 000
35 kV 与 35 kV	2 250	2 250
220～400 V 与通信广播线路	1 200	1 200

杆头安装金具横担时,与杆顶的距离一般应按表 8.14 中的数值选取。

表 8.14　杆头安装金具横担时与杆顶的距离　　　　　　　　　　单位:mm

电压	杆型金具							
	直线铁头	轻承力铁头	30°以下转角铁头	45°～90°转角横担	耐张铁头	耐张横担	直线陶瓷	水平横担
高压	100	100	100	300	200	300	100	200
低压	300							

(3)同杆多层用途不同的横担排列时,自上而下的顺序是高压、低压动力、照明路灯、通信广播。

(4)直线单横担应安装于受电侧。90°转角杆或终端杆当采用单横担时,应安装于拉线侧,多层横担同上。双横担必须由拉板或穿钉连接,连接处个数应与导线根数对应。

横担安装必须平和正,从线路方向观察其端部上下歪斜不超过 20 mm;从线路方向的两侧观察,横担端部左右歪斜不超过 20 mm,横担安装的偏差找正如图 8.73 所示。双杆横杆,与电杆接触处的高差不应大于两杆距的 5‰,左右扭斜不大于横担总长的 1%。

(5)陶瓷横担安装时应在固定处垫橡胶垫,垂直安装时,顶端顺线路歪斜不应大于 10 mm;水平安装时,顶端应向上翘起 5°～15°;水平对称安装时,两端应一致且上下歪斜或左右歪斜不应大于 20 mm。

(五)横担安装的注意事项

(1)横担的上沿,应装在离顶杆 100 mm 处,并且应装得水平,其倾斜度不得大于 1%。

(2)在直线段内,每档电杆上的横担必须互相平行。

(3)在安装横担时,必须使两个固定螺栓承力相等。在安装时,应分次交替地拧紧两侧两个螺栓上的螺母。

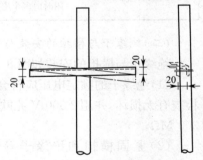

图 8.73　横担安装的偏差找正(mm)

(4)各部位的连接应紧固,受力螺栓应加弹簧垫或带双螺帽,其外露长度不应小于 5 个螺距,但不得大于 30 mm,垂直穿钉应向上穿。

(5)中相应垂直地面,穿钉应与线路垂直。

(6)边相的瓷横担不宜作为中相垂直安装的瓷横担。

（六）瓷瓶与横担安装时的注意事项

（1）瓷瓶与角钢横担之间尽可能垫入一层薄橡皮，以防固螺栓时压碎瓷瓶。

（2）瓷瓶本应倒装，螺栓应由上而下插入瓷瓶中心孔，螺母要拧在横担下方，螺栓两端均需垫垫圈。

（3）螺母要尽可能拧紧，但不要压碎瓷瓶，切不可在螺栓尾拧扳手（即在瓷瓶顶端），以防扳手打滑时击碎瓷瓶。

（4）在起吊装有瓷瓶的横担上杆时，要防止瓷瓶碰撞电杆而被击碎。

（5）绝缘子的额定电压应符合线路电压等级要求，安装前应进行外观检查和摇测绝缘电阻，一般用 2 500 V 摇表测量，绝缘电阻应不低于 300 MΩ。

八、绝缘子的安装及绑扎

绝缘子是用来固定导线的，并使导线之间、导线与横担、电杆和大地之间绝缘，所以对绝缘的要求主要是能承受与线路相适应的电压，并且应当具有一定的机械强度。

（一）绝缘子的类型和用途

绝缘子的类型和用途见表 8.16。

表 8.16 绝缘子的类型和用途

类 型		用 途
针式绝缘子	高压	用于 3 kV、6 kV、10 kV 及 35 kV 高压配电线路的直线杆和直线转角杆
	低压	用于 1 kV 以下低压配电线路上
蝶式绝缘子	高压	用于 3 kV、6 kV、10 kV 高压配电线路上
	低压	用于 1 kV 以下低压配电线路上
悬式绝缘子		能承受较大的拉力，用于 35 kV 以上线路或 10 kV 线路的耐张杆、转角杆和终端杆上。使用时由多个串连起来，电压越高串的越多

（二）绝缘子与横担的安装与绑扎

绝缘子与横担的安装如图 8.74 所示。绝缘子与横担安装时应注意以下事项：

（1）绝缘子的额定电压应符合线路电压等级要求。安装前检查有无损坏，并用 2 500 V 兆欧表测试其绝缘电阻，不应低于 300 MΩ。

（2）紧固横担和绝缘子等各部分的螺栓直径应大于 16 mm，绝缘子与铁横担之间应垫一层薄橡皮，以防紧固螺栓时压碎瓷瓶。

（3）螺栓应由上向下插入瓷瓶中心孔，螺母要拧在横担下方，螺栓两端均需套垫圈。

（4）螺母需拧紧，但不能压碎绝缘子。

（三）绝缘子的安装要求

（1）针式绝缘子应与横担垂直，顶部的导线槽应顺线路方

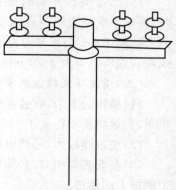

图 8.74 绝缘子与横担的安装

向，紧固应加镀锌的平垫弹垫。针式绝缘子不得平装或倒装，绝缘子的表面清洁无污。

（2）悬式绝缘子使用的平行挂板、曲型拉板、直角挂环、单联碗头、球头挂环、二联板等连接

金具必须外观无损、无伤、镀锌良好，机械强度符合设计要求，开口销子齐全且尾部已曲回。绝缘子与绝缘子连接成的绝缘子串应能活动，必要时要做拉伸试验。弹簧销子、螺栓的穿向应符合规定。

（3）蝶式绝缘子使用的穿钉、拉板要求同（2），所有螺栓均应由下向上穿入。

（4）外观检查合格外，高压绝缘子应用 5 000 V 绝缘电阻表摇测每个绝缘子的绝缘电阻，阻值不得小于 500 MΩ；低压绝缘子应用 500 V 绝缘电阻表摇测，阻值不得小于 10 MΩ，最后将绝缘子擦拭干净。绝缘子裙边与带电部位的间隙不应小于 50 mm。

（四）绝缘子的绑扎

（1）针式绝缘子。总的要求是要绑紧，绑线排列要整齐，绑线与导线应选用同一种金属。铝绑线的直径一般选用 ϕ2.0 mm，铜线一般选用 ϕ1.6 mm。对于铝线，在绑扎的一段导线上，应先缠绕一层铝包带。图 8.75 和图 8.76 分别是针式绝缘子单十字顶绑法和单十字侧绑法，即在导线上只搭了一个十字，适用于低压线路或小线号的高压线路上，如在高压大线号上，应再加搭一个十字，成为双十字绑法。

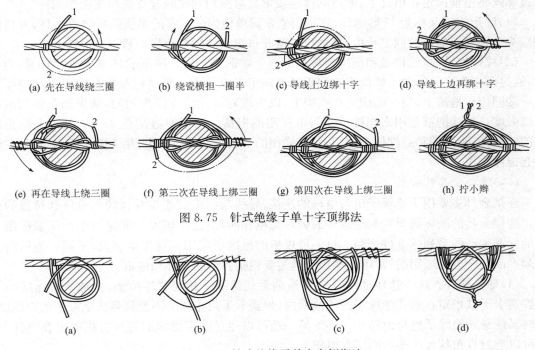

（a）先在导线绕三圈　（b）绕瓷横担一圈半　（c）导线上边绑十字　（d）导线上边再绑十字

（e）再在导线上绕三圈　（f）第三次在导线上绑三圈　（g）第四次在导线上绑三圈　（h）拧小辫

图 8.75　针式绝缘子单十字顶绑法

（a）　　　　（b）　　　　（c）　　　　（d）

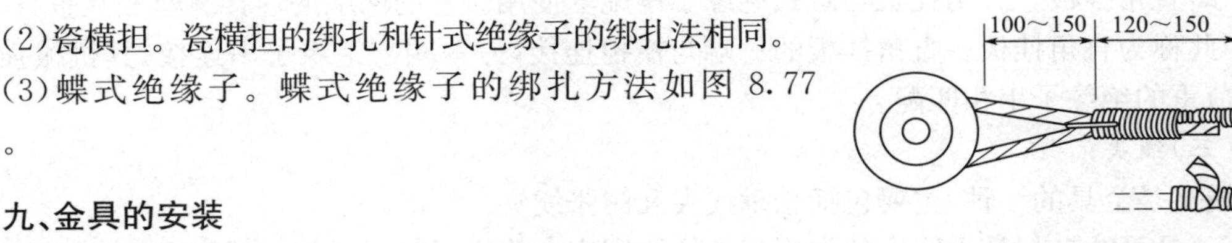

图 8.76　针式绝缘子单十字侧绑法

（2）瓷横担。瓷横担的绑扎和针式绝缘子的绑扎法相同。

（3）蝶式绝缘子。蝶式绝缘子的绑扎方法如图 8.77 所示。

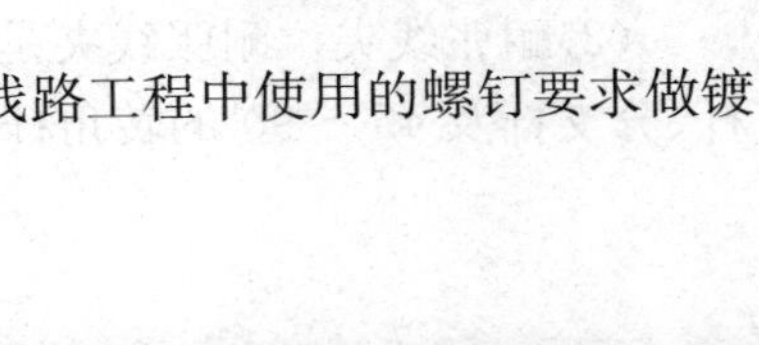

图 8.77　蝶式绝缘子的绑扎法（mm）

九、金具的安装

（一）紧固金具的安装

1. 螺钉

金具的紧固与固定主要是通过各种规格的螺钉实现的。线路工程中使用的螺钉要求做镀锌处理以防止氧化锈蚀。线路螺钉一般采用粗螺纹。用螺纹连接构件时应满足下列要求：

(1)为将各部件组合成为一个整体，并保证各部件均衡，螺钉应通过各部件的中心线。

(2)所使用的螺钉规格应满足构件强度的要求。

(3)螺钉应与螺孔相匹配，通常螺孔直径比螺钉直径大 2 mm 即可。

(4)螺钉穿入螺孔后，螺钉应与构件垂直，螺母平面应与构件平面紧密相连。为防止螺母受外力松脱，可在螺母与构件之间加装弹簧垫片，必要时应增设双螺母。螺母紧固后一般应使螺杆外露两螺纹丝扣。

(5)为方便线路维护及线路巡视，螺丝的穿入方向应为：

①顺线路方向的螺丝应由电源侧穿入。

②横线路方向的螺丝应为面向受力电侧由左至右穿入。

③与地面垂直的螺丝应由下向上穿入。

2. 抱箍

抱箍可分为 U 形抱箍、拉线抱箍、撑铁抱箍和拖担抱箍等几种类型。它们的共同特点是通过螺丝将抱箍固定在电杆上，通过其他连接金具对横担和拉线起支持和连接作用。

(1)U 形抱箍又称为 U 形螺丝，它是用来紧固单横担的。它的半圆弧紧包着电杆，开口的两端头分别穿入横担的固定孔内，通过拧紧两开口端头的螺母将横担紧包在电杆上。

(2)撑铁抱箍、拉线抱箍和拖担抱箍都由两个扁钢加工成半圆形的环箍组成，两个称为一对，通过两端头穿入的两个螺丝将它们紧紧地固定在电杆上。撑铁抱箍是与撑铁连接使撑铁的一端固定在抱箍上，另一端固定在横担上，以实现对铁担的支撑作用的，从而加强铁担的抗弯曲强度。拉线抱箍是用来连接拉线与电杆用的抱箍。拖担抱箍是在 35 kV 及以上荷重较大的转角杆、耐张杆和终端杆上使用，紧靠横担的下面紧固在电杆上，用来阻止横担下滑，对横担起拖浮作用。

(二)连接金具的安装

连接金具主要用于绝缘子串与电杆的连接、导线与线夹的连接及拉线与电杆和拉盘的连接。连接金具的破坏荷重应与绝缘子的破坏荷重相匹配，是由国家专业定点生产厂家按照一定的标准生产的系列标准件产品。每一种规格的绝缘子配用一套连接金具，不同厂生产的同系列产品在全国是通用的，常用的连接金具主要包括各形的挂环和挂板。

(1)球头挂环。球头挂环是专门与 X 系列悬式绝缘子相配套连接的，其球头端连接由专用弹簧卡子被稳定在悬式绝缘子的连接槽内，弹簧卡子阻止球头不能从悬式绝缘子槽内脱出，同时又使悬式绝缘子能自由转动。环的另一端可以通过固定抱箍的螺丝直接固定在电杆上，也可以通过直角挂板连接后固定在横担上。

(2)直角挂板。直角挂板与悬式绝缘子串配套使用。它的两端的连接螺丝相互垂直，呈直角，因此称为直角挂板。直角挂板的一端与横担连接，另一端与绝缘子串连接，其机械强度与破坏荷重的绝缘子串相匹配。

(三)线夹

线夹是金具的一种，主要包括悬垂线夹和耐张线夹。

(1)悬垂线夹。悬垂线夹的作用是将导线固定在绝缘子串上或将地线固定在杆塔上，也可以用于换位杆塔上支持换位导线及耐张杆跳线的固定。

(2)耐张线夹。耐张线夹是用来将导线与绝缘子串连接在一起的金具，用于耐张杆、终端杆、分支杆及 45°～90°的转角杆。安装时首先将导线的固定处缠绕一段铝包带用来防止导线损伤,然后将导线安放于耐张线夹的线槽内,在导线上放上压舌,同时装上U形螺丝并拧紧螺丝,通过压舌将导线牢牢地固定在线槽内,最后通过线夹的连接螺丝把耐张线夹和悬式绝缘子串上的碗头挂板连接在一起。

架空线路上的线夹安装应注意以下事项:

(1)线夹型号应与导线、避雷线的型号配套,否则,导线、避雷线在线夹中固定不牢靠,可能发生事故。

(2)铝绞线、钢芯铝绞线和铝包钢绞线不得与线夹直接接触,而应在这些绞线的表面紧密缠包1或2层铝包带(用预绞丝护线条者除外),以防止运行中被线夹磨损。铝包带的缠绕方向应与导线外层线股绞制方向相同,两端露出线夹口10~30 mm,铝包带的端头应压入线夹内,以防端头散开。

(3)在线路经过的居民区,线路与铁路、公路、通信线路和其他电力线路交叉跨越的地点,以及线路检修困难的地段,均不得采用释放型线夹,以免误动而造成事故。

(4)倒装式螺栓型耐张线夹的无螺栓侧应指向导线端,有螺栓侧应指向跳线端如图8.78(a)所示。如果安装方向相反如图8.78(b)所示,将造成线夹受力状态不良而发生事故。线夹与绝缘子的连接应选用适当长度的连接金具,使线夹附件的跳线与绝缘子瓷裙保持一定距离。

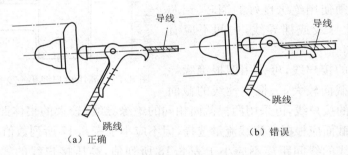

图8.78　倒装式螺栓型耐张线夹的安装

(5)线夹上的螺栓应有弹簧垫圈,螺栓应拧紧,受力应均匀。

(四)金具安装的技术要求

(1)螺杆应与构件面垂直,螺头平面与构件不应有间隙。

(2)螺栓紧好后,螺杆螺纹单螺母时露出不应少于2扣,双螺母时可平扣。螺头侧应加镀锌平光垫,不得超过2个,螺母侧应加镀锌平光垫和镀锌弹簧垫,平垫不得超过2个,弹垫1个。

(3)在立体结构中螺栓穿入的方向:水平穿入应由内向外,垂直穿入应由下向上。

(4)平面结构中螺栓穿入的方向是:螺栓顺线路时,双面结构件(如双横担)由内向外,单面结构件(如单横担)由送电侧向受电侧或者相反,但必须统一;螺栓横线路方向(水平方向垂直线路)时,两侧由内向外,中间由左向右或方向统一;上下垂直线路时,由下向上。

(5)组装时不要将紧固横担的螺栓拧得太紧,应留有调节的余量,待全部装好,经调平找正后再全部一一拧紧。

第六节　接户线与进户线的安装

从架空线路的电杆到用电单位建筑物外墙第一支持点之间的一段线路,叫接户线。按架空配电线路的电压分为高压接户线和低压接户线。

一、高压接户线的安装

6~10 kV 接户线第一支持点的安装如图 8.79 所示。高压接户线的导线截面,铜绞线不得小于 16 mm²,铝绞线不得小于 25 mm²,线间距离不得小于 0.45 m,对地距离不得小于4.0 m。

二、低压接户线的安装

接户线,又叫引入线,是指从低压架空配电线路的电杆上接到用户室外第一支持点(如曲脚绝缘子)的一段架空线路。接户线是将电能输送和分配到用户的最后一段线路,也是用户线路的开端部分。安装接户线,不应利用树木支持。

(一)安装接户线一般应满足的要求

(1)装设在建筑物上的曲脚绝缘子,应固定在墙的主体材料上。

(2)接户线必须使用绝缘良好的铜芯、铝芯导线,不得使用软导线或裸导线,中间不应有接头。

(3)动力用户的接户线,可采用四根绝缘导线,其中三根导线截面较大,一根中性线的截面

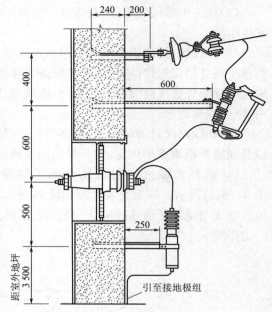

图 8.79　高压接户线第一支持点的安装(mm)

可小些;照明用户的接户线,可采用两根截面相同的绝缘导线(较大的集体照明用户也可采用四根导线)。导线截面应根据允许载流量选择,但不应小于表 8.17 所列数值。

(4)低压接户线的线间距离不应小于表 8.18 所列值,高压接户线的线间距离不应小于45 cm。

表 8.17　低压接户线的最小截面

接户线架设方式	挡距(m)	最小截面(mm²)	
		绝缘铜线	绝缘铝线
自电杆上引下	10 以下	2.5	4.0
	10~25	4.0	6.0
沿墙敷设	6 及以下	2.5	4.0

表 8.18　低压接户线的线间距离

接户线架设方式	挡距(m)	线间距离(cm)
自电杆上引下	25 及以下	15
	25 以上	20
沿墙敷设	6 及以下	10
	6 以上	15

(5)接户线的挡距不宜超过 25 m,超过 25 m 时,应在挡距中间加装接户杆,低压接户杆的挡距不应超过 40 m。

(6)接户线在用户侧的最小对地距离为:低压接户线不得小于 2.7 m;高压接户线不得小于4.0 m。接户线应从接户杆上引接,不得从挡距中间悬空接线,接户线的两端均应牢固地绑在绝缘子上。

(7)低压接户线在进线处的高度不应小于 2.5 m;跨越人行道时高度不应小于 3.5 m;跨越通车街道时,高度不应小于 6 m。

(8)接户线与上方窗户或阳台的垂直距离不应小于 0.8 m,与下方窗户的垂直距离不应小

于 0.3 m,与下方阳台的垂直距离不应小于 2.5 m,与窗户或阳台的水平距离不应小于 0.75 m,与墙壁、构架的距离不应小于 0.05 m。

(9)接户线与架空线弧垂最低处之间的距离在任何情况下不得小于 10 cm,与铁板、电杆、拉线等接地部分的净空距离不得小于 5 cm。

(10)接户线的引线方式,常见的有直接从电杆上引到用户室外支持铁件上,利用已引到用户室外支持铁件上的接户线,从墙壁或屋檐处加装支持铁件,再引到另一用户处。选用哪种引线方式,随具体情况而定。

(11)接户线和广播线(或电话线)的交叉距离不应小于下列数:接户线在上面时,不应小于 0.6 m;接户线在下面时,不应小于 0.3 m;接户线与树枝的最小净空距离不应小于 0.3 m。

(12)导线水平排列时,零线要靠墙敷设;导线垂直排列时,零线应敷设在最下方。从两个电源引入的接户线不宜同杆架设。

(13)不同规格、不同金属的接户线不应在挡距内连接。跨越通道的接户线不宜有接头。绝缘导线的接头必须用绝缘布包扎。接户线如遇有铜铝连接时,应有可靠的过渡措施。

(14)接户线不应从 1～10 kV 引下线间穿过堂。接户线不应跨越铁路,并应尽量避免跨越房屋,如必须跨越时,对房屋的垂直距离,应小于 2.5 m。

(15)接户线第一支持物使用的横担规格和线间距离,应满足表 8.19 中的数值要求。

表 8.19　第一支持物使用的横担规格和线间距离　　　　　　　　单位:mm

项　　目	导线数量		
	二根	三根	四根
线间距离	400	300	300
横担规格	50×50×5		

(16)在雷电活动频繁地区,应将接户线绝缘子的铁脚接地。

(二)接户线的安装

接户线一定要从低电压电杆上引线,不允许在线路的架空中间连接。接户线的引接端和接用端,应根据导线的拉力情况选用蝶式或针式绝缘子(一般规定导线截面积为 16 mm² 以下采用针式绝缘子;导线截面积在 16 mm² 以上宜采用蝶式绝缘子),线间距离不应小于 150 mm。

接户线根据架空线路电杆的位置,接户线路方向,进户的建筑物位置等有以下几种做法:

(1)接户线从电杆顶端装置的做法有直接连接、丁字铁架连接、交叉安装的横担连接、特种铁架连接和平行横担连接等做法,如图 8.80 所示。

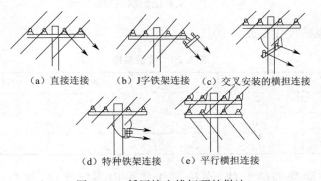

(a)直接连接　　(b)J字铁架连接　(c)交叉安装的横担连接

(d)特种铁架连接　　(e)平行横担连接

图 8.80　低压接户线杆顶的做法

(2)接户线用户端的做法有两线接户线、垂直墙面的四线接户线、平行墙面的四线接户线等做法,如图 8.81 至图 8.83 所示。

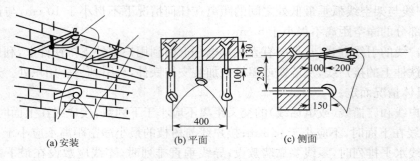

(a)安装　　　　　(b)平面　　　　　(c)侧面

图 8.81　两线接户线(mm)

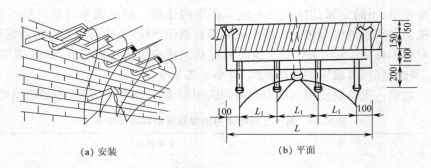

(a)安装　　　　　　　　　　(b)平面

图 8.82　垂直墙面的四线进户线(mm)

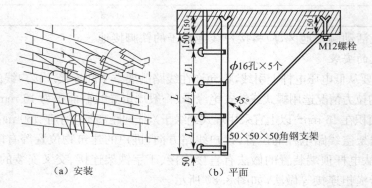

(a)安装　　　　　(b)平面

图 8.83　平面墙面的四线进户线(mm)

接户线的横担规格尺寸见表 8.20。

表 8.20　横担规格　　　　　　　　　　　　　　　　　　单位:mm

导线根数	两根	三根	四根	五根	六根
横担支架长度 L	600	800	1 100	1 400	1 700
绝缘子固定间距 L	400	300			
角钢规格	50×50×5			63×63×6	

(3)不同质量不同截面的导线,在接户线挡距内不应连接,接户线挡内应尽量避免接头。

（4）接户线和进户线相接处，必须用绝缘胶布包缠好，引入室的导线应穿管，并做好防雨水流入的处理（如装防水弯头等），如用金属管则其外皮应做好接地，管口要处理光滑。

（5）根据设计做好重复接地及防雷接地。

高压架空线接户线的最小截面，铜导线为 16 mm²；铝导线为 25 mm²，线间距离不应小于450 mm；不同材质，不同截面的导线，在接户线挡距内不应连接；在其他地方有铜铝导线相时，应有可靠的过渡措施等。

三、进户装置的安装

（一）进户线装置

进户线装置是户内、外线路的衔接装置，是低压用户内部线路的电源引接点。

进户线装置是由进户杆（或角钢支架上装的瓷绝缘子）、进户线（从用户户外第一支持点到户内第一支持点之间的连接绝缘导线）和进户管等部分组成。

（二）进户线装置的一般要求

（1）凡进户点低于 2.7 m，或接户线因安全需要而架高，都需加进户杆支持接户线和进户线。进户杆一般采用混凝土电杆，如图 8.84 所示。

（2）混凝土进户杆安装前应检查有无弯曲、裂缝和松动等情况。混凝土进户杆埋入地下按表 8.21 所规定的要求。

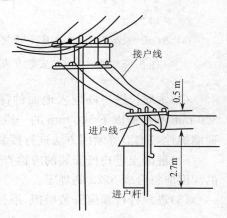

图 8.84　低压进户杆

表 8.21　电杆的深埋要求

水泥杆杆长（m）	7	8	9	10	11	12	15
埋设深度（m）	1.11	1.5	1.6	1.7	1.8	1.9	2.3

（3）进户杆顶应加装横担，横担常用镀锌角钢制成，其规格见表 8.20，两瓷瓶在角钢上距离不应小于 150 mm。

（4）进户线应采用绝缘良好的铜芯或铝芯绝缘导线，其截面为：铜线不小于 2.5 mm²；铝线不小于 10 mm²。进户线中间不准有接头。

（5）进户线穿墙时，应加装保护进户线的进户套管。进户套管有瓷管、钢管和硬塑料管等多种。为避免瓷管破碎、损伤导线绝缘，规定一根瓷管穿一根导线。使用钢管或硬塑料管时，应把所有进户线穿入同一根管内，管内导线（包括绝缘层）的总截面不应大于管子有效截面的40%，最小管径不应小于内径 15 mm。管壁厚为：钢管不小于 2.5 mm；硬塑料管不小于2 mm。进户线穿墙安装方法如图 8.85 所示。

（6）进户套管内应光滑无堵，管子伸出墙外部分应做放水弯头。

（三）进户杆的安装

凡进户点至地面的距离小于 2.7 m，或接户线因安全需要而放高等原因，均需加装进户杆（落地杆或短杆）来支持接户线和进户线。进户杆装置如图 8.86 所示，可采用混凝土杆或木杆两种。

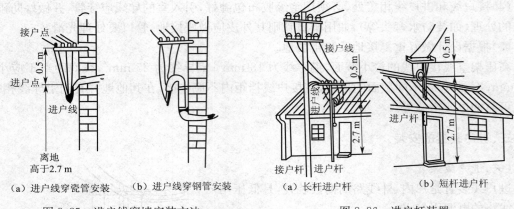

　　（a）进户线穿瓷管安装　　（b）进户线穿钢管安装　　　　　（a）长杆进户杆　　　　　　（b）短杆进户杆

　　　图 8.85　进户线穿墙安装方法　　　　　　　　　　　图 8.86　进户杆装置

　　（1）木质长进户杆埋入地面的深度应符合表 8.22 的规定。埋入地面前，应在地面以上 300 mm 和地面以下 500 mm 的一段进行防腐处理。短木质进户杆与建筑物连接时，应用两道通墙螺栓或抱箍等紧固方法进行接装，两道紧固点的中心距离不应小于 500 mm。

　　（2）混凝土进户杆安装前应检查是否有弯曲、裂缝和松动等情况；混凝土进户杆埋入地面的深度应符合表 8.22 的规定。

　　（3）进户杆杆顶应安装横担，横担上安装低压 ED 型绝缘子。

表 8.22　电杆的深埋要求　　　　　　　　　　　　　单位：mm

杆别	杆长（m）										
	4	5	6	7	8	9	10	11	12	13	15
木杆	1.0	1.0	1.1	1.2	1.4	1.5	1.7	1.8	1.9	2.0	—
混凝土杆	—	—	1.4	1.5	1.6	1.7	1.8	1.9	2.0	2.3	

　　（四）进户线的安装

　　（1）进户线如经进户杆时，可穿进户套管直接引入户内，如图 8.85 所示。当进户线低于 2.7 m 时，可采用此法。

　　（2）进户线在安装时应有足够的长度，户内一端一般接于总熔丝盒。进户线两端的接线如图 8.87（a）所示。户外一端与接户线连接后应保持 200 mm 的弛度，如图 8.87（b）所示，户外一般进户线不应小于 800 mm。

　　（3）进户线的最大弧垂距地面至少 3.5 m，在交通要道的弧垂应为 6 m。

　　（4）进户线保护管穿墙时，户外的一端弯头向下，当进户线截面在 50 mm² 以上时，宜用反口瓷管，户外一端应稍低。

　　（五）进户管的安装

　　进户线穿墙时，应套上保护套管，通常叫进户

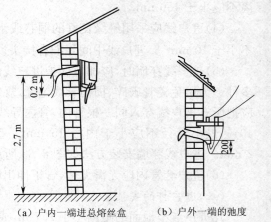

　　（a）户内一端进总熔丝盒　　（b）户外一端的弛度

图 8.87　进户线两端的接线

管，常用进户管有瓷管、钢管和塑料管等，瓷管又分弯口和反口两种。瓷管管径以内径标称，常

用的有 13 mm、16 mm、19 mm、25 mm 和 32 mm 等种。进户管的安装要求如下：

（1）进户管的管径应根据进户线的根数和截面来决定，管内导线（包括绝缘层）的总截面不应大于管子有效截面的 40%，最小管径不应小于 15 mm。

（2）进户管露出墙壁部分不应小于 10 mm。为了防止进户线在入套管处磨破，进户线应先套上软塑料管再穿入瓷管。

（3）进户瓷管必须每线一根，应采用弯头瓷管，户外一端弯头向下，当进户线截面在 50 mm² 以上时，宜用反口瓷管，户外一端应稍低，以防雨水灌进户内。

（4）当一根瓷管的长度不能满足进户墙壁的厚度时，可用两根管紧密连接或用硬塑料管代替瓷管。进户管采用硬塑料管时，管壁厚度不应小于 2 mm，管口应刮光，安装要求与钢管安装方法相似。

（5）进户管采用钢管时，须用白铁管或涂过防锈漆的勺黑铁管，户外的一端必须有向下的防雨弯头，钢管的两端装有护圈。同一条回路的各相导线（包括零线）全部穿于一根钢管内。

第七节　架空线安全规程

一、低压架空线路的挡距

380/220 V 低压架空线路常用挡距见表 8.23。

表 8.23　380/220 V 低压架空线路的常用挡距

导线水平距离(mm)	300			400	
挡距(m)	25	30	40	50	60
适用范围	城镇闹市街道；城镇、农村居民点；乡镇企业内部		城镇非闹市；城镇工厂区；居民点外围	城镇工厂区；居民点外围；田间	

二、架空线路导线间的最小距离

架空线路导线间的最小距离见表 8.24。

表 8.24　架空线路导线间的最小距离　　　　单位：m

导线排列方式	挡距							
	40 及以下	50	60	70	80	90	100	200
用悬式绝缘子的 35 kV 线路导线水平排列	—	—	—	1.5	1.5	1.75	1.75	2.0
用悬式绝缘子的 35 kV 线路导线垂直排列；用针式绝缘子或瓷横担的 35 kV 线路，不论导线排列形式	—	1.0	1.25	1.25	1.5	1.5	1.75	1.75
用针式绝缘子或瓷横担的 6～10 kV 线路，不论导线排列形式	0.6	0.65	0.7	0.75	0.85	0.9	1.0	1.15
用针式绝缘子的 1 kV 以下线路，不论导线排列形式	0.3	0.4	0.45	0.5	—	—	—	—

三、架空线与地面和其他设施交叉时的安全距离

架空线路的最大特点是利用开阔的地形,能够跨越各种障碍物(如河流、房屋、构筑物、工业设施、铁路、公路和其他高压线路等)。但是,接近、跨越这些障碍物或与之交叉时应符合安全规程的要求,具体的要求可参照表 8.25 至表 8.27。

表 8.25　导线与地面(或水面)的最小距离　　　　　　　单位:m

线路经过地区	线路电压(kV)		
	1 以下	10	35
居民区;	6	6.5	7
非居民区;	5	5.5	6
不能通航或浮运的河、湖(至冬季水面);	5	5	—
不能通航或浮运的河、湖(至 50 年一遇的洪水水面);	3	3	—
交通困难地区	4	4.5	5

表 8.26　导线与树木的最小距离
单位：m

线路电压(kV)	1 以下	10	35
垂直距离	1.0	1.5	4.0
水平距离	1.0	2.0	—

表 8.27　导线与建筑物的最小距离
单位:m

线路电压(kV)	1 以下	10	35
垂直距离	2.5	3.0	4.0
水平距离	1.0	1.5	3.0

四、同杆架设线路横担的安全距离

用户内部的架空线路,通常在同一杆上架设几种线路,这些线路通常是电压高的在上面,电压低的在下面,从上到下的排列次序为 6~10 kV,380/220 V 低压线路,厂区路灯线路,广播通信线路,电话电缆。每两种线路的横担间的最小垂直距离应满足表 8.28 的规定。

表 8.28　架空线路与工业设施的最小距离　　　　　单位:m

项　　目				线路电压(kV)		
				1 以下	10	35
铁路	标准轨	垂直距离	至轨面 至承力索或接触线	7.5 3.0	7.5 3.0	7.5 3.0
		水平距离	电杆外缘至轨道中心　交叉 　　　　　　　　　　平行	5.0 杆高加 3.0	— 	—
	窄轨	垂直距离	至轨面 至承力索或接触线	6.0 3.0	6.0 3.0	6.0 3.0
		水平距离	电杆外缘至轨道中心　交叉 　　　　　　　　　　平行	5.0 杆高加 3.0	— 	—
道路	垂直距离			6.0	7.0	7.0
	水平距离(电杆至道路边缘)			0.5	0.5	0.5
通航河流	垂直距离	至 50 年一遇洪水位 至最高航行水位的最高桅顶		6.0 1.0	6.0 1.5	6.0 2.0
	水平距离	边导线至河岸上沿		最高杆(塔)高		

项　　目		线路电压(kV)		
		1 以下	10	35
弱电线路	垂直距离	1.0	2.0	3.0
	水平距离(两线路边导线间)	1.0	2.0	4.0
电力线路	1 kV 以下　垂直距离	1	2	3
	水平距离(两线路边导线间)	2.5	2.5	5.0
	10 kV　垂直距离	2	2	3
	水平距离(两线路边导线间)	2.5	2.5	5.0
	35 kV　垂直距离	3	3	3
	水平距离(两线路边导线间)	5.0	5.0	5.0
特殊管道	垂直距离　电力线在上方	1.5	3.0	3.0
	电力线在下方	1.5	—	—
	水平距离(边导线至管道)	1.5	2.0	4.0
索道	垂直距离　电力线在上方	1.5	2.0	3.0
	电力线在下方	1.5	2.0	3.0
	水平距离(边导线至管道)	1.5	2.0	4.0

五、其他安全规程

架空线路的其他要求见表 8.29 至表 8.32。

表 8.29　低压架空线路送电距离　　　　　　　　　　单位:m

送电功率 (kW)	导　线　型　号								
	LJ-16	LJ-25	LJ-35	LJ-50	LJ-70	LJ-95	LJ-120	LJ-150	LJ-185
5	899	1 322	1 742	2 321	2 957	3 636	4 120	4 758	5 314
10	149	661	871	1 160	1 478	1 818	2 060	2 379	2 657
20	224	330	435	580	739	909	1 039	1 189	1 328
30	149	220	290	386	492	606	686	793	885
40	112	165	217	290	369	454	515	594	664
50	89	132	174	232	295	363	412	475	531
60	—	110	145	193	246	303	343	396	442
70	—	94	124	165	211	259	294	339	379
80	—	—	108	145	184	227	257	297	332
90	—	—	96	128	164	202	228	264	295
100	—	—	—	116	147	181	206	237	265

注:按允许电压降-7%,首端电压 380 V,cosφ=0.8,线间距离 0.6 m 计算编制。

表 8.30　经济电流密度　　　　　　　　　　单位:A/mm²

导线材料	最大负荷利用小时(h)		
	3 000 以下	3 000~5 000	5 000 以上
铝绞线	1.65	1.15	0.90
铜绞线	3.00	2.25	1.75

按经济电流密度要求,不同导线截面各电压等级经济输送容量见表 8.31,表中电流按下式求得。

$$I = \frac{P}{\sqrt{3}U\cos\varphi} \qquad (A)$$

表 8.31　铝绞线、铜芯铝绞线经济输送容量

导线截面积(mm²)	最大负荷利用小时(h)											
	3 000 以下				3 000~5 000				5 000 以上			
	电流(A)	电压(kV)			电流(A)	电压(kV)			电流(A)	电压(kV)		
		0.38	10	35		0.38	10	35		0.38	10	35
16	26.4	0.017	0.456	—	18.4	0.012	0.318	—	13.5	0.009	0.249	—
25	41.3	0.028	0.715	—	28.8	0.019	0.496	—	22.8	0.015	0.388	—
35	57.7	0.038	1.000	3.500	40.2	0.026	0.695	2.43	31.5	0.021	0.544	1.915
50	82.5	0.054	1.430	5.000	57.5	0.038	0.995	3.48	45	0.030	0.778	2.720
70	115.5	—	2.000	6.950	80.5		1.395	4.86	63		1.09	3.670
95	157	—	2.700	9.480	109.3		1.890	6.60	85.4		1.48	5.160
120	198	—	3.430	11.900	138		2.390	8.35	108		1.87	6.530
150	247.5			14.900	172.5			10.40	134			8.140

表 8.32　环境温度对载流量的校正系数

裸 导 线								
导线材料	环境温度(℃)							
	5	10	15	20	25	30	35	40
铜	1.17	1.13	1.09	1.04	1	0.95	0.90	0.85
铝	1.145	1.11	1.075	1.038	1	0.96	0.92	0.88
绝缘导线								
导线工作温度(℃)	环境温度(℃)							
	5	10	15	20	25	30	35	40
80	1.17	1.13	1.09	1.04	1	0.954	0.905	0.853
65	1.22	1.17	1.12	1.06	1	0.935	0.865	0.791
60	1.25	1.20	1.13	1.07	1	0.926	0.845	0.756
50	1.34	1.26	1.18	1.09	1	0.895	0.775	0.663

架空线路敷设前,应检查导线有无严重机械损伤,有无断股、破股、背花等。对铝导线应检查其有无严重的腐蚀现象。当导线需要连接时,各接头处都要事先做好防锈处理。导线接头处的机械强度不应低于原导线强度的 95%,接头处的电阻,不应超过同样长度导线电阻的 1.2 倍。

第八节　实 践 练 习

一、登杆实习

(一)实习材料

踏板 1 副;脚扣 1 副;安全帽 1 个;安全带、保险绳和腰绳套。

（二）实习内容

(1)踏板登杆训练。

(2)脚扣登杆训练。

(3)安全带、保险带和腰绳及紧线器的正确使用。

（三）要求

熟练掌握各种登杆工具的使用方法,并学会使用各种工具登杆。

（四）注意事项

(1)实操前检查登杆工具有无异常。

(2)踏板使用时必须正钩,脚扣大小应按电杆规格选用。

(3)登杆前应做冲击载荷试验。

(4)登杆训练,要有必要的保护措施。

二、拉线的制作

（一）实习材料

拉线抱箍 1 副;螺栓、螺母 2 副;拉紧绝缘子 1 个;心形环一个;花篮螺栓 1 个;拉线棒、地锚 1 个;镀锌铁丝(双股直径为 4 mm)8 m;镀锌铁丝(花篮螺栓封缠用)ϕ4 mm 的 1 根。

（二）实习内容

(1)上把的制作与安装。

(2)中把的制作。

(3)下把的制作。

（三）实习要求

学会拉线的制作及安装。

（四）注意事项

(1)上杆作业时一定要戴好安全帽,系好安全带,挂好保险绳。

(2)操作时听从指挥,注意安全。

三、绝缘子与横担的安装

（一）实习材料

铁横担,50 mm×50 mm×1 500 mm 1 根;M 形垫铁、V 形抱箍各一块;蝶式绝缘子 ED1型 4 个;螺栓 1 袋,螺母 M16 的 6 个。

（二）实习内容

(1)铁横担固定在电杆上。

(2)蝶式绝缘子分别固定在铁横担上。

(3)正确使用活扳子。

（三）实习要求

(1)学会横担及瓷瓶的安装。

(2)安装和拆卸可分开进行。

（四）注意事项

(1)安装时要细心,防止紧固螺栓时压碎绝缘子。

(2)拆卸时一定要注意安全。

四、导线在蝶式绝缘子上的固定

（一）实习材料

蝶式绝缘子（ED1 型）3 个；针式绝缘子（PD1 型）1 个；铅带 10 mm×1 mm，1 卷；铜芯绑扎线，ϕ(2.6~3) mm，2 m；裸铅导线（LJ16 型）2 m；木配电板，850 mm×550 mm 1 块。

（二）实习内容

(1)在木配电板上固定蝶式绝缘子 3 个。

(2)两端蝶式绝缘子上做始终端绑扎练习。

(3)中间蝶式绝缘子做直线段顶绑扎练习。

(4)针式瓷瓶颈绑扎练习。

（三）实习要求

熟练掌握各种方法，限定时间，提高效率。

思　考　题

1. 叙述架空线路施工的工艺流程，通常在施工中要做哪些测量工作？

2. 架空线路的施工要求是什么？

3. 常用的施工测量仪器有哪些？ 分别叙述它们的功能。

4. 简述全站式电子速测仪的测量步骤。

5. 常用登高工具有哪些？

6. 如何选择登杆工具？

7. 杆塔的基础类型有哪些？ 简述杆塔基础稳固的步骤。

8. 基坑开挖与回填时应注意哪些方面？

9. 简述架空线路的施工（架设）步骤和注意事项。

10. 架空线路的拉线角度、方位是怎么规定的？

11. 导线在绝缘子上如何进行固定？

12. 架空线路横担之间的距离和导线对地面允许的最小垂直距离是怎样规定的？

13. 金具安装的技术要求是什么？

14. 什么叫接户线？ 安装低压接户线时的安全技术要求是什么？

15. 简述架空线路的安全规程。

第九章 架空线路的防雷与接地

第一节 架空线路的防雷

一、概　　述

（一）过电压

电力线路中的各种设备，都是按一定电压制造的，都有一定的绝缘强度。当电压过大，超过这种绝缘强度时，就要产生闪络（像打雷时的闪电一样），它能使绝缘破坏，引起事故。这种对绝缘有危险的电压和高于正常运行时的电压，均称为过电压。

根据产生过电压的原因，我们把过电压分为内部过电压和大气过电压两种。

（1）内部过电压，又称操作过电压。主要是由于发电所和变电所本身的开关正常操作（合闸或拉闸）或电力系统中的事故所引起的。例如，切断空载线路或空载变压器时，可引起内部过电压；线路单相接地发生闪络时，也可引起过电压。内部过电压一般可升高到正常相电压的2.5～3.5倍。内部过电压，在备有一般保护装置的情形下，对正常的绝缘材料是无危险的。

（2）大气过电压，又叫外部过电压。它是由于雷电放电而引起的过电压，所以又叫雷电过电压。

大气过电压又分为直击雷过电压（简称直击雷）和感应雷过电压（简称感应雷）。

（1）直击雷过电压。它是线路或设备直接受到雷击而引起的，其过电压数值可达到几百万伏，对电气设备的危害最大。架空线路遭到雷击，不仅将危害线路本身，而且雷电还会沿导线运动到发、变、配电所，因而危害发、变、配电所的正常运行。

（2）感应雷过电压。在线路的上空有雷云存在，由于电荷的同性相斥、异性相吸的作用，使导线上带有与雷云电荷符号相反的电荷（如果雷云带有负电，则导线上就被感应而带正电），如图9.1所示。当雷云对地或对另一雷云放电后，导线上感应的电荷失去束缚，由于导线上积聚了很多电荷，它的电压就比远处导线的电压高，因此，这些积聚着的电荷就要向导线的两端流动，于是就有电压很高的电压波，在导线上分向两端移动。这种电压波因为是被雷电感应出来的，所以称为感应雷。

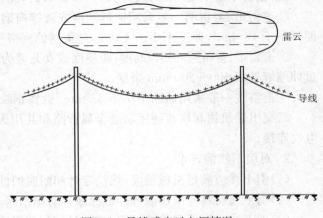

图 9.1　导线感应过电压情况

（二）雷电的形成

雷电是一种自然现象。天空中的饱和水蒸气，由于上升气流的作用而使水滴分裂，水滴分裂过程的同时，微细水滴带有不同的电荷，使带正（或负）电荷的水滴下降，带负(或正)电荷的水滴上升,带电荷的小水滴飘浮在空中,就形成雷云。雷云越集越多,也就是电荷越集越多,到一定程度后,足以击穿与大地或是地面上的建筑物与电气设备之间的空气时,就会发生强烈的放电,同时发出强烈的电光和巨响。

当直接对着电气设备放电时,就是直击雷。如果在架空线路附近,雷云对地放电,可能在架空导线中引起 20 万～30 万 V 的高电压,这就是感应雷。

二、防雷装置

雷电放电过程中可能呈现出静电效应、电磁效应、热效应及机械效应,对建筑物或电气设备造成危害。雷电流入大地时在地面产生很高的冲击电流,对人形成危险的冲击接触电压和跨步电压。因此正确合理的采取防雷措施是尤为重要的。

(一)防雷装置

防雷装置由接闪器、引下线及接地装置 3 部分组成。

(1)接闪器。接闪器为预防雷装置的顶部,是直接接受雷击的部件,作用是利用其高出被保护物的突出地位把雷电引向自身,承接直击雷放电。

(2)引下线。将上面的接闪器与下面的接地装置连接的金属导体,作用是把接闪器截获的雷电流引至接地装置,是雷电流流入大地的通道。

(3)接地装置。它包括接地体和接地线,接地装置位于地下一定深度,作用是使雷电流顺利流散到大地中去。

(二)防雷装置的安全要求

1. 对接闪器的要求

(1)接闪器应按照被保护设备的外形做成不同的形状,避雷针为针状;避雷线为悬索状;避雷带为带状;避雷网为网状。

(2)接闪器应采用镀锌件或涂漆等防腐措施。

(3)接闪器应满足机械强度、热稳定性、耐腐蚀性的要求。

(4)接闪器的材料规格与安装要求:

①避雷针一般采用镀锌圆钢或镀锌焊接钢管,其直径:当针长 1 m 以下时,圆钢不小于 12 mm,钢管不小于 20 mm;当针长为 1～2 m 时,圆钢不小于 16 mm,钢管不小于 25 mm。

②避雷带、避雷网一般采用镀锌圆钢或镀锌扁钢,其规格:圆钢直径不小于 8 mm,扁钢截面不小于 48 mm²,厚度不小于 4 mm,避雷网的网格一般为 6 m×6 m 或 10 m×10 m。

③避雷带、避雷网的架设高度:距屋面或女儿墙为 100～150 mm;固定点间间距 1～1.5 m;过伸缩缝处留 100～200 mm 余量。

④避雷线一般采用截面不小于 35 mm² 镀锌钢绞线。

⑤突出建筑物和构筑物屋顶的金属管路和共用天线设施均应与避雷带、避雷网做可靠的电气连接。

2. 对引下线的要求

(1)引下线应满足机械强度、热稳定性和耐腐蚀性的要求。

(2)引下线材料应采用镀锌件或涂漆等防腐措施。

(3)引下线一般采用镀锌圆钢或镀锌扁钢,其规格:圆钢直径不小于 8 mm;扁钢截面不小于 48 mm²;厚度不小于 4 mm。

(4)引下线应沿建筑物、构筑物明敷设,并应采取最短路径接。

（5）防雷装置的引下线应不少于两根，其间距不应大于表 9.1 中数值。

（6）引下线地面以上 2 m 至地面下 0.2 m 处一段应加竹管、硬塑料管或钢管保护，当采用钢材时应与引下线做电气连接。

表 9.1　引下线之间的距离

建筑物、构筑物的类别	工业第一类	工业第二类	工业第三类	民用第一类	民用第二类
最大距离（m）	18	24	30	24	—

3. 对防雷装置的要求

采用角钢时厚度不小于 4 mm；采用圆钢时直径不小于 10 mm；采用钢管时壁厚不小于 3.5 mm；采用扁钢时截面不小于 100 mm²。

（三）防雷装置的安装

（1）避雷针（带）与引下线之间的连接应采用焊接。

（2）避雷针（带）与引下线及接地装置使用的紧固件均应使用镀锌罐制品，当采用没有镀锌的地脚螺栓时应采取防腐措施。

（3）建筑物上的防雷设施采用多根引下线时，应在各引下线距地面的 1.5～1.8 m 处设置断接线卡，断接线卡应加保护措施。

（4）装有避雷针的金属管体，当其厚度不小于 4 mm 时，可作避雷针的引下线，管体底部应有两处与接地体对称连接。

（5）独立的避雷针与接地装置与建筑物、构筑物出入口、人行道的距离不应小于 3 m，当小于 3 m 时，应将接地局部埋深不小于 1 m，或将接地极与地面间铺以卵石或沥青地面。

（6）独立的避雷针的接地装置与接地网的地中距离不应小于 3 m。

（7）避雷针（网、带）及接地装置，应采取自下而上的施工程序，应首先安装集中接地装置，而后安装引下线，最后安装接闪器。

（四）防雷装置的检查和维护

（1）避雷针本体是否有断裂、锈蚀或倾斜。

（2）避雷针 5 m 范围内不能搭设临时建筑物。

（3）避雷针接地引下线连接是否完好，接地引下线保护管是否符合要求。

（4）在避雷针、避雷线的架构上严禁装设未采取保护措施的通信线、广播线和低压电力线。

三、架空线路的防雷保护措施

由于架空线路直接暴露旷野，而且分布很广，因此最容易遭受雷击，从而会使线路绝缘损坏，产生工频短路电弧，使线路跳闸。目前国内外尚无完全消除雷击故障的有效办法，一般可根据线路电压等级、负荷性质、系统运行方式、雷电活动情况、地形地貌特点、土壤电阻率的大小及运行经验，通过技术经济比较采用以下防雷保护措施。

（一）在杆塔上架设避雷线

为了防止导线遭受雷击，最有效的保护是在电杆的顶部装设避雷线，用接地线将避雷线与接地装置连在一起，使雷电流经接地装置流入大地，以达到防雷的目的。线路电压愈高，采用避雷线的效果愈好，而且避雷线在线路造价中所占比重也愈低。

（1）对 330 kV 及以上的线路应沿全线架设两条避雷线。

（2）对 220 kV 线路应全线架设避雷线；在山区宜架设两条避雷线，但少雷区除外。

(3)对 110 kV 线路,一般沿全线架设避雷线;在有电活动的特殊强烈地区,宜架设双避雷线;在少雷区或运行经验证明雷电活动轻微的地区,可不沿全线架设避雷线,但应装设自动重合闸装置。

(4)对于 60 kV 的线路,负荷重要而且所经过的地区年平均雷暴日为 30 日以上时,宜沿全线架设避雷线。

(5)35 kV 及以下的线路,一般不沿全线架设避雷线。

(6)未沿全线架设避雷线的 35~110 kV 线路,应在变电所 1~2 km 的进线段架设避雷线,而且避雷线保护角不宜超过 20°,最大不应超过 30°。

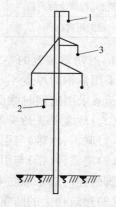

(二)架设耦合地线

对已运行的线路,若某一地段雷击故障频繁,可将该地段的杆塔再架设一条或两条耦合地线。由于它与导线的耦合作用,加大了耦合地线和避雷线与导线的耦合系数,从而可以提高线路的耐雷水平。耦合地线采用镀锌钢绞线,可以悬挂在杆顶部或导线下面,耦合地线悬挂示意图如图 9.2 所示。

耦合地线与导线,在挡距中央应有足够的垂直距离,以防导线与耦合地线闪络。一般情况下,当气温为 +70 ℃时,挡距中央导线与耦合地线的距离不宜小于表 9.2 所列数值。

图 9.2 耦合地线悬挂示意图
1—避雷线;2—耦合地线;3—导线

表 9.2 挡距中央导线与耦合地线的距离

线路电压(kV)	35~60	110	154	220	330
导线与耦合地线距离(m)	2	3	4	5	7

(三)改善保护角

避雷线与导线间的垂直方向夹角称为保护角。保护角越小,雷绕过避雷线击中导线的次数就会减少。保护角一般为 20°~30°。500 kV 线路的保护角采用 15°及以下,甚至采用 0°;200 kV 及 300 kV 双避雷线的线路取 20°左右;山区单避雷线线路为了减少杆塔高度,一般采用 25°左右。

(四)降低接地电阻

从线路的耐雷水平计算可知,接地电阻越小则线路的耐雷水平越高,从而可以减少雷击故障。

带有避雷线的杆塔(绝缘避雷线除外)都必须逐基将避雷线接地,以便使雷电流通过接地装置流入大地。接地体和接地引下线连接而成的整体,称为接地装置,埋入地中并与土壤接触的金属体,称为接地体。接地引下线的一端可利用螺栓与钢筋混凝土杆的钢筋或铁塔主材在地面上连接,另一端与接地体焊接。

(五)增加绝缘子数量

对线路个别杆塔或雷害较多的地段,采用上述方法还不能满足要求时,也可以适当增加绝缘子的数量来提高线路的耐雷水平,从而可以减少雷击故障。

(六)装设管型避雷器

管型避雷器是主要用来保护线路中的绝缘弱点和发、变电所进线保护段的首端,以及雷雨季经常断开而其线路侧又带有电压的隔离开关或油开关。以下情况应安装管型避雷器:

(1)对于未沿全线架设避雷线的 35～110 kV 线路,在变电所的进线段,应在有避雷线的两端杆塔上分别安装一组(每相导线安装一支共三支)管型避雷器。

(2)在雷雨季节,如变电所 35～110 kV 进出线的隔离开关或断路器可能经常断开运行,同时线路侧又带电,则必须在线路的终端杆塔上安装一组管型避雷器。

(3)对于木杆或木横担钢筋混凝土杆线路进线段的首端应安装一组管型避雷器,其工频接地电阻不超过 10 Ω。

对于铁塔或铁横担、瓷横担的钢筋混凝土杆线路,以及全线有避雷线的线路,其进线首端,一般不装设管型避雷器。

有时为了减少雷击故障跳闸,在雷击频繁的杆塔上,每隔 1～5 基杆塔安装一组管型避雷器,实践证明,这是一个很有效的措施。

管型避雷器构造如图 9.3 所示,主要由外部放电间隙、内部放电间隙和灭弧管 3 部分组成。

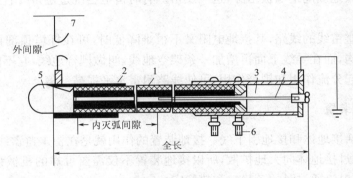

图 9.3　管型避雷器构造
1—纤维管;2—纸层;3—吹气室;4—电极;5—指示器;6—支架;7—导线

管型避雷器的工作原理是:当雷击杆塔或导线时,雷过电压将内、外间隙击穿,雷电流经两个间隙后流入大地;伴随雷电流的工频续流,在内部间隙处产生的电弧热的作用下,使产气管生成大量气体,气体压力的大小与电流的大小成正比;气体充满贮气室并从开口处以高速排出,排气过程中,在内部间隙(即棒形电极和环形电极之间)的电弧被气体吹长,起到去游离作用;当电压经过零点电弧熄灭,线路恢复正常供电状态。

因为电弧是靠产生的气体吹灭,气体的压力大小,取决于短路电流的大小,所以选择管型避雷器时要注意其参数。35 kV 线路常用管型避雷器的参数有两种,即 35 kV/0.5～4 A 和 35 kV/2～10 A,分子表示额定电压,分母表示额定断流能力上下限(即最小值和最大值),根据短路电流大小选择。短路电流最小值不能低于上限值,以免气体压力不足,不能熄灭电弧。短路电流最大值不能大于下限值,以免气体压力过大,引起管型避雷器爆炸。

在运行中,应在每年雷雨季节来临之前,对管型避雷器的外间隙调整一次并检查安装是否牢固。当管型避雷器动作两次及以上时,应检查内部间隙是否烧坏,产气管是否过薄,以决定是否更换。

(七)装设自动重合闸装置

雷击故障约 90% 以上是瞬时故障,所以应在变电所内装设自动重合闸装置,以便迅速恢复供电,也是防雷保护的有效措施之一。

实践证明,当线路受雷击时,要完全避免相间短路是不可能的。运行经验证明,线路绝缘在电弧熄灭后,其电气绝缘强度一般能很快恢复,所以只要自动重合闸调整好,有 60%～75%的雷击跳闸能重合成功,从而起到安全供电的目的。

第二节　接地装置与接地电阻

一、线路防雷任务

架空线路的杆塔高出地面数十米,并暴露在旷野或高山,绵延数十或数百公里,所以受雷击的机会很多,一旦遭到雷击,往往会使送电中断,严重的会使设备损坏。

线路防雷的主要任务是:防止直接雷击导线;防止发生反击;防止发生绕击。

架空线路为了防止直接雷击导线,沿线架设避雷线,并将之接地,引直接雷击的雷电流经避雷线入地。避雷线上落雷后,由于雷电流很大,在接地电阻上电压降数值很大,使避雷线的电位很高,导致导、地线间绝缘被击穿,这叫反击。有时雷电会绕过避雷线直接击中导线,称为绕击。

有些装设单避雷线的线路,其接地电阻又不很难低时,可在杆塔顶部再架一条避雷线,或不改变杆顶结构,而在导线下面再增加一条架空地线,叫做耦合地线,它不能减少绕击率,但在雷击杆顶时能起分流作用和耦合作用,可使线路耐雷水平提高一倍。

二、线路接地装置

接地装置包括接地体和接地引下线。接地装置的作用就是在雷击避雷线时将巨大的雷电流引入大地,并通过接地体向大地扩散,所以接地装置不仅需要可靠的机械强度,还要有足够截面积,以保证雷电流通过时的动稳定和热稳定。

接地引下线可以利用钢筋混凝土电杆的钢筋或铁塔主材,用单独的接地引下线一端与接地体连接,另一端用螺栓与钢筋或铁塔主材连接。接地引下线上焊有连接板,测量接地体接地电阻时要将连接板上螺栓松开。预应力电杆不允许以钢筋代替接地引下线。

接地体埋设于杆塔基础的四周,其型号很多,常见的有单一的垂直型、单一的水平放射型、水平环型接地体、水平环型和放射型的组合型等。

三、接地电阻

架空线路接地装置通过故障电流时,从接地螺栓起,其接地部分与大地零电位之间的电位差,称为接地装置的电压。接地装置对地电压与通过接地体流入电流的比值称为接地电阻,它包括接地线的电阻、接地体的电阻、接地体与土壤间的接触电阻和地电阻 4 项。前两项电阻比后两项小得多,接地电阻主要决定于后两项。

过电压保护规程规定:有避雷线的架空电力线路,杆塔不连接避雷线时的工频接地电阻,在雷雨季干燥时,不宜超过表 9.3 所列数值。

表 9.3　有避雷线架空电力线路杆塔的工频接地电阻

土壤电阻率($\Omega \cdot mm^2/m$)	100 及以下	100～500	500～1 000	1 000～2 000	2 000 以上
工频接地电阻(Ω)	10	15	20	25	30

注:如土壤电阻率很高,接地电阻很难降低到 30 Ω 时,可采用 6～8 根总长度不超过 500 m 的放射形接地体或连接伸长接地体,其接地电阻不受限制。

四、接地电阻与线路防雷关系

雷电压和雷电流幅值很大,波形很陡,衰减很快,在架空线路中以波的形式传播。当雷电压直击于杆塔顶部或附近避雷线时,假如接地电阻为零,则杆塔顶部电位也为零;但实际上,接地电阻不可能为零,但只要接地电阻小于 20 Ω,其杆塔顶部电位要比雷电压直击于无避雷线杆塔上之导线杆塔顶部电位低 4/5。若考虑避雷线的分流作用,这个电位将更低。

雷击塔顶时,接地电阻越大,塔顶电位越高,容易由塔顶对该相导线闪络反击,由于避雷线与下导线间耦合作用最小,所以,一般来说下导线最易发生反击闪络。

对于 110 kV 以上的水泥杆或铁塔线路,设置避雷线和降低杆塔接地电阻配合是一种最有效的防雷措施,即可使雷击过电压降低到线路绝缘子串容许的程度,所增加的费用一般也不超过线路总造价的 10%,随着线路电压等级的降低,线路绝缘水平也降低,这时即使花很大投资架设避雷线和改善接地电阻,也不能将雷击引起的过电压降低到这些线路绝缘所能承受的水平,故对 35 kV 以下的水泥杆或铁塔线路,一般不沿全线架设避雷线,但需要逐基杆塔接地。因为这时若一相因雷击闪络接地,杆塔则实际上起到了避雷线的作用,这在一定程度上可以防止其他两相进一步发生闪络,而系统如果是经消弧线圈接地时,又可以有效地排除单相接地故障。

可见,无论在有避雷线或无避雷线的架空线路上,降低接地电阻均是保障正常运行的重要防雷措施,但接地施工是隐蔽工程,处于工程收尾阶段,工艺又比较简单,往往不被重视,所以必须认识到接地装置对线路防雷的重要作用,按设计精心施工,不留隐患。

五、降低接地电阻的措施

降低接地装置的接地电阻是提高线路耐雷水平,防止反击,防止雷击闪络的有效措施。

(一)增加接地体长度

增加接地体的长度是降低接地电阻的有效措施,但不是任意增加。对于高土壤电阻率的地区,一般均采用多根并联的水平接地体或水平接地体与垂直接地体相结合的方法。当采用 6~8 条总长不超过 500 m 的放射形接地体后,其工频接地电阻就不受限制。

(二)深埋接地小环与水平接地体并联敷设

基坑深埋接地小环与水平接地装置并联使用已成为目前降低接地电阻的一种方法。利用基坑深埋接地小环,一般是每个基坑埋 1 或 2 个小环,其材料与水平接地体材料相同,小环的尺寸依基坑大小而定,但小环距混凝土基础边缘应不小于 0.2 m。若同一基坑有两个小环时,上、下小环间距不应小于 1.5 m。基坑内的上、下小环与水平接地体应有良好的电气连接。

(三)引外接地

引外接地适用于杆塔附近有可以利用的低土壤电阻率的地方(如由岩石山上的塔位引至山下的耕地处等)。引外接地即用较长的接地线由杆塔引至低电阻率的土壤中,再做集中接地。采取这一措施时,必须控制引外接地线的最大长度。

(四)连续伸长接地

在高土壤电阻率($\rho > 5\,000$ Ω·mm^2/m)的地区,由于普通型式的接地装置难以满足接地电阻不大于 30 Ω 的要求,设计单位往往采用连续伸长接地的措施。

连续伸长接地的长度一般不宜小于 450 m,杆塔数不应少于 2 基,采取沿线路方向敷设 1 或 2 条连续伸长接地体方式。连续伸长接地措施适用于地势较为平坦且杆塔位之间无地面障碍物的地区。

（五）降低土壤电阻率

高土壤电阻率地区接地问题是多年来一直没有完满解决的难题。

降阻剂的降阻作用机理是由于降阻剂的电阻率远小于土壤电阻率，接地体周围的降阻剂相当于扩大了接地体的直径。降阻剂有很强的附着力，能有效地消除接地体与土壤的接触电阻，从而增加降阻的作用。

在选择降阻剂时应参照原电力工业部武汉高压研究所提出的《接地降阻剂暂行技术条件》（修改稿），考虑 3 个方面的技术要求：

（1）降阻特性。室温为(25 ± 15) ℃，在工频小电流下，其电阻率应小于 50 Ω·mm²/m，且比土壤电阻率小 20 倍以上。降阻剂粒度应能通过相应的标准目筛。

（2）腐蚀性。表面腐蚀率应不大于 0.05 mm/年且 pH 值应为 8～12。降阻剂配料在 24 h 内完全凝固。

（3）稳定性。经失水、冷热循环、水浸泡 3 项试验合格。

应按设计单位规定选用符合要求的降阻剂。使用降阻剂的接地体敷设断面图如图 9.4 所示。为了确保接地体在降阻剂的包围之中，应每隔 1 m 设一接地体支架（用 8 号铁线制作）。降阻剂应均匀填充在接地体周围并进行压实。

我国主要的降阻剂有：

（1）聚丙烯酰胺化学降阻剂。

（2）富兰克林—民生 909 长效接地电阻降阻剂。

（3）XJZ-2 型稀土化学降阻剂。

（4）JFJ-1 型长效降阻剂。

（5）海泡石粉末长效降阻剂。

降阻剂的使用方法及用量可参阅产品说明书。

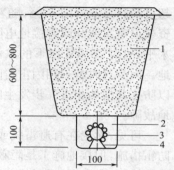

图 9.4　使用降阻剂的接地体
敷设断面图（单位：mm）
1—回填土；2—降阻剂；
3—接地体；4—接地体支架

第三节　接地装置的安装

一、接地装置的组成

接地装置由接地体和接地引下线组成。接地体是埋在地下与土壤接触的金属体，在架空线路工程中常用的接地体形式有垂直接地体和水平接地体，水平接地体又可分为放射型接地体、环形接地体和环形与放射型组合的接地体。架空线路杆塔的接地装置形式由设计单位根据土壤电阻率大小选择确定。

水平敷设的环形接地装置示意图如图 9.5 所示，水平敷设的环形与放射状联合接地装置示意图如图 9.6 所示，水平接地与垂直接地联合接地装置示意图如图 9.7 所示，水平接地与深埋小环联合接地装置示意图如图 9.8 所示。

有避雷线的架空输电线路的每座杆塔都应设接地装置，其接地体的形式由该塔位的土壤电阻率的大小决定。对于在山区的岩石处的塔位土壤电阻率较大时，接地电阻达不到要求，可以加长接地体来减小接地电阻。根据实验，每根接地体的长度超过 60 m 后，再增长接地线，接地电阻减小很微弱，因此每根接地线的长度以 60 m 为限。

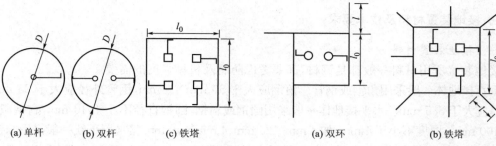

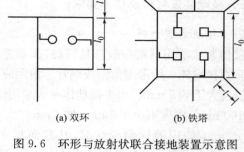

图 9.5　环形接地装置示意图　　　　　　图 9.6　环形与放射状联合接地装置示意图

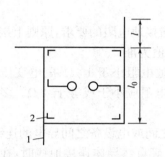

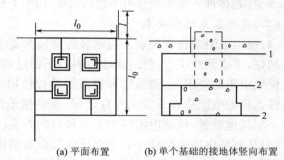

图 9.7　水平接地与垂直接地　　　　图 9.8　水平接地与深埋小环联合接地装置示意图
联合接地装置示意图　　　　　　　　　1—水平接地体；2—深埋小环
1—水平接地体；2—角铁接地极

二、接地装置形式

为确保接地电阻符合要求，应采取在基础施工时同时进行接地施工的做法。这样既保证了接地质量，又减少了土石方开挖量，获得了良好的效果。现将结合基础施工进行接地施工采用的杆塔接地装置形式介绍如下。

（一）闭合环形深埋式人工接地装置

在位于土壤电阻率 $\rho \leqslant 100\ \Omega \cdot \text{mm}^2/\text{m}$ 的居民区、潮湿淤泥土和水田土的接地体，可采用围绕杆塔基础底层敷设闭合环形深埋接地体的方式。

（二）闭合环形及垂直组合深埋式人工接地装置

在土壤电阻率 $100\ \Omega \cdot \text{mm}^2/\text{m} < \rho \leqslant 500\ \Omega \cdot \text{mm}^2/\text{m}$ 的黏土地区的接地体，可围绕杆塔基础底层敷设闭合环形深埋接地体，并在基础四角打入垂直体（钢管或圆钢）。

（三）闭合环形及水平放射形人工接地装置

在 $500\ \Omega \cdot \text{mm}^2/\text{m} < \rho \leqslant 1\,000\ \Omega \cdot \text{mm}^2/\text{m}$ 的山岳地区，可围绕杆塔基础底层敷设闭合环形深埋式接地体，并在基础四方敷设水平放射形接地体，其埋设深度为 0.6 m。

（四）水平环形及水平放射形组合接地装置

在 $1\,000\ \Omega \cdot \text{mm}^2/\text{m} < \rho \leqslant 2\,000\ \Omega \cdot \text{mm}^2/\text{m}$ 的山丘地带，宜在杆塔基础外围敷设水平环形及 4～6 根水平放射形组合的浅埋接地体，埋设深度为 0.5～0.6 m。

（五）水平放射形浅埋接地装置

在 $\rho > 2\,000\ \Omega \cdot \text{mm}^2/\text{m}$ 地带时，宜在杆塔基础外围敷设水平放射形浅埋接地体，埋设深度为 0.5 m。

三、接地装置材料及技术要求

(一)接地装置材料

接地装置所用材料一般都是钢材,都要考虑防腐及机械强度的需要。

垂直接地体一般采用角钢或钢管。角钢应大于 50 mm×6 mm,钢管外径应大于 25 mm,钢管壁厚应大于 3.5 mm。水平接地体一般采用圆钢或扁钢,圆钢直径不小于 10 mm,扁钢截面不小于 100 mm²,厚度不小于 4 mm,如 4 mm×25 mm、4 mm×40 mm 接地引下线一般采用圆钢,直径为 12 mm,如用镀锌钢绞线时,其截面积在地上部分应大于 35 mm²,在地下部分应大于 50 mm²。接地体埋入地下部分可不进行防腐,但引下线及地面下 300 mm 部分需镀锌防腐处理。

(二)接地装置技术要求

(1)接地电阻应符合要求。接地装置的技术要求主要指接地电阻的要求,原则上接地电阻越小越好,考虑到经济合理性,接地电阻以不超过规定的数值为准。

接地电阻的要求是:避雷针和避雷线单独使用时的接地电阻小于 10 Ω;配电变压器低压侧中性点接地电阻应在 0.5~10 Ω 之间;保护接地的接地电阻应小于或等于 4 Ω。多个设备采用一副接地装置,接地电阻应以要求最高的为准。

(2)具有导电的连续性。必须保证电气设备至接地体之间或电设备之间导电的连续性,不得有脱节现象。采用建筑物的钢结构、行车钢轨、工业管道等自然导体作接地线时,在其伸缩缝或接头处应另加跨接线,以保证连续可靠。跨接线可以用接地线弯成弧状焊接在接缝处。自然接地体与人工接地体之间务必连接可靠,以保证接地装置导电的连续性。

(3)具有可靠的电气连接。接地装置之间的连接应采用焊接和压接。焊接时扁钢搭焊长度应为宽度的 2 倍,且至少在 3 个棱边进行焊接;圆钢搭焊长度应为直径的 6 倍;圆钢与扁钢连接时,其长度为圆钢直径的 6 倍,不能采用焊接和压接时,可采用螺栓或卡箍连接,但必须保持接触良好。在有振动的地方,应采取垫加弹簧垫等防松措施。

(4)具有足够的导电能力和机械强度。通常接地线的载流能力应不小于相线允许载流量的 1/2,但接地线的最小截面,对绝缘铜线为 1.5 mm²,裸铜线为 4 mm²,而绝缘铜线为2.5 mm²,裸铝线为 6 mm²,同时还要保证接地体与接地线有足够的机械强度(分别见表 9.4 和表 9.5)。

表 9.4　钢接零线、接地线和接地体的最小尺寸

材 料 种 类		地上		地下
		屋内	屋外	
圆钢直径(mm)		5	6	8
扁钢	截面(mm²)	24	48	48
	厚度(mm)	3	4	4
角钢厚度(mm)		2	2.5	4
钢管管壁厚度(mm)		2.5	2.5	3.5

表 9.5　铜、铝接零线和接地线最小尺寸

材 料 种 类	铜(mm²)	铝(mm²)
明设的裸导体	4	6
绝缘导体	1.5	2.5
电缆接地芯与相线包在同一保护外壳的多芯导线的接地芯	1	1.5

（5）具有足够的热稳定性。对大接地短路电流系统的接地装置,应校核发生单相接地短路时的热稳定性,即校核是否能承受单相接地短路电流转换出来的大量热能。

（6）具有防止机械损伤的性能。接地线或接零线尽量安装在人不易接触到的地方,以免意外损坏,但又必须是在明显处,以便于检查。

接地线或接零线与铁路交叉时,应加钢管或角钢保护或略加曲向上拱起,以便在振动时有伸缩余地,避免断裂;穿过墙壁时,应敷设在明孔、管道或其他坚固的保护管中;与建筑物伸缩缝交叉时,应弯成弧状或另加补偿装置。

（7）有防腐蚀性能。为了防止腐蚀,钢制接地装置最好镀锌,焊接处涂沥青防腐。明敷的裸接地线和接零线可以涂漆防腐。

在腐蚀性较强的土壤中,接地体除应镀锌外,还应适当加大其截面积。

采用化学方法处理时,要注意控制其对接地体的腐蚀性。

（8）具有明显的颜色标志。接地线应涂漆以示明显标志,其颜色一般规定是:黄绿双色为保护接地线;淡蓝色为接地中性线。

四、接地装置安装

接地装置的安装应与基础工程同步进行,但接地电阻的测量可安排在架线之后。

接地装置安装前必须做好技术准备、材料准备及机具准备工作。

接地装置连接应可靠,除设计规定的断开点用螺栓连接外,其余应采用焊接或爆炸压接,连接前应清除连接部位的铁锈等附着物。

若采用搭接焊,对于其搭接长度,采用圆钢时为其直径的 6 倍,并双面施焊;采用扁钢时为其宽度的 2 倍,并四面施焊。

若采用爆炸压接,外压管的壁厚不得小于 3 mm,搭接爆压管的长度为圆钢直径的 10 倍,对接爆压管的长度为圆钢直径的 20 倍。

（一）垂直接地体

垂直接地体也称接地极,施工前应将接地极端部加工成锥状或斜面,施工时,用大锤将接地极垂直打入地下,以防止晃动,深度应符合设计要求,以保证接地极与土壤有良好的接触。

（二）水平接地体

1. 地槽开挖

（1）接地体槽位的选择应尽量避开道路地下管道及电缆管线等,并应防止接地体可能受到山洪的冲刷。

（2）地槽应按设计要求开挖,一般槽深为 0.5～0.8 m,可耕地应敷设在耕地深度以下,接地槽底面应平整,并应清除槽中一切影响接地体与土壤接触的杂物。

（3）地槽如遇大石块等障碍物,可绕道避开,改变接地体形状。如原接地体为环形者应仍保持环状,如为放射形者,可不受限制,但也应尽量避免放射形接地体弯曲。

2. 接地体敷设

（1）接地体敷设前需预矫正,不应有明显弯曲。接地体敷设于槽底。

（2）在倾斜的地形上,宜沿等高线敷设,防止因接地沟被冲刷而造成接地体外露。

（3）两接地体间的平行接地距离应不小于 5 m。

（4）不能按设计图形敷设接地体时,应根据实际施工情况在施工记录上绘制接地装置的敷设简图。

3. 地槽回填

接地体敷设完后,应回填土,不得将石块杂草等杂质埋入,岩石地区应换好土回填,回填土应每隔 200 mm 夯实一次。回填土的夯实程度对接地电阻值有明显影响。

回填土应高出地面 200 mm,作为防沉层。

(三)接地引下线

接地引下线应沿电杆敷设引下,应尽可能短而直,以减少冲击阻抗,并用支持件固定在杆身上,支持件间距为 1~1.5 m。

五、接地装置的检查与维修

接地装置受自然环境和外力的影响,破坏较大,在运行中一旦发生损坏或接地电阻不符合要求,就会给电气设备和人身安全带来危害,所以对运行中的接地装置要进行定期检查、测量,发现问题及时处理。

(一)接地装置定期检查和测量

1. 电气装置的接地装置应定期检查

检查周期要求:

(1)变配电所的接地电网,每年应检查一次。

(2)车间电气设备的接地线及接地中线,每年至少应检查一次。

(3)各种防雷装置的接地引下线,每年在雷雨季节前检查一次。

(4)独立的避雷针的接地装置,一般情况下每年检查一次。

2. 接地装置应定期测量接地电阻

测量接地电阻周期要求:

(1)变(配)电所的接地装置,每年一次。

(2)10 kV 及以下线路变压器的工作接地装置,每两年一次。

(3)低压线路中性线重复接地的接地装置,每两年一次。

(4)车间设备保护接地的接地装置,每年一次。

(5)防雷保护装置的接地装置,每年一次。

测量接地电阻,应在土壤最干燥的季节,土壤电阻率最高时进行。北京地区一般在每年 3 至 4 月份进行测量。

各种防雷装置的接地电阻,应在雷雨季节前进行测量。接地装置检查和测量周期表见表 9.6。

表 9.6　接地装置检查和测量周期表

接地装置类别	检 查 周 期	测量周期
变配电所接地网	每年一次	每年一次
车间电气设备的接地(接零)线	每年至少二次	每年一次
各种防雷保护接地装置	每年雷雨季节前检查一次	每两年一次
独立避雷针接地装置	每年雷雨季节前检查一次	每五年一次
10 kV 及以下线路变压器工作接地装置	随线路检查	每两年一次
手持工具的接地(接零)线	每次使用前检查一次	每两年一次
对有腐蚀性或化学成分得土壤中的接地装置	每五年局部挖开检查腐蚀情况	每两年一次

（二）接地装置巡视检查的内容

（1）检查接地线与电气设备的金属外壳、接地网等连接情况是否良好，有无松动脱落等现象。

（2）检查接地线有无机械损伤、断股及腐蚀现象。

（3）检查接地体是否完整。

（4）有腐蚀性的场所，应挖开接地引下线的土层，检查地面下 50 cm 以上接地引下线的腐蚀程度。

（5）人工接地体周围地面上，不应堆放或倾倒有腐蚀性的物质。

（6）明装接地线表面涂漆有无脱落现象。

（7）移动式电气设备的接地或接零线，在每次使用前应检查其接触情况是否良好，接地线有无断股现象。

（三）接地装置的维修

运行中的接地装置，若发现有下列情况之一时，应及时进行维修。

（1）接地线连接处焊缝开焊及接触不良。

（2）电力设备与接地线连接处的螺栓松动。

（3）接地线有机械损伤、断股或有化学腐蚀情况。

（4）接地体由于外力影响露出地面。

（5）测量的接地电阻阻值超过规范规定值。

（四）降低接地电阻的方法

在低阻值土壤地区，当采用自然接地体的接地电阻值大于规定值时，应增加人工接地体来降低接地电阻。当采用人工接地体的接地电阻值大于规定值时，则应补打人工接地体来降低接地电阻。在高阻值土壤地区，降低接地电阻的方法如下：

（1）换土法。在原接地极坑内填入电阻率低的土壤如黄黏土、黑土等。

（2）深埋法。若在接地体位置深处的土壤电阻率较低时，可采用深井式或深管式接地体。

（3）外引法。将接地体引至附近的水井、泉眼、河沟、水库边、河床内等土壤的导电性能降低接地电阻。

（4）延长法。延长垂直接地体的长度或水平接地体的长度或改变接地体的安装形状。

（5）长效降阻剂。在接地体周围埋设长效固化型降阻剂。改变接地体周围土壤的导电性能降低接地电阻。

（6）特殊的接地体材料。JHY 离子接地体能够通过顶部的呼吸孔吸收空气和土中的水分，使接地极中的化合物潮解产生电解离子释放到周围的土中，活性调节周围的土，将土的电阻率至最低，从而使接地系统的导电性保持较高的水平。

六、接地电阻测量

常用的接地电阻测量仪主要有 ZC-8 型和 ZC-29 等几种。ZC-8 型测量仪主要由手摇发电机、电流互感器、滑线电阻及检流计等组成，全部机构都装在铝合金铸造的携带式外壳内，由于外型与普通摇表相似，所以一般将之称为接地摇表。

测量仪有三个接线端子和四个接线端子两种，它的附件包括两支接地探测针、三条导线（其中 5 m 长的用于接地板；20 m 长的用于电位探测针；40 m 长的用于电流探测针）。

（一）使用方法和测量步骤

（1）停电，拆开接地干线与接地体的连接点或拆开接地干线上所有接地支线的连接点。

（2）将连接处打磨光滑，去除锈蚀。

（3）将电流探针插入离接地体 40 m 远的地下，将电压探针插入离接地体 20 m 远的地下，且两支接地测量探针应布置在与线路或地下金属管道垂直的方向上。

（4）将导线相应地连接在仪表的端钮 E、P、C 上。

（5）将仪表置于接地体近旁平整的地面上，根据被测接地体的接地电阻要求，调节好粗调旋钮，检查检流计的指针是否指于刻度中心线上。

（6）以 120 r/min 的速度均匀地摇动仪表的手柄，当指针偏斜时随即调整细调拨盘直至表针对准中心刻度线为止。以细调拨盘调定后的读数去乘以粗调定位的倍率即是被测接地体的接地电阻值。

（二）测量注意事项

（1）仪表一般不做开路试验。

（2）被测极及辅助接地极连接的导线不应与高压架空线、地下金属管道平行，以防干扰和测量的准确。

（3）雷雨季节阴雨天气，不得测量避雷装置的接地电阻值，一般应在干燥季节摇测。所测接地电阻值要小于规定值才算符合要求。

（4）不准带点测量接地装置的接地电阻。

接地体敷设后不应立即测量接地电阻，一般是接地体敷设一个月后或工程竣工移交前测量接地电阻。

（三）ZC-8 型接地电阻测量仪测量接地电阻

送电线路杆塔接地装置接地电阻测量广泛使用 ZC-8 型接地电阻表，它与电流—电压法测量相比，具有操作简单、携带方便等特点，它比较适合测量单个接地体的接地电阻。

接地电阻表是根据电位补偿原理，即电位差计的原理工作的。它由手摇发电机、电流互感器、可调电阻及检流计等组成。全部机构装于铝合金铸造的携带式盒子内，附件有接地探测针（即辅助电极）和连接导线等，其原理和外形如图 9.9 所示，它的外形和摇表相似，所以又称接地电阻摇表。

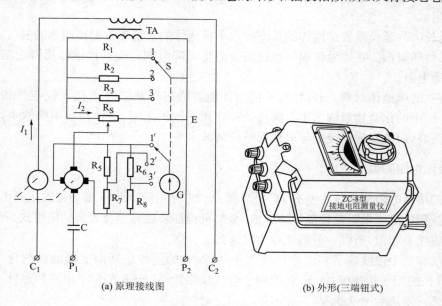

　　　　　(a) 原理接线图　　　　　　　　　　(b) 外形(三端钮式)

图 9.9　ZC-8 型接地电阻测量仪原理和外形

这种测量仪有三端钮式和四端钮式两种。三端钮式测量仪"P_2"和"C_2"已在内部短接，只引出一个"E"，测量接地电阻的接线和布置如图 9.10 所示。测量接地电阻时，"E"接在接地体上，"C_1"接电流辅助探针插入距接地体较远地中，"P_1"接电位辅助探针插入距接地体较近地中。手摇交流发电机发出 115 Hz 的交流电，在"E"和"C_1"间形成电流为 I 的闭合回路，"E"和"P_1"间的压降为 IP_X，互感器二次侧电流为 KI，R_S 为可调电阻，调节电阻的接线和布置 KIR_S 和 IR 相等时，检流器指针处于零位，则被测接地阻为：$R_X = KR_S$。

由于采用磁电式检流计，故两侧压降经机械整流器或相敏感流器整流。S 是联动的两组三挡分流电阻 $R_1 \sim R_3$ 及 $R_5 \sim R_8$ 的转换开关，用以实现对电流互感器二次侧电流及检流计支路的分流。选择转换开关三个挡位，可以得到 $0 \sim 1\ \Omega$、$0 \sim 10\ \Omega$、$0 \sim 100\ \Omega$ 3 个量程。

四端钮式的接地电阻测量仪，可以测量接地电阻，也可以测量土壤电阻率。

1. 接地电阻测量

测量接地电阻可按测量仪表的说明书布线，具体测量接线和布置如图 9.10 所示。测量时打开接地引下线，E 和引下线 D 连接，距接地装置被测点 D 为 Y 处打一钢棒 A（电位探针）并与接线端钮 P_1 连接，再在距 D 点为 Z 处打一钢棒 B（电流探针）并与接线端钮 C_1 连接。电位探针和电流探针布置距离为：$Y \geqslant 2.5L$，$Z \geqslant 4L$（L 为最长水平伸长接地体长度）。一般取 $Y = 80$ m，$Z = 120$ m。

测量步骤为：

(1)按图 9.10 布置，将直径 10 mm 的钢棒 A、B 打入地下 0.5 m 左右。

(2)接好连线，检查检流计指针是否在零位，否则用零位调整器调整。

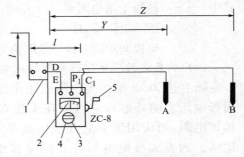

图 9.10　测量接地电阻的接线和布置
1—被测接地装置；2—检流计；
3—倍率标度；4—测量标度盘；5—摇柄

(3)将"倍率标度"放在最大处（如×100），慢慢摇动摇柄，同时旋转"测量标度盘"，使检流计指针指在零位。

(4)当检流计指针接近平衡时，加速摇动摇柄达到额定值（120 r/min），调整"测量标度盘"，使检流计指针指在零位。

(5)如果"测量标度盘"的读数小于 1 时，应将"倍率标度"置于较小的倍数，再重新调整"测量标度盘"，以得到正确的读数。

(6)用"测量标度盘"的读数乘以"倍率标度"的倍数，即得到所测的接地电阻的数值。

测量接地电阻时，应避免在雨雪天气测量，一般可在雨后 3 天进行测量。

所测的接地电阻值尚应根据当时土壤干燥、潮湿情况乘以季节系数，其值可按表 9.7 取用。

表 9.7　防雷接地装置的季节系数

埋深(m)	水平接地体	2～3 m 的垂直接地体
0.5	1.4～1.8	1.2～1.4
0.8～1.0	1.25～1.45	1.15～1.3
2.5～3.0	1.0～1.1	1.0～1.1

注：测量接地电阻时，如土壤比较干燥，则应采用表中较小值；如土壤比较潮湿，则应采用表中较大值。

2. 土壤电阻率的测量

单位立方体土壤的地面之间的电阻称为土壤电阻率，单位是 $\Omega \cdot \text{mm}^2 / \text{m}$。

测量土壤电阻率用四端钮式 ZC-8 型接地电阻测量仪，其接线和布置如图 9.11 所示。将四个测量端钮接 4 根接地棒，成一直线打入土内，它们之间距离为 a 时，棒的埋入深度应不小

于 $a/20$，a 可以取整数，以便于计算。

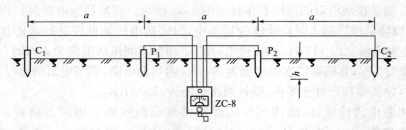

图 9.11　测量土壤电阻率的接线和布置

　　其测量步骤与测接地电阻步骤相同。边摇动摇柄调节"倍率标度"和"测量标度盘"，针平稳地处于零位时，可读得连接 P_1 和 P_2 的电阻，将测得电阻按下式计算，可得相当于 $a/20$ 深度处的近似平均土壤电阻率。

$$\rho = 2\pi aR$$

式中　ρ——被测土壤电阻率，$\Omega \cdot mm^2/m$；

　　　　R——所测电阻值，Ω；

　　　　a——电极间距离，m，一般取值为 4～7。

（四）钩表式接地电阻计测量接地电阻

　　除上述 ZC-8 型接地电阻表用来测量接地电阻外，还有一种钩表式接地电阻计（类似钳形电流表的外形），它可以在无独立辅助电极下测量接地电阻，可应用于多处并联接地系统，而不需要切断地线。钩表式接地电阻计在测量接地电阻时，不得将接地引下线由杆塔上拆下，也无需辅助电极连线，操作简单方便。

　　1. PROVA-5600 型钩表式接地电阻计的构造

　　PROVA-5600 型钩表式接地电阻计的外形尺寸为（长×宽×厚）257 mm×100 mm×47 mm，如图 9.12 所示。

　　钩部组合用来钩住电极或接地棒，两钩部间不能有间隙，它靠扣压钩部扳机开启。保持钮用来锁住显示器上的数值，开关是电源开关兼功能选择。电池电压为 9 V，消耗电流为 40 mA。

　　2. 钩表式接地电阻计工作原理

　　图 9.13 是一个典型配电系统接地装置电路图，它的并联电路电路图如图 9.13(a) 所示，图 9.13(b) 是图 9.13(a) 所示电路的等效电路电路图。

　　假设每个电杆接地装置的电阻为 R_1、R_2、R_3、…、R_n，则

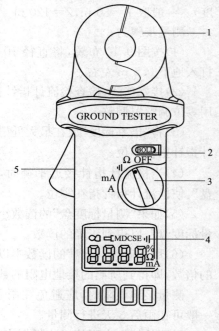

图 9.12　PROVA-5600 型钩表式
接地电阻计
1—钩部组合（内径 ϕ23 mm）；2—保持钮；
3—旋盘开关；4—液晶显示；5—钩部扳机

$$R_{eq} = \cfrac{1}{\cfrac{1}{R_1}+\cfrac{1}{R_2}+\cfrac{1}{R_3}+\cdots+\cfrac{1}{R_n}} = \cfrac{1}{\sum\limits_{i=1}^{n}\cfrac{1}{R_i}}$$

式中　R_i——被测电杆的接地电阻，Ω。

若 R_i，R_1，R_2，R_3，$\cdots$，$\cdots R_n$，$\cdots$，均相等，且 n 足够大时，那么 $R_i \gg R_{eq} \rightarrow 0$。由此可知，测量接地电阻时，只要接地处够多，便可忽略 R_{eq} 所造成的影响，这就是钩表式接地电阻计利用其他杆塔接地装置代替辅助电极的原理。

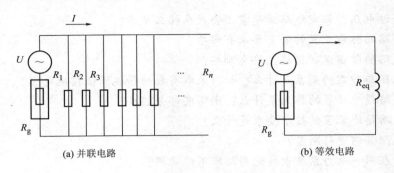

(a) 并联电路　　　　　　　　　　　　　　　　　　(b) 等效电路

图 9.13　曲型配电系统接地装置电路图

3. 接地电阻的测量

（1）打开钩部，确认钩部保持干净，无杂质、异物时即可扣压扳机数次，让钩部接合面调整到最佳位置。

（2）开机、旋盘开关切于欧姆挡位。开机后，电阻计将自动校准，以获得较佳的准确度，校准时显示器将显示 CAL7，CAL6，$\cdots$，CAL2，CAL1，需等待其自动校准完成。若电阻计发出"哗"的一声，表示校准完成，方可使用。

（3）勾住待测的接地线（配电系统接地装置示意图如图 9.14 所示），扣压钩部扳机数次，从显示器上可以读出接地电阻值 R_g。

4. 注意事项

（1）电阻计在自动校准过程中，严禁勾住任何导体或开启钩部。

（2）开机前，须扣压钩部扳机数次；开机时，不可勾住任何导体；勾住电极后，再扣压扳机数次，以达到最佳的测量效果。

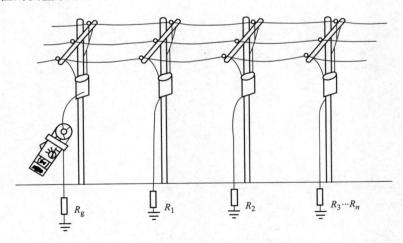

图 9.14　配电系统接地装置示意图

思 考 题

1. 什么是过电压？架空线路遭受雷击会产生什么危害？
2. 架空线路的防雷装置的安全要求有哪些？
3. 架空线路的防雷保护措施主要有哪些？
4. 接地电阻与防雷的关系是什么？如何采取有效的措施降低接地电阻？
5. 架空线路接地装置的作用是什么？由哪些部分组成？
6. 架空线路接地装置的技术要求是什么？
7. 接地电阻如何进行测量？
8. 为什么在同一电力系统中接地与接零不能混用？
9. 降低接地电阻的措施有几种？
10. 运行中的接地装置发现哪些情况要进行维修？

第三篇 电缆线路工程

第十章 电缆线路的概述

电力电缆与架空电力线路的敷设方法不同,一般敷设在地面以下或建筑物的专用夹层中。由于它不易受雷雨、风、鸟等外界伤害,所以它的供电可靠性高,如果埋入地下,对市容影响小并不易危及人身安全。但它有成本高排除故障困难和电缆接头工艺复杂等缺点,因此,在选用中,要权衡利弊。电力电缆是将一根或数根导线绞合而成的线芯,裹以相应的绝缘层后,外面包上密闭包皮(铝、铅或塑料等),这种导线称为电缆。

第一节 电缆线路的发展及其特点、分类

一、电缆线路的发展

电力电缆的使用至今已有百余年历史。1879 年,美国发明家 T. A. 爱迪生在铜棒上包绕黄麻并将其穿入铁管内,然后填充沥青混合物制成电缆。他将此电缆敷设于纽约,开创了地下输电。次年,英国人卡伦德发明了沥青浸渍纸绝缘电力电缆。1889 年,英国人 S. Z. 费兰梯在伦敦与德特福德之间敷设了 10 kV 油浸纸绝缘电缆。1908 年,英国建成 20 kV 电缆网。电力电缆得到越来越广的应用。1911 年,德国敷设成 60 kV 高压电缆,开始了高压电缆的发展。1913 年,德国人 M. 霍希施泰特研制成分相屏蔽电缆,改善了电缆内部电场分布,消除了绝缘表面的正切应力,成为电力电缆发展中的里程碑。1952 年,瑞典在北部发电厂敷设了 380 kV 超高压电缆,实现了超高压电缆的应用。到 20 世纪 80 年代已制成 1 100 kV、1 200 kV 的特高压电力电缆。19 世纪 50 年代开始出现海底电缆,用以传送电报。1876 年发明了电话。随着市内电话用户日益增多,出现了可以容纳许多对导线的对称电话电缆。1899 年,美国人 M. I. 普平发明电缆加感线圈,在对称电缆的芯线上每隔一定距离接入加感线圈,通话距离可增加 3~4 倍。1941 年美国建成第一条 480 路同轴电缆线路,此后,容量更大的同轴电缆载波电话系统得到迅速发展。

中国最早的电缆线路是沿海的海底电缆和大城市的市内电话电缆。20 世纪 30 年代,在中国东北地区敷设了可以开通低频载波电话的长途对称电缆。1962 年,中国设计制造的 60 路载波长途对称电缆,在北京和石家庄间投入使用。1976 年,中国设计制造的 1 800 路 4 管中同轴电缆,在北京、上海、杭州间敷设成功并投入使用。

电线电缆是用于电力输配、电能传送、声音、文字、图像等信息传播及照明等领域的一大类电工产品,是制造各种电机、电器、仪表必不可缺的基础器材,是我国电力基础设施建设、新型智能电网、新能源产业中必要的基础产品。电线电缆行业占据着国内电工行业 1/4 的产值,是我国仅次于汽车行业的第二大行业,我国的电线电缆产值已经超过美国,成为全球第一大电线电缆生产国。

在我国,110 kV 以下的电压被称为配电电压,完成对电能进行降压处理并按一定方式分配至电能用户的功能;110～1 000 kV 之间的电压被称为输电电压,完成电能的远距离传输功能。输电电压中,110～220 kV 之间的电压为高压,330～750 kV 等级的输电电压为超高压,1 000 kV 交流及直流正负 660 kV 以上等级的电压被称为特高压。

从电力电缆行业发展来看,未来几年里电力电缆的发展将主要表现出以下几方面趋势:

(1)1 kV 及以下低压电力电缆尽管仍旧以 PVC 电缆为主,但是低压交联电缆逐步取代 PVC 电缆的趋势将有所加强,温水交联电缆应用量将会增加。低烟无卤阻燃电缆将有所发展。

(2)6～35 kV 中压电力电缆仍是交联电缆占统治地位,预制式电缆附件得到更广泛应用。

(3)110～220 kV 级交联电缆应用量将超过充油电缆,需要完善附件成套供应能力。充油电缆国内应用量减少,应增加充油电缆出口数量。

(4)超导电缆研究应起步。对基本结构、工艺制作、性能测试及超导连接进行研究,争取制作出样品。

电线电缆广泛应用于能源、交通、信息通信、建筑、铁路、城轨、汽车、航空、冶金、石油化工等众多产业领域,目前,我国电线电缆行业正处在一个新的发展阶段,随着未来几年国内城镇化、重工业化的发展,通信网络、电网建设、交通运输等领域内对电线电缆的需求量仍然处于快速增长态势。

二、电缆线路的特点

在电力线路中广泛采用架空线路,电力电缆同架空线路一样,主要用于传输和分配电能。它一般埋于土壤或敷设于管道、沟道、隧道中,不用杆塔,占地面积和空间少,具有受外界因素(如气候、环境等)影响小;供电可靠性高;安全性高;工程隐蔽,运行简单方便;维护费用低;对市容环境影响较少,整齐美观;发生事故不易影响人身安全等优点,同时线路无功平衡也有一定好处。它的主要缺点是成本高、故障点查找处理困难、接头处理工艺复杂等。

一般在下列情况采用电力电缆:

(1)在交通枢纽区或车辆往来频繁而架空线路影响交通的地方。

(2)在城市房屋密集,用电单位繁多,居民稠密的地方。

(3)在高层建筑内及工厂厂区内部或其他一些特殊场所。

(4)在通信线路和其他电力线路较多地带,无法建设架空线路时。

三、电缆的分类

电力电缆目前多以铝芯代替铜芯;以铝包代替铅包;以塑料绝缘代替油浸纸绝缘和橡胶绝缘;以塑料护套代替铠装外护套的产品。

(一)电缆分类的几个方面

(1)根据芯线和材质,可分为单芯、双芯、三芯、四芯、五芯的铜芯和铝芯电缆。

(2)根据绝缘,可分为油浸纸绝缘、铅包绝缘、塑料绝缘、橡胶绝缘电缆。

(3)根据构造,可分为统包型电缆、屏蔽型电缆及分相铅包型电缆。

(4)按电压等级,可分为低电压电力电缆(1 kV);中电压电力电缆(6～35 kV);高电压电力电缆(110～500 kV)。

所有单芯电缆及多芯电缆且其芯线截面在 16 mm² 以下时为圆形芯线,截面在 25 mm² 及以上时为半圆形或扇形芯线。采用扇形芯线可以使电缆外径较圆形芯线时小,从而增强了绝缘,降低了外部保护性金属(铅皮、铠装)的消耗量,同时散热也比较好。

(二)电力电缆的种类

地中敷设用电力电缆的种类,可分为:油浸纸绝缘铅包电力电缆;油浸纸绝缘铝包电力电缆;聚氯乙烯绝缘聚氯乙烯护套电力电缆;交联聚乙烯绝缘聚氯乙烯护套电力电缆和橡皮绝缘聚氯乙烯护套电力电缆等。

(1)油浸纸绝缘铅包电力电缆。油浸纸绝缘包电力电缆的线芯分铜芯和铝芯两种,电缆的型号及主要用途分别见表 10.1 和表 10.2。

表 10.1　电缆型号字母及数字的意义

字母或数字	代表的意义	字母或数字	代表的意义
Z	纸绝缘	Y	移动式
X	橡皮绝缘	H	橡套
V	塑料绝缘及护套	1	麻被护套
L	铝包或铝芯	2	钢带铠装护层
T	铜芯	20	裸钢带铠装护层
Q	铅包	3	细钢丝铠装护层
D	不滴流	30	裸细钢丝铠装护层
P	干绝缘	5	粗钢丝铠装护层
F	分相铅包	11	防腐护层
C	船用或重型	12	钢带铠装有防腐层
HF	非燃性橡套	120	裸钢带铠装有防腐层

表 10.2　油浸绝缘纸绝缘铅包电力电缆型号及主要用途

型　号	名　称	主 要 用 途
ZLQ(ZQ)	铝(铜)芯纸绝缘裸铅包电力电缆	敷设于室内无机械损伤,无腐蚀处
ZLQ1(ZQ1)	铝(铜)芯纸绝缘铅包麻被电力电缆	敷设于室内无机械损伤,无腐蚀处
ZLQ2(ZQ2)	铝(铜)芯纸绝缘铅包钢带铠装电力电缆	敷设于土壤中,能承受机械损伤,但不能受大拉力
ZLQ20(ZQ20)	铝(铜)芯纸绝缘铅包裸钢带铠装电力电缆	敷设在室内能承受机械损伤,但不能受大拉力
ZLQ3(ZQ3)	铝(铜)芯纸绝缘铅包细钢丝铠装电力电缆	敷设在土壤中,能承受机械损伤和相当的拉力
ZLQ30(ZQ30)	铝(铜)芯纸绝缘铅包裸细钢丝铠装电力电缆	敷设在室内及矿井,能承受机械损伤和相当的拉力
ZLQ5(ZQ5)	铝(铜)芯纸绝缘铅包粗钢丝铠装电力电缆	敷设在水中,能承受较大拉力
ZLQF2(ZQF2)	铝(铜)芯纸绝缘分相铅包钢带铠装电力电缆	敷设条件同 ZLQ2 用于 20～35 kV
ZLQF20(ZQF20)	铝(铜)芯纸绝缘分相铅包裸钢带铠装电力电缆	敷设条件同 ZLQ20 用于 20～35 kV
ZLQF5(ZQF5)	铝(铜)芯纸绝缘分相铅包粗钢丝铠装电力电缆	敷设条件同 ZLQ5 用于 20～35 kV

(2)油浸纸绝缘铝包电力电缆。按照以铝代铅的方针,铝包电缆将逐步代替铅包电缆。在外护层结构方面,目前的铠装形式,不但结构复杂、用料多、生产效率低,而且防腐性能不好。电线电缆部门通过各项试验,证明无铠装塑料护套铝包电缆的机械性能相当于铅包铠装电缆,能承受电缆在敷设时和运行中可能遭受的机械外力作用,而且有良好的防腐性能,敷设也方便,所以在一般情况下,可以采用 ZLL11(ZL11)型电缆直接埋地敷设,以代替 ZLL12(ZL12)型铠装电缆。

　　ZLL12(ZL12)型、ZLL13(ZL13)型和 ZLL15(ZL15)型铠装一级防腐电缆,其护套由防腐蚀的内衬层,铠装层和外被层组成。ZLL120(ZL120)型和 ZLL130(ZL130)型则无外被层。ZLL22(ZL22)型和 ZLL23(ZL23)型二级防腐电缆,除有内衬层外,在铠装外面挤包一层塑料护套作为外被层,ZLL25(ZL25)型则在每根钢丝上有塑料护套。

　　油浸纸绝缘铝包电力电缆的型号及主要用途见表 10.3。

表 10.3　油浸纸绝缘铝包电力电缆型号及主要用途

型　号	名　称	主要用途
ZLL(ZL)	铝(铜)芯纸绝缘裸铝包电力电缆	敷设于室内无机械损伤,无腐蚀处
ZLL11(ZL11)	铝(铜)芯纸绝缘铝包一级防腐电力电缆	可直埋地敷设,能承受机械外力作用,但不能承受拉力
ZLL12(ZL12)	铝(铜)芯纸绝缘铝包钢带铠装一级防腐电力电缆	可直埋地敷设,能承受机械外力作用,但不能承受拉力
ZLL120(ZL120)	铝(铜)芯纸绝缘铝包裸钢带铠装一级防腐电力电缆	敷设在室内,能承受机械外力作用,但不能承受拉力
ZLL13(ZL13)	铝(铜)芯纸绝缘铝包细钢丝铠装一级防腐电力电缆	敷设在土壤内和水中,能承受机械外力作用,亦能承受相当的拉力
ZLL130(ZL130)	铝(铜)芯纸绝缘铝包裸细钢丝铠装一级防腐电力电缆	敷设在室内,能承受机械外力作用,亦能承受相当的拉力
ZLL15(ZL15)	铝(铜)芯纸绝缘铝包粗钢丝铠装一级防腐电力电缆	敷设在水中,能承受较大的拉力
ZLL22(ZL22)	铝(铜)芯纸绝缘铝包钢带铠装二级防腐电力电缆	同 ZLL12,但防腐作用较好
ZLL23(ZL23)	铝(铜)芯纸绝缘铝包细钢丝铠装二级防腐电力电缆	同 ZLL13,但防腐作用较好
ZLL25(ZL25)	铝(铜)芯纸绝缘铝包粗钢丝铠装二级防腐电力电缆	同 ZLL15,但防腐作用较好

　　(3)聚氯乙烯绝缘聚氯乙烯护套电力电缆(简称全塑电力电缆):是用聚氯乙烯塑料代替橡胶或油浸纸作绝缘和代替铅或铝作保护层。聚氯乙烯塑料绝缘性能好、抗腐蚀,具有一定的机械强度,制造简单,因此采用塑料作为绝缘及护套材料,已经成为发展电缆新品种和提高电缆性能的重要途径之一。

　　这种电缆的使用电压目前生产 0.5 kV、1 kV、3 kV 和 6 kV 四级,线芯长期允许工作温度应不超过 +65 ℃,并应在环境温度不低于 -40 ℃ 时的条件下使用。

　　聚氯乙烯绝缘聚氯乙烯护套电力电缆型号及主要用途见表 10.4。

表 10.4　聚氯乙烯绝缘聚氯乙烯护套电力电缆型号及主要用途

型　号	名　称	主要用途
VLV(VV)	铝(铜)芯聚氯乙烯绝缘及护套电力电缆	敷设在室内、隧道及管道中
VLV2(VV2)	铝(铜)芯聚氯乙烯绝缘及护套钢带铠装电力电缆	敷设在地下,能承受机械外力作用,但不能受大的拉力
VLV20(VV20)	铝(铜)芯聚氯乙烯绝缘及护套裸钢带铠装电力电缆	敷设在室内,能承受机械外力作用,但不能受大的拉力

型　号	名　称	主要用途
VLV3(VV3)	铝(铜)芯聚氯乙烯绝缘及护套细钢丝铠装电力电缆	敷设在室内,能承受相当的拉力
VLV30(VV30)	铝(铜)芯聚氯乙烯绝缘及护套裸细钢丝铠装电力电缆	敷设在室内、隧道及矿井中,能承受相当的拉力

（4）交联聚乙烯绝缘聚氯乙烯护套电力电缆：是用交联聚乙烯作为电缆绝缘层,用聚氯乙烯作为保护层（护套）。交联聚乙烯系将聚乙烯经交联处理及硫化处理而成的一种新型塑料,性能比聚氯乙烯好。由于它的耐热性能好,使线芯允许工作温度可以提高到 80 ℃,因而电缆允许工作电流随之增加。它的绝缘性能很好,能够作为 35 kV 级及以下的电缆绝缘。该型电缆敷设方便,敷设高差不受限制,可以代替纸绝缘、干绝缘和不滴流电力电缆等型号产品。

交联聚乙烯绝缘聚氯乙烯护套电力电缆的型号及主要用途见表 10.5。

表 10.5　交联聚乙烯绝缘聚氯乙烯护套电力电缆的型号及主要用途

型　号	名　称	主要用途
YJV	交联聚乙烯绝缘,聚氯乙烯护套电力电缆	敷设在室内、隧道及管道中,不能承受机械外力
YJV2	交联聚乙烯绝缘,聚氯乙烯护套钢带铠装电力电缆	敷设在地下,能承受机械外力作用,不能受大的拉力
YJV20	交联聚乙烯绝缘,聚氯乙烯护套裸钢带铠装电力电缆	敷设在室内,能承受机械外力作用,不能受大的拉力
YJV3	交联聚乙烯绝缘,聚氯乙烯护套细钢丝铠装电力电缆	敷设在地下,能承受相当的拉力
YJV30	交联聚乙烯绝缘,聚氯乙烯护套裸细钢丝铠装电力电缆	敷设在室内,能承受相当的拉力

（5）橡皮绝缘聚氯乙烯护套电力电缆：是用橡胶作为电缆绝缘层,用聚氯乙烯作为保护层（护套）,用于交流 500 V 及以下的线路。为了节约橡胶,一般应以聚氯乙烯绝缘聚氯乙烯护套电缆代替该型电缆。

橡皮绝缘聚氯乙烯护套电力电缆的型号及主要用途见表 10.6。

表 10.6　橡皮绝缘聚氯乙烯护套电力电缆的型号及主要用途

型　号	名　称	主要用途
XLV(XV)	铝(铜)芯橡皮绝缘聚氯乙烯护套电力电缆	敷设在室内、隧道及管道中,不能承受机械外力作用
XLV2(XV2)	铝(铜)芯橡皮绝缘聚氯乙烯护套钢带铠装电力电缆	敷设在地下,电缆能承受机械外力作用,但不能承受大的拉力
XLV20(XV20)	铝(铜)芯橡皮绝缘聚氯乙烯护套裸钢带铠装电力电缆	敷设在室内、隧道及管道中,不能承受大的拉力

第二节　电缆的结构及型号

一、电缆的结构

电缆的结构包括缆芯、绝缘层和保护层 3 部分,电缆剖面图如图 10.1 所示。

（1）缆芯。缆芯是起传导电流作用的，电缆芯通常是采用高电导率的铜或铝制成的，为了制造和应用上的方便，导线线芯的截面有统一的标称等级。常用有 $2.5\ mm^2$、$4\ mm^2$、$6\ mm^2$、$10\ mm^2$、$800\ mm^2$ 等 19 种。

电缆线芯的芯数为单芯、双芯、三芯和四芯等几种。单芯电缆一般用来输送直流电、单相交流电或用作高压静电除尘器的引出线。三芯电缆用于三相交流电网中。电压为 1 kV 时，电缆用双芯或四芯的。

电缆线芯的形状很多，有圆形、弓形、扇形和椭圆形等，当线芯截面大于 25 mm^2 时，通常是采用多股导线胶合并经过压紧而成，这样可以增加电缆的柔软性和结构稳定性，安装时可一定程度内弯曲而不变形。

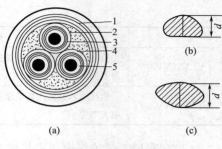

图 10.1　电缆剖面图
1—铅皮；2—缠带绝缘；3—芯线绝缘；
4—填充物；5—导体

（2）绝缘层。绝缘层用来隔离导电线芯，使线芯与线芯、线芯与铝（铅）包之间有可靠的绝缘。电缆绝缘层通常采用纸、橡胶、聚氯乙烯等制成，其中纸绝缘应用最广，它是经过真空干燥再放在松香和矿物油混合的液体中浸渍后，缠绕在电缆导电线芯上的，这叫分相绝缘。除每相线芯分别包有绝缘层外，在它们绞合后外面再用纸绝缘包上，这部分的绝缘称统包绝缘。

（3）保护层。保护层是用来使绝缘层密封而不受潮气侵入的，并不受外界损伤，纸绝缘电力电缆的保护层较复杂，分内护层和外护层。内保护层是保护电力电缆的绝缘不受潮湿和防止电缆浸渍剂的外流，以及轻度的机械损伤，在统包绝缘层外面包上一定厚度的铝包或铅包；内护层有铅包、铝包、聚氯乙烯包及橡胶套等几种，用以保护绝缘层。外保护是保护内保护层的，防止铅包或铝包受到机械损伤和强烈的化学腐蚀，在电缆的铅或铅包外面包上浸渍过沥青混合物的黄麻、钢带或钢丝。无外保护层的电缆，适用于无机械损失的场所。外护层分沥青麻护层、钢带铠装护层、钢丝铠装护层等。

此外，为了使绝缘层和电缆导体有较好接触，消除因导体表面的不光滑而引起的导体表面电场强度的增加，在导体表面包一层金属化纸或半导体金属化纸作内屏蔽。为了使绝缘层与金属护套有较好的接触，在绝缘层外表面也包一层金属化纸作外屏蔽。

二、电缆线路的路径选择

对于电缆线路的路径选择，应从节省投资、施工方便和安全运行等方面来考虑。

（1）为了节省投资，应尽可能选择最短距离的路线。

（2）布设电缆线路便利的地方。

（3）地形平坦处所。

（4）如道路的一侧设有水道管、瓦斯管及地下通信等电路时，则应在道路的另一侧。

（5）将来不要求埋设深度变化的地方。

（6）将来不致建筑房舍的地方。

（7）便于搬运，而且容易补修的地方。

敷设地下电缆线路要避免下列处所：

（1）时常存水的地方。

（2）地下埋设物复杂的地方。

（3）发散腐蚀性瓦斯或溶液的地方。

(4)预定建设建筑物或时常挖掘的地方。

(5)制造或储藏容易爆炸或燃烧的危险物质的处所。

三、电缆的型号

每一个电缆型号表示着一种电缆的结构,同时也表明这种电缆的使用场合和某些特征。我国电缆产品型号的编制原则简单介绍如下:

(1)电缆线芯材料、绝缘与内护层材料以其汉语拼音的第一个字母大写表示。例如纸以 Z 表示;铝以 L 表示;铅以 Q 表示。

(2)电缆外护层的结构,则以外护层结构的数字编号来代表,没有外护层的则在数字后加"0",例如"20"表示裸钢带铠装的结构。

现将电缆型号每个字母的含义列于表 10.7 中。

表 10.7　电缆型号每个字母的含义

类　别 (根据绝缘材料)	导线*	内护层	特　征	外护层
V—聚氯乙烯塑料 X—橡皮 XD—丁基橡皮 Y—聚乙烯 YJ—交联聚乙烯 Z—纸	L—铝芯	H—橡套 HF—非燃性橡套 L—铝包 Q—铅包 V—聚氯乙烯护套 Y—聚乙烯护套	CY—充油 D—不滴油 F—分相 P—贫油、干绝缘 P—屏蔽 Z—直流	0—相应的裸外护层 1——级防腐、麻外护层 2—二级护腐、钢带铠装、钢带加强层 3—单层细钢丝铠装 4—双层细钢丝铠装 5—单层粗钢丝铠装 6—双层粗钢丝铠装 29—双层钢带铠装外加聚氯乙烯护套 39—细钢丝铠装外加聚氯乙烯护套

注:* 铜芯导体则不作标注。

电缆型号中的字母排列一般按照下列次序:

绝缘种类—线芯材料—内护层—其他结构特点—外护层。

例如:$ZLQP_{20}$ 表示纸绝缘铝芯铅包,贫油绝缘,裸钢带铠装护层电缆。XV_{20} 表示铜芯橡胶绝缘聚氯乙烯护套裸钢带铠装电力电缆。

思　考　题

1. 怎样选择电缆线路的路径?

2. 电缆怎样进行分类?

3. 电力电缆的主要用途和架空线路相比,优点是什么?

4. 简述电缆产品型号编制原则。

第十一章　电缆线路的敷设与连接

电缆敷设的方法很多,有直埋设在地下,敷设在室内地沟里,穿在排管中,装在地下隧道内,以及沿建筑物安装在明露处等。这些敷设方法各有它的优缺点,选择哪种方法,要根据电缆线的长短,电缆的数量,周围环境条件等具体情况决定。

第一节　电缆的敷设

一、电缆敷设的一般要求

(1)电缆敷设前必须检查电缆表面有无损伤,并测量电缆绝缘电阻和进行直流耐压试验,检定是否受潮。低压电缆(1 kV)用 1 000 V 摇表测试绝缘电阻,合格后方可使用。检查潮气方法还可将电缆绝缘纸点燃,若纸的表面有泡沫并发出"嘶嘶"声,即表明有潮气存在,这叫火燃法。

(2)严格防止电缆扭伤和过分弯曲,电缆弯曲半径与电缆外径的比值不得小于表 11.1 中的倍数。

(3)垂直或沿陡坡敷设的电缆,在最高与最低点之间的最大允许高差规定见表 11.2。

表 11.1　电缆弯曲半径与电缆外径比的规定

电缆类型	多芯	单芯
交联聚乙烯绝缘电缆(35 kV 及以下)	15	20
聚氯乙烯绝缘电缆	10	10
橡胶绝缘电缆	10	10

表 11.2　电缆最大允许高差　单位:m

电 压 等 级(kV)		铅护套	铝护套
3 kV 及以下	铠装	25	25
	无铠装	20	25
干绝缘统铅包		100	—

(4)厂房内电缆沿支持物敷设时,其固定点间距离不应大于表 11.3 的规定。

(5)环境温度低于 0 ℃时,敷设电缆应预先提高周围温度或对电缆通电流加热。

(6)电缆在室内电缆沟及厂房内明敷时,应将外层麻包去掉,刷上防腐油。

表 11.3　电缆支持点间的最大距离　单位:m

敷设方式 \ 电缆类型	塑料护套、铅包、铝包、钢带铠装		钢丝铠装电缆
	电力电缆	控制电缆	
水平敷设	1.0	0.8	3.0
垂直敷设	1.5	1.0	6.0

(7)埋设地下各种电缆,均应在回填土前进行隐蔽工程验收,并绘制竣工图,标明具体坐标、部位与走向,以供维修管理之用。

二、电缆线路路径的选择

一般情况下,一条电缆线路的正常运行寿命为 40 年以上,其建设投资为架空线路的 4~7 倍。因此,合理地选择电缆线路路径极为重要。电缆线路路径选择主要考虑以下几个方面:

(一)安全运行

电缆线路建设时首先应考虑其不受外力损伤,如机械外力、振动、化学腐蚀、热源影响等。

电缆线路应尽量减少与其他地下设施交叉跨越,同时还要避开正在施工或计划施工需要挖掘土方的建设工程。尽量避开含有酸、碱等其他有害物质的地段,如无法避开应采取相应的防腐措施。

（二）投资经济

由于电缆线路造价高,所以选择电缆线路路径时应尽可能选择最短距离以减少建设投资。在考虑经济原则时,不能只顾眼前情况,还要结合当地的长远规划和发展情况进行选择。

（三）施工与检修方便

电缆线路应尽量减少与公路、铁路和其他地下设施的交叉与跨越,应便于施工和维修。

三、电缆线路敷设前的检查

（1）电缆敷设前应核对电缆的型号、规格是否与设计相符,并检查有无有效的试验合格证。若无有效合格证应做必要的试验,合格后方可使用。

（2）敷设前应对电缆进行外观检查,检查电缆有无损伤及两端的封铅是否完好。对油浸纸绝缘电缆,如怀疑受潮时,可进行潮气检验。具体方法是:将电缆锯下一小段,将绝缘纸一层一层剥下,浸入140～150 ℃的绝缘油中,如有潮气,油中将泛起泡沫,受潮严重时油内会发出“嘶嘶”声,甚至“噼啪”的爆炸声。但必须注意的是,取绝缘纸放入油中时,必须用在油中浸过的尖嘴钳头去夹绝缘纸,避免人手或其他物品接触过的绝缘纸浸入热油中而发生错误判断。潮气试验应从外到里分别测试炭黑纸、统包纸、芯填料、相绝缘纸、靠近线芯的绝缘纸和导电芯线。

（3）在电缆敷设、安装过程中,以及在电缆线路的转弯处,为防止因弯曲过度而损伤电缆,规定了电缆允许最小的弯曲半径。如多芯纸绝缘电缆的弯曲半径不应小于电缆外径的15倍,多芯橡胶铠装电缆的弯曲半径不应小于电缆外径的8倍等。进行人工放电缆时应遵循上面的允许弯曲半径,不能因施工将电缆损坏。

四、电缆线的展放

电缆线展放方式可分为机械牵引和人力牵引两种。

（1）当使用人力牵引时,对电缆将受到的拉力应有一定的估算。在平直的地面上展放时,除考虑电缆本身的重量外,还应考虑摩擦力的存在。摩擦力的大小主要随电缆和穿管的表面的光滑程度、施放电缆所使用的滑轮的数量和灵活程度及电缆线路拐弯的数量和角度有关。使用机械牵引施放电缆时,电缆端头应首先焊接好拖拉杆,并对电缆端头进行密封,防止放线过程中损坏端头绝缘或潮气浸入电缆。在电缆的拐弯处应设置固定人员协助施放。

（2）人力施放电缆时,人员应分点布置,一般应在15～30 m之间设置一个布点,每个布点设置5～8人。拖动电缆向前移动,不许将电缆放在地上拖拉。

不论是人力展放或机械牵引展放,均应将电缆线盘架于放线架上,由专人看护和转动线盘将电缆缓缓展开,线盘在放线架上应转动灵活,并设有制动装置。

（3）寒冷季节施放电缆应采取的技术措施。油浸绝缘纸电缆在低温时,电缆内部的浸渍剂黏度增大,绝缘层间的润滑性能降低,电缆变硬不易弯曲,施放时容易造成绝缘损伤。塑料电缆在低温时也会变硬、变脆,弯曲时容易造成绝缘损失。外护套层的防腐材料也会断裂和脱落,内填充材料也会造成断裂。一般情况下,当温度在0 ℃及以下时应对电缆加热后才能施放。电缆加热的方法有两种:一种是室内加热法,将电缆置放于有火炉或暖气的房屋内,存一定的时间,使电缆温度上升;另一种是使电缆芯通过一定的电流发热,使电缆均匀地加热到一定的温度。

①采用室内加温时,应视室内温度而定。当室内温度为 5~10 ℃时,电缆应在室内存放 72 h;室内温度为 25 ℃时,电缆应在室内存放 24~36 h。

②采用电流加热时应掌握如下几点。

a. 加热电流不能大于电缆芯的额定电流。

b. 用单相电流加热铠装电缆时,应采用防止在铠装内形成感应电流的电缆芯连接方法。

c. 加热后电缆表层温度不得低于 5 ℃,对于油浸绝缘纸电缆加热过程中表面温度不得超过下列规定:

ⓐ3 kV 及以下电缆,40 ℃。

ⓑ6~10 kV 电缆,35 ℃。

ⓒ35 kV 电缆,25 ℃。

经过加热后的电缆应尽快施放,防止存放时间过长、温度下降使电缆变硬。

五、电缆线路的敷设方法

电缆敷设一般有 4 种:电缆在厂房内沿墙和支架(挂架、桥架)敷设;电缆直接埋地敷设;电缆在电缆沟内敷设,以及电缆排管敷设。各种方法都有它的优缺点,应根据电缆数量、周围环境条件具体情况决定敷设方法。

(一)直接埋地敷设

直埋电缆的敷设方法无需复杂的结构设施,既简单又经济,电缆散热也好,适用于电缆根数少,敷设距离较长的场所。这种方法是沿已选定的线路挖掘壕沟,然后把电缆埋在里面。

1. 直埋敷设的安全要求

(1)电缆本身应是允许直埋敷设的电缆,即有铠装和防腐层保护的电缆。

(2)埋设深度应在当地冻土层以下,深度一般不小于 0.7 m,地面为农田时不小于 1 m。35 kV 及以上不小于 1 m,若不能满足上述要求时,应采取保护措施。

(3)挖掘电缆沟前应掌握线路地下管线、土质和地形等情况,防止损伤地下管线或引起塔、建筑物倒塌等事故。挖沟的宽度,根据电缆根数而定。

(4)直埋电缆应在电缆上下均匀敷设 100 mm 细砂或软土,垫层上侧应用水泥盖板或砖衔接覆盖。回填土时,应去掉大块砖、石等杂物。

(5)如电缆需要弯曲,弯曲半径不得太小。弯曲半径与电缆外径的比值,对于纸绝缘多芯电力电缆,铅包为 15 倍,铝包为 25 倍;对于纸绝缘单芯电力电缆,铝包、铅包均为 25 倍;对于橡胶或塑料绝缘电力电缆,铠装为 10 倍,无铠装为 6 倍。

(6)直埋电缆与管道、建筑物等接近及交叉距离应符合表 11.4 所列数值。

表 11.4　直埋电缆与管道、建筑物等接近及交叉距离　　　单位:mm

类　别	接近距离	交叉时垂直距离	类　别	接近距离	交叉时垂直距离
电缆与易燃管道	1 000	500	电缆与树木	1 000	—
电缆与热力沟	2 000	500	电缆与其他管道	500	250
电缆与建筑物	600	—	电缆与铁路路基	3 000	1 000
电缆与电杆	500				

(7)在埋设电缆的两端、中间及拐弯、接头、交叉、进出建筑物等地段,应埋设电缆标志桩,

标志桩应露出地面(一般不小于 200 mm),并注明电缆的型号、规格、电压、走向等。

(8)电缆沿坡敷设时,中间接头应保持水平。多条电缆同沟敷设时,中间接头的位置应前后错开,距离不小于 0.5 m,接头应用钢筋混凝土保护盒或用混凝土管、硬塑料管等加以保护,保护管长度在 30 m 以下者,内径不应小于电缆外径的 15 倍,超过 30 m 以上者不应小于 2.5 倍。

将电缆直接埋在地下,不需要其他结构设施,施工简单、造价低、土建材料也省。同时,埋在地下,电缆散热亦好,但它的缺点是,挖掘土方量大,尤其冬季挖冻土较为困难,而且电缆还可能受土中酸碱物质的腐蚀等。

2. 具体施工方法

(1)按施工图要求在地面用白粉划出电缆敷设的路径和沟的宽度,可挖电缆沟样(长为 0.4~0.5 m,宽与深均为 1 m),了解土壤和地下管线情况。

(2)挖出深度为 0.8 m 左右的沟,沟宽应根据电缆的数量而定,一般取 600 mm 左右。10 kV 下的电缆,相互的间隔要保证在 100 mm 以上,每增加一根电缆,沟宽加大 170~180 mm。电缆沟的横断面呈梯形(上下宽差 200 mm)。10 kV 及以下电缆沟尺寸如图 11.1 所示。

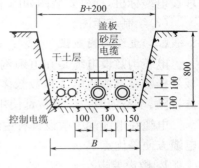

图 11.1　10 kV 及以下
电缆沟尺寸(mm)

(3)铺设下垫层。开挖工作结束后,在沟底铺一层 100 mm 厚的细砂或松土,作为电缆的下垫层。电缆如穿越建筑物、道路或与其他设施交叉时,应事先埋设电缆保护钢管(有时用水泥管等),以便敷设电缆时穿入管内。

(4)敷设电缆。应将电缆铺设在沟底砂土垫层的上面,电缆长度应略长于电缆沟长(一般为 1.0%~1.5%),并按波形铺设(不要过直),以便使电缆能适应土壤温度的冷热伸缩变化。

(5)铺设上垫层。电缆敷好后,在电缆上面再铺一层 100 mm 的细砂或松土,然后在砂土层上铺盖水泥预制板或砖,以防电缆受机械损伤。

(6)回填土。将电缆沟回填土分层填实,覆土应高于地面 150~200 mm,以防松土沉陷,如遇有含酸、碱等腐蚀物质的土壤,应更换无腐性的松软土。

(7)设置电缆标志牌。电缆敷设完毕后,在电缆的引出、入端、终端、中间接头、转弯等处,应设置防腐材料(如塑料或铅等)制成的标志牌,或竖一根露出地面的混凝土标志桩,注明线路编号、电压等级、电缆型号规格、起止地点、线路长度和敷设时间等内容,以备检查和维护之用。

3. 施工时应注意事项

施工时应注意以下事项:

(1)挖电缆沟时,如遇垃圾等有腐蚀性杂物,需清除换土。

(2)沟底须铲平夯实,电缆周围砂层须均匀密实。

(3)盖板采用预制钢筋混凝土板连接覆盖,如电缆数量较少,也可用砖代替。

(4)电缆与电缆交叉、与管道(非热力管道)交叉、与沟道交叉、穿越公路、过墙等均作保护管,保护管的长度应超出交叉点前后 1 m,其净距离不应小于 250 mm。电缆与热力管线交叉做法图如图 11.2 所示。保护管的内径不得小于电缆外径的 1.5 倍。

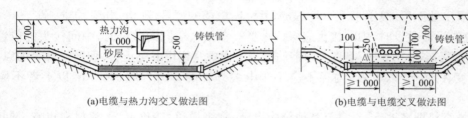

图 11.2　电缆与热力管线交叉做法图(mm)

(5)电缆与建筑物平行距离应大于 1 m；与电杆接近时应大于 0.6 m；与排水沟距离应大于 1 m；与管道平行距离应大于 1 m；与热力管道应大于 2 m；与树木接近时应大于 1.5 m。

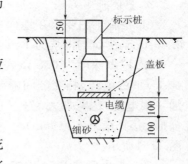

图 11.3　标示桩安装图(mm)

严禁将电缆平行敷设在各种管道的上方或下方。

(6)在无永久性建筑物时，应埋设标桩，接头与转角处也应埋设电缆标桩，标桩安装图如图 11.3 所示。

(7)绘制竣工图。

(二)电缆沟内敷设

电缆沟敷设电缆是在电缆沟或隧道中(包括在墙上或天花板悬挂敷设电缆)，电缆根数较多且敷设距离不长时，多采用此法，都属于室内敷设。通常都使用电缆支架或钩卡敷设。

电缆在电缆沟中敷设具有占地面积小，走线容易而灵活、造价较低、检修更换电缆比直埋电缆方便等优点。

1. 敷设要求

(1)电缆沟底应平整且有 1‰的坡度。沟内要保持干燥，应设置适当数量的积水坑和排水设施，以及时将沟内积水排出。积水坑的间距一般为 50 m 左右(其尺寸以 400 mm×400 mm×400 mm 为宜)。电缆沟尺寸由设计确定，沟壁沟底均采用防水砂浆抹面。

(2)支架上的电缆排列，应按照电缆敷设的一般要求。排列的水平允许间距：高低压电缆为 150 mm；电力电缆为 35 mm(但不得小于电缆外径)；不同级电缆与控制电缆为 100 mm，电缆为 150 mm，控制电缆为 100 mm。

(3)电缆支架或支架点的间距，应按设计规定施工。当无规定时，可参照表 11.5 所列值。

表 11.5　电缆支持点的最大间距　　　　　　　　　　　　　单位：m

敷设线路 电缆种类		支架敷设		钢索上悬吊敷设	
		水平	竖直	水平	竖直
电力电缆	充油式	0.8	0.4	—	—
	橡胶及其他油纸式	0.8	0.4	0.75	1.5
控制电缆		0.4	1.0	0.6	0.75

(4)电缆支架应平直无明显扭曲，安装牢固并保持横平竖直。电缆敷设前，支架必须经过防腐处理，并应在电缆下面衬垫橡皮垫、黄麻带或塑料带等软性绝缘材料，以保护电缆包皮。电缆在沟内穿越墙壁和楼板时应穿钢管保护。

(5)电缆沟敷设的方式常用于多根电缆的敷设。所以在施工前，应认真熟悉图纸，了解每根电缆的型号、规格、走向和用途。按实际情况计算长度并合理安排,以免浪费。

2. 电缆敷设作业中的安全要求

(1)敷设前应对电缆进行潮气检查,检查方法有火烧法(即燃烧电缆绝缘纸,如纸表面有泡沫,即为有潮气,应去潮),油浸法(即将电缆绝缘浸150 ℃电缆油中,如冒白泡沫,即说明有潮气),还应检查有无机械损伤。

(2)防止电缆扭伤和过分弯曲。垂直或沿陡坡敷设的电缆,应防止超过允许高度差,电缆允许最大高度差见表11.6。

表 11.6 电缆允许最大高度差 单位:m

电压等级(kV)		铅包	铝包
1～3	铠装	25	25
	无铠装	20	25
6～10		15	20
20～35		5	—
干绝缘统铅包		100	—

注:橡胶及塑料绝缘电缆高度差不限。

(3)当环境温度低于以下数值时,应先对电缆预热,然后敷设。在5～10 ℃时,放三昼夜,在25 ℃时放一昼夜即可,电缆表面温度3 kV以下者不得超过40 ℃,6～10 kV者不得超过35 ℃,35 kV者不得超过25 ℃,预热后的电缆应在2 h内敷设完毕。

(4)电缆敷设在下列地段留有适当余量,过河两端留3～5 m;过桥两端留0.3～0.5 m;建筑物进出口电缆终端处留1～1.5 m。另外,在穿管时管子两端,入孔、伸缩缝处、对接头附近等,均应有一定余量。

(5)电缆搬运中,应注意电缆的保护和人身的安全。人工滚动搬运时,应注意滚动方向,以防散盘,任何情况下,不得将电缆盘平放。

(6)电缆敷设完后,用电缆沟盖板盖住电缆沟及竖井井盖。

3. 电缆沟内敷设

(1)电缆沟内敷设剖面图如图11.4所示。支架的地脚螺栓应在电缆沟搭模时预先埋好,以免损坏防水层,沟内不应浸水和油污,支架应刷防腐油漆。

(2)电缆沟两侧安装支架时,控制电缆及1 kV的电力电缆与1 kV以上的电缆,应尽可能在两面分开敷设。电缆沟单面支架时,电力电缆应在控制电缆的上方,并且用石棉水泥板隔开。

(3)用圆钢挂架沿墙敷设电缆的安装图如图11.5所示,每个挂架间的距离为1 m。

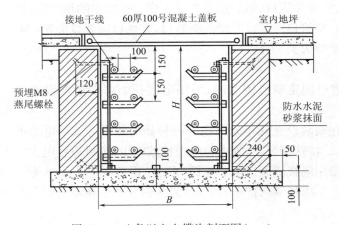

图 11.4 八条以上电缆沟剖面图(mm)

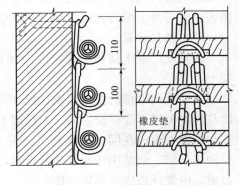

图 11.5 圆钢挂架安装图(mm)

(4)电缆沟及隧道中敷设的电缆,应在引出端、终端及中间接头和走向有变化处挂标示牌,注明电缆规格、型号、回路及用途,以便维修。当电缆进入室内沟道时,应将防腐麻层剥去(穿管保护除外)，以防着火。

（三）穿管敷设

当有较多根数的电缆需要在市内街道上敷设时，如采用直埋方式敷设需要走廊大，又不能建设电缆沟道时，建造排管，将电缆敷设在排管内。

穿管一般用在与其他建筑物、公路或铁路相交叉的处所，此种方法的优点是：

（1）当电缆发生故障时，在入孔内即能修理，且既方便又迅速。

（2）利用备用的管孔随时可以增设电缆，不需挖开路面。

（3）减少外力破坏和机械损伤。

其缺点是：

（1）工程费用高，需要建筑材料较多。

（2）散热不良需降低截流量（降低 15%）。

（3）施工复杂。

具体施工方法如下：

（1）穿管可用陶土管、石棉水泥管或混凝土管等，管子的内部必须光滑。将管子按需要的孔数排成一定形式，排列管子接头应错开，用水泥浇成一个整体，电缆管块敷设做法示意图如图 11.6 所示，决定穿管的孔数时，应考虑到将来发展的需要，可以是 2 孔、4 孔、6 孔、9 孔等几种形式。

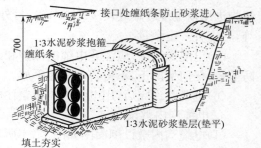

图 11.6　电缆管块敷设做法示意图（普通图）(mm)

（2）穿管孔眼应不小于电缆外径的 1.5 倍，对电力电缆，穿管孔眼应不小于 100 mm；对控制电缆，穿管孔眼应不小于 75 mm。

（3）穿管埋入深度由管顶部至地面的距离应不小于下列数值。在厂房内为 200 mm；在人行道下为 500 mm；在一般地区为 700 mm。

（4）为了便于检查、敷设、更换和修理电缆，当直线距离超过 100 m 的地方及在穿管转弯和分支的地方，都应设置穿管井坑。井坑深度不应小于 1.8 m，人孔直径不应小于 0.7 m。

（5）在穿管中敷设电缆时，把电缆盘放在井坑口，然后用预先穿入穿管孔眼中的钢丝绳，把电缆拉入管孔内。为了防止电缆受损伤，穿管口应套以光滑的喇叭口，井坑口应装设滑轮。电缆表面也可涂上滑石粉或黄油，以减少摩擦力。

（四）托架敷设

在发电厂变电站和厂矿企业内建造电缆道确有困难时，采用电缆托架将电缆敷设在托架上。

电缆托架敷设的技术要求：电缆的托架敷设是几年来出现的一种新的敷设方式。电力电缆与控制电缆不应敷设在同一个托架上。特殊情况下，如电力电缆根数较少，也可以将电力电缆与控制电缆设在同一托架上，但一定要用隔板隔开。电力电缆间的净距离不应小于电缆直径的 1.5 倍。当使用托架室外敷设时，上层应加装保护罩，防止日光照射和冬季冰冻引起负载过重。电缆托板应可靠地接地。

（五）架空敷设

随着塑料电缆的发展，使电缆重量大大减轻。架空敷设采用先埋设混凝土预制杆架或钢塔架，杆架上架设钢绞线（钢索），再将电缆线通过吊钩悬吊在钢绞线上。在钢索上悬挂敷设电缆如图 11.7 所示。

电缆架空敷设的技术要求如下：

(1)电缆架空敷设时应采用镀锌钢绞线吊挂。电缆 2 t/km 以下时采用 35 mm² 钢绞线，电缆 2 t/km 以上时采用 50 mm² 钢绞线。

(2)架空电缆跨越街道时，对地距离不小于 5.5 m；跨越铁路时，对地距离不小于 7.5 m。

(3)3 kV 以上的电缆线架空时其外皮应可靠接地，同时电缆的吊线也应有良好的接地。

(六)沿墙敷设

沿墙敷设就是把电缆敷设在预埋在墙壁内的角钢支架上。这种方式结构简单，维护检修也方便，但积灰严重，易受外界影响，也不美观。

在角钢支架上敷设电缆的方法如图 11.8 所示。

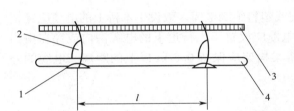

图 11.7　在钢索上悬挂敷设电缆
1—铁托片；2—钢索挂钩；3—钢索；4—电缆

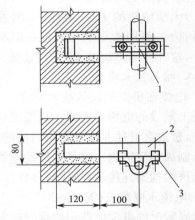

图 11.8　在角钢支架上敷设电缆的方法(mm)
1—夹头；2—角钢支架；3—六角头螺栓

沿墙敷设的技术要求如下：

(1)在角钢支架上沿墙垂直敷设电缆，可采用一字形、山字形角钢支架。角钢支架在制作时，钢材应保持平直，无明显扭曲现象。

(2)在建筑物墙体上安装电缆支架时，可根据角钢支架的形式采取不同的固定方法。室内电缆支架一般采用膨胀螺栓固定、预埋件固定及用混凝土固定等几种。

(3)沿墙敷设电缆时，电力电缆支架间距为 1.5 m，敷设控制电缆时，支架间距为 1 m。

(4)在支架上固定电缆，可根据电缆的截面及布线的数量，用扁钢制成单面电缆卡子、双面单根电缆卡子或双根电缆卡子，以及与支架配套的电缆卡子。

(七)桥架敷设

电缆桥架是架设电缆、管缆的一种空中走线装置。通过电缆桥架，可以将电缆、管缆从配电室(或控制室)敷设到用电设备。电缆桥架一般由立柱、底座、托臂、梯架(或托盘、电缆槽)、盖板和二通、三通、四通弯头等组成，桥架形式有梯架、托盘、组合式托盘和电缆槽等几种。

电缆桥架适用于化工、炼油、冶金、机械、轻工、纺织等企业车间电缆配线，它不仅可用来敷设动力电缆，也可用于敷设自动控制系统的控制电缆，而且既适用于室内，也适用于室外。由于电缆桥架的各个零件都是镀锌的，所以可用于轻腐蚀的环境中。此外，防爆场所也可应用。

敷设电缆桥架的技术要求如下：

（1）应备齐敷设桥架所需的滑轮、滚柱和牵引头等机具。

（2）立柱间距一般不得大于 2 m，桥架荷重不得超过 125 kg/m。

（3）对电缆桥架应进行防腐处理，通常桥架表面应镀锌、镀铬，涂氧化树脂，刷聚氯乙烯漆，或者将其在熔融的聚氯乙烯中浸渍处理。在重腐蚀环境中，应使用耐腐蚀材料（如铝合金、塑料、低标准不锈钢等）制的桥架。

（4）电缆在托盘上可实行单层敷设，托盘平面布置如图 11.9 所示。小型电缆用塑料卡带固定在托盘上，大型电缆可用铁皮卡子固定。

（5）电缆桥架的主柱、底座、引出管的底座和托臂等部件，可用膨胀螺栓固定在混凝土构件或

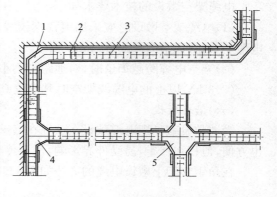

图 11.9　托盘平面布置
1—弯板；2—立柱；3—托盘；4—三通；5—四通

砖墙上，这种固定方法施工简单、方便、省工、准确，可省去在土建施工时预埋固定件这一工序。

（八）相关技术要求

1. 电缆在桥上敷设的技术要求

桥上敷设的电缆要选择防振性能好的橡皮或塑料绝缘电缆。敷设于木桥上的电缆应穿钢管保护，敷设在其他非燃性材料结构的桥上的电缆应放置于人行道下的电缆沟内或穿在由耐火材料制成的管道内。悬吊架设的电缆线与桥梁构架应保持 0.5 m 以上的距离。电缆的外皮应与桥梁构架连接，保持接地良好。

2. 电缆水底敷设的技术要求

水底敷设的电缆应选用能承受较大拉力的钢丝铠装电缆。一般情况下，水底电缆应埋设于水底的淤泥中，其深度不应小于 0.5 m。如不能埋入水底，电缆就有可能承受较大冲刷力，所以应选择扭绞方向相反的双层钢丝铠装电缆。

水底敷设的电缆线路应设置明显的标示牌，防止船只抛锚或撑篙损伤电缆。水底电缆水平敷设时线间距离不宜小于最高水位深度的 2 倍。在任何条件下都应保持电缆不发生扭绞现象。

3. 电缆分支的技术要求

当一条电缆同时直接连接两个或两个以上的受电端时，一般采取以下 3 种分支办法（图 11.10）。

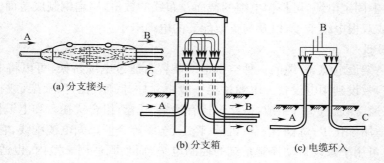

(a) 分支接头　　　　　　(b) 分支箱　　　　　(c) 电缆环入

图 11.10　一条电缆同时连接两个受电端的情形

（1）安装分支接头。通常是一条电缆与另两条电缆相接（通称"T"形接头）。铜芯电缆线芯的分支连接，需采用特制的接管，然后浇焊锡连接；铝芯电缆线芯的分支连接，可采用铝压接管，此压接管一端的内径随一条电缆线芯的截面而定，另一端的内径随其他两条电缆线芯截面之和而定。

分支接头的绕包绝缘，可将一端为两根电缆的线芯合并在一起，按一般中间接头的办法来绕包。

（2）设置分支箱。分支箱一般为铁箱，里面可安装3至4个室内式电缆终端头。当一条电缆发生故障或者需停用时，可在分支箱内将该电缆终端头的尾线拆开，让其他电缆正常送电。此外，也有用电缆分接箱的，可有一条进线电缆，两条及两条以上的出线电缆，均用开关切合。

（3）电缆环入。当电网变、配电所以两路出线对若干用户供电时，采用电缆环入形式，实际上就是对用户环形供电，即对每一用户都提供双电源。

以上3种分支办法各有利弊，要因地制宜选用。一般来说，分支接头较经济，但安装和检修都不方便；电缆环入运行比较灵活，供电可靠性较高，检修也较方便，但投资较大；分支箱的优缺点介于上述两者之间。

4. 电缆的进户

直埋电缆的进户首先是穿过建筑物的墙体、楼板的建筑结构，在这些地方电缆要穿钢管保护。穿墙、楼板时穿钢管保护的做法示意图如图11.11所示。

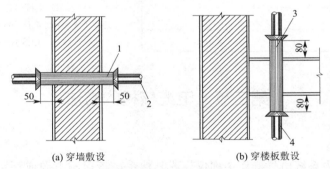

(a) 穿墙敷设　　　　　　　(b) 穿楼板敷设

图 11.11　直埋电缆一般进户时的做法示意图（mm）

1,3—钢管；2,4—电缆

进户时如需防水处理，可采取如图11.12所示的方式进户。

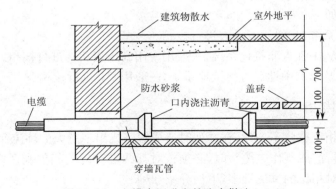

图 11.12　电缆直埋进户的防水做法（mm）

5. 电缆的终端敷设

电缆经敷设进户后，要进行电缆终端连接点的敷设。比如在变电所中，电缆进户后与高压配电柜连接,或直接敷设到变压器室与变压器的一次端进行连接。如图 11.13 所示为一种典型的终端敷设法,它要进行电缆进户后与电气连接点的高度过渡处理。与开关柜连接时,电缆需要沿墙敷设到一定高度,然后去连接开关柜的上母线,这时,其最终连接点的高度可与开关柜母线同高,或稍高母线高度。与变压器进行连接时,同样需要沿墙敷设到一定高度,然后通过支持绝缘子或开关再连接到变压器高压接线端,此时的高度要根据变压器的容量来确定,电缆头支架高度的确定,见表 11.7。

室外的电缆终端连接点,除满足连接点或进、出户端的高度要求外,还应在电缆的下部穿保护钢管。

表 11.7　电缆头支架高度的确定

变压器的容量(kV·A)	支架高度 H(mm)
100～125	1 600
160～250	1 700
315～400	1 900
500～630	2 000
800～1 000	2 100

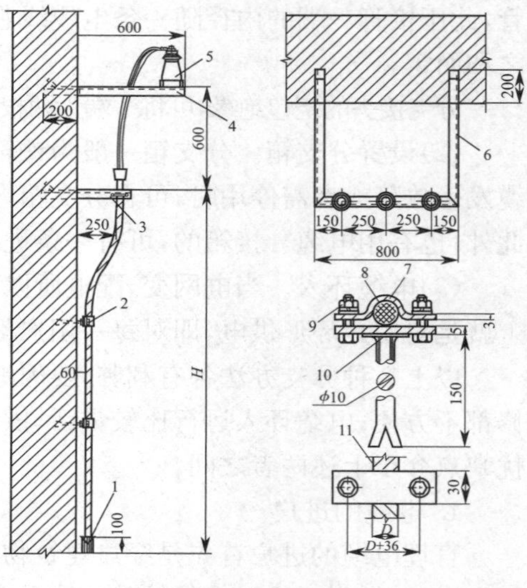

图 11.13　电缆进户后在连接点的终端做法(mm)
1—保护钢管;2—电缆固定卡具;3—电缆头支架;
4—绝缘子支架;5—高压绝缘子;6—50×50×5 角钢;
7—卡子;8,11—电缆;9—M6 螺栓;10—焊接

第二节　电缆核相的方法

一、核相

核相是指在电力系统电气操作中用仪表或其他手段核对两电源或环路相位、相序是否相同。也就是在实际电力的运行中,对相位差的测量。新建、改建、扩建后的变电所和输电线路,以及在线路检修完毕、向用户送电前,都必须进行三相电路核相试验,以确保输电线路相序与用户三相负载所需求的相序一致。

核相方法介绍如下:

(1)对 0.4 kV 系统,一般用万用表进行核相。

(2)对 3～35 kV 中性点非接地系统,一般用专用高压定相杆进行核相。

(3)对 110 kV 及以上中性点直接接地系统,一般用 PT 进行核相。

二、电缆线路的核相

为了防止由于相位彼此不一致,在并列时造成短路或出现巨大的环流而损坏设备的情况,电缆线路在投入运行前或制作电缆头时,必须核对其两端对应的相位和两端准备要接设备的相位是否相同。核对相位的方法很多,下面介绍 3 种。

(一)用单相电压互感器核相

在有直接电联系的系统(如环接)中,可外接单相电压互感器,直接在高压侧测定相位。此时在电压互感器的低压侧接入 0.5 级的交流电压表,其接线如图 11.14 所示。在高压侧依次测量 Aa、Ab、Ac、Ba、Bb、Bc、Ca、Cb 和 Cc 间的电压，根据测量结果，电压接近或等于零者，为同相；约为线电压者为异相。

测量时，必须注意以下事项：

(1)用绝缘棒将电压互感器的高压端，引接至被测的高压线端头，此时应特别注意人身和设备的安全。

(2)所采用的电压互感器，事前应经与被测设备同等绝缘水平的耐压试验。

(3)电压互感器的外壳和二次侧的一端连接并接地。

(4)绝缘棒应符合安全工具的使用规定，引线间及对地间应具有足够的安全距离。

(5)操作和读表人员应站在绝缘垫上，所处的位置应具有足够的安全距离，并在负责人的指挥和监护下工作。

从上述可知，用单相电压互感器测定相位比较麻烦，同时也不够安全。

(二)用电阻定相杆测定相位

用电阻定相杆测定相位时，将定相杆分别接向两端，当电压表(V)的指示接近或为零时，则对应的两端属于同相；若电压表(V)的指示接近或大于线电压时，则对应的两侧属于异相。

定向杆的制作，在原理上和测量电位分析的电阻杆相同，其原理接线如图 11.15 所示。高电阻 R 约按 10 kΩ/V 选用，每个电阻的容量约为 1 W；分配的电压不应超过 3 kV；桥式整流元件可用锗二极管(2AP)；滤波电容 C 在 0.1～5 μF 范围内选用；平衡电阻 R_1 和 R_2 为 0.1～1 MΩ，二者的数值相等；电压表可选用 50～100 μA 量限的表头。

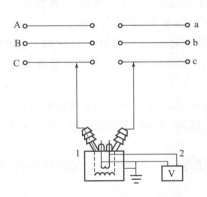

图 11.14　用单相电压互感器测定高压侧相位时的接线

1—单相电压互感器；2—电压表

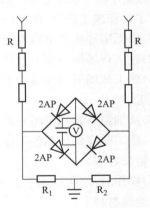

图 11.15　定相杆的原理接线

测量时，应按高压带电测量考虑有关的技术安全措施，如操作杆的绝缘、安全距离等，以保证人身和测量设备的安全。

用电阻定相杆测定相位，携带和测量都比较方便，同时也比较安全，因此得到了广泛的应用。

(三)用电池和指示灯法

电缆敷设后需要核对两端头是否同相，一般可用电池和指示灯(或欧姆表)，按图 11.16 所示的接线，进行测定。此时，先将电池开关 S 在线路一端一相(如 C)接通(或接地)，后指示灯(或欧姆

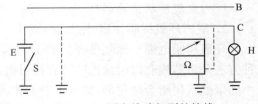

图 11.16　测定线路相别的接线

E—电池；H—指示灯；Ω—欧姆表；S—开关

表)在线路的另一端依次接通 A、B 和 C 三相,如指示灯 H 发亮(或欧姆表指零或接近零)时,则表明该相和接电池(或接地)的导线同相;反之,则为异相。依次轮换重复测量三次,便可确定出三相的相别(虚线表示用欧姆表测定相别时的接线)。

第三节　电缆头的制作与安装

一、电缆头的施工要求

电缆敷设后,各段必须连接起来,使其成为一个连续的线路,这些连接点叫做接头。电缆线路的首、末端接头叫做终端头。电缆线路中间的接头叫做中间接头。电缆终端头及中间接头的主要作用是把电缆密封起来,以保证电缆的绝缘水平,使其安全可靠地运行,其施工质量应符合下面基本要求。

(1)保证密封。电缆密封不良,电缆油就会漏出来,使绝缘干枯、绝缘性能就要降低。同时,电缆纸有很大的吸水性,极容易受潮,若电缆密封不良潮气就会侵入电缆内部,使绝缘性能降低。因此,电缆的密封是一个十分重要的问题。

(2)保证绝缘强度。电缆接头的绝缘强度,应不低于电缆本身的绝缘强度。

(3)保证电气距离,避免短路或击穿。

(4)保证导体接续良好,接触电阻要小而稳定,并且有一定的机械强度。接触电阻必须低于或等于线路中同一长度导体电阻的 1.2 倍,其抗拉强度一般应不低于电缆线芯强度的 70%。

为了确保施工质量,除了应严格遵守操作工艺规程外,还应采取下列措施:

(1)当周围环境及电缆本身的温度低于 5 ℃时,必须取暖或加温。

(2)施工现场周围应不含导电粉尘及腐蚀性气体。操作中要保持材料工具的清洁。

(3)施工现场周围环境应干燥,霜、露、雪、积水等应清除。当相对湿度高于 60% 以上时,不宜施工。

(4)从剖铅开始到封闭完成,应连续进行且要求时间越短越好,以免潮气侵入。

(5)施工前应做好准备工作,如绝缘材料的排潮,绝缘带绕成小卷,接线管刮去氧化物,焊锡与封铅配好等。

(6)操作时,应戴医用手套及口罩,避免手汗等侵入绝缘材料。尤其在天热时,应防止汗水滴落在绝缘材料上。

(7)清洗用的汽油最好采用航空汽油,一般汽油和丙酮也可使用。

(8)用喷灯封铅或焊接地线时,操作应熟练、迅速,防止过热,避免灼伤铅包及绝缘层。

二、电缆头的制作工艺

(一)电缆终端头的制作

1. 室内环氧树脂预制外壳式终端头

环氧树脂电缆头预制外壳如图 11.17,其规格选用见表 11.8,是用高温剂浇铸而成的。这种方法是将芯线套以耐油橡胶管直接引出,工序简单、施工方便、密封性好,同时还采用毒性较小的聚酰胺树脂为硬化剂,减少了对人体的刺激性,室内环氧树脂预制外壳式电缆终端头工艺结构如图 11.18 所示,这种封端的工艺介绍如下。

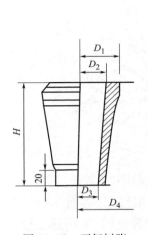

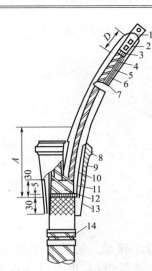

1—线鼻子;

2—线鼻子端堵油涂包层;

3—相包带和透明聚氯乙烯带;

4—黄蜡带;5—耐油橡胶管;

6—黄蜡绸带;7—线芯绝缘;

8—线芯及出线口堵油涂包层;

9—预制环氧树脂外壳;

10—环氧树脂复合物;

11—统包三叉口及铅(铝)包堵油涂包层;

12—统包绝缘;

13—半导体屏蔽纸;

14—接地线第一道卡子;

A—外壳高度;

D—线鼻子接管长度+10 mm

图 11.17　环氧树脂
　　　　电缆头预制外壳

图 11.18　室内环氧树脂预制外壳式电缆终端头工艺结构(mm)

表 11.8　环氧树脂电缆头预制外壳规格选用表

型号	电　压	适用电缆截面（mm²）	外壳尺寸(mm)				
			H	D₁	D₂	D₃	D₄
1 号	四芯 1 kV 以下 三芯 1 kV 三芯 3 kV 三芯 6 kV	35~50 35~70 25~50 25~35	105	72	55	33	41
2 号	四芯 1 kV 以下 三芯 1 kV 三芯 3 kV 三芯 6 kV 三芯 10 kV	70~120 95~100 70~120 50~95 35~70	115	86	68	43	51
3 号	四芯 1 kV 以下 三芯 1 kV 三芯 3 kV 三芯 6 kV 三芯 10 kV	105~185 185~240 150~240 120~185 95~150	120	100	82	53	62
4 号	三芯 6 kV 三芯 10 kV	340 185~240	130	110	90	63	72

（1）剥切钢带。按照所需的剥切尺寸,先在锯切钢带处做上记号,由此向下 100 mm 处的一段钢带上,用浸有汽油的抹布把沥青混合物擦净,再用砂布或锉刀打磨,使其表面显出金属光泽,涂上一层焊锡,放置接地线用,并装上电缆钢带卡子。然后,在卡子的外边缘,沿电缆的周长用专用刀锯(如图 11.19 所示)在钢带上锯出一个环形深痕,深度为钢带厚度的 2/3。但在锯割时勿伤及铅(铝)包。锯完后,用螺丝刀在锯痕尖角处将钢带挑起,用钳子夹住,逆原缠绕方向把钢带撕下,再用同样方法剥去第二层钢带。两层钢带撕下后,用锉刀修饰钢带切口,使其光滑无刺。

（2）割除黄麻。割除电缆黄麻如图 11.20 所示,可用喷灯稍微加热电缆,沥青软化,然后用刀割下黄麻。施工时应注意刀口不应使铅（铝）包受伤，同时注意加温不可过高，否则将会烧坏内部纸绝缘。

图 11.19　锯切钢带

图 11.20　割除电缆黄麻

（3）焊接地线。钢带及铅包都应可靠接地。地线应采用多股裸铜线，其截面不应小于 10 mm²，长度按实际需要而定。地线与钢带焊接，焊点可选在两道卡箍之间，采用锡点焊方法。地线与铅包的焊接，先将地线分股排列贴在铅包上，再用 φ1.4 mm 的铜线绕三圈扎紧，割去余线，留出部分向下弯曲，并轻轻敲平，使地线紧贴扎线，再进行焊接。焊接采用锡环焊法。

（4）剥切电缆铅套。先将铅套喇叭口位置确定好（一般从第一道接地卡子向上约 70～80 mm 处），然后将该处向下 30 mm 一段铅（铝）包用木锉、锯条拉毛（表面粗糙干净）。然后用电工刀及钳子将喇叭口以上的铅皮剥掉。将环氧树脂外套清洗后，套入电缆，最后用胀口器把铝包口胀成喇叭口。

（5）剥除绕包绝缘和线芯绝缘纸。先在喇叭口向上 30 mm 一段绕包纸绝缘上，用白纱带临时包扎 3 至 4 层，以防沾污及分芯时受伤，然后将绕包纸自上而下的撕掉。割弃线芯间填充物，把线芯小心地分开，并用蘸汽油的白布把线芯表面的电缆油擦干净，然后用电工刀剥线芯端部绝缘，其长度等于线鼻子的孔深度加 5 mm。

（6）套耐油橡胶管。用黄蜡绸带或无碱玻璃丝带，分别在各线芯上包 1 至 2 层，即保护线芯的纸绝缘，又使橡胶管能套紧，然后将选用的耐油橡胶管依线芯实际尺寸切断（表 11.9）。用汽油将管内外壁洗净，两端用木锉打毛，以增强与环氧树脂的黏附力。

表 11.9　耐油橡胶管选用规格表

管内径(mm) 额定电压(kV) 电缆截面(mm²)	16	25	35	50	70	95	120	150	185	240
1～3	9	9	11	11	13	15	17	19	21	23
6～10	11	11	13	15	17	19	21	23	25	27

将橡胶管套入线芯，套到离线芯根部约 20 mm 时即可停止，然后将上端的橡胶管往下翻，露出线芯端部导体。

（7）安装线鼻子。按线芯截面选好线鼻子，并清理氧化物，然后进行压接，最后把橡胶管头部再翻过来。

（8）涂包线芯。首先将绕包上的临时包带拆除，如果绕包绝缘外有 1 至 2 层半导体屏蔽纸时，应将喇叭口以上 5 mm 外的屏蔽纸撕去，当绕包外层沾有半导体屏蔽纸屑，可将绕包表面一层撕去，然后在绕包绝缘及线芯绝缘外包一层干燥的无碱玻璃丝带。

　　包芯准备工作完成后,按图 11.18 各部分的涂包尺寸,先将图中 8 所示线芯部分刷一层环氧树脂涂料,随后用干燥的无碱玻璃丝带,表面涂一层环氧树脂涂料,边涂边包共两层。包完后,在无碱玻璃丝带表面再均匀地刷一层环氧树脂涂料。

　　用上述涂包方法,在绕包部分涂包两层,再在三叉口来回交叉成"风车"状压紧 4～6 次,并在三叉口内填满环氧树脂涂料,如图 11.21 所示。最后从三叉口沿着绕包绝缘往下铅(铝)包所需的黏结长度(约 30 mm)处,涂包 2 至 3 层。包完后在无碱玻璃丝带表面均匀地刷一层环氧树脂涂料。

图 11.21　三叉口内填满涂料

　　三叉口涂包好后,在线鼻子管形部分耐油橡胶管接合处刷一层环氧树脂涂料,并将线鼻子的压坑用蘸有环氧树脂涂料的玻璃丝带填满,随后,用无碱玻璃丝带按上述涂包方法共涂包 3 至 4 层,最后看各部位涂包层表面涂料是否均匀,做一次检查,必要时进行补刷。

　　(9)装配环氧树脂外壳。检查内壁应干净无污物,然后将环氧树脂外壳向上移至喇叭口附近,由喇叭口向下 30 mm 处,用塑料带重叠包绕成卷,包绕直径与外壳下口直径相近。将外壳放在塑料带卷上,用塑料带将外壳下口和塑料带卷扎紧,使外壳平整地固定在电缆上,然后调整线芯位置,使线芯在外壳内对称排列。线芯与外壳的内壁应留 3～5 mm 的间隙,并用支撑架或带子使三相线芯固定不动。为加速涂包层硬化和预热外壳,可在外壳上部挂一个红外线灯泡,也可用电吹风均匀加热。

　　(10)浇注环氧树脂复合物。线芯上的涂包层硬化后,即可配制环氧树脂注料。浇注时,将环氧树脂注料从外壳中间形成一股细流状浇入,以便溢出空气,不致形成气孔,一直浇注到外壳平口为止。

　　(11)包绕外护加强层。壳内注入的环氧树脂固化后,就可包绕线芯的外护加强层。从外壳出线口至线鼻子的一段橡胶管上,先用黄蜡带包绕两层、包绕时要拉紧,然后按确定的相位分别在各线芯上包一层相色带和一层透明聚氯乙烯带。电缆终端头的全部工艺完成。

　　2. 户外环氧树脂电缆终端头

　　户外环氧树脂电缆终端头结构图如图 11.22 所示。这种结构的电缆终端头,具有较好的耐大气性能,壳内的环氧树脂复合物具有坚韧性,在异常情况下不会像生铁盒电缆头那样引起爆炸事故。

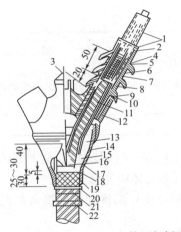

1—铜铝接线梗及接线柱防雨帽;
2—耐油橡皮垫圈;
3—浇注孔防雨帽;
4—预制环氧套管;
5—接管打毛;
6—出线接管处堵油涂包层;
7—接管压坑;
8—耐油橡胶管;
9—接管处环氧腻子密封层;
10—黄蜡绸带;
11—电缆线芯;
12—预制环氧树脂盖壳;
13—环氧树脂复合物;
14—线芯堵油涂包层;
15—预制环氧底壳;
16—统包、三叉口及铅(铝)包处的堵油涂包层;
17—统包绝缘;
18—喇叭口;
19—半导体屏蔽纸;
20—铅(铝)包打毛;
21—第一道接地卡子;
22—第二道接地卡子

图 11.22　室外环氧树脂电缆终端头结构图(mm)

环氧树脂电缆头预制外壳由底壳、壳盖和套管3部分组成，室外电缆头金具零件图如图11.22中15、12、4所示。电缆线芯的引出线金具，因为考虑到防雨、连接强度和导电性能等要求，是由铝接管、铜接线梗及铜接线柱防雨帽3部分组成，如图11.23所示。它们可根据线芯的截面来选择，金具尺寸参考表见表11.10。

制作户外电缆头，应选择在晴朗无大风的天气，并在做电缆头的地方搭设临时的帆布篷，以防降雨及灰尘进入。若在高处做电缆头，则可临时搭设操作平台。

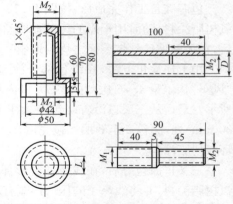

(a) 钢接线柱防雨帽　　(b) 铜接线梗(上图为铝接管)

图 11.23　室外电缆头金具零件图(mm)

表 11.10　金具尺寸参考表

金具尺寸代号	适用截面(mm²)								
	25	35	50	70	95	120	150	185	240
D	12	14	16	18	21	23	25	27	31
M_1	6.8	8.0	9.6	11.6	13.6	15.0	16.6	18.6	21.0
M_2	5	6	7	9	10	12	14	16	18
M_3	15	16	17	19	20	22	24	26	28
L	8	8	9	10	10	10	12	12	12

电缆头制作的一般工艺等均同前述。剥切尺寸示意图如图11.24所示，剥切尺寸见表11.11。电缆头制作完成，经直流耐压和泄漏电流试验合格后，方可投入使用。

3.1 kV 及以下油浸纸绝缘电缆户内、户外环氧树脂终端头工艺

(1)将电缆按户内、户外做头位置量好长度，确定做头尺寸，扎好绑线，锯去多余电缆，剥去保护层和钢铠。

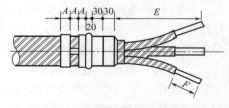

图 11.24　户外环氧树脂电缆头剥切尺寸示意图(mm)

表 11.11　户外电缆头剥切尺寸

代号	长　度
A	电缆卡子与卡子的间距尺寸。一般应等于电缆本身的铠装长度
E	从壳底下口沿内表面量至套管上口的长度，减去沿包伸入壳体的长度30 mm及出线梗与铝接管的整体压接长度
F	导线裸露长度尺寸，F等于线鼻子孔深度加5 mm

(2)擦净铅包，封好地线，进行破铅。在剖铅口处保留 20 mm 一段绕包纸，余者剥掉。将线芯分开，包上临时保护包布，并把三叉口包扎严密(如为预制壳体应先套上去)。

(3)将管深加 5 mm 一段线芯纸绝缘切除，擦净油污，把导体扎圆密穿上已准备好的压接管后，进行压接。

（4）将接管及铅包口处 30 mm 一段打成均匀的麻面,清除金属屑。

（5）将线芯固定好,用无碱玻璃丝带和环氧树脂涂料进行涂包后(线芯及统包处均涂包 5 层),进行加热使其固化。

（6）装好壳体和模具,将调拌好的环氧浇注剂倒入,使其固化。固化后拆去模具修整光滑,检查无问题后,可投入运行。户外环氧树脂终端示意图如图 11.25 所示。

4.1 kV 及以下油浸纸绝缘电缆户内、户外热缩头工艺(橡塑电缆均可用)

（1）做好准备工作,量好尺寸,扎好绑线,剥去保护层和铠装,封焊地线,擦净铅包。

（2）破铅,分开线芯,铅包口 50 mm 一段打成均匀麻面,消除金属屑,包绕充填胶,套上分支热缩手套,由中间开始向两端加热,使其收缩。

（3）将端子头管深加 5 mm 一段线芯绝缘切除,擦净油污,穿上端子头或引线压接管,进行压接(以围压为宜)。

（4）穿上密封管进行均匀加热,使其收缩。检查无问题后,可投入运行。户内(外)热缩头示意图如图 11.26 所示。

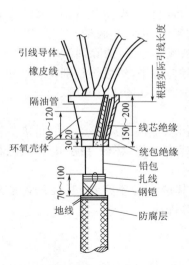

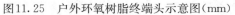

图11.25　户外环氧树脂终端头示意图(mm)

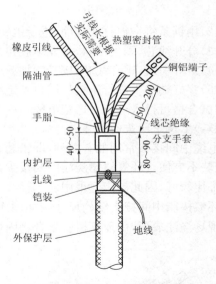

图 11.26　户内(外)热缩头示意图(mm)

5.1 kV 及以下橡塑电缆户外终端头工艺

（1）按安装位置确定长度(包括引线),将电缆固定好,扎好第一道绑线,去掉保护层。

（2）量好尺寸,扎好第二道绑线。锯钢铠,用锯条把钢铠打成麻面镀锡后焊接地线。

（3）将分支热缩手套套上,加热收缩、分支热缩手套要伸入硬塑料弯头内。1 kV 及以下橡塑电缆户外终端头示意图如图 11.27 所示。

（4）量好引线,去掉多余线芯,按规定长度剥切绝缘(16～35 mm² 电缆剥切 200 mm;50～95 mm² 电缆剥切 300 mm)。进行试验无问题后,连接引线(接引线处应缠绕铅包带)。

（5）户外头引线防水环剥切尺寸图如图 11.28 所示,按图 11.28 所示部位,剥切引线防水环。防水环长度为:当电缆截面为 16～95 mm² 时为 30 mm;120～240 mm² 时为 50 mm。

6.1 kV 及以下橡塑电缆户内终端头工艺

（1）按接头位置将电缆固定,量好尺寸,去掉保护层,绑好绑线,锯去钢铠。

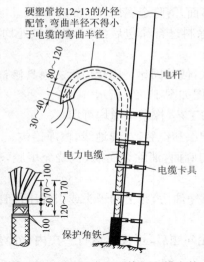

图 11.27　1 kV 及以下橡塑电缆户外
终端头示意图(mm)

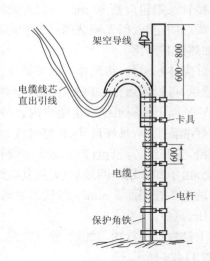

图 11.28　户外头引线防水环剥切尺寸图(mm)

(2)用锯条将钢铠打成麻面,进行镀锡焊接地线。将内护层保留 60 mm 一段,余者剥掉。

(3)分开线芯,剥去填料,将充填胶包好,套上分支手套,进行热收缩。

(4)量好引线,锯齐线芯,按管深加 5 mm 长度剥去线芯绝缘,清除油污。

(5)穿好端子头进行压接。用自粘绝缘带将裸露导体包平,然后按相别将线芯包一层相色带,测试合格可投入运行。橡塑电缆户内终端头组装示意图如图 11.29 所示。

(二)电缆中间头的制作

电缆中间接头常用的有两种,即铅套管式和环氧树脂浇注式。铅套管中间接头耗费材料多,安装不方便。环氧树脂浇注中间接头,工艺简单,成本低廉,堵油性能、电气性能和机械强度等都比较好,因此被广泛采用。

环氧树脂中间接头结构尺寸图如图 11.30 所示,其接头尺寸见表 11.12。它是采用铁皮模具现场浇注成形,待环氧树脂复合物固化后模具拆除即成。

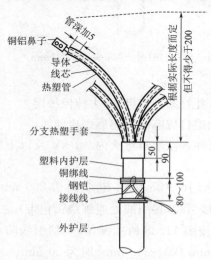

图 11.29　橡塑电缆户内终端头
组装示意图(mm)

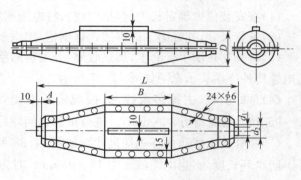

图 11.30　环氧树脂中间接头结构尺寸图(mm)

表 11.12　环氧树脂中间接头尺寸

编号	适用电缆截面(mm²)		各部位尺寸(mm)					
	1～3 kV	6～10 kV	L	D	A	B	d_1	d_2
1	95 及以下	50 及以下	420	80	30	140	30	40
2	120～150	70～120	480	100		160	44	52
3	240	150～240	520	115		170	54	64

1. 电缆中间接头工艺

(1)搭设帆布帐篷防尘和防雨。

(2)电缆端部的剥切。锯钢带、剖铅包、胀喇叭口、剥切黄麻和纸绝缘与电缆头的作法相同。剖切铅包长度为$(\frac{L}{2}-A)+30$ mm。

(3)分开线芯及弯形。用聚氯乙烯带临时包缠,在线芯三叉口处塞入三角木模,随后进行弯形(如图 11.31所示)。

(4)压接线芯。方法同前,随后拆去临时包带。

(5)涂包绝缘层。首先,在每根线芯和统包层上,顺原纸绝缘绕向包缠一层经过干燥的无碱玻璃丝带,连接管上不要包。在连接管压坑内用锡箔纸填满,然

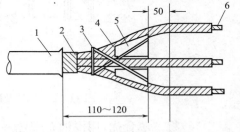

图 11.31　安装木模(mm)
1—铅包;2—带绝缘;3—油纱带;
4—芯线绝缘;5—三角木模;6—芯线

后在线芯包缠层上刷一层环氧树脂涂料,随即开始包缠,以重叠方式边涂边包,在线芯上包两层,压接管上包 4 层。线芯涂包好后,就可开始在接头两端的绕包层上和三叉口处涂包,先在绕包层上涂包两层,然后在线芯三叉口处交叉压紧4～6次,再沿绕包一直涂包到喇叭口以外 60 mm 的铅包上,共包 2 至 3 层。包缠时,用力要均匀,边包边用手指顺包缠方向将无碱玻璃丝带卷紧。

所有涂包工作结束后,可用红外线灯泡或吹风机加热,加速涂料固化。

(6)安装铁皮模具。

(7)浇注环氧树脂复合物。配方及方法如前所述。

(8)焊接地线。

如果接头直埋于地下,则在接头表面涂刷一层沥青,并在环氧树脂复合物与铅包接合处,用聚氯乙烯带边包边涂刷沥青,共包 4 层。为防止接头沉陷遭到机械损伤,可把接头下部的土夯实,并在四周用砖砌筑。

值得指出的是,近二十多年发展起来的硅橡胶预制式交联电力电缆附件,具有体积小、重量轻、性能可靠、安装容易、质量稳定及使用寿命长等优点。已得到普及应用,尤其是在经济发达国家已大量使用。

2. 1 kV 及以下纸绝缘电缆中间接头工艺

(1)修整好电缆接头坑,铺好接头基础板,确定中心将电缆放平调直,将 1 000 mm 长的一段电缆,垫高 200 mm。接头中心处电缆应搭接 200 mm,余者锯掉。

(2)量尺寸,扎好绑线,剥去外保护层,锯去钢铠,将电缆接头处铺上塑料布。

(3)擦净铅包,将一端电缆用塑料布包好,把已准备好的铅套管先套上,并在外面临时包扎,防止杂物进入。

（4）量尺寸，进行破铅。铅包口处保留 20 mm 一段统包纸，去掉统包纸和填料，分开线芯，并将线芯包上临时保护包布。

（5）绑好分支支架，弯好角度（即工作间隙），量好尺寸，锯齐线芯，将 1/2 接管长加 5 mm 一段线芯绝缘切除。穿好接线管，对实后进行压接。把接管修整光滑整洁，拆除支架和临时包布，进行包绕绝缘。先将接管两端包平，全线芯包两层后，将接管处管长加 120 mm 一段包 6 层浸油无碱玻璃丝带。1 kV 及以下纸绝缘电缆中间接头示意图如图 11.32 所示。

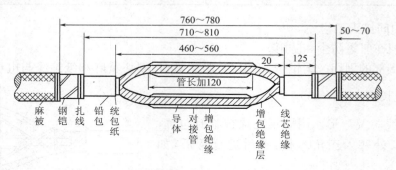

图 11.32　1kV 及以下纸绝缘电缆中间接头示意图(mm)

（6）将三芯合拢，用浸油布带包一层，把铅套管移至中心，将铅管敲成椭圆形紧固在铅包上。撤出沟内塑料布，清除气化模，进行封铅。

（7）加灌 2 号电缆胶，分次加满后，进行封焊加剂孔。

（8）将钢铠两端用锯条打成麻面，镀上锡用 25 mm² 的铜线，把两端钢铠和铅包及铅套管封焊连接在一起。

（9）接头处进行防腐处理。涂包沥青纸两层，组装保护盒后可投入运行。中间接头组装图如图 11.33 所示。

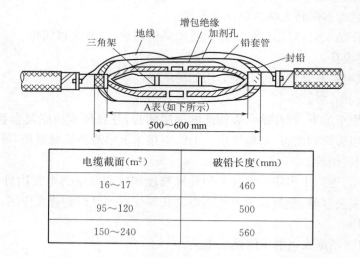

图 11.33　中间接头组装图

电缆截面(m²)	破铅长度(mm)
16～17	460
95～120	500
150～240	560

3.1 kV 及以下橡塑电缆中间接头工艺

（1）修整好电缆接头坑。将电缆调直摆正，将长 1 000 mm 一段电缆垫高约 200 mm，确定中心，量尺寸，剥去外保护层，扎好绑线，锯去钢铠按图 11.34 所示。

（2）将电缆一端外护层擦净，把热缩护套密封管套入电缆的一端。将内护层保留60 mm一段，余者剥去。分开线芯，切去填料，绑好分芯支架，固定电缆线芯工作间隙，校正尺寸，锯去多余线芯。

（3）剥去线芯末端绝缘，长度为1/2接管加5 mm。擦净油污把导体绑扎圆密，穿上压接管，对实后进行压接（先压管两端后压中间）。

（4）将压接管修整光滑，拆去分芯支架，把线芯及接管用干净的布清擦干净。

（5）用自粘绝缘带将接管两端导体包平后，进行包绕接管及线芯绝缘，接管两端各加60 mm长处的一段包8层，其他线芯处包3层。橡塑电缆中间接头示意图如图11.34所示。

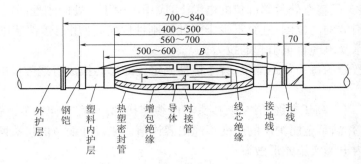

图11.34　橡塑电缆中间接头示意图（mm）

（注：A接管加240包6～8层自黏绝缘带，B管深加5 mm）

（6）将线芯合拢在一起，用自粘绝缘带绕包两层，把热缩护层管移至中心，由中间向两端加热收缩（管两端应涂有密封胶）。

（7）用火烙铁将钢铠两端用铜绞线焊接连在一起，将地线和接头外部一起再包绕3层塑料带，装上保护盒后可投入运行。1 kV及以下中间接头保护盒装置图如图11.35所示。

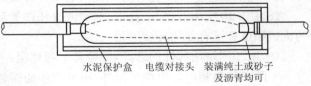

图11.35　1 kV及以下中间接头保护盒装置图

第四节　电缆敷设的规定

一、一般规定

（1）电缆明敷设时，应沿全长采用电缆支架、挂钩或吊绳等支持。最大跨距，应符合下列规定：

①满足支持件的承载能力和无损电缆的外护层及其缆芯。

②使电缆相互间能配置整齐。

③适应工程条件下布置要求。

（2）直接支持电缆用的普通支架（臂式支架）、吊架的允许跨距，应符合表11.13规定的数值。

表11.13　普通支架、吊架的允许跨距　　单位：mm

电缆特征	敷设方式	
	水　平	垂　直
未含金属套、铠装的全塑小截面电缆	400*	1 000
除上述情况外的中、低压电缆	800	1 500
35 kV以上高压电缆	1 500	3 000

注：* 能维持电缆较平直时该值可增加1倍。

（3）35 kV及以下电缆明敷时，应设适当固定的部位，并符合下列规定：

①水平敷设，应设在电缆线路首、末端和转弯处及接头的两端，且宜在直线段每隔不少于100 m处。

②垂直敷设，应设在上、下端和中间适当数量位置处。

③斜坡敷设，应遵循以上两项因地制宜。

④当电缆间需保持一定间隙时，宜在每隔10 m处。

⑤交流单相电力电缆，还应满足按短路电动力确定所需预固定的间距。

⑥对水平敷设于支架上的全塑型电缆，在每隔约3 m处。

(4)35 kV以上高压电缆明敷时，加设固定的部位除应遵照上述要求外，还应符合下列规定：

①在终端、接头或转弯处紧邻部位的电缆上，应用不少于一处的刚性固定。

②在垂直或斜坡的高位侧，宜有不少于两处的刚性固定；使用钢丝铠装电缆时，还宜使铠装丝能夹持住并承受电缆自重引起的拉力。

③电缆蛇形敷设的每一节距部位，宜予挠性固定。蛇形转换成直线敷设的过渡部位，宜予刚性固定。

(5)在35 kV以上高压电缆的终端、接头与电缆连接部位，宜有伸缩节。伸缩节应大于电缆容许弯曲半径，并满足金属护层的应变不超出容许值。未设伸缩节的接头两侧，应予刚性固定或在适当长度内电缆实施蛇形敷设。

(6)电缆蛇形敷设的参数选择，应使电缆因温度变化产生的轴向热应力，无损充油电缆纸绝缘，不致对电缆金属套长期使用产生应变疲劳断裂，且宜按允许拘束力条件确定。

(7)35 kV以上高压铅包电缆在水平或斜坡支架上的层次位置变化端、接头两端等受力部位，宜采用能适应方位变化且避免棱角的支持方式。可在支架上设置支托件等。

(8)固定电缆用的夹具、扎带、捆绳或支托件等部件，应具有表面平滑、便于安装，以及足够的机械强度和适合使用环境的耐久性。

(9)电缆固定用部件的选择，应符合下列规定：

①除交流单相电力电缆情况外，可采用经防腐处理的扁钢制夹具或尼龙扎带、镀塑金属扎带。强腐蚀环境，应采用尼龙扎带或镀塑金属扎带。

②交流单相电力电缆的刚性固定，宜采用铝合金等不构成磁性闭合回路的夹具；其他固定方式，可用尼龙扎带、绳索。

③不得用铁丝直接捆扎电缆。

(10)交流单相电力电缆固定部件的机械强度，应验算短路电动力条件。

(11)位于直流牵引的电气化铁道附近时，电缆与金属支持物之间宜设置绝缘衬垫。

二、电缆支架

(1)电缆支架的基本技术要求应符合下列规定：

①电缆支架的支架部分，应由不燃性材料制作，组成桥架的梯形托架或托盘，可为难燃性材料。

②应表面光滑无毛刺，具有足够的机械强度，并耐受使用环境的长期腐蚀。

③应便于电缆的安装敷设和维护。

④满足所需的承载能力。

(2)电缆支架除支持单相工作电流大于1 000 A的交流系统电缆情况外，宜用钢制。在强腐蚀环境，选用其他材料电缆支架，应符合下列规定：

①电缆沟中普通支架(臂式支架)，可选用耐腐蚀的刚性材料制成。

②电缆桥架组成的梯架、托盘,可选用满足工程条件难燃性的玻璃制成。

③技术经济综合较优时,可用铝合金制电缆桥架。

(3)金属制的电缆支架应有防腐蚀处理,且应符合下列规定:

①大容量发电厂等密集配置场所或重要回路的钢制电缆桥架,应从一次性防腐处理具有的耐久性,按工程环境和耐久要求,选用适合的防腐处理方式。在强腐蚀环境中,宜采用热浸锌等耐久性较高的防腐处理。

②型钢制臂式支架,轻腐蚀环境或非重要性回路的电缆桥架,可用涂漆处理。

(4)电缆支架的机械强度,应满足电缆及其固定件等荷重和安装维护时的受力条件,且应符合下列规定:

①有可能短暂上人时,按 900 N 的附加集中荷载计。

②机械化施工时,计入纵向拉力、横向推力和滑轮重量等影响。

③在户外时,计入可能有覆冰、雪和大风的附加荷载。

(5)电缆桥架的组成结构,应满足强度、刚度及稳定性要求,且符合下列规定:

①桥架的承载能力,不得超过使桥架最初产生永久变形时的最大荷载除以安全系数 1.5 的数值。

②梯架、托盘在允许承载作用下的相对挠度值,对铜制不宜大于 1/200;对铝合金制不宜大于 1/300。

③钢制托臂在允许承载下的偏斜与臂长比值,不宜大于 1/100。

(6)电缆支架种类的选择,应符合下列规定:

①明敷的全塑电缆数量较多,或电缆跨越距离较大、高压电缆蛇形安置方式时,宜用电缆桥。

②除①项外,可用普通支架、吊架直接支持电缆。

(7)电缆桥架类型的选择原则应符合下列规定:

①需抑制干扰强度的控制电缆回路,应选用钢制封闭式托盘。

②多层桥架构成的电缆通道,底层宜选用托盘,其余宜选用梯架。

③高温、腐蚀性液体或油的溅落等需防护场所,宜用托盘。

(8)桥架的直线段超过 30 m(钢制)、15 m(铝合金或玻璃钢制)时,应留有 20 mm 伸缩缝。

(9)普通支架使用在电缆沟中或电缆较少的场所,可用型钢焊接制作,但不宜采用圆钢。

(10)金属制桥架系统,应有可靠的电气连接并接地:

①利用金属桥架作接地回路导体时,桥架的各段应有符合接地截面要求的可靠电气连接。

②采用非金属桥架时,应沿桥架全长另设专用接地线。

③沿桥架全长宜每隔 10～20 m 处有一次可靠地接地。

(11)固定电缆用的夹具、支托件和绑扎带,应有足够的机械强度,且具有表面光滑、耐久和安装简便性,用于交流系统中单芯电力电缆时不应构成磁性闭合回路。

(12)夹具、绑扎带的选用原则应符合下列规定:

①除交流系统中使用单芯电力电缆情况外,可采用经防锈蚀处理的扁钢等金属材料制作夹具。在易受腐蚀环境,宜用尼龙绑扎带或喷塑金属扎带。

②用于交流系统中单芯电力电缆的刚性固定,宜采用铝合金或不构成磁性回路的夹具。对其他固定方式,可用尼龙带、绳索。

③不应用铁丝直接绑扎电缆。

第五节　电缆线路的安全规程

一、电缆之间及电缆与建筑物的允许净距

电缆之间，电缆与其他管路、道路、建筑物等之间平行和交叉时的最小距离，应符合表11.14的规定。严禁电缆全线平行敷设于管道的上面或下面。

表 11.14　最小允许净距

序号	项　目		最小允许净距(m)		备　注
			平行	交叉	
1	电力电缆间、电力电缆与控制电缆间	10 kV 及以下	0.10	0.50	序号1、8项当电缆穿管或用隔板隔开时，平行净距可降低为0.1 m。
		10 kV 以上	0.25	0.50	在交叉点前后1 m范围内，如电缆穿入管中或用隔板隔开，交叉净距可降为0.25 m
2	控制电缆间		—	0.50	考虑检修时不伤及电缆，在交叉点1 m内，尚应采取保护措施。
3	不同使用部门的电缆间		0.50	0.50	交叉净距不能符合规定时，应将电缆穿入管中，其净距可减为0.25 m。
4	热管道(管沟)及热力设备		2.00	0.50	对序号4，应采取隔热措施，使电缆周围土墙的温度不超过10 ℃
5	油管道(管沟)		1.00	0.50	
6	可燃气体及易燃液体管道		1.00	0.50	
7	其他管道(管沟)		0.50	0.50	
8	铁路路轨		3.00	1.00	—
9	电气化铁路路轨	交流	3.00	1.00	—
		直流	10.00	1.00	不能满足要求时，应采取防腐蚀措施
10	公路树木		1.50	1.00	
11	城市街道路面		1.00	0.70	特殊情况，平行净距可酌减，但必须有措施
12	电杆基础(边线)		1.00		
13	建筑物基础(边线)		0.60	—	
14	排水沟		1.00	0.50	

二、电缆在沟道内的最小允许距离

电缆沟道内各类电缆安装敷设的最小允许距离见表11.15。

表 11.15　电缆在沟道内的最小允许距离　　　　　单位:m

名　称		电缆沟	电缆隧道
高　度		不做规定	1.9
两边有电缆架时，架与架间的水平距离(通道宽)		0.5	1
一边有电缆架时，架与架间的水平距离		0.45	0.9
电缆架各层间的垂直距离	10 kV 及以上	0.15	0.2
	20 kV 或 35 kV	0.2	0.25
	110 kV 及以上	不小于 $2d+50$ mm	—
	控制电缆	0.1	0.1
电力电缆间的水平距离(mm)		35	35

注:d 为电缆外径。

三、电缆敷设其他安全规程

（1）垂直或沿陡坡敷设的电缆，其最高与最低点之间的允许最大高差不得超过表 11.16 所列值。

（2）在厂房内电缆沿支持物敷设时，其固定点间的距离不得大于表 11.17 所列值。

表 11.16　电缆的允许最大高度差　　单位：m

电压等级（kV）		铅包	铝包
1～3	铠装	25	25
	无铠装	20	25
6～10		15	20
20～35		5	—
干绝缘铠铅包		100	—

表 11.17　电缆支持点间的最大距离　　单位：m

敷设方式　　　电缆类型	塑料护套、铅包、铝包、钢带铠装		钢丝铠装电缆
	电力电缆	控制电缆	
水平敷设	1.0	0.8	3.0
垂直敷设	1.5	1.0	6.0

思　考　题

1. 电缆敷设一般有哪些基本技术要求？

2. 电缆敷设前应进行哪些检查？

3. 电缆敷设的方法有哪些？

4. 怎样进行电缆线路的核相？有哪些方法？

5. 电缆头的施工要求有哪些？措施是什么？

6. 以室内环氧树脂预制外壳式为例，阐述电缆终端头的制作工艺。

7. 阐述 1 kV 及以下纸绝缘电缆中间接头工艺。

8. 电缆支架的技术要求有哪些？

9. 简述电缆线路的安全规程。

第四篇 运行维护、竣工实验和交接验收

第十二章 线路的运行与维护

第一节 架空线路巡视的种类和方法

架空线路一般长达几公里到几百公里,线路设备长期露置在大自然的环境中运行,遭受各种气候条件的侵袭(如暴风雨、洪水冲刷、冰雪封冻、云雾、污秽、雷击等);此外,还受有其他的外力破坏(如农田耕种机械撞击杆塔或拉线基础,树竹倾倒碰撞导线,线路附近修建施工取土,开山爆破,射击,来往车辆及吊车等撞断导线,风筝挂在导线上造成相间短路,鸟兽造成的接地短路等)。所有这些因素都随时危及线路的安全运行,因此线路出现故障的机会较多,而且一旦发生故障,需要较长时间才能修复送电,会造成程度不同的损失。

为了保证线路的安全运行,在线路运行过程中,必须贯彻安全第一,预防为主的方针,加强线路的巡视和检查,随时发现设备的缺陷和危及线路安全运行的因素,以便及时检修,消除隐患,并制定安全措施。

一、线路巡视分类

所谓线路巡视,就是沿着线路详细巡视线路设备的运行情况,及时发现设备存在的缺陷和故障点,并详细记录,以作为线路检修的依据。线路的巡视和检查可分为以下几种。

(一)定期巡视

线路在正常运行情况下,按规定的时间进行巡视叫定期巡视(或叫正常巡视),也称周期巡视。定期巡视的目的在于经常掌握线路各部件的运行状况及沿线情况,并搞好群众性的巡线工作。

定期巡视的周期一般为一个月,但根据线路的具体情况也可以延长或缩短周期。巡视周期确定后,未经上级有关领导同意,不得改变巡视周期。每次按周期巡视的日期,前后误差一般不应大于 5 天,定期巡视,一般都实行专人负责制(实行定人员,定线段,定时间),即根据线路的长度、地形、地貌和交通情况,每两人负责一定长度的线段,按规定的周期进行定期巡视,并整理资料。

(二)特殊巡视

当气候发生突然变化(如最高气温、最低气温、暴风雨、大雾和覆冰等)或遇自然灾害(地震、河水泛滥或森林起火),线路过负荷运行及其他特殊情况时,应对全线或某几段线路一些或某些部件进行巡视,称为特殊巡视。特殊巡视在于发现线路的异常现象及部件的变形损坏情况。

(三)夜间巡视

在线路正常运行情况下,有些现象白天不容易发现,在夜间容易发现,所以要求在夜间进

行巡视,简称夜间巡视。夜间巡视主要是检查导线连接器的发热情况,绝缘子的污秽情况。因为绝缘子的污秽或导线连接器接触不良发生的火花放电及导线电晕等现象,在夜间容易发现。

(四)故障巡视

当线路发生故障跳闸时,应立即组织巡视,叫做故障巡视。故障巡视的目的在于及时查明线路发生故障的原因,找出故障位置并查明故障造成的破坏情况,以便准备抢修器材和研究抢修办法,并制定防止类似故障的措施。

每一条线路应做好故障巡视分段表和示意图,图中标明巡视时的停车地点、人员分散和接送的路线,以便发生故障时,无论何时都能及时组织人员迅速进行巡视。

(五)登杆巡视

为了弥补地面巡视的不足,而对杆塔上部进行巡视称为登杆巡视。登杆巡视可对全线路杆塔进行巡视或对某段线路的杆塔或某基杆塔进行登杆巡视。

以上各种巡视,除定期巡视由专责巡线员每月进行一次巡视外,其他各种巡视可根据具体情况确定。一般对特殊巡视、故障巡视和登杆巡视均组织大批人员和交通工具,将人员分散在线路上进行巡视。

二、巡视方法

线路巡视,一般采用地面巡视(又叫徒步巡视),登杆巡视和空中巡视(又叫飞机巡视)3种方法。

(一)地面巡视

地面巡视是广泛采用的一种巡线方法,它是沿着线路徒步进行巡视线路本体及其周围环境的状况,并详细记录各种异常现象和危及线路安全运行的各种缺陷。

地面巡视的优缺点介绍如下:

(1)地面巡视的方法比较简单方便,不需要较多的交通工具和复杂的设备。

(2)从几个方向逐个对杆塔和逐档导线、避雷线进行巡视,不容易遗漏。

(3)便于发现和清楚地了解地面的地貌、地物及各种设施,遇有危及线路安全的现象可立即协商采取措施解决或制止,从而可以迅速消除引起线路故障的可能性。

(4)在巡视过程中比其他巡视方法的安全可靠性大,不会发生巡视设备及人身事故。

(5)在气候条件较差的情况下,也能继续巡视。

(6)地面巡视的缺点是巡视速度慢,耗时长,需要较多的巡线员,劳动强度大。对特殊地段(如大面积的淹没区、积水区、高大险峻的山涧区、冰雪封山区),巡线员难以到达,给巡线工作带来很大困难。

地面巡视可用目直视或利用望远镜巡视。两人共同巡视时,要有明确分工,可分别沿线路的左右侧巡视:一人重点巡视导线、避雷线和金具绝缘子;另一人重点巡视杆塔、拉线、基础及周围状况和交叉跨越等。

(二)登杆巡视

对地面巡视难以看清楚的部件可采用登杆巡视的方法,如高杆塔的绝缘子、金具、塔身和横担的螺栓等小部件是否存在缺陷。在地面上很难看清楚,因此往往需要采用登杆巡视的方法进行巡视,如当年已进行了登杆(塔)清扫或检查,可不必再单独安排登杆巡视。

登杆巡视不能代替登杆检查,因登杆巡视不携带检查工具,只是观察缺陷和不良现象,不进行缺陷的处理。

（三）空中巡视

空中巡视，即利用飞机（一般多采用直升飞机）进行巡视。目前我国采用飞机巡视尚处于研究试验阶段，还没有普遍推广使用。

采用飞机巡视的优点是：巡视速度快、工效高；可以及时发现线路的缺陷和线路附近的状况，从而尽快消除隐患；可以在空中录像或摄影，特别对故障情况，通过录像便于了解故障的全貌。

采用飞机巡视的缺点是：受天气因素影响大，维护费用高。

三、巡视检查的主要内容

（1）注意沿线周围环境状况。沿线附近的树木、草堆、天线、广播线等是否会影响线路的安全运行，特别是开挖渠道、爆破土方等工程。发现危及线路的隐患，应及时处理。

（2）检查电杆及基础。注意电杆有无倾斜、变形、腐朽、损坏，裂缝是否扩大，电杆金具和绝缘子支持物是否牢固，有无焊缝开裂。螺钉和螺母有无丢失和松动，横担有无倾斜、腐朽的现象，如发现木横担上滋生菌类，则说明横担已腐坏。

在巡视时，还应注意电杆的基础有无塌陷，土壤是否被流水冲刷掉。对新建的线路，要特别注意电杆及基础的变化。

（3）检查导线。巡视时，应注意导线接头是否完好，导线是否在绝缘子上绑扎完好，导线有无断股、烧伤、断路或挂有风筝、树枝、布片、草绳、瓜藤等杂物的现象。

观察导线缺陷时，人应背着阳光，眼睛应顺着阳光看线上有无发亮的斑点，或利用导线对光的反射来发现断股或烧伤情况。

铝导线上表面起泡或有白斑时，说明导线有严重过负荷或受腐蚀。铜线表面变成绿色时，说明导线受过有害气体的腐蚀。观察导线接头时，应特别注意铜、铝接头有无烧伤和腐蚀的现象。

（4）检查绝缘子。巡视时，注意观察绝缘子表面有无破损、裂纹、脏污和烧伤等现象。绝缘子表面瓷釉有局部斑点变化，是电气闪络的象征。巡视时，应沿着斑点方向观察导线是否有烧伤痕迹。绝缘子闪络烧伤后，其绝缘强度下降很多，因此，发现后应尽快地予以更换。

（5）检查防雷接地装置。放电间隙大小是否合格；避雷器碰体有无破裂、闪络等现象；防雷设备的引线有无断股、断线等情况，接地引下线的连接和顺杆固定情况如何；接地装置是否外露；地线钎子连接部分是否断开等。

（6）拉线和板桩。拉线和板桩是否完好，绑扎线是否紧固可靠，以及拉线是否松弛、螺丝是否锈蚀等。

（7）夜间巡视一般应注意的事项。绝缘子有无放电火花和闪络现象；35 kV 及以上的架空线路有无严重电晕现象；导线接头有无接触不良而造成滋火或过热发红现象；弓子线对杆塔、横担等接地物体有无放电现象。

另外，在巡视时还应检查接户线有无断落或碰屋檐及与晒衣服的金属线连在一起等不安全现象。

在巡视检查过程中，往往不知道线路是否停电，所以在任何情下，都不应攀登电杆接近导线。巡线员发现导线断落掉在地面或悬吊空中，应设法防止行人靠近断线地点，一般应在 8 m 之外设防护障碍，并迅速报告处理。

运行人员应将巡线中发现的问题记入缺陷记录本内，对于一般缺陷，可通过定期的停电检修进行消除处理；对于较重大的设备缺陷，应及时报告上级，以便采取措施带电处理。

第二节　架空线路的运行与维护

为保障线路安全运行，架空线路在运行过程中，必须做好日常的维护工作。日常维护中，最重要的莫过于日常的定期检查维护。通过定期检查，可以及时发现问题，从而做好线路运行中的防护工作。另外，线路保护的宣传工作也很重要。下面，简单介绍如何做好线路的防护工作。

一、线路沿线情况检查

（1）检查在线路两侧的建筑物、可燃易爆物和腐蚀性气体是否满足安全距离的规定。一般要求输电线路与甲类火灾危险性的生产厂房、甲类物品库房、易燃易爆材料堆及可燃或易爆液（气）体贮罐的防火距离，不应小于杆塔高度的 1.5 倍。如因条件限制不能满足上述要求时，应采取安全措施。

对于污秽腐蚀性物质，应了解其污染性质和范围，以便根据污秽情况采取可靠的防污措施。

（2）在线路下面不得修建屋顶为燃烧材料做成的建筑物（如农村草屋顶房屋）。在检查中若发现这种建筑物，应通知有关单位予以拆除，以防发生火灾危及人身及线路安全。

若发现线路下面有新建的房屋等建筑物时，应详细记录建筑物所属单位、修建日期、范围、高度及其材料，必要时进行实测，以便准确地了解导线与建筑物的最小距离。

（3）检查时应注意检查在防护区内上方的挖掘范围、深度及留有坡度的情况。此外，还应注意检查线路附近有无其他工程施工安装、爆破（如采石场的爆破影响范围和规模、施工来往车辆、起重机械的高度活动范围等情况）及尘土飞扬的污秽等情况。

（4）检查时应注意农业使用的机械设备高度、活动范围，是否危及线路的安全。

（5）检查防护区内是否堆有易燃易爆等物品。在防护区内不得堆放杂草谷物及危害线路安全运行的其他物品。

（6）在线路防护区内挖掘沟渠时，应注意所堆土方与导线的安全距离是否满足要求。同时注意沟渠对杆塔及拉线基础的安全是否有影响。

（7）检查线路附近其他工程的建设情况，如铁路、公路、堤坝、射击场等设施，并应记录所属单位、修建规模及其与线路的相对位置。

（8）检查防护区内及线路附近新建的电力线、通信线、地下电缆、管道等的位置和架设高度或埋设深度，及其与线路的交叉角度、所属单位、修建日期及各设施的性质。

（9）检查防护区内的农村灌溉机井，工厂取水机井等，应不得危及线路的安全和机井的检修，并应与有关单位协商采取安全措施。

（10）详细检查线路附近有无洪水冲刷，山洪、塌方、滑坡、冲沟、滚石等危及线路的安全。

（11）检查线路两侧及线路下面的树竹与导线的安全距离是否满足要求。

（12）检查时如遇有在防护区内修建畜圈、围墙或围栏等，应采取措施或制止。

（13）在线路两侧各 300 m 区域内，应禁放风筝。另外，也不得利用杆塔或拉线拴牲畜，攀附农作物。

（14）在防护区内不得烧荒或野炊，如遇有这种情况应立即制止。

(15)巡视检修使用的道路、桥梁等是否牢固完整,有无损坏冲毁现象。

(16)巡线时注意线路附近烧窑是否影响线路安全,否则应拆除或采取其他措施。

二、杆塔的检查

(1)由于拉线松弛,基础夯实不紧密或拉线抱箍下滑等原因,在巡视时应注意杆身是否倾斜变形,并检查杆塔所有构件是否有变形、歪扭、腐蚀和短缺等缺陷,杆塔的连接螺栓是否缺少,连接是否牢固严紧,焊接连接缝是否断裂开焊,电杆接头钢板圈的防锈漆是否有剥落现象。

(2)检查混凝土杆出现裂缝的长度、宽度及其分布情况,并检查混凝土剥落、钢筋外露、脚钉缺少或变形等情况。

(3)由于地面塌陷变化的影响,铁塔基础和混凝土杆杆位是否有偏离线路中心线的现象。

(4)检查杆塔基础培土情况,基础周围的土壤是否有下沉冲刷或裂缝等不良现象。

(5)了解基础被积水区淹没的范围、深度、可能持续的时间和积水原因,以及冬季结冰的厚度、范围和结冰膨胀对基础的危害情况。

(6)检查杆塔基础的防洪加固,设施的完好情况。

(7)检查杆塔周围杂草、蔓藤及杆塔上鸟巢等是否危害线路的安全。

(8)检查跨河杆塔基础的冲刷情况(冲刷范围、深度和基础外露尺寸等),以及杆塔附挂被冲刷物的情况。

(9)认真检查杆塔的横担是否变形,吊杆是否断裂,转动横担的剪切螺栓是否齐全。

(10)检查拦河线(为防止船桅杆碰触导线,而架设在跨河挡电力线两侧的架空线),警告装置是否完整无损。

三、导线、避雷线的检查

(1)检查导线、避雷线是否有锈蚀、断股、磨伤及闪络烧伤情况。钢绞线断股后,大多数断头处钢股散开,容易发现,而钢芯铝绞线可借助望远镜观察。导线烧伤断股一般发生在线夹内侧和引流线上。

(2)目测导线对地面和交叉跨越物的距离,如有怀疑时应做记录,以便进一步实测其距离。

(3)检查导线、避雷线的弧垂是否一致,一般可站在线路正下方观察每相导线的最低点是否在横线路方向同一水平线上,如有怀疑应做记录,以便用仪器观测。

(4)检查导线、避雷线的上拔、舞动、覆冰、脱冰相分裂导线的鞭击扭绞等情况。

(5)检查导线、避雷线在线夹中有无滑动的痕迹并记录滑动长度。

(6)引流线与杆塔的空气间隙是否满足要求。引流线是否变形或歪扭烧伤现象。

(7)检查导线、避雷线上是否挂有风筝或其他杂物。

(8)检查导线连接器有无发热、烧伤、裂纹等不良现象,如发现连接器附近导线呈棕黄色,或地面有烧化的铝滴、接头处有气流上升,下霜、下雪时接头上无霜雪。所有这些现象,说明导线连接器(接头)已经发热,应做详细记录,以便进行测试。

四、绝缘子及金具的检查

(1)检查绝缘子的污秽及是否有瓷质裂纹、破损,钢帽裂纹、钢脚弯曲腐蚀松动等情况。对于钢化玻璃绝缘子还应检查是否有自爆现象。

(2)检查绝缘子有无放电闪络痕迹,如在干燥的天气有电晕放电声,可能有零值绝缘子,应进行测试。

(3)检查悬垂绝缘子串的偏斜,不应大于标准规定值,如有连续多串向同一方向偏斜,应查明原因。

(4)检查绝缘子串是否上拔,瓷横担是否歪斜。

(5)检查所有金具是否有腐锈、磨损、裂纹、开焊。弹簧开口销及连接螺栓是否缺少。

(6)检查防振锤、护线条和阻尼线是否正常,有无防振锤移位偏斜,锤头钢丝断股,锤头下垂,阻尼线变形,预绞丝护线条头部磨伤等现象。

(7)分裂导线的间隔棒有无变形、移位、损坏等缺陷。

(8)绝缘避雷线的间隙是否正常,间隙距离有无变化、烧伤、短路现象,其绝缘子是否完好。

(9)绝缘子串上的屏蔽环均压环等是否正常,有无松动变形、偏移、锈蚀和烧痕等缺陷。

五、拉线的检查

(1)检查所有拉线及其部件,是否有腐蚀、松弛、断股、受力不均、连接零件缺少等现象。拉线回头长度是否过短(一般回头长度为 300 mm)。

(2)检查拉线抱箍有无下滑位移现象。

(3)检查拉线基础有无上拔凸起或变形等迹象。

(4)检查拉线在线夹内有无滑动现象。

(5)检查拉线下把用的 UT 型线夹的螺栓是否齐全。

(6)巡视时,如发现拉线基础被冲刷或附近取土挖方危及基础安全者,或堆土将拉线棒 UT 型线夹埋没时,应予以制止并采取防护措施。

六、防雷及接地装置的检查

(1)检查接地引下线有无断股、连接不良或严重腐蚀现象。

(2)检查接地引下线与接地体的连接螺栓是否齐全、生锈、丝扣损坏不能拧紧等缺陷。

(3)接地体是否受雨水冲刷严重外露或丢失等现象。

(4)线路如安装管型避雷器、避雷针等防雷设施时,需检查各部分的连接是否牢固,安装位置有无移动。管型避雷器的放电间隙有无改变、烧伤现象,是否有动作的痕迹。

七、其他附件的检查

(1)检查全线的相位牌、警告牌是否完整、牢固,相位牌所示相位是否正确。

(2)线路的名称、杆号字迹是否清楚无误。

(3)在线路上装有检测装置时,应检查这些装置是否完好无损,装置位置有无改变。

(4)检查杆塔上的其他装置(如防鸟器)是否有变形、损坏或遗失现象。

八、做好线路保护的宣传工作

(1)在必要的架空电力线路保护区的区界上,应设立标志牌,并标明保护区的宽度和保护规定。

(2)在架空电力线路导线跨越重要公路和航道的区段,应设立标志牌,并标明导线距穿越物体之间的安全距离。

(3)不得向电力线路设施射击、抛掷物体。

(4)在架空电力线路导线两侧各 300 m 的区域内严禁放风筝。

(5)不得擅自在导线上接用电器设备。

(6)不得擅自攀登杆塔或在杆塔上架设电力线、通信线、广播线,也不得安装广播喇叭。

(7)不得利用杆塔、拉线作起重牵引地锚,或在其上攀附农作物。

(8)不得在杆塔、拉线基础的规定范围内取土、打桩、钻探、开挖或倾倒酸、碱、盐及其他有害化学物品。

(9)不得在杆塔内(不含杆塔与杆塔之间)或杆塔与拉线之间修筑道路。

(10)不得拆卸杆塔或拉线上的器材,不得移动、损坏永久性标志或标志牌。

九、架空线路预防检查与维护

架空线路预防检查与维护周期见表 12.1。

表 12.1　架空线路预防检查与维护周期

序号	项　目	周　期	备　注
1	登杆塔检查(1~10 kV 线路)	五年至少一次	木杆、木横担线路每年一次
2	绝缘子清扫或水冲洗	根据污秽程度检查	—
3	木杆根部检查、刷防腐漆	每年一次	—
4	铁塔金属基础检查	五年一次	—
5	盐、碱、低洼地区混凝土杆根部检查	一般五年一次	锈后每年一次
6	导线连接线夹检查	五年至少一次	发现问题后每年一次
7	拉线根部检查	—	
	镀锌铁线	三年一次	锈后每年一次
	镀锌拉线棒	五年一次	锈后每年一次
8	铁塔和混凝土杆钢圈刷涂料	根据涂料脱落情况检查	—
9	铁塔紧螺栓	五年一次	—
10	悬式绝缘子绝缘电阻测试	根据安排	—
11	导线垂弧、限距及交叉跨越距离测量	根据巡视结果决定	—

第三节　电缆线路的运行与维护

一、电缆线路的运行和维护

为了保持电缆设备的良好状态和电缆线路的安全、可靠运行,首先应全面了解电缆的敷设方式、结构布置、走线方向及电缆中间接头的位置等。

电缆线路的运行维护工作,主要包括线路的巡查守护、负荷电流及温度的监测及绝缘预防性试验等内容。

对电缆线路,一般要求每季进行一次巡视检查。对户外终端头,应每月检查一次。如遇大雨、洪水等特殊情况及发生故障时,还需增加巡视次数。

(一)巡视检查

(1)直埋电缆。巡视检查直埋电缆线路,应注意以下各项:

①路径附近地面是否进行土建施工,是否挖掘取土。

②线路标桩是否完整齐全。

③沿线路地面上是否堆储矿碴、瓦砾和其他垃圾,是否堆放笨重物件、砖瓦、石灰和其他建筑材料。

④线路附近有无酸、碱等腐蚀性排泄物及堆放石灰等。

⑤露出地面的电缆保护钢管或支架,有无锈蚀、移位现象,其固定是否牢固可靠。

⑥引入室内的电缆穿管处是否封堵严实。

(2)沟道内的电缆线路。沟道和隧道内的电缆线路的巡视检查,包括以下内容:

①门锁是否完备,出入通道是否畅通,沟道的盖板是否完整齐全。

②沟道和隧道内有无积水或杂物,墙壁有无裂缝和是否渗漏水,电缆沟进出房屋处有无渗漏水现象。

③电缆支架是否牢固,有无锈蚀现象,支架上有无割伤或蛇行擦伤。

④管口和挂钩处的电缆铅包是否损坏,铅衬是否失落。

⑤电缆铠装是否完整,涂料是否脱落,裸铅(铝)包是否龟裂、腐蚀。

⑥线路铭牌、相位颜色和标示牌是否脱落。

⑦全塑电缆有无被老鼠咬伤痕迹。

⑧对充油电缆要取油样进行油压试验,并定期抄录油压值;对单芯电缆要测量护层的绝缘电阻。

⑨检查电缆终端头和中间接头:a. 终端头的绝缘套管有无破损及放电现象,对填充有电缆胶(油)的终端头,还应检查有无漏油溢胶现象;b. 引线与接线端子的接触是否良好,有无发热现象;c. 接地线是否良好,有无松动、断股;d. 电缆中间接头有无变形,温度是否正常。

⑩检查接地是否良好,接地线是否合乎标准,必要时要测量接地电阻。

⑪防火和通风设备是否完善、齐全,并记录温度。

⑫隧道内的照明设施是否完好。

(3)其他。其他检查应注意以下各项:

①对明敷的电缆,应检查沿线挂钩或支架是否牢固;电缆外有无锈蚀、损伤;线路附近有没有堆放易燃易爆及强腐蚀性物体。

②洪水期间或暴雨过后,应注意线路附近有无严重冲刷、塌陷现象;室外电缆沟道的池水是否畅通;室内电缆沟道是否进水等。

(二)电压、负荷及温度的监测

(1)为了防止电缆绝缘过早老化和确保电缆线路的安全运行,电缆线路的正常工作电压一般不得超过其额定电压的15%。电缆线路若升压运行,必须经过试验鉴定,并经上级技术主管部门批准。

(2)电缆线路必须按照规定的长期允许载流量运行。过负荷对电缆的安全运行有很大的危害性,所以应经常测量和监视电缆的负荷,以便当出现异常情况时紧急调荷、减荷,确保电缆按规定的载流量运行。

(3)在紧急事故时,电缆允许短时间过负荷,但应符合下列规定:3 kV 及以下电缆,只允许过负荷 10%,且不得超过 2 h;6~10 kV 电缆,只允许过负荷 15%,不得超过 2 h。

(4)运行部门除了经常测量负荷外,还必须检查电缆外皮的温度,以确定电缆有无过热现象。一般应选择在负荷最大时和散热条件最差的线段进行测量。测量仪器可使用热电偶或压力式温度计。

直埋电缆表面温度,一般不宜超过表 12.2 所列数值。

表 12.2　直埋电缆表面最高允许温度

电缆额定电压(kV)	3 及以下	6	10	35
电缆表面最高允许温度(℃)	60	50	45	34

(5)电缆导体最高允许温度,不宜超过表 12.3 所列数值。

表 12.3　电缆导体最高允许温度

额定电压(kV)	3 及以下		6		10		35
电缆种类	油纸绝缘	橡胶或聚氯乙烯绝缘	油纸或聚氯乙烯绝缘	交联聚氯乙烯绝缘	油纸绝缘	交联聚氯乙烯绝缘	油纸绝缘
线芯最高允许温度(℃)	80	65	65	90	60	90	50

(6)电缆周围的土壤温度,在任何时候不得高于本地段其他地方同样深度的温度 10 ℃以上。

(7)电缆终端头的引出线连接点,在长期负载下,接点的接触电阻会增大。由于接点的接触电阻增大而导致过热,最终会烧毁接点。特别是发生故障时,在接点处流过较大的故障电流,更会烧毁接点。因此,运行人员对接点的温度监测是很重要的。测量接点温度,是监视和检查接点质量的一个有效措施,一般可用红外线测温仪或测温笔进行测量。使用后者需带电测温,操作中应注意安全。

(三)电缆的绝缘检查

运行中的电缆应按规程要求进行绝缘电阻测试,周期为 1～3 年进行一次或需要时进行。测量时 1 kV 以下的电缆用 1 000 V 绝缘电阻表;1 000 V 及以上的用 2 500 V 绝缘电阻表。测量步骤如下:

(1)首先将要进行测量的电缆退出运行,然后进行充分放电。拆除一切对外连线,用干净的布擦净电缆头。

(2)根据电缆的电压等级选择适当的绝缘电阻表,测量前将芯线充分分开,逐相进行测量。测量某一相时,将非被测相线芯与铅皮、钢带一同接地,并与绝缘电阻表的接地端 E 一同连接。电缆的绝缘检查连接方式如图 12.1 所示。

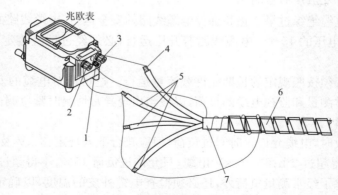

图 12.1　电缆的绝缘检查连接方式

1—G 端;2—E 端;3—L 端;4—被测芯线;5—非被测相;6—铠装钢带;7—内绝缘层

由于电缆线路电容量较大，摇动手柄时要速度均匀，一开始可能阻值较小，手感较重，这可能是由于电容充电的原因，电缆线路较长时尤为如此。应继续摇动手柄，当摇动速度达到120 r/min左右时持续 1 min 后读数。

测量完毕时应在继续摇动手柄的同时先断开 L 线后再停止摇动，以免电缆的电容对摇表反向放电。每次测量完毕后，应将电缆芯线充分放电，操作时使用绝缘工具以防被电击。

电缆的绝缘电阻正常都很大，一般 1 000 V 及以下的电缆不应小于 50 MΩ。

二、电缆线路运行维护时注意的几个方面

(1)塑料电缆不允许进水。因为塑料电缆一旦被水侵入后，容易发生绝缘老化现象，特别是当导体温度较高时，导体内的水分引起的渗透老化更为严重。所以在塑料电缆的运输、储存、敷设和运行中都不允许进水。

(2)要经常测量电缆的负荷电流，防止电缆过负荷运行。电缆运行的安全性与其载流量有着密切关系，过负荷将会使电缆的事故率增加，同时还会缩短电缆的使用寿命。因为过负荷所造成的电缆损坏主要有以下几个方面：

①造成导线接点的损坏。

②加速电缆保护绝缘的老化。

③使电缆铅包膨胀，甚至出现龟裂现象。

④使电缆接头因受沥青绝缘胶膨胀而胀裂。

(3)防止受外力损坏。电缆本身的事故，有相当一部分是由于受外力机械损坏而引起，所以在电缆运输、吊装、穿越建筑物敷设时，要特别注意防止外力的影响。在电缆线路附近施工时，要提示施工人员特别注意这一点，必要时，要采取保护措施。

(4)防止电缆终端头套管出现污闪。主要措施有：定期清扫套管，最好是在停电条件下进行彻底清扫。在污秽严重的地区，要对电缆端头涂上防污涂料或适当增加套管的绝缘等级。

(5)对室外型电缆头检查的内容主要有以下几个方面：

①电缆终端头套管有无破裂，引出线的连接线卡子有无发热现象。

②电缆终端头内的绝缘胶有无软化、溢出、缺少及表面有无水分。

③电缆终端头各密封部位是否漏油。

④接地线是否良好。

(6)电缆常见故障及原因：

①机械损伤。主要是市政建设管理不严，施工不善等引起的，约占电缆事故的 50%。

②铅包疲劳、龟裂、胀裂。主要是由于电缆安装条件不良、制造质量差的电缆长期过负荷等原因引起。

③户外终端头浸水爆炸。主要是由于施工和维护不当，造成终端头凝结水集聚在电缆头内，最终导致绝缘受潮击穿，引起爆炸。

④电缆中间接头爆炸。大多是过负荷引起接头盒内绝缘胶膨胀而胀裂壳体，或是导体连接不良使接头过热而爆炸。

思 考 题

1. 简述线路巡视的分类。
2. 线路巡视通常采用什么方法？其优缺点各是什么？
3. 如何进行线路的定期检查？
4. 导线、避雷线的检查应注意什么问题？
5. 如何做好架空线路的防护工作？
6. 怎样进行电缆线路的运行维护？
7. 电力电缆运行维护时有哪些注意事项？
8. 怎样进行电缆的绝缘检查？

第十三章　故障探测与处理

第一节　架空线路故障与预防

为保证线路连续不断地安全供电,就必须对运行的线路进行巡视、观测、维护和检修,做好预防工作,以便及时发现缺陷,消除隐患。一般将影响线路正常运行的一切现象统称为故障或事故。

一、判定线路故障的标准

运行单位,一般从统计和考核的角度,将以下几点作为判定线路故障的标准:

(1)非计划停电或被迫少送电。

(2)停电时间超过了批准的停电时间。

(3)造成系统振荡或解列。

(4)周波数低于规定的标准值。

(5)设备损坏修复费用超过 6 000 元者。

(6)线路永久性故障。

(7)线路跳闸。

此外,根据事故的损失大小和影响范围及程度的不同,对所发生的故障又可分为特大故障、重大故障和一般故障。

二、线路故障成因

造成线路故障的原因很多,主要有以下几个方面:

(1)大风。风速超过或接近设计风速,再加之线路自身的局部缺陷,往往引起故障。

(2)微风振动。由于微风引起导线、避雷线振动,使导线、避雷线断股、断线或金具零件断裂,从而引起线路故障。

(3)覆冰。由于导线、杆塔覆冰严重,造成断线或倒塔倒杆、横担变形;由于覆冰引起导线舞动,造成导线之间或导线与避雷线之间短路故障。

(4)绝缘子污秽闪络。在潮湿多雾或下毛毛雨的天气,绝缘子串往往发生大面积的污秽闪络(污闪),因而造成停电故障。

(5)雷害。线路遭受雷击引起绝缘子串闪络故障。

(6)鸟害。在鸟群集中的地方,鸟粪脏污绝缘子串,往往造成绝缘子串闪络,使线路停电。

(7)洪水暴雨。雷雨季节洪水冲刷杆塔基础,从而引起倒杆塔故障。

(8)外力破坏。线路遭到人为的破坏而引起故障。例如线路附近开挖土石方引起的杆塔倾斜或倾倒;线路附近操作起吊施工机械(或来往车辆)碰撞导线或杆塔、拉线等,造成的断线、倒杆塔故障。

以上各个方面引起的线路故障,其发生时期和范围都有其规律性和特点。因此,运行人员必须通过多年的运行经验和有关部门的配合（如气象台）掌握引起故障的规律性。一般可根据线路沿线地形、周围环境和气象条件等特点，将线路划定为各种特殊区域（一般包括有污秽区、雷击区、覆冰区、鸟害区、风害区、洪水冲刷区、导线易受外力破坏区等），加强运行中的监视性的预防工作。

三、各种线路故障及其预防

（一）雷击故障及其预防

雷击使线路破坏的主要现象是绝缘子串闪络、导线避雷线烧伤、木杆塔劈裂及由此而引起并扩大的其他故障。

（二）绝缘子污闪故障及其预防

根据绝缘子的污秽来源，可以分为尘土污秽、盐碱污秽、海水污秽、鸟粪污秽和工业污秽。这类物质干燥时，一般都是绝缘体和半导体，它们易溶于水而成离子状态，在电场的作用下，带不同电荷的离子向相反方向移动，形成泄漏电流。在下毛毛细雨的天气，由于绝缘子表面污秽物质湿度的不断增加，使泄漏电流不断增大，在工频电压作用下便引起绝缘子串闪络，称为工频污秽闪络，简称为污闪。

防污闪的措施主要以下几个方面：

（1）提高绝缘等级。

（2）定期对绝缘子进行测试，及时更换不良绝缘子。

（3）坚持定期清扫绝缘子。

（4）绝缘子表面刷涂防水性涂料。

（5）采用半导体釉绝缘子。

（6）带电水冲洗绝缘子。

（7）根据严密排警值及时清扫绝缘子。

（三）大风故障及其预防

大风引起的线路故障主要有 3 种，即杆塔倾倒、导线之间或导线对地放电和遭受外物短路。

架空线路大风故障的原因是多方面的，有的是由于设计考虑不周，不符合客观规律，有的是由于施工遗留的缺陷未能即时处理，也有的是由于客观气象严重，风速超过设计条件，还有的是由于运行维护不周，对线路自身的隐患缺陷未能处理等。

一般对大风故障的预防，除了设计、施工保证工程质量，符合有关规定之外，在运行过程中，还须采取如下预防措施：

（1）在大风来临的季节加强线路的检查，并及时处理线路自身的缺陷。

（2）对线路特殊地段的杆塔（如风口、山顶、大挡距在大高差、河水冲刷或地质较差的沼地积水区等），采取加装拉线，加固杆塔基础和金具零件等措施，以防倒杆或连接金具破断。

（3）对导线排列方式改变时的挡距中间，应检查导线之间的距离是否符合要求，否则应加大线间距离或加装线间间隔棒。

（4）严格施工验收，对施工遗留的缺陷必须及时处理。

（5）检查所有杆塔的拉线及其连接金具和拉线基础，发现不良现象及时处理。

（6）修剪线路两侧的树枝、竹子，使其与导线保持规定的安全距离。

（7）清除线路附近的垃圾杂草，加固覆地薄膜，防止被大风卷起。

（8）对耐张杆塔的引流线可加装绝缘子串，防止大风时摆动过大（特别对山区的线路，风沿山坡向上刮时，要注意引流线被风吹向上摆动与横担发生短路的可能）。

（四）导线振动及防振措施

导线振动有微风振动（简称振动）、舞动、次挡距振动和电晕振动几种形式。

目前架空线路的导线和避雷线的防振措施，主要采用安装防振锤的办法。对于大跨越档距，导线、避雷线多采用防振锤和阻尼线联合使用的防振措施。阻尼线的花边数和防振的个数可通过试验和运行经验确定，而且在运行中还应进行振动测量，验证防振效果。

新建线路投入运行后的初期阶段，可能出现严重的振动，甚至断股，所以在线路投入运行后的第一个冬季里，应抽查导线是否有断股现象。

关于防止导线舞动的措施，目前尚没有完全彻底的解决办法，各国仍在进一步进行研究。一般可采取以下措施预防导线舞动引起的故障：

（1）适当加大导线相间距离，防止导线舞动时引起相间闪络故障。

（2）适当加大导线与避雷线之间的垂直距离和水平位移，防止导线与避雷线引起闪络故障。

（3）增大绝缘子及连接金具的机械强度安全系数，防止由于导线舞动引起疲劳断裂。

（4）双分裂导线的子导线改用垂直排列而且不安装间隔棒。

（5）对于四分裂导线的线路，舞动比较严重的个别局部地段，将间隔棒取消而把四根子导线的布置错开一定距离。

（6）在舞动频繁而严重的地段，可安装相间间隔棒。

（五）覆冰故障及其预防

2008 年初我国南方地区大范围的雪灾，造成供电线路大面积覆冰，引起了重大线路故障，给工农业生产造成了巨大的损失，给人民生活带来了极大的不便。由此可见，线路覆冰危害严重。

覆冰的故障原因大致有两类，即覆冰超载引起的故障和由于不均匀覆冰或不同期脱冰引起的故障。

1. 覆冰超载引起的故障

导线、避雷线的覆冰厚度超过设计值，称为覆冰，由于覆冰超载引起的故障概括如下：

（1）导线弧垂显著增加，结果导线对地距离、交叉跨越距离等减少，引起导线对地或被跨物放电短路接地。

（2）引起导线断线、导线自接头处抽出，特别是 35 kV 线路，其导线截面较小，一旦遇有严重覆冰就会引起故障。

（3）导线发生严重断股现象。导线断股常发生在耐张线夹和悬垂线夹出口处。

（4）导线、避雷线的连接金具裂断或变形，悬垂线夹断裂，防振锤滑动、歪扭变形。拉线楔形线夹断裂，造成倒杆故障。

（5）由于导线断线，引起电杆头部折断，横担变形，杆塔倾斜等故障；由于覆冰过重，还会引起横担吊杆拉断。

（6）绝缘子串覆冰严重、降低绝缘强度，往往引起绝缘子串闪络，使得线路停电故障。

2. 不均匀覆冰或不同期脱冰引起的故障

（1）由于不均匀覆冰使上下导线弧垂不一致，容易引起相间短路，或引起导线与避雷线之间闪络短路。不均匀覆冰引起导线跳跃，使导线舞动也会造成相间闪络故障。

（2）由于顺线路的不平衡张力较大，往往使杆塔横担或避雷线支架损坏、变形、水泥杆发生裂纹等故障。

（3）由于不平衡张力的作用，使导线、避雷线在线夹内滑动受到磨损。

（4）对高差较大，相邻挡距差过大的杆塔，其不平衡张力更大，因而使悬垂绝缘子串沿线路方向产生很大冲击性的偏移，使靠近横担侧的绝缘子碰到横担而破碎，球头挂环弯曲变形或断裂。

3. 防止覆冰故障的措施

（1）导线不宜采用单股钢芯的钢芯铝绞线，以增加耐受覆冰荷载的张力。在重冰区宜采用钢芯截面大的钢芯铝线。

（2）根据具体情况适当增大导线、避雷线、金具等的安全系数。

（3）缩小挡距和耐张段长度，相邻挡距差不宜过大。

（4）采用导线水平排列的杆塔，并适当加大线间距离及导线与避雷线的水平位移。在重冰区的 220 kV 线路宜用铁塔。

（5）避雷线宜用横担，以减少对主杆的扭力。导线不得采用转动横担或变形横担。

（6）对于悬垂角较大的直线杆，可采用双线夹。

（7）导线对地和交叉物的距离要留有足够的裕度。

（8）提高电杆的刚度，以减少电杆在运行中裂纹（采用预应力杆较为有利）。

（9）将悬垂绝缘子串改用 V 形串。

（10）线路尽量避开重冰区和可能出现的大挡距、大高差、风口强风地带及水源充沛的水库、湖泊地带。

（11）加强施工质量检查，导线连接采用压接，如用爆压应加强压接质量的检查。

（12）加强线路的巡视维护工作，对杆塔、金具、拉线等存在的缺陷及时处理，以消除隐患。

（13）发现导线覆冰时应及时组织人力除冰，有条件时可采用通大电流方法溶冰。

第二节　电缆线路的故障与预防

一、电缆常见故障及处理

电缆线路的故障按其供电要求来分，可分为运行中故障和试验中故障两大类。前者是指电缆在运行中因绝缘击穿或导线烧断而引起突然断电的故障；后者是指在预防性试验中绝缘击穿或绝缘不良且须检修后才能恢复供电的故障。

（一）电缆故障的种类

按电缆故障性质可分为以下几种：

（1）短路性故障。两相短路和三相短路，多为制造过程中留下的隐患造成。

（2）接地性故障。电缆某一芯或数芯对地击穿。绝缘电阻低于 10 kΩ 的称为低阻接地；高于 10 kΩ 的称为高阻接地。接地性故障大多由于电缆腐蚀、铅皮裂纹、绝缘干枯、接头工艺和材料等问题造成。

（3）断线性故障。电缆某一芯或数芯全断或不完全断，电缆因机械损伤或在地形变化的影响下或发生过短路，都可能造成断线性障。

（4）混合性故障。上述故障中两种以上的故障同时发生。

（二）电缆故障的原因

电缆故障的一般原因见表 13.1。

表 13.1　电缆故障的一般原因

故障类别	故障原因分析
机械损伤	电缆直接受外力损伤（如基建施工中受镐、钎等工具损伤）或因电缆铅包层的疲劳损坏、弯曲过度、热胀冷缩、铅包龟裂、磨损等
绝缘受潮	由于设计或施工不良，水分浸入，特别由于电缆终端头、中间接头受潮、有气孔等，造成绝缘性能下降
绝缘老化	电缆浸渍剂在电热作用下化学分解，使介质损耗增大，导致电缆局部过热，造成击穿
化学腐蚀	由于电缆线路受到酸、碱等化学腐蚀，使电缆击穿损坏
过热击穿	由于电缆长期过热，造成电缆击穿损坏
材料缺陷	由于电缆中间接线盒或电缆终端头等铸铁附件的质量差，有砂眼或细小裂缝，造成损坏
过电压击穿	线路受到雷击或操作过电压，造成电缆击穿

从表 13.1 可看出，电缆故障可由外力、化学腐蚀和电解腐蚀、自然灾害（如雷击、水淹、虫害等）、运行维护不当、施工工艺不良等原因造成。

应当指出，这些因素之间往往是互相影响、互相牵连的。例如，由于电缆长期过负荷运行或散热不良，造成铅皮胀裂，由此引起绝缘浸水，导致事故发生或电缆击穿，或中间接头爆炸；又如，由于运行维护不当，电缆受外力或腐蚀而损伤，进而引起绝缘受潮造成事故。

（三）电缆故障的处理

电缆发生故障很多，现将常见典型故障的处理方法简述如下。

1. 电缆终端头和接线盒的常见故障

（1）机械损伤。按照安全操作规程，根据其制作方法进行维修或重新制作，并加强保护设施，尽量避免或减少人为的损坏。

（2）绝缘不良。检查干封头的绝缘及密封胶带是否松脱，中间接线盒是否有水分浸入。污水浸泡的要清除污水、疏通地沟，并根据实际情况，能修复则修复，不能修复的则重新制作。

（3）材料老化。更换材料，重新制作。

（4）短路及断路。因过载或散热不良，使绝缘降低而引起的短路，可加大线芯规格，并改善散热条件。因施工不良或意外受力引起短路，则应重新制作。

2. 电缆接地故障或短路崩烧故障

电缆发生接地故障，可能是以下原因引起的，可采取相应措施予以处理。

（1）地下动土刨伤、损坏绝缘。可挖开地面，修复绝缘。

（2）人为的接地线未拆除。拆除接地线即可。

（3）负荷大、温度高，造成绝缘老化。可调整负荷，采取降温措施，更换老化的绝缘，必要时更换绝缘严重老化的电缆。

（4）套管脏污、有裂纹造成放电（室外受潮或漏进水）。可清洗脏污的套管，更换有裂纹的套管。

如果电缆短路崩烧，一般可从以下几方面查找原因：

（1）设计时电缆选择不合理，动、热稳定度不够，造成绝缘损坏，发生短路崩烧。

（2）多相接地或接地线、短路线未拆除。

（3）相间绝缘老化和机械损伤。

(4)电缆头接头松动(如铜卡子未卡紧)造成过热,接地崩烧。

第(1)项原因须经主管部门研究处理,一般是修复后降低电缆负荷,使线路继续运行;第(2)~(4)项原因,查明后可采取相应措施予以处理。

3. 室外电缆终端头的铁匣胀裂或瓷套管碎裂故障

铁匣胀裂是室外电缆终端头常发生的故障。过去发现铁匣胀裂,一般都将其割去予以更换。实践证明,胀裂的铁匣修补后,完全可以满足运行要求,因为铁匣胀裂一般是内压过大造成的,胀裂后绝缘胶自缝中挤出,裂纹多在壳体最大直径部位,且方向往下,因此潮气不易大量侵入。

修补壳体以前,一般先检查终端头是否受潮,并进行直流耐压试验。如果受潮或绝缘强度不合格,则不进行修补,直接割掉予以更换。

修补铸铁匣胀裂的方法如下:

(1)除去渗出的绝缘胶,用汽油洗净裂缝。

(2)用钢丝刷除去裂缝和两边的铁垢,然后用汽油擦洗。

(3)用环氧泥填满裂缝。

(4)用薄铝皮按修补范围围筑好外模,并用环氧泥嵌满模缝。

(5)取 6101 号环氧树脂 100 份、651 号聚酰胺 45 份(质量比),加热后制成环氧树脂浇注料,将其灌入外模和壳体之间。

(6)待环氧树脂固化,就可检查修补效果。

室外电缆终端头的瓷套管,往往受机械损伤、尾线断线烧伤或由于雷击闪络而碎裂。为了节省资金,可不必更换终端头,仅仅更换损坏的瓷套管即可。更换的方法如下:

(1)拆除终端头出线连接部分的夹头和尾线,用石棉布包好未损坏的瓷套管。

(2)将损坏的瓷套管轻轻地用小锤敲碎并取出。

(3)用喷灯加热电缆头外壳上部,使沥青绝缘胶部分熔化。

(4)用合适工具取出壳内残留的瓷套管,清除绝缘胶,并疏通至灌注孔的通道。

(5)清洗缆芯上的碎片、污物,并包上清洁的绝缘带。

(6)套上新的瓷套管。

(7)在灌注孔上安装高漏斗,灌注绝缘胶。

(8)待绝缘胶冷却,即可装配出线连接部分的夹头和尾线。

为了确保电缆线路的安全运行,要做好运行技术管理,加强巡视和监护,严格控制电缆的负荷电流及其温度,还应严格执行有关工艺规程,确保检修质量。做好这些工作,电缆线路部分故障是可以杜绝的。

二、电缆线路事故的预防措施

(一)防外力破坏事故

此类事故所占的比重最大,约为 50%。为了防止电缆线路的外力损坏,必须十分重视电缆线路的巡查和守护。

(1)电缆线路的巡查应由专人负责,并根据具体情况制定设备巡查的周期和检查项目。对于穿越河道、铁路、公路的电缆线路及装置在杆塔、支架上的电缆设备,应特别注意。

(2)电缆线路附近进行机械化挖掘土方工程,必须采取有效安全措施,或者先用人力将电缆挖出并加以保护后,再根据操作设备及人员的条件,在保证安全距离的情况下进行施工,并加强监护。施工时,专门守护人员不得离开现场。

(3)对于在施工中挖出的电缆和中间接头应加以保护,并在其附近设立警告标志,以提醒施工人员注意及防止外人误伤。

(二)防终端头污闪事故

通常,可采取以下措施来防止电缆终端头套管表面发生污闪事故。

(1)定期清扫套管。一般可在不停电情况下用绝缘棒刷子带电清扫,停电时则进行较彻底的清扫。带电清扫所使用的绝缘棒刷子,应完全符合绝缘要求,并且按规定的制度保管,不得任意使用不合格的刷子。

(2)用水冲洗套管。此项作业通常带电进行,分大水量冲洗和小水量冲洗两种。由于用水冲洗须具有水泵等设备,并对水质有严格要求(水的电阻率不得小于 1 500 $\Omega \cdot mm^2/m$),所以只有具备这些条件的单位才可使用水冲洗套管。

(3)增涂防污涂料。在停电或带电条件下,在终端头套管表面增涂一层294、295有机硅树脂涂料,可以取得较好的防污效果,这种涂料的有效使用期可达一年左右。但是,由于有机硅树脂的价格较高,一般只在污秽严重的地区才使用。

(4)采用较高等级的套管。将绝缘等级较高的套管应用于较低电压系统,虽然在经济上不合算,但在污秽严重的地区具有良好防污效果。

(三)防电缆腐蚀事故

电缆腐蚀一般指的是电缆金属铅包皮或铝包皮的腐蚀。就其类型来分,大致分为化学腐蚀和电解腐蚀两类。

化学腐蚀主要是由于土壤中含有酸、碱溶液、氯化物、有机物腐蚀质及炼铁炉灰渣等物质所致。电解腐蚀是因直流电车轨道或电气化铁道流入大地的杂散电流引起的。

1. 防化学腐蚀的措施

(1)对于敷设在含有酸碱等化学物质土壤附近的电缆,应增加外层保护,将电缆穿在耐腐蚀的管道中。

(2)在已运行的电缆线路上,较难随时了解电缆的腐蚀程度。在已发现电缆有腐蚀的地区或在电缆线路上堆有化学物品并有渗漏现象时,应掘开泥土检查电缆并对土壤做化学分析。

2. 防电解腐蚀的措施

(1)提高电车轨道与大地间的绝缘,以限制钢轨漏电。

(2)减少流向电缆的杂散电流。在任何情况下装置电缆线路,电缆的金属外皮及和巨大金属物件相接近的地方都必须有电气绝缘。电缆和电车轨道并行敷设时,两者距离不得小于2 m。如不能保持这一距离时,电缆应穿在绝缘的管子里。

(3)在杂散电流密集的地方应安装排流设备,并使电缆铠装上任何部位的电位不超过周围土壤的电位1 V以上。

(四)防虫害事故

在某些地区昆虫也会损坏电缆,白蚁就是其中之一。我国南方地区处于亚热带,气候潮湿,白蚁较多。白蚁会破坏电缆铅皮,造成铅皮穿孔,绝缘浸潮击穿。

防蚁、灭蚁的化学药剂配方较多,一般在电缆线路上采用的有以下几种:

(1)轻柴油+狄氏剂,浓度为 0.5%～2%。

(2)轻柴油+氯丹原油,浓度为 2%～5%。

(3)轻柴油+林丹,浓度为 2%～5%。

将配制好的药物喷洒在电缆四周,使电缆四周5 cm土壤渗湿即可

（五）防高位差垂直安装龟裂事故

为了防止高位差垂直安装的电缆发生铅包龟裂事故,除了要求电缆制造厂改进铅包成分以增大铅包的机械强度外,安装和运行维护部门可采取以下预防措施:

(1)将电缆终端头的焊封改为压装或卡装。

(2)在终端头以下的电缆铠装与终端头之间加装一个悬吊式固定夹子。

(3)适当增加固定电缆的支架夹子,使夹子之间的电缆受力均匀。

(4)施工和检修人员攀登杆塔时,不许强拉电缆,特别是截面较小的电缆。

电缆终端头下部铅包龟裂事故多发生在高位差垂直安装的电缆头下面。一旦发现,应先鉴定缺陷的严重程度,如果尚未全部裂开,也无渗漏现象,可采用以下两种办法处理:

(1)用封铅法加厚一层。

(2)用环氧树脂带包扎密封。

环氧树脂带是指制作环氧树脂终端头时所使用的无碱玻璃丝带上涂环氧树脂涂料(不使用石英粉填充剂)的带子,操作简便,较为实用。通常,可在不停电情况下进行密封处理,操作人员只要保证带电设备的安全距离即可。

第三节　电力电缆故障的测试方法

一、电缆线路故障点寻测及故障性质判断

（一）电缆线路故障点的寻测

电缆线路故障点的寻测一般按以下几个步骤进行:

(1)确定故障的性质,以便选择适当的测量方法,准备必要的试验条件和工具。

(2)确定故障的地段,就是在稍大的范围内确定故障的位置。

(3)确定故障点。

（二）电缆线路的故障性质

电缆线路的故障性质一般有以下几种:

(1)电缆线芯故障,包括完全断线或不完全断线。

(2)绝缘故障,包括相间短路(高电阻短路或低电阻短路),单相接地(高电阻接地或低电阻接地)和飘移击穿(闪络故障)。

（三）综合故障

判断电缆线路故障性质最普通的方法是使用兆欧表(摇表)。在另一端线芯完全开路的情况下,如单相接地或相间短路,表针即指零或某一个电阻值,如图 13.1(a)和图 13.1(b)所示。在电缆一端线芯短路的情况下,如完全断线,兆欧表指针即指向无穷大,如图 13.1(c)所示。

根据上述道理,实用中便不难判断电缆线路的故障性质。

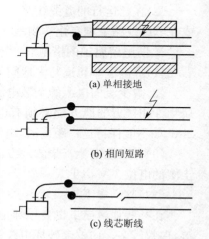

(a) 单相接地

(b) 相间短路

(c) 线芯断线

图 13.1　用兆欧表判断故障的方法

二、电力电缆故障测试的基本步骤

一旦电缆绝缘被破坏产生故障,造成供电中断后,测试人员一般需要选择合适的测试方法

和合适的测试仪器,按照一定测试步骤,来寻找故障点。

电力电缆故障查找一般分故障性质诊断、故障测距、故障定点 3 个步骤进行。

故障性质诊断过程,就是对电缆的故障情况做初步了解和分析的过程,然后根据故障绝缘电阻的大小对故障性质进行分类,再根据不同的故障性质选用不同的测距方法粗测故障距离,最后依据粗测所得的故障距离进行精确故障定点。在精确定点时也需根据故障类型的不同,选用合适的定点方法。

例如:对于比较短的电缆(几十米以内)也可以不测距而直接定点,但对长电缆来说,如果漫无目的地定点将会延长故障修复时间,进而可能会影响测试信心而放弃故障的查找。

三、故障测距方法

(一)电桥法

电桥法主要包括传统的直流电桥法、压降比较法和直流电阻法等几种方法。它是通过测量故障电缆从测量端到故障点的线路电阻,然后依据电阻率计算出故障距离,或者是测量出电缆故障段与全长段的电压降的比值,再和全长相乘计算出故障距离的一种方法。一般用于测试故障点绝缘电阻在几百千欧以内的电缆故障的距离。

(二)低压脉冲法

低压脉冲法又称雷达法,是在电缆一端通过仪器向电缆中输入低压脉冲信号,当遇到波阻抗不匹配的故障点时,该脉冲信号就会产生反射,并返回到测量仪器。通过检测反射信号和发射信号的时间差,就可以测试出故障距离。该方法具有操作简单、测试精度高等优点,主要用于测量电缆的开路、短路和低阻故障的故障距离,同时还可用于测量电缆的长度、波速度和识别定位电缆的中间头、T 形接头与终端头等,但不能测试高电阻故障和闪络性故障,而高压电缆中高阻故障较多。

(三)脉冲电压法

该方法是通过高压信号发生器向故障电缆中施加直流高压信号,使故障点击穿放电,故障点击穿放电后就会产生一个电压行波信号,该信号在测量端和故障点之间往返传播,在直流高压发生器的高压端,通过设备接收并测量出该电压行波信号往返一次的时间和脉冲信号的传播速度相乘而计算出故障距离的一种方法。此方法对高低阻故障均能进行检测,但用这种方法测试时,测距仪器与高压部分有直接的电气连接,可能会有安全隐患。

(四)脉冲电流法

由于在实际电缆故障中,单纯的断线开路故障很少,绝大部分故障都是含有低阻的、高阻的或闪络性的单相接地、多相接地或相间故障,所以在实际测量中脉冲电流法是最常用的测距方法之一。这种方法和脉冲电压法一样,也是通过向故障电缆中施加直流高压信号,使故障点击穿放电,然后通过仪器接收并测量出故障点放电产生的脉冲电流行波信号在故障点和测量端往返一次的时间,来计算出故障距离的一种方法。不同的是,该方法是在直流高压发生器的接地线上套上一只电流耦合器,来采集线路中因故障点放电而产生的电流行波信号,这种信号更容易被理解和判读,同时电流耦合器与高压部分无直接的电气连接,因此安全性更高。

(五)二次脉冲法

这是近几年来出现的比较先进的一种测试方法,是基于低压脉冲波形容易分析、测试精度高的情况下开发出的一种新的测距方法。主要用于测试高阻故障和闪络性故障。

其基本原理是:通过高压发生器给存在高阻或闪络性故障的电缆施加高压脉冲,使故障点出现弧光放电。由于弧光电阻很小,在燃弧期间原本高阻或闪络性的故障就变成了低阻短路故障。此时,通过耦合装置向故障电缆中注入一个低压脉冲信号,记录下此时的低压脉冲反射波形(称为带电弧波形),则可明显地观察到故障点的低阻反射脉冲。在故障电弧熄灭后,再向故障电缆中注入一个低压脉冲信号,记录下此时的低压脉冲反射波形(称为无电弧波形),此时因故障电阻恢复为高阻,低压脉冲信号在故障点没有反射或反射很小。把带电弧波形和无电弧波形进行比较,两个波形在相应的故障点位置上将明显不同,波形的明显分歧点离测试端的距离就是故障距离。

使用这种方法测试电缆故障距离需要满足如下条件:一是故障点处能在高电压的作用下发生弧光放电;二是测距仪器能在弧光放电的时间内发出并能接收到低压脉冲反射信号。在实际工作中,一般是通过在放电的瞬间投入一个低电压大电容量的电容器来延长故障点的弧光放电时间,或者精确检测到起弧时刻,再注入低压脉冲信号,来保证能得到故障点弧光放电时的低压脉冲反射波形。

这种方法主要用来测试高阻及闪络性故障的故障距离,这类故障一般能产生弧光放电,而低阻故障本身就可以用低压脉冲法测试,不需再考虑用二次脉冲法测试。

用这种方法测得的波形比脉冲电流或脉冲电压法得到的波形更容易分析和理解,能实现自动计算且测试精度较高。

依据脉冲计数方法的不同,也可被称为三次脉冲法或多次脉冲法。

四、故障定点方法

(一)声测法

该方法是在对故障电缆施加高压脉冲使故障点放电时,通过听故障点放电的声音来找出故障点的方法。

该方法比较容易理解,但由于外界环境一般很嘈杂,干扰比较大,有时很难分辨出真正的故障点放电的声音。

(二)声磁同步法

这种方法也需对故障电缆施加高压脉冲使故障点放电。当向故障电缆中施加高压脉冲信号时,在电缆的周围就会产生一个脉冲磁场信号,同时因故障点的放电又会产生一个放电的声音信号,由于脉冲磁场信号传播的速度比较快,声音信号传播的速度比较慢,它们传到地面时就会有一个时间差,用仪器的探头在地面上同时接收故障点放电产生的声音和磁场信号,测量出这个时间差,并通过在地面上移动探头的位置,找到这个时间差最小的地方,其探头所在位置的正下方就是故障点的位置。

用这种方法定点的最大优点是:在故障点放电时,仪器有一个明确直观的指示,从而易于排除环境干扰,同时这种方法定点的精度较高(小于 0.1 m),信号易于理解、辨别。

(三)音频信号法

此方法主要是用来探测电缆的路径走向。在电缆两相间或者相和金属护层之间(在对端短路的情况下)加入一个音频电流信号,用音频信号接收器接收这个音频电流产生的音频磁场信号,就能找出电缆的敷设路径;在电缆中间有金属性短路故障时,对端就不需短路,在发生金属性短路的两者之间加入音频电流信号后,音频信号接收器在故障点正上方接收到的信号会突然增强,过了故障点后音频信号会明显减弱或者消失,用这种方法可以找到故障点。

这种方法主要用于查找金属性短路故障或距离比较近的开路故障的故障点(线路中的分

布电容和故障点处电容的存在可以使这种较高频率的音频信号得到传输)。对于故障电阻大于几十欧姆的短路故障或距离比较远的开路故障,这种方法不再适用。

(四)跨步电压法

此方法主要是通过向故障相和大地之间加入一个直流高压脉冲信号,在故障点附近用电压表检测放电时两点间跨步电压突变的大小和方向,来找到故障点的方法。

这种方法的优点是可以指示故障点的方向,对测试人员的指导性较强,但此方法只能查找直埋电缆外皮破损的开放性故障,不适用于查找封闭性的故障或非直埋电缆的故障,同时,对于直埋电缆的开放性故障,如果在非故障点的地方有金属护层外的绝缘护层被破坏,使金属护层对大地之间形成多点放电通道时,用跨步电压法可能会找到很多跨步电压突变的点,这种情况在 10 kV 及以下等级的电缆中比较常见。

第四节　电力电缆故障探测仪器的使用

一、电力电缆故障测距仪

电力电缆故障的测距设备一般由故障测距仪和对电缆施加高电压的高压信号发生器组成。

依据不同的故障测距原理,电力电缆故障测距仪器种类很多,这里仅简单介绍 T-903 及 T-905 这两个目前普遍使用的测距设备。

(一)T-903 电力电缆故障测距仪

1. 概述

T-903 电力电缆故障测距仪(以下简称 T-903)是采用现代微电子技术研制成功的智能化电力电缆故障测距仪器。该仪器具有低压脉冲反射和脉冲电流两种工作方式,最大测量范围为 10 km,测量精度为:测量范围小于 1 000 m 时,测量精度为 1 m,测量范围大于 1 000 m 时,测量精度小于 0.5%。

2. 仪器的结构

T-903 面板示意图如图 13.2 所示,面板上各开关、按键及接线插孔功能介绍如下。

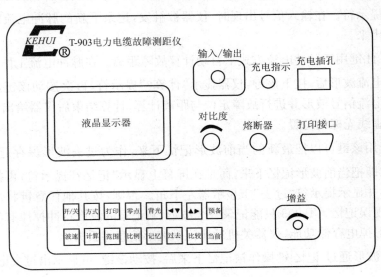

图 13.2　T-903 面板示意图

（1）旋钮

增益旋钮。用于调节仪器内部放大器的增益，使输入信号放大至合适的幅值。在低压脉冲工作方式下，按下 ⬜当前 键的同时（或者让仪器工作在自动脉冲方式下），可通过调节增益旋钮来调节液晶显示器显示的波形的幅值，直到液晶显示器显示出的波形有一定的幅值，且不超出液晶显示器的上下显示极限为止。在脉冲电流工作方式下，如果仪器所记录的当前波形幅值过小或过大（超过液晶显示器的上下显示极限），应适当调节增益旋钮，增大或减小增益后再记录新的波形。

对比度旋钮。用于调节液晶显示器的显示对比度，通过调节该旋钮，可以在不同的光照条件下获得最佳的显示效果。

（2）按键

⬜开/关 键。仪器的电源开关。按动该键，内部电源接通，液晶显示器上显示"欢迎您使用…"，稍等片刻，仪器便进入正常工作状态。当仪器处于工作状态时，按动该键，仪器关机。

⬜方式 键。T-903 提供了低压脉冲和脉冲电流两种工作方式，以适应不同性质的故障点测量。该键可用于选择低压脉冲或脉冲电流两种工作方式。开机后，仪器进入低压脉冲工作方式。在仪器工作过程中，按动 ⬜方式 键，仪器改变工作方式，并显示出当前工作方式，反复按动该键，仪器将依次循环进入"脉冲电流方式"、"低压脉冲方式"两种工作方式中的一种，并在液晶显示器的左上角显示对应的"脉冲电流"或"低压脉冲"提示符。

⬜当前 键。该键用于低压脉冲工作方式。在此方式下，按下该键，仪器将向被测试的电缆中发射一个脉冲，记录并显示出整个测量范围内的脉冲反射波形。当按住该键达 3 s 后，仪器将自动地连续发射脉冲（即自动脉冲方式），再按下任意一键可终止自动脉冲的发射。自动发射脉冲测试方式在调整增益时特别有用。

在脉冲电流工作方式下，按下 ⬜当前 键显示出最新记录下的波形。

⬜预备 键。该键用于脉冲电流工作方式。在此方式下，按动该键，仪器处于等待触发状态，并显示"等待"提示符。在输入信号出现时，仪器被触发，记录下新的脉冲电流波形，并在液晶显示器上显示出来。

⬜计算 键。此键用于脉冲电流方式下自动计算故障距离。在脉冲电流工作方式下，仪器被触发记录脉冲电流波形后，按下该键，仪器显示"计算?"提示符，再次按动该键，仪器自动分析所记录的脉冲电流信号波形并进行故障定位与距离计算，计算结束后仪器给出计算结果，并自动设定零点与虚线光标的位置。

⬜记忆 键。用该键可以把最新的当前波形记忆下来，作为过去波形保存起来。按下该键后，仪器并不立即把当前波形记忆下来，而是在屏幕上显示"记忆?"提示符，再按一下该键，才执行记忆操作，并显示提示符"过去"于显示器左下角。否则，按其他任意键将退出记忆操作，这样可防止出现误记忆。T-903 只能记录一个波形，新记录的波形将冲掉原有的过去波形，并且没有提供波形掉电存储功能，仪器关机后所记录波形信息将丢失。

⬜过去 键。波形通过 ⬜记忆 键操作被记忆下来后，按下该键，可显示出过去记忆的波形。

⬜比较 键。按下该键后，仪器的液晶显示器上将同时显示最新的当前波形与记忆的过去波形,以便进行波形比较与分析。

注意:如果当前的测量范围与过去波形的测量范围值不同,仪器在显示器的左下角会显示出"错误"提示符,此时仪器不能进行比较功能操作。

范围键。此键用于改变仪器的测试量程。仪器测距范围的选择应适合电缆长度。开机时测距范围自动设定为 213 m,这时波速度为 160 m/μs,并在液晶显示器下面显示"范围 213 m"。

在工作过程中,按动该键,仪器显示当前范围值,此后,每按一次键,测量范围逐渐增大,依次为 213 m、426 m、853 m、2 560 m、5 120 m、10 240 m。到达最大值后,继续按动该键,测距范围又回到最小,即开机时的范围值(213 m)。

在低压脉冲方式下,改变范围值时,仪器向被测电缆发射一个宽度相应变化的脉冲,并显示出整个范围内的波形。

◄▼和▲►键。这两个键有两个作用,分别用来移动光标和调整波速度。

仪器开机进入低压脉冲工作方式后,一条垂直的实线光标出现在液晶显示器的最左边,这是所有测量的起点(即零点),一条垂直的虚线光标出现在液晶显示器的中间位置,该光标为可移动光标,用来标定故障位置。这两个键可用来向左右移动虚线光标定故障位置(即"◄"与"►"符号),按动一下,虚线光标移动一格,如果按下该键后手不离开,虚线光标将快速连续移动,直至抬起手来,虚光标停止移动。

这两个键的另一个作用是配合波速键使用,当按下波速键后,仪器显示器的右下角显示出"V＊＊＊",分别按动这两个键,波速度的数值就会发生变化(即"▼"与"▲"符号),如从 160 m/μs,按动"▼",波速将减至 159 μs、158 μs、157 μs、……。同样,按一下减少一次,连续按键将快速改变,波速的改变情况,在屏幕上予以显示。

波速键。此键用来(与光标键配合)调整仪器测试电缆时的波速度。如果已知电缆介质的波速度 v,可用上面光标键介绍的方法进行波速整定。

如果 v 值未知,可把 T-903 接到电缆的完好线芯上去,在低压脉冲方式下测量开路(或短路)波形,移动光标到电缆的终端反射波处,然后按下波速键,用"▼"或"▲"调整 v,直至显示的距离是已知电缆的长度,这时仪器的波速度值即是被测电缆的波速度值。仪器将保留 v 值,直到再次改变 v 值或关机。

开机时,仪器自动设定波速度值为 160 m/μs,对应于电磁波在油浸纸绝缘电缆中的传播速度。

比例键:此键作用类似普通示波器里的波形扩展旋钮,用于放大或缩小显示波形。

比例指的是显示比例,是仪器显示波形时从采样数据里取点的间隔点数。例如,当显示比例为 4∶1 时,仪器是每间隔三个采样点取一个点来显示波形。仪器的最小显示比例是 1∶1,这时显示波形的分辨率最高,屏幕上两点之间代表的电缆距离最小;最大的显示比例为 8∶1,这时显示波形的分辨率最低,相应的屏幕上两点之间代表的距离最大。

开机时,仪器设定比例为 1∶1。在工作过程中,按动比例键,仪器显示当前比例;再按动该键,仪器将依次按 2∶1、4∶1、8∶1 的顺序增加显示比例;当比例达到最大值后,再按动该键,仪器将恢复 1∶1 的比例。因受显示器宽度限制,在测量范围较大时,可通过改变比例来显示尽可能多的波形,以利于观察分析。

零点键。零点为仪器测量的起点,开机时仪器把零点自动固定到波形的最左边,即测量端。通过移动虚线光标,可以测量虚线光标所在点到零点的距离,按下 零点 键,则可把零点设置到虚线光标所在的位置上。这样,可以从任意已知的标志点起测量故障距离。

打印 键。按下该键,可把液晶显示器上显示的内容通过与仪器面板打印接口相连接的微型打印机上打印出来。如果没有微型打印机与仪器相连接,按动该键,会造成持续等待状态,应按动其他任意键退出。不打印时建议不要把打印机接上去,这既减少耗电,又避免了在故障点放电时打印机连接线引入干扰影响仪器的正常工作。

背光 键。该键用于点亮液晶的背光。当周围环境较暗,液晶显示的图形、数字不清晰时,按动该键,液晶的背光点亮,以获得清晰的图像,再次按动该键,背光消失。若点亮背光后 2 min 内无任何按键操作,则背光自动关闭,需再次点亮背光时,再按一次即可。

(3)接线端子、插孔

①输入/输出插孔。该插孔在低压脉冲工作方式时,作为低压脉冲信号的输出与输入端接口。随机提供的同轴测试导引线的另一端带有两个鳄鱼夹,以便与被测电缆导体相接。

在脉冲电流工作方式下,线性电流耦合器输出的脉冲电流信号从该插孔输入。该插孔经同轴导引线与线性电流耦合器(以下简称电流耦合器)的输出相接。

②打印接口。屏幕上显示的内容可以用随机提供的微型打印机复制。通过该接口,将随机提供的微型打印机与仪器相连。

③充电插孔。T-903 可由外部 220 V 交流电源供电,亦可由内部可充电镉镍电池供电,该插孔为 220 V 交流输入插孔。由 220 V 交流电源供电时,内部可充电电池处于浮充状态。关掉仪器,插入 220 V 交流电源时,可对仪器高效率充电。

④充电指示。当插入电源插头对仪器充电时,该指示灯发亮,指示仪器处于充电状态。

(4)液晶显示器。仪器的测量波形、工作状态、操作提示等信息都在该屏幕上显示。

(二)T-905 电力电缆故障测距仪

1. 概述

T-905 电力电缆故障测距仪(以下简称 T-905)是继 T-903 后的又一新产品。它具有低压脉冲、脉冲电流和二次脉冲 3 种电力电缆故障测距方法,可测所有类型的电力电缆故障。其中低压脉冲测距方法可以实现自动测试;新增加的二次脉冲测距方法在高压信号发生器和二次脉冲信号耦合器的配合下,可用来测量电力电缆的高阻和闪络性故障的距离,波形更简单,更易识别。同时 T-905 增加了波形存储和联机打印功能,更加方便了测试资料的管理。

2. 仪器的结构

T-905 面板示意图如图 13.3 所示,面板上的各个按键、开关、旋钮及插孔功能介绍如下。功能键区是配合液晶上显示的功能键名,对仪器进行各种控制。

(1) * 键:用来开关液晶背光。

(2) 开关 键:用来开关仪器电源。

(3) 测试 键:按一下单次测试,连续按 1 s 以上自动测试。

(4) 光标 键:重新标定测距的起始点,即设定零点实光标。

(5)光标旋钮:用来左右移动光标,确定故障距离。

(6)信号口:用来接测试导引线。不同的测试方法需要接不同的导引线。

(7)接地:用来连接保护接地线。

(8)RS232:RS232 标准串行口,可以接打印机打印,也可以接计算机进行联机通信,读取存储波形。

(9)充电插口:用来接充电器,可对仪器内的电池充电。

(10)充电指示:用来指示充电状态。持续点亮表示正在快速充电;快速闪烁表示充电完成;慢速闪烁表示涓流充电。

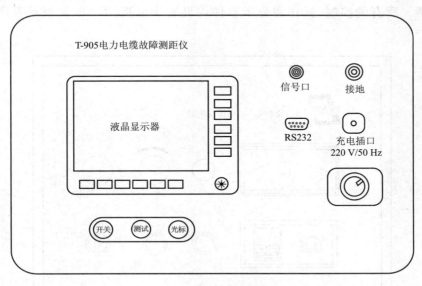

图 13.3   T-905 面板示意图

二、高压信号发生器

(一)概述

目前我国在现场上使用的电缆故障测试高压设备多数是分散组合式的,由自耦调压器、升压变压器、硅堆、电容、球间隙及监视仪表等组成,这种分散组合存在以下问题:

(1)每次使用时人工接线、查线,费时且十分不方便。

(2)通过改变球间隙大小来改变施加到电缆上去的冲击高压。只能大体估计而不能准确控制冲击高压的幅值,而且放电时间间隔亦不可调。

(3)改变接线或人工调节球间隙时,每次均需人工放电,费时间且不安全。

(4)无隔音措施,球间隙放电噪声大,影响近距离故障定点。

专门设计的一体化的 T-30X 系列电缆测试高压信号发生器解决了上述问题。该设备采用了特殊结构和工艺,将升压、整流和放电控制融为一体,拥有直流高压、单次放电和周期放电 3 种工作方式,具有接线简单、操作安全方便、体积小、重量轻等特点。

下面以 T-302 电缆测试高压信号发生器为例,做详细的介绍,而新增的具有二次脉冲测试和放电周期连续可调功能的 T-303,与 T-302 差别不大。

(二)T-302 电缆测试高压信号发生器

1. 技术参数

(1)输出直流电压:0~30 kV 连续可调。

(2)外接电容:2 μF 脉冲电容器。

（3）最大单次放电能量：900 J。

（4）放电周期：7 s。

（5）输出电压极性：负极性。

（6）供电电源：电压 220(1±10％) V，频率(50±1) Hz，容量 1 kV·A。

2. 装置结构

（1）面板。所有的控制、操作和显示器件均设置于面板，T-302 面板示意图如图 13.4 所示。

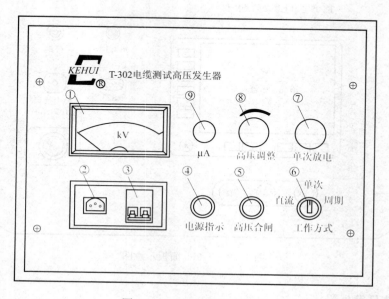

图 13.4　T-302 面板示意图

①高压表。显示输出高电压数值。指针式表头可以更直观地显示放电时电压变化情况。

②电源插孔。

③电源开关。

④"电源指示"灯。

⑤"高压合闸"带灯按钮：按下该按钮，高压合闸且高压指示灯亮。

⑥"工作方式"转换开关：选择"直流"、"单次"或"周期"3 种工作方式之一。

⑦"单次放电"按钮：在"单次"或"周期"工作方式下按下该按钮，放电装置动作，对试品进行放电。

⑧"高压调整"旋钮：该旋钮带高压零位起动装置。开机时必须将本旋钮旋转回归到电压零位数值，否则高压合闸按钮无法起动。

⑨"毫安表"插孔：在进行电缆耐压试验时，插上毫安表插头，可以监视泄漏电流值。

注意：在对故障点放电的过程中，严禁接入毫安表。

（2）插座板。插座板在仪器后面，也称为后面板，布置有高压接线插座和保护接地接线柱等，T-302 后面板示意图如图 13.5 所示。

①电缆插座：通过高压插头连到故障电缆线芯。

②电容插座：通过高压插头连到高压脉冲电容器的一端（即高压端）。在耐压试验和泄漏电流试验时，该插座不用接线。

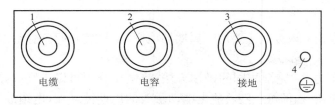

图 13.5　T-302 后面板示意图

1—电缆接线柱；2—电容接线柱；3，4—接地柱

③接地插座：通过电缆插头连到高压脉冲电容器的另一端。在耐压试验和泄露电流试验时，可以直接连到待试验电缆金属护层上。

④保护接地接线柱：连到保护接地点，保证安全。

注意：保护接地应和工作接地分开。

3. 使用方法

(1)接线。T-302 工作接线如图 13.6 所示(以测试单相接地故障为例)，电缆端子接被测试电缆导体，电容及接地端子接电容的高压和低压侧接线

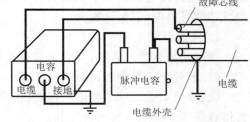

图 13.6　T-302 工作接线

端子，电容的低压端子再接电缆的金属护层或接地线。装置保护接地避开电缆接地线而接入接地网。接线检查无误后，将"高压调整"旋钮旋至零位(接通零位起动保护开关)，可以准备开机。

(2)"直流"高压输出方式。该方式的产生使电缆闪络性故障击穿放电的直流高压，它主要用于故障测距。

将"工作方式"开关旋至"直流高压"挡，合上"电源开关"，此时"电源指示"信号灯亮。将"高压调整"旋钮旋至零位，按下"高压合闸"按钮，其信号灯亮，同时"电源指示"信号灯熄灭。缓慢调整"高压调整"旋钮升高输出电压，观察电压表显示的电压数值，直至电压值达到故障点击穿电压，故障点击穿放电，电容能量充分释放，电压表指针回摆，这时应立即将"高压调整"旋钮调回零位，准备第二次升压操作。如在电缆故障点击穿放电后保持"高压调整"旋钮当前的位置，装置将继续给电缆充电直至电缆故障点又一次击穿放电，这一过程将不断重复，使电缆故障点出现周期性的放电现象，放电周期取决于故障点击穿电压、装置的容量、外接电容的大小等因素。

实际应用中很少使用直闪法使电缆故障点周期性放电，其原因一方面是故障点放电的时间很难掌握，不利于调整操作测距及定点仪器，更重要的是在高压信号的冲击下电缆的故障点电阻可能会明显地下降，电缆直流泄漏增大，直流高压升不上去，以至于不能使故障点击穿放电。高压设备长期向电缆提供直流电流，还会发热，影响设备的使用寿命。

(3)"单次"放电输出方式。该方式产生使电缆的高电阻故障击穿放电的冲击直流高压。

将"工作方式"开关旋至"单次"放电挡，合上"电源开关"，"电源指示"信号灯亮，调整"高压调整"旋钮至零位，按下"高压合闸"按钮，其信号灯亮。然后缓慢调整"高压调整"旋钮升高输出电压，电压表显示电压数值，当升至合适的电压值后，停止升压，按下"单次放电"按钮，试探电压是否已达到故障电缆的击穿电压。如果此时电压表迅速大幅度回摆(电容释放能量)，说明故障点已击穿，否则需继续升压后再进行试验，直至故障点击穿。当电压达到故障电缆的击穿电压时，停止升压，可使用单次放电操作或转为周期放电方式，进行电缆的故障测距或定点

工作。

(4)周期放电方式。该方式主要用于周期性地产生使电缆的高电阻故障击穿放电的冲击直流高压。

按照"单次放电方式"完全相同的操作方法,将电压升到可以击穿故障的电压值,然后将"工作方式"旋至"周期"挡即可。随着放电电动触头的周期性动作,电缆故障点不断地被击穿放电,可进行电缆故障定点或测距。

(5)操作结束。装置使用完毕后,首先将"高压调整"旋钮旋至零位,多次按动"单次放电"按钮使电压下降到 5 kV 以下后,断开"电源开关",这时装置将发生器高压输出端经一放电电阻接地,给外接电容器放电。然后操作人员必须按操作规程,再使用放电棒给电容、电缆的各相线芯彻底放电,以保证安全。

4. 注意事项

使用前认真熟悉装置,详细阅读有关资料。

(1)装置应水平放置,接线正确牢靠。

(2)输出引线与端子要可靠接触,否则端子触点与引线触点间会有间隙,放电时产生的电弧将烧坏端子甚至危害到操作者。

(3)仪器壳体要有可靠的保护接地,并应与电缆接地分开,操作时尽量不要接触装置的金属部分,以防壳体上感应的电压对人体产生伤害。

(4)尽管装置在断电后有自动放电功能,装置使用完毕拆线前一定要用放电棒再次进行放电,确认线路无电后才能动手拆除接线。

三、电力电缆故障定点设备

电力电缆路径的探测与金属性短路故障的定点设备是由音频信号发生器及其接收器组成的,而声测法与声磁同步法定点的设备是由使故障点放电的高压信号发生器和接收声磁信号的设备组成的。这里介绍用于接收声磁与音频信号的 T-505 电缆故障定点仪与 T-602 电缆测试音频信号发生器。

(一)T-505 电缆故障定点仪

1. 概述

T-505 电缆故障定点仪(以下简称 T-505)是具有多种故障定点方法和多种路径探测方法的综合性仪表。

配合高压信号发生器使用,可以用声测法、声磁同步法对电力电缆的非金属性短接故障进行精确定点,测试精度为 0.1m,同时可用脉冲磁场的方向法进行路径探测,这种方法进行路径探测时不受其他外界信号的干扰。

配合音频信号发生器,可以进行音频感应法测试,能迅速准确地探测电缆路径,同时也可以对金属性短路故障进行精确定点,并能进行电缆的鉴别和深度测量。

2. 仪器的结构

(1)整机构成

整机由主机与附件共同组成,其中,附件包括声磁探头、提杆、手球、探针、耳机和充电器。

(2)面板的组成及功能介绍

T-505 的输入/输出插孔、显示器件及调节旋钮大都安装在面板上,T-505 面板示意图如图 13.7 所示。

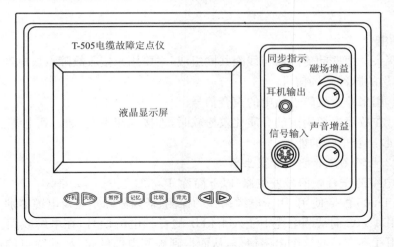

图 13.7　T-505 面板示意图

信号输入 插孔。接探头输出电缆，用来输入信号。

耳机输入 插孔。接耳机插头，供监听声音时使用。

磁场增益 旋钮。进行声磁同步测试时，用来调节仪器磁场放大器的增益，使仪器能够正确地被电缆击穿放电时发出的磁场信号触发。

声音增益 旋钮。用来调节仪器声音放大器的增益，使屏幕显示的声音波形的幅值足够大而不失真，耳机监听的感觉清晰而不刺耳。

同步指示 指示灯。进行声磁同步测试时，在仪器被磁场信号触发的同时，闪亮一下，提示故障点已放电。若探测点在离故障点几米范围内，可在此时用耳机监听到一个不同于环境噪声的放电声。

液晶显示屏。用来显示仪器波形和提示信息。

各按键功能介绍如下：

开机 与 关机 键。用来打开与关闭仪器电源。

背光 键。当周围环境较暗，液晶显示的内容不清晰时，按动此键，液晶的背光灯点亮，获得清晰图像，再按一次，背光灯关闭。

暂停 键。可使仪器暂停触发，以便仔细观察和分析当前记录到的波形，此时屏幕上有"暂停触发"闪烁字样，再按一下恢复正常。

记忆 键。按动此键，仪器将当前波形存入存储器。

比较 键。与 记忆 键配合使用，按动此键，仪器将记忆的波形显示在屏幕上，可以和每次屏幕更新后的当前波形进行比较。再次按动该键，记忆的波形消失。

< 和 > 键。光标的左移键和右移键。按动一下，光标向左或向右移动一下，如果按下键不放开，光标将连续快速移动。

当进行声磁同步测试时，光标键用于标定声磁延时的大小，将光标移动到故障点放电声音波形的起始处，声音波形框的右上角显示出声磁延时值。光标处于其他位置时，显示的时间值

没有意义。

3. 附件功能

(1)声磁探头。由振动传感器与线圈共同组成,主要用来接收故障点放电产生的声音信号与故障电缆产生的脉冲磁场信号。

(2)耳机。用来监听故障点放电的声音信号。

(3)探针。在故障电缆周围的介质比较松软时,连接到探头上,插入到电缆上方的介质中,以加强探头接收声音信号的能力。

(二)T-602 电缆测试音频信号发生器

1. T-602 电缆测试音频信号发生器(以下简称 T-602)

T-602 与 T-505 配套使用,用于电缆路径的探测、低阻故障定点及电缆鉴别。

操作时,用 T-602 向被测电缆中注入 1 kHz 的音频电流信号,在电缆线路上产生相应频率的电磁波,用 T-505 接收这个电磁信号,从而得到被测电缆的路径、故障点的位置或鉴别电缆所需的信息。

2. 面板说明

T-602 电缆测试音频信号发生器面板示意图如图 13.8 所示。

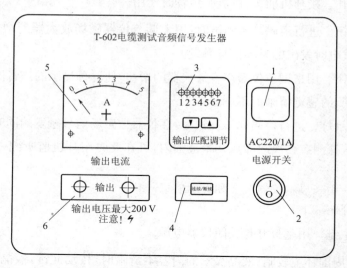

图 13.8　T-602 电缆测试音频信号发生器面板示意图

① 电源插座 键。使用 220 V 单相交流电。

② 电源开关 键。按下"I"开机,同时指示灯亮,按下"O"关机。

③ 输出匹配调节 键。根据仪器的负载不同,可以通过调节"▼"和"▲"降低或提高仪器输出电压。每按一下"▼"可降低一挡输出电压,直至最低挡(第 1 挡);每按一下"▲"可提高一挡输出电压,直至最高挡(第 7 挡),有指示灯指示相应挡位。

说明:由于仪器具有自动保护功能,用户在调节过程中不必担心输出过载损坏仪器。

④ 连续/断续 键。可使仪器在输出连续音频信号或断续音频信号之间交替转换。

⑤电流表。显示输出电流。

⑥输出插座。接仪器的测试引线,将音频信号输出到待测电缆上。

思 考 题

1. 架空线路故障产生的原因有哪些?
2. 简述覆冰故障及其预防措施。
3. 电缆故障分为哪些? 试述其故障产生的原因。
4. 电缆故障测试的基本步骤是什么?
5. 电缆故障测距与定点的方法有哪些?
6. 电缆故障测距设备主要有哪些? 如何使用?

第十四章　工程交接验收

第一节　内线工程

一、电力变压器安装

(一)验收时应做的检查

(1)外观完整无缺损。

(2)变压器安装和电气控制接线应符合设计要求。

(3)油枕的油位应正常。

(4)轮子的制动装置应牢固。

(5)相色标志正确,接地线连接可靠,油漆完整,无渗油。

(二)在验收时应移交的资料和文件

(1)变更设计的证明文件。

(2)制造厂提供的丙产品说明书、试验记录、合格证件及安装图纸等技术文件。

(3)安装技术记记录(包括器身检查记录)。

(4)绝缘油化验报告。

(5)调整试验记录。

二、盘、柜及二次回路结线安装

(一)在验收时应按下列要求进行检查

(1)盘、柜的固定及接地应可靠,盘柜漆层应完好、清洁整齐。

(2)盘、柜内所装电器元件应齐全完好,安装位置正确,固定牢固。

(3)所有二次回路接线应准确,连接可靠,标志齐全清晰,绝缘符合要求。

(4)手车或抽屉式开关柜在推入或拉出时应灵活,机械闭锁可靠,照明装置齐全。

(5)柜内一次设备的安装质量验收要求应符合国家现行有关标准规范的规定。

(6)用于热带地区的盘、柜应具有防潮、抗霉和耐热性能,按国家现行标准《热带电工产品通用技术》要求验收。

(7)盘、柜及电缆管道安装完后,应做好封堵。可能结冰的地区,还应有防止管内积水结冰的措施。

(8)操作及联动试验正确,符合设计要求。

(二)验收时应提交的资料和文件

(1)工程竣工图。

(2)变更设计的证明文件。

(3)制造厂提供的产品说明书、调试大纲、试验方法、试验记录、合格证件及安装图纸等技术文件。

(4)根据合同提供的备品备件清单。

(5)安装技术记录。

(6)调整试验记录。

三、母线、绝缘子及套管的安装

(一)验收时应做的检查

(1)金属构件的加工、配制、焊接(螺接)应符合规定。

(2)各部螺栓、垫圈、开口销等零部件应齐全可靠。

(3)母线配制及安装架设应符合规定且连接正确,螺栓紧固、接触可靠,相间及对地电气距离符合要求。

(4)瓷件、铁件及胶合处应完整,充油套管应无渗油,油位正常。

(5)油漆完整,相色正确,接地良好。

(二)在验收时应提交的资料和文件

(1)工程竣工图。

(2)变更设计的证明文件。

(3)制造厂提供的产品说明书、试验方法、试验录、合格证件及安装图纸等技术文件。

(4)安装技术记录。

(5)电气试验记录。

四、配线工程

(一)验收时各种配线方式均应符合的要求

(1)各种间隔距离符合规定。

(2)各种支持件的固定符合要求。

(3)配套的弯曲半径、盘箱设置的位置符合要求。

(4)明配线路的允许偏差值符合要求。

(5)导线的连接和绝缘符合要求。

(6)非带电金属部分的接地良好。

(7)铁件防腐良好、油漆均匀、无遗漏。

(二)验收时应提交的资料和文件

(1)工程竣工图。

(2)变更设计的证明文件。

(3)安装技术记录(包括隐蔽工程)。

(4)试验记录(包括绝缘电阻的测试记录)。

五、低压电器安装

(一)验收时各种电器均应符合的要求

(1)电器的型号、规格符合设计要求。

(2)电器的外观检查完好。

(3)电器安装应牢固、平正、符合设计和产品要求。

(4)电器的接地连接可靠。

（二）通电后应符合的要求

（1）操作时，动作应灵活。

（2）电磁系统无异常响声。

（3）线圈及接线端头允许温升不超过规定。

（三）验收时应提交的资料和文件

（1）工程竣工图。

（2）变更设计的证明文件。

（3）随产品提供的说明书、试验记录、产品合格证件、安装图纸。

（4）绝缘电阻和耐压试验记录。

（5）经调整、整定的低压电器调整记录。

第二节　35 kV 及以下架空电力线路工程

一、验收检查时应符合的要求

（1）采用器材的型号、规格应符合设计要求。

（2）线路设备标志应齐全。

（3）电杆组立的各项误差不能超过标准。

（4）拉线的制作和安装符合要求。

（5）导线的弧垂、相间距离、对地距离、交叉跨越距离及对建筑物接近距离符合要求。

（6）电器设备外观应完整无缺损。

（7）相位正确、接地装置符合规定。

（8）基础埋深、导线连接、补修质量应符合设计要求。

（9）沿线的障碍物、应砍伐的树及树枝等杂物应清除完毕。

二、验收时应提交的资料和文件

（1）工程竣工图。

（2）变更设计的证明文件（包括施工内容明细表）。

（3）安装技术记录（包括隐蔽工程记录）。

（4）交叉跨越距离记录及有关协议文件。

（5）调整试验记录。

（6）接地电阻实测值记录。

（7）有关的批准文件。

第三节　防雷与接地

一、防雷工程

防雷工程在竣工验收时，应进行下列检查：

（1）防雷措施应与设计相符。

（2）避雷器外观检查完好，瓷套无裂纹、破损等缺陷，封口处密封良好。

(3)避雷器安装牢固,安装方式符合设计要求。

(4)接地引下线安装牢固,各接点紧固可靠。

(5)油漆完整,相色正确,接地良好。

(6)避雷针(带)的安装位置及高度应符合设计求。

二、接地工程

接地工程在验收时应进行下列检查:

(1)接地装置应符合设计要求。

(2)整个接地网外露部分的连接可靠,接地线规格正确,油漆完好,标志齐全明显。

(3)供连接临时接地线用的连接板的数量和位置应符合有关规定。

(4)接地电阻应符合规定。

三、验收时应提交的资料和文件

(1)工程竣工图。

(2)变更设计的证明文件。

(3)制造厂提供的产品说明书、试验记录、合格证件及安装图纸等技术文件。

(4)安装技术记录(包括隐蔽工程检查记录等)。

(5)试验记录(包括接地电阻测试记录)。

第四节　电缆线路工程

一、验收检查时应符合的要求

(1)电缆、电缆终端头和电缆中间头的规格、型号应符合设计和有关规定;排列整齐,无机械损伤;标志牌应装设齐全、正确、清晰。

(2)电缆的固定、弯曲半径、有关距离和单芯电力电缆的金属护层的接线、相序排列等应符合要求和规定。

(3)电缆终端、电缆中间头应安装牢固,不应有渗油、漏油现象。

(4)接地应良好,接地电阻应符合设计要求。

(5)电缆终端的相色应正确,电缆支架等的金属部件的防腐层应完好。

(6)电缆沟内应无杂物,盖板齐全,隧道内应无杂物,照明、通风、排水等设施应符合设计要求。

(7)直埋地缆路径标志应与实际路径相符。路径标志应清晰,牢固、间距适当,且应符合方位标志和标桩的有关处所的要求。

(8)水底线路电力电缆的两岸、禁锚区内的标志和夜间照明装置应符合设计规定。

(9)防火措施应符合设计且施工质量合格。

二、隐蔽工程应在施工过程中进行中间验收并做好签证

(1)电缆规格、特性应符合设计要求。

(2)电缆埋地深度、敷设要求与各种设施平行交叉距离、备用长度等应符合标准的规定。

(3)电缆应无机械损伤,弯曲半径、高差等应符合规定。

三、验收时应提交的资料和技术文件

(1)电缆线路路径的协议文件。

(2)设计资料图纸、电缆清册、变更设计的证明文件和竣工图。

(3)直埋电缆输电线路的敷设位置图,比例宜为1∶500。地下管线密集的地段不应小于1∶100,在管线稀少、地形简单的地段可为1∶1 000;平行敷设的电缆线路宜合用一张图纸。图上必须标明各线路的相对位置,并有标明地下管线的剖面图。

(4)制造厂提供的产品说明书、试验记录、合格证件及安装图纸等技术文件。

(5)隐蔽工工程的技术记录。

(6)电缆线路的原始记录。

①电缆的型号、规格及其实际敷设总长度和分段长度,电缆终端和接头的形式及安装日期。

②电缆终端和接头中填充的绝缘材料名称、型号。

(7)试验记录。

思 考 题

1. 内线工程交接验收包括哪些项目?

2. 35 kV 及以下架空电力线路在验收时按什么要求进行?

3. 防雷工程在竣工验收时怎样进行检查?

4. 电缆线路工程验收的依据是什么?

参 考 文 献

[1] 温德智,郭起良,等 . 电力内外线工程 . 北京:中国铁道出版社,1997.

[2] 梁合 . 配电线路 . 北京:中国电力出版社,2003.

[3] 白工,刘凯洪 . 电工基本操作技能 . 北京:机械工业出版社,2007.

[4] 王建,张凯 . 电工实用技能 . 北京:机械工业出版社,2007.

[5] 杨奎河 . 电工基本技能 . 北京:金盾出版社,2007.

[6] 王润卿 . 电力电缆的安装、运行与故障测寻 . 北京:化学工业出版社,1994.

[7] 柴玉华 . 架空线路设计 . 北京:中国水利电力出版社,2001.

[8] 朱启林 . 电力电缆故障测试方法与案例分析 . 北京:机械工业出版社,2008.

[9] 史传卿 . 供用电工人技能手册:电力电缆 . 北京:中国电力出版社,2004.

[10] 张应立 . 内外线电工必读 . 北京:化学工业出版社,2010.

[11] 唐山樵 . 配电线路及动力与照明 . 北京:中国铁道出版社,2006.

[12] 王振 . 电力内外线安装工艺 . 北京:电子工业出版社,2007.

[13] 左秀彦 . 建筑电气安装与装饰照明 . 北京:电子工业出版社,2001.

[14] 杨万高 . 建筑电气安装工程手册 . 北京:中国电力出版社,2005.

[15] 魏金成 . 建筑电气 . 重庆:重庆大学出版社,2001.

[16] 杨耀灿 . 配电线路及动力照明 . 北京:中国铁道出版社,2004.

[17] 赵德申 . 建筑电气照明技术 . 北京:机械工业出版社,2003.

[18] 中华人民共和国铁道部.铁路电力设备安装标准 . 北京:中国铁道出版社,2002.

[19] 翟纯玉 . 铁路电力自动化技术 . 北京:中国铁道出版社,2006.

[20] 刘光源 . 电气安装工手册 . 上海:上海科学技术出版社,2011.

附　　录

附表 1　简式荧光灯利用系数表

墙反射率（%）／有效顶棚反射率（%）／室空间比	70				50				30				10			
	70	50	30	10	70	50	30	10	70	50	30	10	70	50	30	10
1	0.93	0.89	0.86	0.83	0.89	0.85	0.83	0.80	0.85	0.82	0.80	0.78	0.81	0.79	0.77	0.75
2	0.85	0.79	0.73	0.69	0.81	0.75	0.71	0.67	0.77	0.73	0.69	0.65	0.73	0.72	0.67	0.64
3	0.78	0.70	0.63	0.58	0.74	0.67	0.61	0.57	0.70	0.65	0.60	0.56	0.67	0.62	0.58	0.55
4	0.71	0.61	0.54	0.49	0.67	0.59	0.53	0.48	0.64	0.57	0.52	0.47	0.61	0.55	0.51	0.47
5	0.65	0.55	0.47	0.42	0.62	0.53	0.46	0.41	0.59	0.51	0.45	0.41	0.56	0.49	0.44	0.40
6	0.60	0.49	0.42	0.36	0.57	0.48	0.41	0.36	0.54	0.46	0.40	0.36	0.52	0.45	0.40	0.35
7	0.55	0.44	0.37	0.32	0.52	0.48	0.36	0.31	0.50	0.42	0.36	0.31	0.48	0.40	0.35	0.31
8	0.51	0.40	0.33	0.27	0.48	0.39	0.32	0.27	0.46	0.37	0.32	0.27	0.44	0.36	0.31	0.27
9	0.47	0.36	0.29	0.24	0.45	0.35	0.29	0.24	0.43	0.34	0.28	0.24	0.41	0.33	0.28	0.24
10	0.48	0.32	0.25	0.20	0.41	0.31	0.24	0.20	0.39	0.30	0.24	0.20	0.37	0.29	0.24	0.20

附表 2　配照型工厂灯（白炽灯 500 W）利用系数表

墙反射率（%）／有效顶棚反射率（%）／室空间比	70				50				30				10			
	70	50	30	10	70	50	30	10	70	50	30	10	70	50	30	10
1	0.88	0.84	0.80	0.77	0.84	0.80	0.77	0.75	0.80	0.77	0.75	0.72	0.76	0.74	0.72	0.70
2	0.81	0.75	0.70	0.60	0.77	0.72	0.68	0.64	0.74	0.69	0.66	0.63	0.70	0.57	0.61	0.61
3	0.75	0.57	0.61	0.56	0.71	0.64	0.39	0.55	0.67	0.62	0.57	0.54	0.64	0.60	0.56	0.53
4	0.68	0.60	0.61	0.56	0.65	0.57	0.52	0.47	0.62	0.56	0.50	0.46	0.59	0.54	0.49	0.46
5	0.63	0.53	0.46	0.41	0.60	0.51	0.45	0.40	0.57	0.50	0.44	0.40	0.54	0.48	0.43	0.39
6	0.58	0.47	0.40	0.35	0.55	0.46	0.39	0.35	0.52	0.44	0.39	0.34	0.50	0.43	0.38	0.37
7	0.53	0.42	0.35	0.30	0.50	0.41	0.34	0.30	0.48	0.39	0.34	0.29	0.45	0.35	0.33	0.29
8	0.49	0.38	0.31	0.26	0.46	0.37	0.31	0.26	0.44	0.36	0.30	0.26	0.42	0.35	0.30	0.26
9	0.45	0.34	0.27	0.23	0.43	0.33	0.27	0.23	0.41	0.32	0.27	0.23	0.39	0.31	0.26	0.22
10	0.42	0.31	0.25	0.20	0.40	0.30	0.24	0.20	0.38	0.25	0.24	0.20	0.36	0.29	0.24	0.20

附表 3　配照型工厂灯（GGY400）利用系数表（$L/h=0.7$）

墙反射率（%）／有效顶棚反射率（%）／室空间比	70				50				30				10				0
	70	50	30	10	70	50	30	10	70	50	30	10	70	50	30	10	0
1	0.83	0.73	0.75	0.72	0.79	0.75	0.73	0.70	0.75	0.72	0.70	0.68	0.71	0.69	0.67	0.66	0.64
2	0.76	0.70	0.65	0.60	0.72	0.67	0.63	0.59	0.68	0.64	0.61	0.58	0.65	0.62	0.59	0.56	0.55

续上表

墙反射率(%) ＼ 有效顶棚反射率(%)	70				50				30				10				0
室空间比	70	50	30	10	70	50	30	10	70	50	30	10	70	50	30	10	0
3	0.69	0.61	0.55	0.51	0.66	0.69	0.54	0.50	0.62	0.57	0.52	0.49	0.59	0.55	0.51	0.48	0.46
4	0.63	0.55	0.48	0.43	0.60	0.53	0.47	0.42	0.57	0.51	0.46	0.42	0.54	0.49	0.45	0.43	0.40
5	0.58	0.48	0.42	0.36	0.55	0.47	0.41	0.36	0.52	0.45	0.40	0.36	0.49	0.44	0.39	0.5	0.34
6	0.53	0.43	0.36	0.31	0.50	0.41	0.35	0.31	0.48	0.40	0.35	0.30	0.45	0.39	0.34	0.30	0.29
7	0.48	0.38	0.31	0.26	0.46	0.37	0.31	0.26	0.43	0.36	0.30	0.27	0.41	0.35	0.30	0.26	0.24
8	0.45	0.34	0.28	0.23	0.42	0.33	0.27	0.23	0.40	0.32	0.27	0.23	0.38	0.31	0.26	0.23	0.21
9	0.41	0.31	0.24	0.20	0.39	0.30	0.24	0.20	0.37	0.29	0.24	0.20	0.36	0.28	0.23	0.20	0.18
10	0.38	0.28	0.22	0.18	0.36	0.27	0.21	0.17	0.35	0.27	0.21	0.17	0.33	0.26	0.21	0.17	0.16

附表 4　工业企业辅助建筑照度标准值(lx)

房间名称	一般照明	混合照明	规定照度的平面
办公室、资料室、会议室、报告厅	75、100、150	—	
工艺室、设计室、绘图室	100、150、200	300、500、750	
打字室、教室	150、200、300	500、750、1 000	距地面 0.75 m
阅览室、陈列室	100、150、200	—	
医务室	71、100、150	—	
食堂、车间、休息室、单身宿舍	50、75、100	—	
浴室、更衣室、厕所、楼梯间	10、15、20		地面
盥洗室	20、30、50	—	地面

附表 5　维护系数

建筑物特征分类	维护系数 K	
	碘钨灯	白炽灯、荧光灯、高压水银荧光灯
生产中几乎很少有尘埃、烟、烟灰及蒸汽排出或由外部进入	0.8(0.85)	0.75(0.8)
生产中排除或外界进入少量尘埃、烟、烟灰及蒸汽,比较明显但不严重	0.75(0.81)	0.70(0.76)
生产中排除或外界进入大量的粉尘、烟、烟灰及蒸汽,积累较快	0.66(0.76)	0.60(0.69)
户外露天广场	0.75	0.7

附表 6　墙壁、顶棚及地面反射系数的近似值

反　射　面　特　征	反射系数(%)
白色顶棚带有白色窗帘遮蔽的白色墙壁	70
潮湿凝土及光亮的木顶棚;潮湿建筑物内的白色顶棚;无窗帘遮蔽窗子的白色墙壁	50
污秽建筑物内的混凝土顶棚、木质顶棚;有窗子的混凝土墙壁、用光亮纸糊的墙壁;一般混凝土地面	30
带有大量暗灰色灰尘建筑物内的混凝土或木质顶棚及墙壁;全为玻璃而无窗帘者未粉刷的红砖墙;木的或其他有色的地板	10

附表7　一般生活房屋的安装容量表

房屋名称	安装容量(W)	
	白炽灯	荧光灯
大居室(13~18 m²)	60	30
小居室(13 m² 以下)	40	20
厨房	25	—
厕所、卫生间、走道(长约6 m)	15	—
楼梯间	25~40	—
门厅、电梯厅	25~60	—
管理室、修理间	—	40
电梯机房、泵房(每开间)	60	—
冰箱室、管道间(每开间)	25	—
地下室无特殊用途的房间(每开间)	40	—

附表8　配照型工厂灯单位面积安装功率　　　　　　　　单位：W/m²

计算高度(m)	房间面积(m²)	白炽灯照度(lx)					
		5	10	15	20	30	40
2~3	10~15	3.3	6.2	8.4	10.5	14.3	17.9
	15~25	2.7	5.0	6.8	8.6	11.4	14.3
	25~50	2.3	4.3	5.9	7.3	9.5	11.9
	50~150	2.0	3.8	5.3	6.8	8.6	10
	150~300	1.8	3.4	4.7	6.0	7.8	9.5
	300 以上	1.7	3.2	4.5	5.5	7.3	9.0
3~4	10~15	4.3	7.3	9.6	12.1	16.2	20
	15~20	3.7	6.4	8.5	10.5	13.8	17.6
	20~30	3.1	5.5	7.2	8.9	12.4	15.2
	30~50	2.5	4.5	6.0	7.3	10	12.4
	50~120	2.1	3.8	5.1	6.3	8.3	10.3
	120~300	1.8	3.3	4.4	5.5	7.3	9.3
	300 以上	1.7	2.9	4.0	5.0	6.8	8.6
4~6	10~17	5.2	8.6	11.4	14.3	20	25.6
	17~25	4.1	6.8	9.0	11.4	15.7	20.7
	25~35	3.4	5.8	7.7	9.5	13.3	17.4
	35~50	3.0	5.0	6.8	8.3	11.4	14.7
	50~80	2.4	4.1	5.6	6.8	9.5	11.9
	80~150	2.0	3.3	4.6	5.8	8.3	10.0
	150~400	1.7	2.8	3.9	5.0	6.8	8.6
	400 以上	1.5	2.5	3.5	4.5	6.3	8.0
6~8	25~35	4.3	6.9	9.1	11.7	16.6	21.7
	35~50	3.4	5.7	7.9	10.0	14.7	18.4
	50~65	2.9	4.9	6.8	8.7	12.4	15.7
	65~90	2.5	4.3	6.2	7.8	10.9	13.8
	90~135	2.2	3.7	5.1	6.5	8.6	11.2
	135~250	1.8	3.0	4.2	5.4	7.3	9.3
	250~500	1.5	2.6	3.6	4.6	6.5	8.3
	500 以上	1.4	2.4	3.2	4.0	5.5	7.3